高等职业教育机械类专业系列教材

模具设计指导

第2版

主　编　王调品
副主编　黄清宇
参　编　江永良
主　审　史铁梁

机 械 工 业 出 版 社

本书精选了设计常见冷冲模和塑料模所必需的一般设计资料以及最新冷冲模、塑料模、常用模具钢、标准件国家标准，并以生产实例具体讲解了设计方法、步骤以及各种资料和标准的使用方法。学生参照本书所举实例及提供的各种设计资料，再配以相应的教材，即可完成冷冲模和塑料模课程设计和毕业设计。

本书为高等职业院校模具设计与制造专业辅助教材，由于收集了较丰富的设计资料及新的国家标准，也可供从事冲压和注射工作的工程技术人员使用。

图书在版编目（CIP）数据

模具设计指导/王调品主编. —2版. —北京：机械工业出版社，2016.9（2022.8重印）

高等职业教育机械类专业系列教材

ISBN 978-7-111-55061-7

Ⅰ.①模… Ⅱ.①王… Ⅲ.①模具-设计-高等职业教育-教材 Ⅳ.①TG76

中国版本图书馆CIP数据核字（2016）第240064号

机械工业出版社（北京市百万庄大街22号 邮政编码100037）

策划编辑：汪光灿 责任编辑：黎 艳 责任校对：陈 越

封面设计：张 静 责任印制：郜 敏

北京富资园科技发展有限公司印刷

2022年8月第2版第3次印刷

184mm×260mm · 18.5印张 · 452千字

标准书号：ISBN 978-7-111-55061-7

定价：55.00元

电话服务 网络服务

客服电话：010-88361066 机 工 官 网：www.cmpbook.com

010-88379833 机 工 官 博：weibo.com/cmp1952

010-68326294 金 书 网：www.golden-book.com

封底无防伪标均为盗版 机工教育服务网：www.cmpedu.com

第2版前言

本书是根据教育部“关于加强高等教育教材建设的若干意见”以及“冷冲压工艺与模具设计”和“塑料成型工艺与模具设计”课程教学大纲编写的。

随着高等教育的规模进一步扩大，各地新改建、组建了许多高等职业技术学院，部分中等职业学校也相继举办了高职班，已有的中职教材显然已经不能满足教学要求。在全国机械高职教育模具设计与制造专业教学指导委员会年会上，决定在编者原编写的中等专业学校模具设计与制造专业辅助教材《冷冲模设计指导》的基础上，增加塑料模设计资料，根据高职教学要求和模具技术发展现状进行修订。

本次修订以全面素质教育思想为指导，本着“实用精练，便于教学”的原则，精选了设计常见冷冲模和塑料模所必需的一般设计资料和最新冷冲模、塑料模、常用模具钢、标准件国家标准。并以COS公司的部分生产产品为实例，对部分注射模按照生产实际要求和设计方法、步骤，较为详细地叙述了设计方法和公式、标准、表格等设计资料的使用方法。学生参照本书所举实例及提供的各种设计资料，再配以相应教材，基本上能独立完成冷冲模和塑料模课程设计与毕业设计任务。为方便教学，书后还附录了部分设计题目。

本书由王调品主编，由史铁梁主审。第一章，第二章设计实例一、二，第三~第六章由王调品编写，第二章设计实例三、四和COS公司提供的经典案例由江永良提供，黄清宇编写，第七章和附录中塑料模部分由黄清宇编写。在编写过程中得到了罗旭、曹辉明、周伦、李刚等老师的大力支持和帮助，在此表示衷心的感谢。

在编写过程中尽管注意了教材的思想性、科学性、启发性、实用性、先进性的要求，尽可能贴近生产实际，实例设计尽可能规范，收集的资料尽可能具有适用性和新颖性，但由于编者水平有限，书中欠妥之处在所难免，恳请读者批评指正。

编　者

第1版前言

目前许多学校相继设立了“模具专业”或开设了“冷冲模设计”课程。在教学实践中，许多教师深感需要一本简明扼要的设计手册帮助学生完成冷冲模设计实践教学环节。为此目的，编者本次重编本着“实用精练，便于教学”的原则，适当增减部分内容，使本教材更为实用。本教材主要精选了设计常见冷冲模所必需的一般设计资料和冷冲模标准，以两个生产实例，完全按生产实际中设计冲模具的方法、步骤，较为详细地叙述了设计方法和公式、标准、表格等资料的使用方法。学生参照本实例及本教材提供的各种设计资料，再配以《冷冲模设计》教材，基本上能独立完成冷冲模设计任务。为方便教学，书后还附加了部分设计题目。

本书第一、二章由张国俭编写，第三章由虞学军编写，第四章由李抟九编写，附录由史铁梁编写。全书由史铁梁主编并统稿，由刘福库主审。在本书定稿时曾请苏思龄、周理、李翠桂、刘长伟、张英、张珍明等认真审阅，并提出宝贵意见，在此表示衷心感谢。

本书在编写过程中尽管注意了教材的思想性、科学性、启发性、适用性、先进性的“五性”要求，尽可能贴近生产实际，实例设计尽可能规范，收集的资料尽可能适用，但由于编审水平有限，书中欠妥之处在所难免，恳请读者批评指正。

编　者

目录

第 2 版前言

第 1 版前言

第一章　冷冲模与塑料模设计的目的和要求 …… 1

一、冷冲模与塑料模设计教学目的 …… 1

二、模具设计的内容 …… 1

三、模具设计的要求 …… 2

四、模具设计的步骤与方法 …… 4

五、时间安排 …… 6

六、其他设计资料 …… 7

第二章　设计实例 …… 8

一、实例一 …… 8

二、实例二 …… 23

三、实例三 …… 34

四、实例四 …… 46

第三章　一般设计资料 …… 58

一、模具常用公差与配合及表面粗糙度 …… 58

二、模具常用材料及热处理要求 …… 67

三、橡胶和弹簧的选用 …… 76

四、模具常用螺钉与销 …… 101

五、模具上有关螺钉孔的尺寸 …… 106

第四章　冷冲模设计资料 …… 109

一、冲压常用金属材料的规格和性能 …… 109

二、冲模类型的选用 …… 115

三、冲压件未注公差尺寸的极限偏差 …… 117

四、复杂旋转体毛坯尺寸计算 …… 119

五、常用冲压设备规格型号及选用 …… 128

第五章　部分冷冲模标准 …… 136

一、国内外先进模架厂模具 …… 136

二、冷冲模典型组合技术条件 …… 144

三、冷冲模标准模架 …… 144

四、冷冲模模架技术条件 …… 154

五、冷冲模模架零件标准 …… 155

六、冷冲模模架零件技术条件 …… 177

七、部分冷冲模零件标准 …… 179

八、冷冲模零件技术条件 …… 207

九、冷冲模技术条件 …… 209

第六章　塑料模设计资料 …… 212

一、常用塑料的使用性能及加工性能 …… 212

二、塑料制件尺寸公差等级、公差及表面质量 …… 214

三、浇注系统设计 …… 214

四、注射模成型零部件及侧向分型抽芯机构 …… 218

五、模具加热与冷却装置 …… 222

六、常用塑料的鉴别方法 …… 223

七、改性常用工程塑料成型率 …… 224

八、部分热塑性塑料和热固性塑料物性 …… 226

九、国产注射成型机规格型号 …… 234

第七章　部分塑料注射模标准 …… 237

一、塑料注射模模架的功能及用途 …… 237

二、中小型注射模模架尺寸组合系列 …… 237

三、塑料注射模中小型模架技术条件 …… 259

四、塑料注射模零件标准 …… 259

五、塑料注射模具零件技术条件 …… 268

六、塑料注射模技术条件 …… 269

附录　课程设计题目 …… 272

一、冷冲模课程设计题目 …… 272

二、塑料模课程设计题目 …… 277

参考文献 …… 289

第一章

冷冲模与塑料模设计的目的和要求

一、冷冲模与塑料模设计教学目的

冷冲模与塑料模课程设计是“模具设计与制造专业”教学计划安排的非常重要的教学实践环节，也是毕业设计的首选内容。模具课程设计一般安排在学习冷冲模设计和塑料模设计理论课程之后进行，其目的在于巩固所学知识，熟悉有关资料，树立正确的设计思想，掌握设计方法，培养学生的实际工作能力。通过模具结构设计，学生在工艺性分析、工艺方案论证、工艺计算、模具零件结构设计、编写技术文件和查阅文献方面受到一次综合训练，增强学生的实际工作能力。

二、模具设计的内容

1. 设计课题

（1）课程设计

1）冷冲模：一般为中等复杂程度单工序模或较为简单的级进模和冲孔落料复合模。

2）塑料模：一般为一次分型的单型腔注射模，且加热和冷却系统较为简单。

（2）毕业设计

1）冷冲模：一般为 4 ~6 个基本工序、有一定复杂程度制件的冲压工艺及模具设计。

2）塑料模：形状较为复杂的制件需二次分型或侧面分型和抽芯的注射模，多型腔注射模，加热冷却系统较复杂的注射模或难度相当的其他塑料模设计。

2. 设计内容

（1）冷冲模设计　设计内容包括冲压工艺性分析，工艺方案制定，排样图设计，总的冲压力计算及压力中心计算，刃口尺寸计算，弹簧、橡胶件的计算和选用，凸模、凹模或凸凹模结构设计以及其他冲模零件的结构设计，绘制模具装配图和工作零件图，编写设计说明书，填写冲压工艺卡和工作零件机械加工工艺过程卡。

（2）塑料模设计　设计内容包括塑料制品工艺分析，成型方法及工艺流程制定，模具类型和结构形式确定，成型工艺条件确定，工艺计算（即注射量、注射压力、锁模力、成型零件工作尺寸、冷却参数、注射温度和注射时间等）、浇注系统设计、分型面设计、成型零件设计、导向与定位机构设计、脱模机构设计、加热与冷却系统设计，绘制模具装配图和成型零件图，编写设计说明书、填写模塑成型工艺卡和成型零件机械加工工艺过程卡。

3. 设计工作量

学生应完成的设计工作量应根据设计时间长短和学生的实际情况确定，下表仅供参考。

设计内容	课程设计	毕业设计
冲压或模塑成型工艺卡	1份	1份
模具装配图	1张	1张
工作零件图	2~3张	所有非标准零件
工作零件机械加工工艺过程卡	1张	所有工作零件
设计说明书	1份(约10~15页)	1份(约30~40页)

三、模具设计的要求

1. 装配图

模具装配图用以表明模具结构、工作原理、组成模具的全部零件及其相互位置和装配关系。

一般情况下，模具装配图用主视图和俯视图表示，若不能表示清楚时，再增加其他视图。一般按1:1的比例绘制。装配图上要标明必要的尺寸和技术要求。

（1）主视图　主视图一般放在图样上面偏左，按模具正对操作者方向绘制，采取剖视画法，一般按模具闭合状态绘制，在上、下模（冷冲模和压缩模、压注模）或定模与动模之间有一完成的制件，冲压件断面涂红或涂黑，塑料件及流道画网格线后再涂红。

主视图是模具装配图的主体部分，应尽量在主视图上将结构表达清楚，力求将成型零件的形状画完整。

剖视图画法一般按照机械制图国家标准执行，但也有一些行业习惯和特殊画法：如为减少局部视图，在不影响剖视图表达剖面迹线通过部分结构的情况下，可以将剖面迹线以外部分旋转或平移到剖视图上，螺钉和销可各画一半等，但不能与国家标准发生矛盾。

（2）俯视图　俯视图通常布置在图样的下面偏左，与主视图相对应。通过俯视图可以了解模具的平面布置，排样方式或浇注系统、冷却系统的布置，以及模具的轮廓形状等。习惯上将上模或定模拿去，只反映模具的下模俯视可见部分；或将上模的左半部分去掉，只画下模，而右半部分保留上模画俯视图。

对于冷冲模，在俯视图上还应用双点画线画出排样图和制件图。

（3）制件图和排样图　装配图上还应该绘出制件图。制件图一般画在图样的右上角，要注明制件的材料、规格以及制件的尺寸、公差等。如位置不够也允许画在其他位置上或在另一页上绘出。

对于有落料工序的冲压件还应绘出排样图。排样图布置在制件图的下方，应标明条料的宽度及公差、步距和搭边值。对于需多工序冲压完成的制件，除绘出本工序的制件图外，还应该绘出上工序的半成品图，在本工序制件图的左边画出。

制件图和排样图均应按比例绘出，一般与模具的比例一致，特殊情况可以放大或缩小。它们的方位应与制件在模具中的位置相同，若不一致，应用箭头指明制件成型方向。

（4）标题栏和零件明细表　标题栏和零件明细栏布置在图样的右下角，按照机械制图国家标准填写。零件明细表应包括件号、名称、数量、材料、热处理、标准零件代号及规格、备注等内容。模具图中所有零件均应详细写在明细栏中。

(5) 尺寸标注　图上应标注必要的尺寸，如模具闭合尺寸（如主视图为开式表达则写入技术要求中）、模架外形尺寸、模柄直径、与注射机配合的定位圈尺寸、螺孔尺寸等，不标注配合尺寸和几何公差。

(6) 技术要求　技术要求布置在图样下部适当位置。其内容包括：①对于冷冲模应写明凸、凹模刃口间隙；对于塑料模应写明模塑温度、注射压力和保压时间；②模具的闭合高度（主视图为工作状态时则直接标在图上）；③该模具的特殊要求；④其他按国家标准、行业标准或企业标准执行。

2. 模具零件图

模具零件主要包括工作（成型）零件，如凸模、凹模、凸凹模、型芯、口模、定型套等；结构零件，如固定板、卸料板、定位板、浇注系统零件、导向零件、分型与抽芯零件、冷却与加热零件等；紧固标准件，如螺钉、销及模架、弹簧等。

课程设计要求绘制工作零件图，毕业设计则要求绘制出标准模架和紧固标准件外的所有零件图，对某些因模具的特殊结构要求而需要再加工的标准件也需绘制零件图。

零件图的绘制和尺寸标注均应符合机械制图国家标准的规定，要注明全部尺寸、公差配合、几何公差、表面粗糙度值、材料、热处理要求及其他技术要求。模具零件在图样上位置应尽量按该零件在装配图中方位画出，不要随意旋转或颠倒，以防画错，影响装配。

对凸模、凹模配合加工，其配制尺寸可不标注公差，仅在该标称尺寸右上角注上符号“*”并在技术条件中说明：注“*”尺寸按凸模（或凹模）配制，保证间隙若干即可。

3. 冲压工艺卡和模塑成型工艺卡

(1) 冲压工艺卡　它以工序为单位，说明整个冲压加工工艺过程的工艺文件。它包括：①制件的材料、规格、质量；②制件简图或工序件简图；③制件的主要尺寸；④各工序所需的设备和工装（模具）；⑤检验及工具、时间定额等。

(2) 模塑成型工艺卡　它也是说明整个模塑成型加工工艺过程的工艺文件。因为塑料成型多为一次性成型，故工艺卡主要说明：①制件的材料、规格、质量；②制件简图或工序件简图；③制件的主要尺寸；④各工序所需的设备和工装（模具）；⑤成型温度和压力；⑥塑料制件成型后的后续处理工艺条件；⑦检验及工具、时间定额等。

4. 工作零件机械加工工艺过程卡

工作零件机械加工工艺过程卡填写模具工作零件机械加工工艺过程，包括该零件的整个工艺路线、经过的车间（工段）、各工序名称、工序内容以及使用的设备和工艺装备。若采用成形磨削加工，应绘制成形磨削工序图。若采用数控加工，应编写数控程序。

5. 设计说明书

为更全面地培养学生的工作能力，也为教师进一步了解学生设计熟练的程度和知识水平，还要求学生编写设计说明书，用以阐明自己的设计观点、方案的优劣、依据和过程。设计说明书的主要内容如下。

1）目录。

2）设计任务书及产品图。

3）序言。

4）制件的工艺性分析。

5）冲压工艺方案或模塑工艺方案的制定。

6）模具结构形式的论证及确定。

7）排样图设计及材料利用率计算，或注射量、浇注系统设计计算。

8）工序压力计算及压力中心计算，或注射（挤压）力、温度、速度、锁模力计算等。

9）冲压或塑料成形设备的选择及设备工作能力、安装尺寸校核。

10）模具零件的选用、设计及必要的计算。

11）模具工作零件的尺寸和公差值的计算。

12）其他需要说明的问题。

13）主要参考文献目录。

说明书中应附模具结构简图，所选参数及使用公式应注明出处，并说明式中各符号所代表的意义和单位，所有单位一律使用法定计量单位。

说明书最后所附参考文献目录应包括：书刊名称、作者、出版社、出版年分。在说明书中引用所列参考资料时，只需在方括号中注明其序号及页数，如：见文献［7］P121。

有条件的学校应尽可能应用CAD/CAM技术进行工艺分析和计算，要求学生在完成手工绘图之后，再根据时间完成一定数量的计算机绘图任务，并用计算机打印出设计说明书。

四、模具设计的步骤与方法

1. 明确设计任务，收集有关资料

学生拿到设计任务书后，首先明确自己的设计课题要求，并仔细阅读《冷冲模与塑料模设计指导》教材，了解模具设计的目的、内容、要求和步骤；然后在教师指导下拟订工作进度计划，查阅有关图册、手册等资料。若有条件，应深入到有关工厂了解所设计零件的用途、结构、性能，在整个产品中装配关系、技术要求、生产批量、采用的设备型号和规格、制造模具的主要设备和规格、标准化情况。

2. 工艺分析和工艺方案制定

（1）工艺性分析　在明确了设计任务、收集了有关资料的基础上，分析制件的技术要求、结构工艺性及经济性是否符合冲压或模塑工艺要求。若不适合，应提出修改意见，经指导教师同意后修改或更换设计任务书。

（2）制定工艺方案，填写工艺卡　首先在工艺分析的基础上，确定冲压件或塑料件加工总体方案，然后确定冲压加工或模塑成型方案，它是制定冲压或成型工艺过程的核心。

在确定工艺方案时，先决定制件所需要的基本工序性质、数目、顺序，再将其排列组合成若干种方案，最后对各种可能的工艺方案分析比较，综合其优缺点，选出一种最佳方案，将其内容填入工艺卡中（参见第二章表2-1）。

在进行方案分析比较时，应考虑制件的精度、生产批量、工厂条件、模具加工水平及工人操作水平等诸方面因素，要画模具结构草图，有时还需要进行一些必要的工艺计算。

3. 工艺计算和设计

（1）冲压工艺计算和设计

1）排样及材料利用率计算：就设计冲裁模而言，排样图设计是进行工艺设计的第一步。每个制件都有自己的特点，每种工艺方案考虑的出发点也不尽相同，因而同一制件也可能有多种不同的排样方法。在设计排样图时，必须考虑制件的精度、模具结构、材料利用率、生产率、工人操作习惯等诸多因素。

制件外形简单、规则，可以采取直排单排排样，排样图设计较为简单，只需查出搭边值即可求出条料宽度，画出排样图。若制件外形复杂，或为了节约材料、提高生产率而采用斜排、对排、套排等排样方法时，设计排样图则较为困难。当没有条件应用计算机辅助排样时，可用纸板按比例做出若干个样板，利用实物排样往往可以达到事半功倍的效果。在设计排样图时往往要同时对多种不同排样方案计算材料利用率，比较各种方案的优缺点，选择最佳排样方案。

2）刃口尺寸的计算：刃口尺寸计算较为简单，当确定了凸、凹模加工方法后可按相关公式进行计算。一般冲模计算结果精确到小数点后两位，采用成形磨削、线切割等加工方法时，计算结果精确到小数点后三位。若制件为弯曲件或拉深件，需先计算展开尺寸，再计算刃口尺寸。

3）冲压力计算、压力中心的确定、冲压设备的选用：根据排样图和所选模具结构形式，可以方便地计算出所需总压力。用解析法或图解法求出压力中心，以便确定模具外形尺寸。根据计算出的总压力，初选冲压设备的型号和规格，待模具总图设计好后，校核设备的装模尺寸（如闭合高度、工作台板尺寸、漏料孔尺寸等）是否合乎要求，最终确定压力机型号和规格。

（2）模塑工艺计算和设计

1）注射量计算：注射量计算将涉及到选择注射机的规格型号，一般应先进行计算。对于形状规则的制件可以用求制件体积的方法方便地求出，若有样品则称重量即可。较难的是多数塑料制件形状复杂，几何形状不规则，则只能估计塑料用量，以保证足够的塑料用量为原则。

2）浇注系统设计计算：设计浇注系统往往是设计注射模的第一步，并且只有完成浇注系统的设计后才能估算型腔压力、注射时间、校核锁模力，从而进一步校核所选择的注射机是否符合要求。浇注系统设计计算包括浇道布置、主流道和分流道断面尺寸计算、浇注系统压力降计算和型腔压力校核。

3）成型零件工作尺寸计算：成型零件工作尺寸主要有凹模和型芯径向（或长度与宽度）尺寸及高度（深度）尺寸，其最大值直接关系到模具尺寸大小。而工作尺寸精度则直接影响制品的精度，必须仔细计算。为计算方便，凡孔类尺寸均以其最小尺寸作为公称尺寸，即公差为正；凡轴类尺寸均以其最大尺寸作为公称尺寸，即公差为负。进行工作尺寸计算时应考虑塑料的收缩率。

4）模具冷却与加热系统计算：冷却系统计算包括冷却时间和冷却参数计算。冷却时间计算有三种方法，根据塑料制品的形状和塑料性能选择适当的公式进行计算即可。冷却参数包括冷却面积、冷却水孔长度和孔数的计算及冷却水流动状态的校核和冷却水入口与出口出温度差的校核。模具加热工艺计算主要是加热功率计算。

5）注射压力、锁模力和安装尺寸校核：模具初步设计完成后，一般还校核所选择的注射机注射压力和锁模力能否满足塑料成型要求，校核模具外形尺寸可否方便安装，行程是否满足模塑成型及取件要求。

若设计挤压模或其他模具则进行相应的工艺计算。

4. 模具结构设计

（1）确定凹模（模板）尺寸　先计算凹模（模板）厚度，再根据厚度确定凹模（模板）周界尺寸（圆形凹模为直径，矩形凹模为长和宽）。在确定凹模（模板）周界尺寸时一定要注意四个问题：第一，浇注系统的布置，特别是对于一模多件的塑料模应仔细考虑模腔位置和浇道布置；第二，要考虑凹模上螺孔的布置位置；第三，冲模压力中心一般与凹模的几何中心重合，注射模主流道中心与模板的几何中心重合；第四，凹模（模板）外形尺寸尽量按国家标准选取。

（2）选择模架并确定其他模具零件的主要参数　对于冷冲模设计，根据凹模周界尺寸大小，从《冷冲模国家标准》GB/T 2851.1—1990 ~ GB/T 2875—1990（冷冲模典型组合）中即可确定模架规格；对于塑料模则在确定模架结构形式和定模、动模板的尺寸后，则可根据定模板和动模板的尺寸，从《塑料模国家标准》GB/T 12555—2006（塑料注射模大型模架）和 GB/T 12556—2006（塑料注射模中小型模架几技术条件）中确定模架规格。待模架规格确定后即可确定主要冲模或塑模零件的规格参数，再查阅标准中有关零部件图表，就可以画装配图了。

（3）画装配图　模具装配图上零件较多、结构复杂，为准确、迅速地完成装配图绘制工作，必须掌握正确的画法。

一般画装配图均先画主视图，再画俯视图和其他视图。画主视图既可以从上往下画，也可以从下往上画。但在模具零件的主要参数已知的情况下，最好从凸、凹模结合面（分型面）开始，同时往上、下两个方向画较为方便，且不易出错。由于塑料注射成型机械多数是卧式的，故注射模也按安装位置常画成卧式，也可从分型面向左、右两个方向完成塑料模图样的绘制。

画装配图一般应先画模具结构草图，经指导教师审阅后再画正式图。

（4）编写技术文件　模具课程设计要求编写的技术文件有：说明书、工艺卡和机械加工工艺过程卡。可按本章要求认真填写。

五、时间安排

1. 课程设计

课程设计时间一般定为 1.5 ~2 周，其进度及时间安排大致如下：

熟悉设计题目，查阅资料，做准备工作	1 天
进行工艺方案分析，确定工艺方案	1 天
工艺设计和工艺计算	0.5 ~1 天
画装配图草图	1 ~1.5 天
画装配图	1.5 ~2 天
画零件图	0.5 ~1 天
编写技术文件	1 ~1.5 天
答辩	0.5 ~1 天
合计	1.5 ~2 周

2. 毕业设计

根据教学计划，毕业设计安排一般为 4 ~6 周时间，模具毕业设计题目的难易程度和工作量大小则应按此安排。

六、其他设计资料

由于本书受篇幅所限，不能收集更多的资料供学生在设计时使用和参考，故列出部分较新、较实用的设计资料和文献目录，为学生到图书馆借阅提供便利。

[1] 熊中实．世界钢铁牌号表示方法与对照手册［M］．上海：科学技术出版社，2009.
[2] 冯爱新．塑料模工程师手册［M］．北京：机械工业出版社，2009.
[3] 王鹏驹，张杰．塑料模具设计师手册［M］．北京：机械工业出版社，2008.
[4] 国家标准总局．冷冲模国家标准［M］．北京：中国标准出版社，1999.
[5] 国家标准总局．塑料模国家标准［M］．北京：中国标准出版社，1999.
[6] 刘航．模具价格估算［M］．北京：机械工业出版社，2000.
[7] 模具实用技术丛书编委会．冲模设计应用实例［M］．北京：机械工业出版社，1999.
[8] 模具实用技术丛书编委会．模具制造工艺装备及应用［M］．北京：机械工业出版社，1999.
[9] 模具实用技术丛书编委会．模具材料与使用寿命［M］．北京：机械工业出版社，2000.
[10] 王桂萍，邱以云．塑料模具的设计与制造问答［M］．北京：机械工业出版社，1996.
[11] 陈万林，等．实用塑料注射模设计与制造［M］．北京：机械工业出版社，2000.
[12] 王孝培．塑料成型工艺及模具简明手册［M］．北京：机械工业出版社，2000.
[13] 王孝培．冲压手册　第2版［M］．北京：机械工业出版社，2000.
[14] 中国机械工程学会锻压学会．锻压手册　第2卷冲压［M］．北京：机械工业出版社，1996.
[15] 许发樾．实用模具设计与制造手册［M］．北京：机械工业出版社，2001.
[16] 陈晓华，王秀英．典型零件模具图册［M］．北京：机械工业出版社，2001.
[17] 翁其金．模具设计与制造实验指导书［M］．北京：机械工业出版社，1998.
[18] 翁其金．塑料模塑工艺与塑料模设计［M］．北京：机械工业出版社，1999.
[19] 翁其金．冲压工艺与冲模设计［M］．北京：机械工业出版社，1999.
[20] 翁其金．冷冲压技术［M］．北京：机械工业出版社，2001.
[21] 塑料模具技术手册编委会．塑料模具技术手册［M］．北京：机械工业出版社，1997.
[22] 成都科技大学，等．塑料成型模具［M］．北京：中国轻工业出版社，1992.
[23] 李培武，杨文成．塑性成型设备［M］．北京：机械工业出版社，1995.

第二章 设计实例

为便于指导学生进行设计，并更好地配合理论课教学，特编写此设计实例。本章实例尽量从生产实际出发，按工厂实际设计程序设计，但也考虑到教学特点，在叙述上力求使学生易于理解，便于掌握。

一、实例一

制件如图 2-1 所示，材料为黄铜 H68（半硬），料厚 1mm，制件尺寸公差等级为 IT14，年产量 20 万件。

1. 工艺分析

该制件形状简单，尺寸较小，厚度适中，一般批量，属普通冲压件，但有以下几点应注意。

1）2 × ϕ3.5mm 两孔壁距及与周边距仅 2.25 ~ 2.5mm，在设计模具时应加以注意。

2）制件头部有 15°的非对称弯曲，控制回弹是关键。

3）制件较小，从安全考虑，要采取适当的取件方式。

4）有一定的批量，应重视模具材料和结构的选择，保证一定的模具寿命。

图 2-1　片状弹簧

2. 工艺方案的确定

根据制件工艺性分析，其基本工序有落料、冲孔和弯曲三种。按其先后顺序组合，可得如下五种方案。

1）落料—弯曲—冲孔，单工序冲压。

2）落料—冲孔—弯曲，单工序冲压。

3）冲孔—切口—弯曲—落料，单件复合冲压。

4）冲孔—切口—弯曲—切断—落料，两件连冲复合。

5）冲孔—切口—弯曲—切断，两件连冲级进冲压。

方案 1）、2）属于单工序冲压。由于此制件生产批量较大，尺寸又较小，这两种方案生产率较低，操作也不安全，故不宜采用。

方案 3）、4）属于复合式冲压。由于制件结构尺寸小，壁厚小，复合模装配较困难，强度也会受影响，寿命不高；又因冲孔在前，落料在后，以凸模插入材料和凹模内进行落料，必然受到材料的切向流动压力，有可能使 $\phi3.5\text{mm}$ 凸模纵向变形，因此采用复合冲压，除解决了操作安全性和生产率等问题外，又有新的难题，因此使用价值不高，也不宜采用。

方案5）属于级进冲压，既解决了方案1）、2）的问题，又不存在方案3）、4）的难点，故此方案最为合适。

3. 模具结构形式的确定

因制件材料较薄，为保证制件平整，采用弹压卸料装置。它还可对冲孔小凸模起导向作用和保护作用。为方便操作和取件，选用双柱可倾压力机，纵向送料。因制件薄而窄，故采用侧刃定位，生产率高，材料消耗也不大。

综上所述，由本书表5-2、5-7选用弹压卸料纵向送料典型组合结构形式，对角导柱滑动导向模架。

4. 工艺设计

(1) 计算毛坯尺寸　相对弯曲半径为

$$R/t = 2/1 = 2 > 0.5$$

式中　R——弯曲半径（mm）；

　　t——料厚（mm）。

可见，制件属于圆角半径较大的弯曲件，应先求弯曲变形区中性层曲率半径 ρ（mm）。由文献（书末参考文献）[9] 中性层的位置计算公式

$$\rho = R + Xt$$

式中　X——由实验测定的应变中性层位移系数。

由文献 [9] 表4-5应变中性层位移系数 X 值，查出 $X = 0.38$

$$\rho = (2 + 0.38 \times 1)\text{mm} = 2.38\text{mm}$$

由文献 [9] 圆角半径较大（$R > 0.5t$）的弯曲件毛料长度计算公式

$$l_0 = \sum l_{直} + \sum l_{弯};\ l_{弯} = \frac{180° - \alpha}{180°}\pi\rho$$

式中　l_0——弯曲件毛料展开长度（mm）；

$\sum l_{直}$——弯曲件各直线段长度总和（mm）；

$\sum l_{弯}$——弯曲件各弯曲部分中性层展开长度之和（mm）。

由图2-2可知

$$\sum l_{直} = \overline{AB} + \overline{BC};\ \sum l_{弯} = \widehat{CE} + \widehat{EF}$$

其中　$\overline{AB} = 20\text{mm}$

$$\overline{BG} = (36 - 20)\text{mm} = 16\text{mm}$$

$$\overline{OD} = (2 + 1 + 2)\text{mm} = 5\text{mm}$$

$$\overline{CD} = (2 + 1)\text{mm} = 3\text{mm}$$

$$\overline{OC} = \sqrt{5^2 - 3^2}\text{mm} = 4\text{mm}$$

$$\overline{BO} = \frac{16}{\cos 15°}\text{mm} = 16.56\text{mm}$$

$$\overline{BC} = \overline{BO} - \overline{OC} = (16.56 - 4)\text{mm} = 12.56\text{mm}$$

$$\beta = \arccos\frac{4}{5} = 36.87°$$

$$\alpha = 90° - 36.87° = 53.13°$$

则

$$\sum l_{直} = (20 + 12.56)\text{mm} = 32.56\text{mm}$$

$$\sum l_{弯} = \pi\rho\left(\frac{53.13°}{180°} + \frac{180° - 36.87°}{180°}\right) = 8.14\text{mm}$$

$$l_0 = (32.56 + 8.14)\text{mm} \approx 41\text{mm}$$

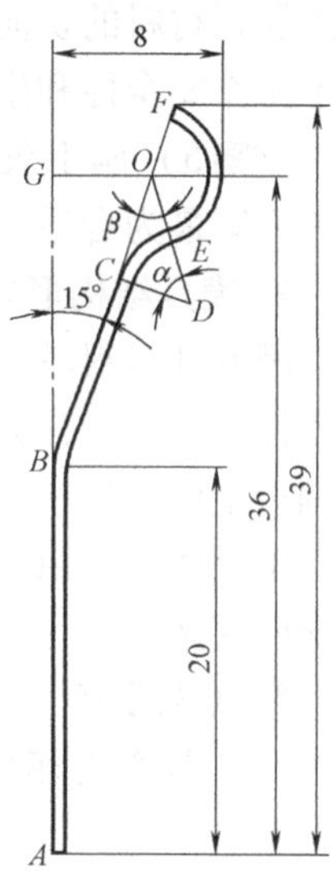

图 2-2 几何关系图

（2）画排样图 因 $2 \times \phi3.5$mm 的孔壁距较小，考虑到凹模强度，将两小孔分两步冲出，冲孔与切口工序之间留一空位工步，故该制件需六个工步完成。

由文献［9］表 2-9 切断工序中工艺废料带的标准值、表 2-10 切口工序工艺废料的标准值，表 2-13 条料宽度公差 Δ、表 2-14 侧刃裁切的条料的切口宽 F，得

$F = 1.5$mm $S = 3.5$mm $\Delta = 0.5$mm $C = 3$mm（考虑到凸模强度，实取 $C = 5$mm）

由文献［9］采用侧刃条料宽度尺寸 B（mm）的确定公式

$$B = (L + 1.5a + nF) - \Delta$$

得条料宽度 B

$$B = (2l_0 + C + 2F) = (41 \times 2 + 5 + 2 \times 1.5)_{-0.5}^{\ 0}\text{mm} = 90_{-0.5}^{\ 0}\text{mm}$$

如图 2-3 所示，画排样图。

查本书表 4-6，选板料规格为 1500mm × 600mm × 1mm，每块可剪 600mm × 90mm 规格条料 16 条，材料剪裁利用率达 96%。

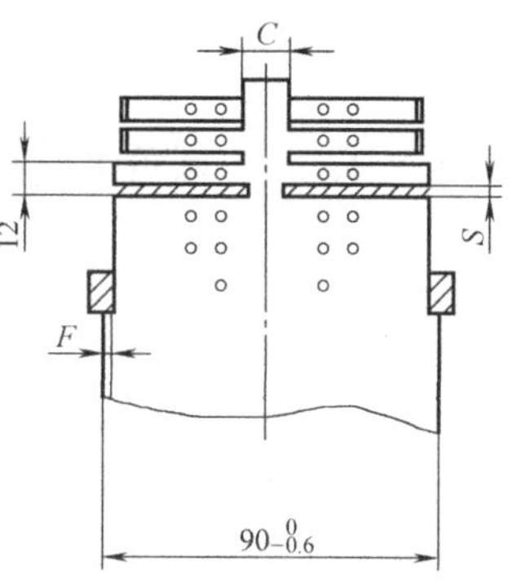

图 2-3 排样图

（3）计算材料利用率 η 由文献［9］材料利用率通用计算公式

$$\eta = \frac{A_0}{A} \times 100\%$$

式中 A_0——得到制件的总面积（mm^2）；

A——一个步距的条料面积（$L \times B$）（mm × mm）

得
$$\eta = \frac{41 \times 8.5 \times 2}{12 \times 90} \times 100\% = 65\%$$

（4）计算冲压力 完成本制件所需的冲压力由冲裁力、弯曲力及卸料力、推料力组成，不需计算弯曲时的顶料力和压料力。

1）冲裁力 $F_{冲}$——由冲孔力、切口力、切断力和侧刃冲压力四部分组成。

由文献［9］冲裁力 $F_{冲}$（N）的计算公式

$$F_{冲} = KLt\tau_0 \quad 或 \quad F_{冲} = Lt\sigma_b$$

式中 K——系数，$K = 1.3$；

L——冲裁周边长度（mm）；

τ_0——材料的抗剪强度（MPa）；

σ_b——材料的抗拉强度（MPa）。

由本书表4-10得

$R_m = 343\text{MPa}$（为计算方便，圆整为350MPa）

$F_{冲} = 350 \times 1 \times [4 \times 3.5 \times 3.14 + 2 \times (3.5 + 41 \times 2) + 2 \times (12 + 1.5) + 2 \times 8.5 + 5]\text{N} = 93.1\text{kN}$

2）弯曲力 $F_{弯}$——为有效控制回弹，采用校正弯曲。

由文献［9］校正弯曲力 $F_{弯}$（N）的计算公式

$$F_{弯} = Ap$$

式中　A——弯形区投影面积（mm^2）；

p——单位校正力（MPa），查文献［9］表4-4单位校正力 p 值取 $p = 60\text{MPa}$。

$$F_{弯} = 2Ap = 2 \times 8.5 \times 39 \times 60\text{N} = 39.8\text{kN}$$

3）卸料力 $F_{卸}$ 和推料力 $F_{推}$——由文献［9］卸料力、推料力的计算公式

$$F_{卸} = K_{卸} F_{冲}$$

$$F_{推} = K_{推} F_{冲} n$$

式中　$K_{推}$、$K_{卸}$——系数，查文献［9］表2-16卸料力、推料力和顶料力的系数，得 $K_{卸} = K_{推} = 0.05$；

n——卡在凹模直壁洞口内的制作（或废料）件数，一般卡3～5件，本例取 $n = 5$。

$$F_{卸} = 0.05 \times 93.1\text{kN} = 4.7\text{kN}$$

$$F_{推} = 5 \times 0.05 \times 93.1\text{kN} = 23.3\text{kN}$$

$$\begin{aligned} F &= F_{冲} + F_{弯} + F_{卸} + F_{推} \\ &= (93.1 + 39.8 + 4.7 + 23.3)\text{kN} \\ &= 160.9\text{kN} \end{aligned}$$

（5）初选压力机　查文献［9］表1-7开式双柱可倾压力机（部分）参数，初选压力机型号规格为J23-25。

（6）计算压力中心　本例由于图形规则，两件对排，左右对称，故采用解析法求压力中心较为方便。建立坐标系如图2-4所示。

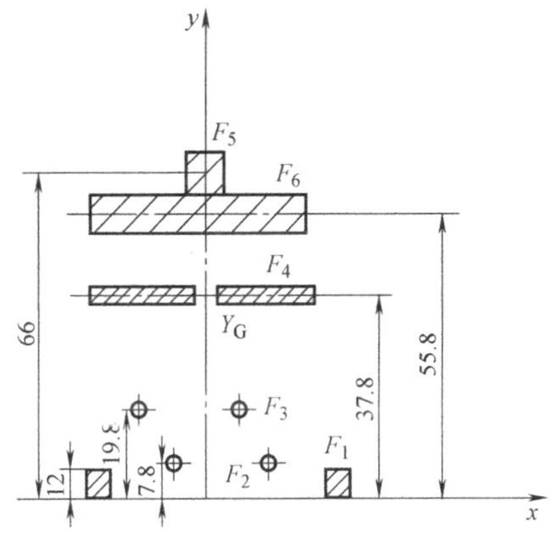

图2-4　冲模压力中心

因为左右对称，所以 $X_G = 0$，只需求 Y_G。

根据合力矩定理有

$$Y_G = \frac{Y_1F_1 + Y_2F_2 + Y_3F_3 + Y_4F_4 + Y_5F_5 + Y_6F_6}{F_1 + F_2 + F_3 + F_4 + F_5 + F_6}$$

$$= \frac{2 \times 1 \times 350 \times [6 \times 12 + 7.8 \times 3.5 \times 3.14 + 19.8 \times 3.14 \times 3.5 + 37.8 \times (3.5 + 2 \times 41.5^*) + 66 \times (8.5 + 2)] + 55.8 \times 39800}{(93.1 + 39.8) \times 1000}\text{mm}$$

$$= \frac{4877430}{132900}\text{mm} = 36.7\text{mm} \approx 37\text{mm}$$

上式中注＊尺寸比制件展开毛坯尺寸大0.5mm，目的是避免在切口工序时模具或条料的误差引起制件边缘毛刺的增大。

（7）计算凸、凹模刃口尺寸　本制件形状简单，可按分别加工法计算刃口尺寸。

由文献［9］表2-3材料抗剪强度与间隙值的关系和表2-5规则形状（圆形、方形）冲裁凸、凹模的制造公差

$$Z_{min}=0.12\text{mm}\quad Z_{max}=0.20\text{mm}$$

$$\delta_p=0.020\text{mm}\quad \delta_d=0.020\text{mm}$$

$$\delta_p+\delta_d=(0.020+0.020)\text{mm}=0.040\text{mm}$$

$$Z_{max}-Z_{min}=(0.20-0.12)\text{mm}=0.08\text{mm}$$

$$\delta_p+\delta_d\leqslant Z_{max}-Z_{min}$$

满足

所以可用分注尺寸法计算。

由文献［9］分开加工刃口尺寸计算公式及表2-6磨损系数X，查出$X=0.5$

1）冲孔刃口尺寸

$$d_p=(3.5+0.5\times0.30)_{-0.020}^{\ 0}\text{mm}=3.65_{-0.020}^{\ 0}\text{mm}$$

$$d_d=(3.65+0.12)_{\ 0}^{+0.020}\text{mm}=3.77_{\ 0}^{+0.020}\text{mm}$$

2）切口和切断刃口尺寸：由于在切口和切断工序中，凸、凹模均只在三个方向与板料作用并使之分离，并由图2-3可知，尺寸C和S既不是冲孔尺寸也不是落料尺寸，要正确控制C和S两个尺寸才能间接保证制件外形尺寸。为使计算简便，直接取C和S值为凸模公称尺寸，间隙取在凹模上。

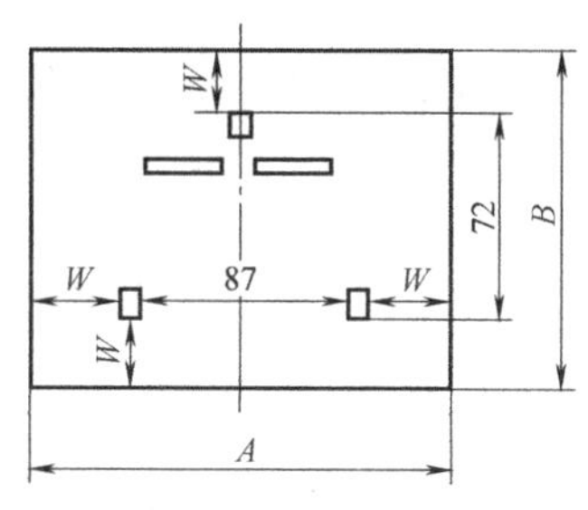

图2-5　凹模孔口到凹模周界尺寸

① 切断刃口尺寸

$$d_p=5_{-0.020}^{\ 0}\text{mm}$$

$$d_d=(5+0.12)_{\ 0}^{+0.02}\text{mm}=5.12_{\ 0}^{+0.02}\text{mm}$$

② 切口刃口尺寸

$$d_p=3.5_{-0.02}^{\ 0}\text{mm}$$

$$d_d=(3.5+0.12)_{\ 0}^{+0.02}\text{mm}=3.62_{\ 0}^{+0.02}\text{mm}$$

3）侧刃尺寸：侧刃为标准件，根据送料步距和修边值查侧刃值表，按标准取侧刃尺寸。

由文献［9］表2-11侧面切口值尺寸得

侧刃宽度$B=6$mm　侧刃长度$L=12$mm

间隙取在凹模上，故侧刃孔口尺寸为

$$B = 6.12^{+0.02}_{0}\text{mm} \quad L = 12.12^{+0.02}_{0}\text{mm}$$

(8) 凹模各孔口位置尺寸　在本例中，这类尺寸较多，包括两侧刃孔位置尺寸、四个小孔位置尺寸、两切口模孔位置及切断孔口位置尺寸。其公称尺寸可按排样图确定。其制造公差按文献［9］表2-2冲裁件公差等级应为IT9，但本例送进工步数较多，累积误差过大，会造成凸、凹模间隙不均，影响冲裁质量和模具寿命，故而应将模具制造精度提高。考虑到加工经济性，在送料方向的尺寸按IT7级制造，其他位置尺寸按IT8~IT9级制造，凸模固定板与凹模配制。具体尺寸参照图2-5。

(9) 卸料板各孔口尺寸　卸料板各型孔应与凸模保持$0.5Z_{min}$间隙，这样有利于保护凸、凹模刃口不被“啃”伤，据此原则确定具体尺寸，如图2-9所示。

(10) 凸模固定板各孔口尺寸　凸模固定板各孔与凸模配合，通常按H7/n6或H7/m6选取，本例选H7/n6配合。查本书表3-1可得各型孔尺寸公差，如图2-10所示。

(11) 回弹值　由工艺分析可知，本制件弯曲回弹影响最大的部位是在15°角处，$R/t = 2 < 5$。此处属小圆角V形弯曲，故只考虑回弹值。回弹值可查相关图表进行估算。如手边无该种材料的回弹值数据，也可根据材料的R_m值，查与其相近材料的回弹值作为参考。据此，由文献［9］图4-11弯曲的回弹值可知15°角处由于回弹可能小于15°，但回弹值不会很大，故弯曲凸、凹模均可按制件公称尺寸标注，在试模后稍加修磨即可。

5. 填写冲压工艺卡

按表2-1要求，将以上有关结果、数据填入。时间定额一栏可不要求填写。

6. 模具结构设计

(1) 凹模设计　因制件形状简单，虽有六个工步，但总体尺寸并不大，选用整体式矩形凹模较为合理。因生产批量较大，由本书表3-7，选用Cr12MoV为凹模材料。

1) 确定凹模厚度H值：由文献［9］凹模厚度的计算公式

$$H = \sqrt[3]{F_{冲}} = \sqrt[3]{9310}\text{mm} \approx 21\text{mm}$$

2) 确定凹模周界尺寸$L \times B$：由文献［9］凹模孔壁厚的确定公式，凹模孔口轮廓线为直线时：$W = 1.5H$。由图2-5和文献［9］图3-13得

$$W = 1.5H = 1.5 \times 21\text{mm} \approx 32\text{mm}$$

$$L = 150 \sim 160\text{mm} \quad B \approx 130 \sim 140\text{mm}$$

由本书表5-38矩形凹模标准可查到较为靠近的凹模周界尺寸为160mm×140mm×20mm。据此值查行业标准，可得典型组合160×140×140~170（单位为mm）。而由此典型组合标准，即可方便地确定其他冲模零件的数量、尺寸及主要参数。需要说明的是，凹模宽度140mm这个尺寸虽然不是优先选用参数，但根据图2-5计算出B值与之最接近，而且当$B = 140\text{mm}$时，压力中心与凹模几何中心重合，故选定此尺寸。

(2) 选择模架及确定其他冲模零件尺寸　由凹模周界尺寸及模架闭合高度在140~170mm之间，查本书表5-7选用对角导柱模架，标记为160×140×140~1701（GB/T 2851.1—2008），并可根据此标准画出模架图。类似也可查出其他零件尺寸参数，此时即可转入画装配图。

7. 画装配图和零件图

按第一章要求绘制装配图和零件图（如图2-6~图2-13所示。冲孔、切口、切断凸模

在此略）。

8. 校核压力机安装尺寸

模座外形尺寸为250mm×230mm，闭合高度为160mm，由文献［9］表1-7，J23-25型压力机工作台尺寸为370mm×560mm，最大闭合高度为270mm，连杆调节长度为55mm，故在工作台上加一50～100mm垫板，即可安装。模柄孔尺寸也与本副模具所选模柄尺寸相符。

表2-1 冷冲压工艺卡片 （单位：mm）

（校名）	冷冲压工艺卡片	产品型号		零(部)件名称		共 页
		产品名称		零(部)件型号		第 页

材料牌号及规格	材料技术要求	毛坯尺寸	每毛坯可制件数	毛坯质量	辅助材料
H68（半硬）1500×600×1		条料600×90	50		

	工序号	工序名称	工序内容	加工简图	设备	工艺装备	工时
	0	下料	剪床上裁板600×90		Q11-6×2500		
	1	冲压	冲孔、切口弯曲、切断连续冲压（一次两件）		J23 25	冲孔弯曲级进模	
	2	检验	按产品图样检验				
	3						
	4						
	5						
	6						
描图	7						
校对							
底图号	8						
装订号							

										编制（日期）	审核（日期）	会签（日期）	
标记	处数	更改文件号	签字	日期	标记	处数	更改文件号	签字	日期				

9. 编写技术文件

填写冲模零件机械加工工艺过程卡，格式见表2-2。再编写设计说明书。这里需要说明的是，在生产实际中，一般仅需填写两个卡片，而不写设计说明书。

表 2-2 冲模零件机械加工工艺过程卡

（单位：mm）

<table>
<tr><td colspan="3" rowspan="2">（厂名）</td><td colspan="5" rowspan="2">冲模零件机械加工工艺过程卡</td><td>模具名称</td><td>片状弹簧冲压连续模</td><td colspan="2">共　页</td></tr>
<tr><td>零件名称</td><td>凹模</td><td colspan="2">第　页</td></tr>
<tr><td rowspan="2">材料</td><td>名称</td><td>合金工具钢</td><td>毛坯种类</td><td>毛坯尺寸</td><td>零件质量</td><td>件数</td><td rowspan="2">更改内容</td><td colspan="4"></td></tr>
<tr><td>牌号</td><td>Cr12MoV</td><td>锻坯</td><td></td><td></td><td>1</td><td colspan="4"></td></tr>
<tr><td>序号</td><td colspan="5">工序内容</td><td colspan="2">加工车间</td><td colspan="2">设备名称编号</td><td>工艺装备</td><td>工时定额</td></tr>
<tr><td>1</td><td colspan="5">下料：φ100×77</td><td colspan="2">备料车间</td><td colspan="2">锯床</td><td></td><td></td></tr>
<tr><td>2</td><td colspan="5">锻造：166×146×24 尺寸公差均为±2</td><td colspan="2">锻造车间</td><td colspan="2">空气锤 C41-250 加热炉</td><td></td><td></td></tr>
<tr><td>3</td><td colspan="5">退火：</td><td colspan="2">锻造车间</td><td colspan="2">加热炉</td><td></td><td></td></tr>
<tr><td>4</td><td colspan="5">检验：</td><td colspan="2">锻造车间</td><td colspan="2"></td><td></td><td></td></tr>
<tr><td>5</td><td colspan="5">刨：粗、半精加工六个面，单面余量为 0.3～0.4</td><td colspan="2">模具车间</td><td colspan="2">铣床或刨床</td><td>虎钳</td><td></td></tr>
<tr><td>6</td><td colspan="5">磨：磨上、下平面、两基准面至图样尺寸</td><td colspan="2">模具车间</td><td colspan="2">磨床 M7120A</td><td></td><td></td></tr>
<tr><td>7</td><td colspan="5">划线：划中心线、各螺孔、销孔、型孔轮廓线</td><td colspan="2">模具车间</td><td colspan="2"></td><td>划线平台</td><td></td></tr>
<tr><td>8</td><td colspan="5">加工各孔：各螺钉、销孔与下模座配钻配铰</td><td colspan="2">模具车间</td><td colspan="2">立钻 Z525</td><td>平行夹头</td><td></td></tr>
<tr><td>9</td><td colspan="5">铣：铣出落料孔洞</td><td colspan="2">模具车间</td><td colspan="2">立铣 X53K</td><td>虎钳</td><td></td></tr>
<tr><td>10</td><td colspan="5">热处理：检验硬度为 60～64HRC</td><td colspan="2">热处理车间</td><td colspan="2">加热炉、油槽</td><td></td><td></td></tr>
<tr><td>11</td><td colspan="5">磨：精磨上、下面，表面粗糙度值达图样要求</td><td colspan="2">模具车间</td><td colspan="2">M7120A</td><td></td><td></td></tr>
<tr><td>12</td><td colspan="5">划线：划各型孔、弯曲型槽轮廓线</td><td colspan="2">模具车间</td><td colspan="2"></td><td>划经平台</td><td></td></tr>
<tr><td>13</td><td colspan="5">电加工：电火花穿孔加工弯曲型槽</td><td colspan="2">模具车间</td><td colspan="2">电火花成形机床 HCD250</td><td></td><td></td></tr>
<tr><td>14</td><td colspan="5">电加工：电火花线切割冲裁型孔</td><td colspan="2">模具车间</td><td colspan="2">电火花线切割机床 HCKX250</td><td>工件垫板</td><td></td></tr>
<tr><td>15</td><td colspan="5">修整：修整型腔</td><td colspan="2">模具车间</td><td colspan="2">H78-1 电动抛光机</td><td></td><td></td></tr>
<tr><td>16</td><td colspan="5">检验：按图样检验</td><td colspan="2"></td><td colspan="2"></td><td></td><td></td></tr>
<tr><td colspan="2">编制</td><td colspan="2"></td><td>校对</td><td colspan="2"></td><td>审核</td><td colspan="2"></td><td>会签</td><td></td></tr>
</table>

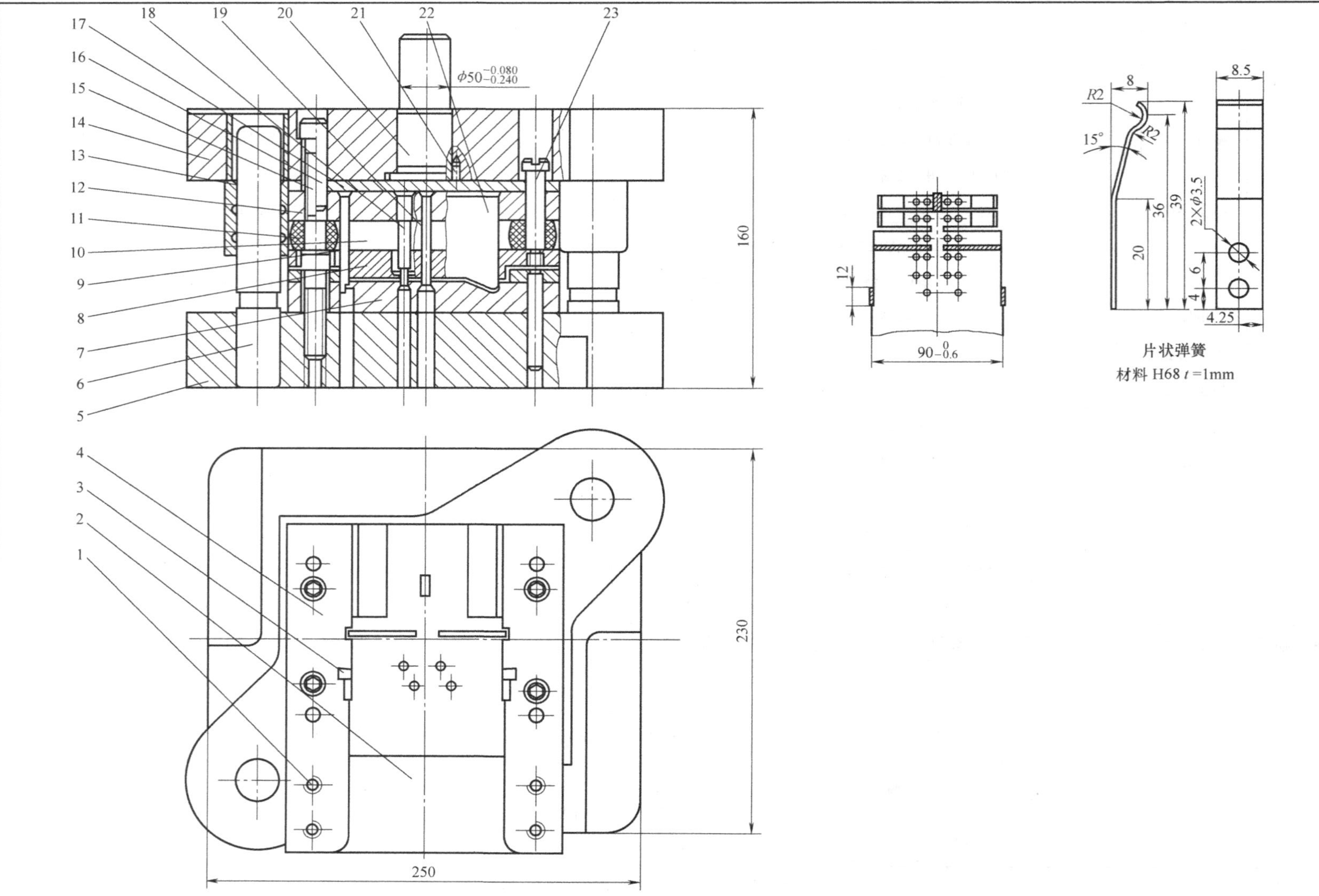
17
16
15
14
13
12
11
10
9
8
7
6
5
18
19
20
21
22
23
$\phi 50^{-0.080}_{-0.240}$
160
4
3
2
1
230
250
12
$90^{\ 0}_{-0.6}$
R2
8
R2
15°
20
36
39
2×φ3.5
6
4
8.5
4.25
片状弹簧
材料 H68 t=1mm

技术条件

1. 冲裁刃口间隙（双面）$Z_{min}=0.12mm$，$Z_{max}=0.20mm$。

2. 制件毛刺高度不得大于 0.02mm。

3. 本模具选用Ⅰ级精度对角导柱模架 160mm × 140mm × 140 ~ 170mm Ⅰ（GB/T 2855.1—2008），并按 GB/T 14662—2006 验收。

					12	凸模固定板	1	45 钢	
					11	橡皮		耐油橡胶	
					10	切口凸模	2	Cr12	
					9	侧刃	2	T8A	
					8	卸料板	1	45 钢	
					7	凹模	1	Cr12	
					6	导柱	2	20 钢	B25h6 B28h6 ×150×45
23	圆柱头卸料螺钉	4	45 钢	10×40	5	下模座	1	HT200	160×140×45
22	压弯凸模	1	T8A		4	导料板	2	45 钢	
21	圆柱销	1	35 钢	ϕ4×6GB/T 119—2000	3	侧刃挡块	2	T8A	
20	模柄	1	Q235	A30×83	2	承料板	1	Q235	
19	切断凸模	1	Cr12		1	六角螺钉	4	Q235	M6×8GB/T 70.1—2000
18	冲孔凸模	4	Cr12		序号	名称	件数	材料	备注
17	垫板	1	T7A		片状弹簧 弯曲切断级进模		比例	1:1	设备规格
16	圆柱销	8	35 钢	ϕ8×50GB/T 119—2000			件数	1	J23-16
15	内六角圆柱头螺钉	8	35 钢	M10×45GB/T 70.1—2000	设计		质量		共 张 第 张
14	上模座	1	HT200	160×140×40	校对		××××学校 专业 班		
13	导套	2	20	A25H7 A28H7 ×80×38	指导				
序号	名称	件数	材料	备注	审核				

图 2-6 实例一装配图

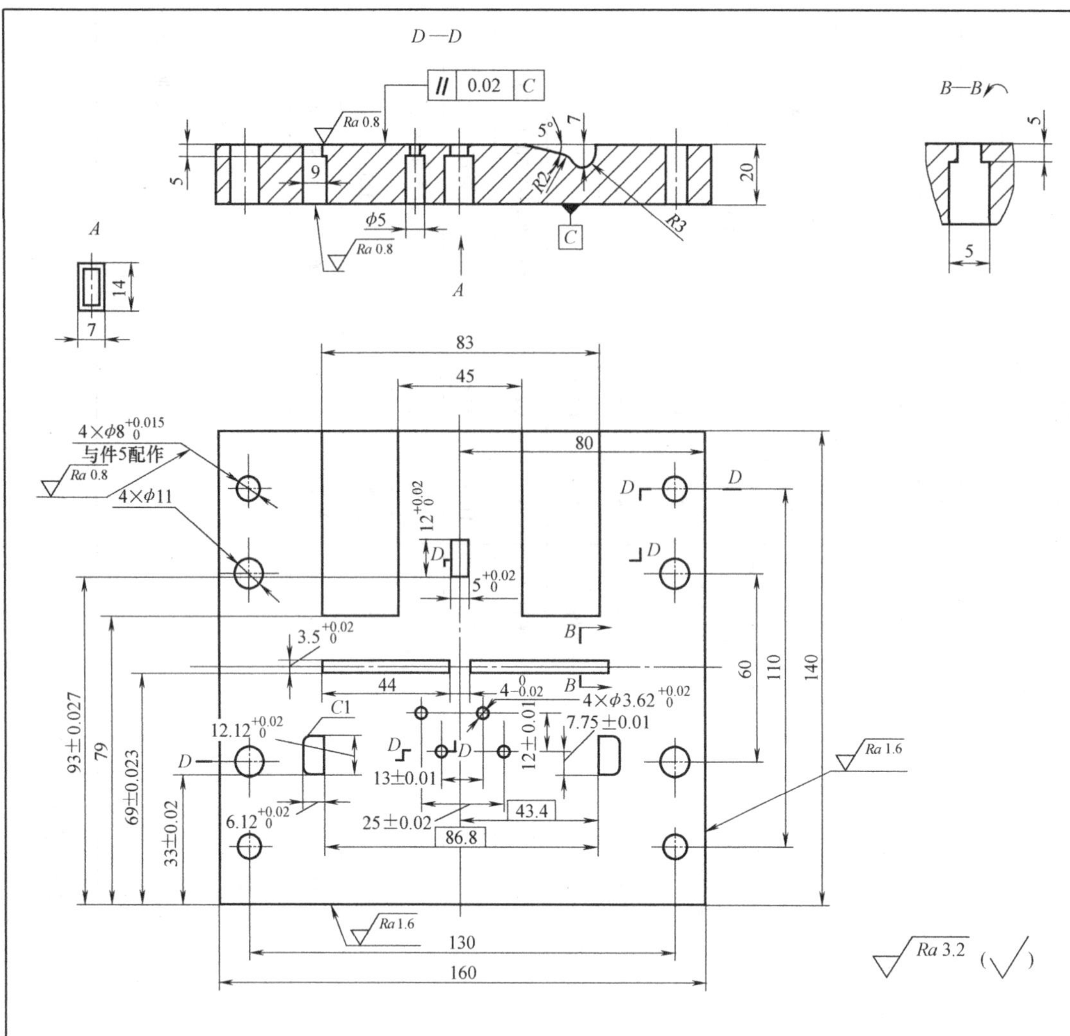

技术条件

1.弯曲型槽尺寸7和15°待试弯时调，试弯合格后凹模淬硬。

2.未注明圆角为$R1$，未注明倒角均为C1。

3.冲裁刃口 Ra 0.4 。

4.其余按JB/T 7653—2008条件验收。

凸模		比例	1:1	材料
		件数	1	Cr12
设计		质量		共　张　第　张
校对		××××学校 机制专业　班		
指导				
审核				

图 2-7　凹模

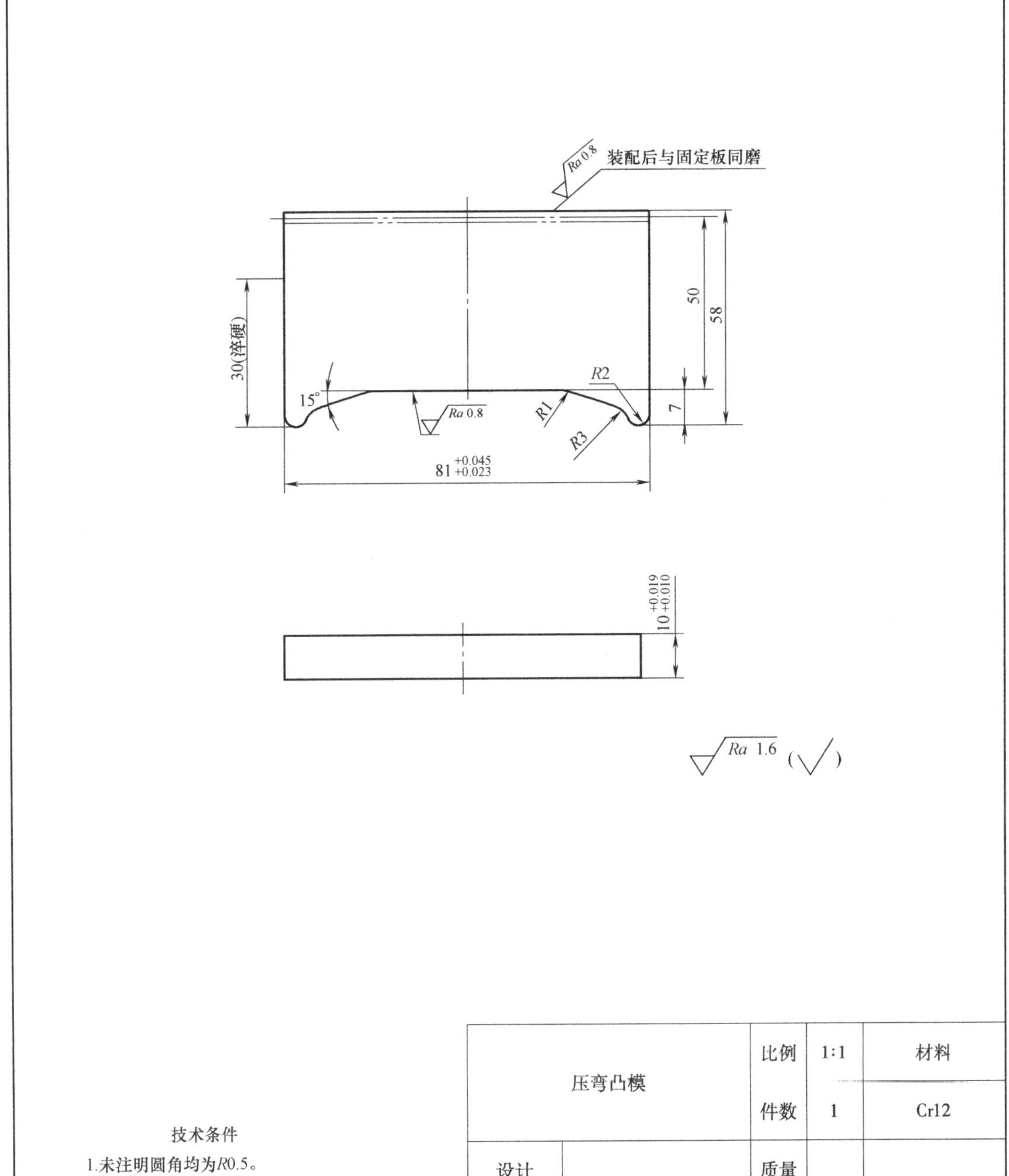

技术条件

1.未注明圆角均为R0.5。

2.淬硬部位要求58～60HRC，待试模后淬火。

压弯凸模		比例	1:1	材料
		件数	1	Cr12
设计		质量		
校对		××××学校 机制专业 班		
指导				
审核				

图 2-8 压弯凸模

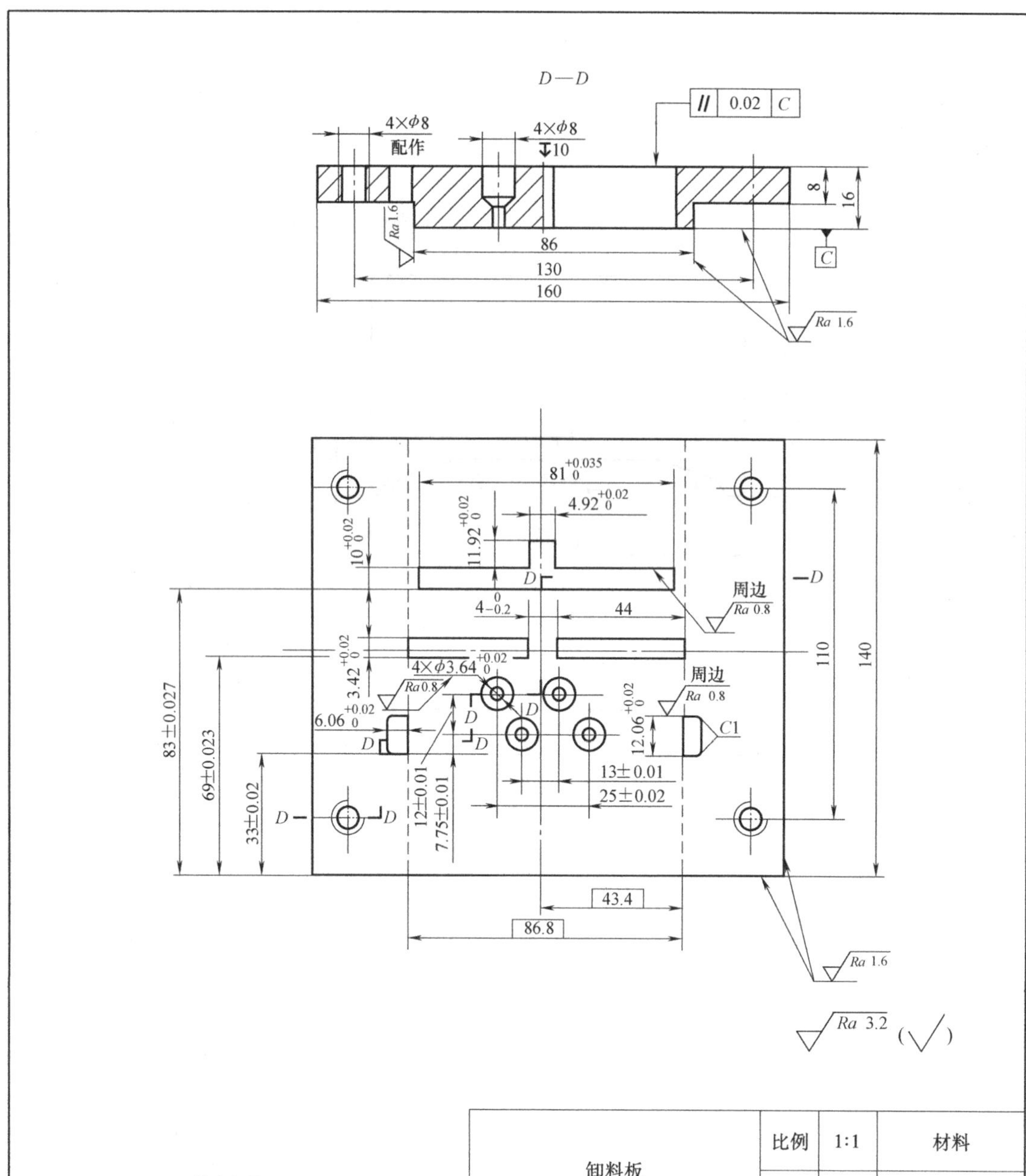

技术条件

1.未注明圆角为$R1$,倒角为$C1$。
2.C面所有工作型孔不允许有倒角。
3.各型孔对基准A、B的位置度公差均为0.02，对C的垂直度公差为0.02。
4.其余按JB/T 7653—2008条件验收。

卸料板		比例	1:1	材料
		件数	1	45
设计		质量		共　张　第　张
校对		××××学校 机制专业　班		
指导				
审核				

图 2-9　卸料板

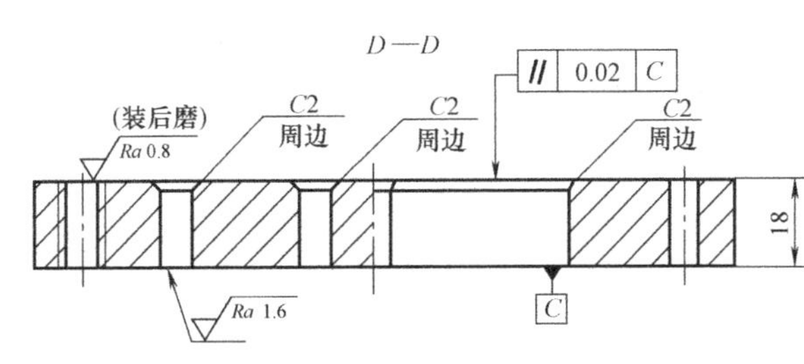

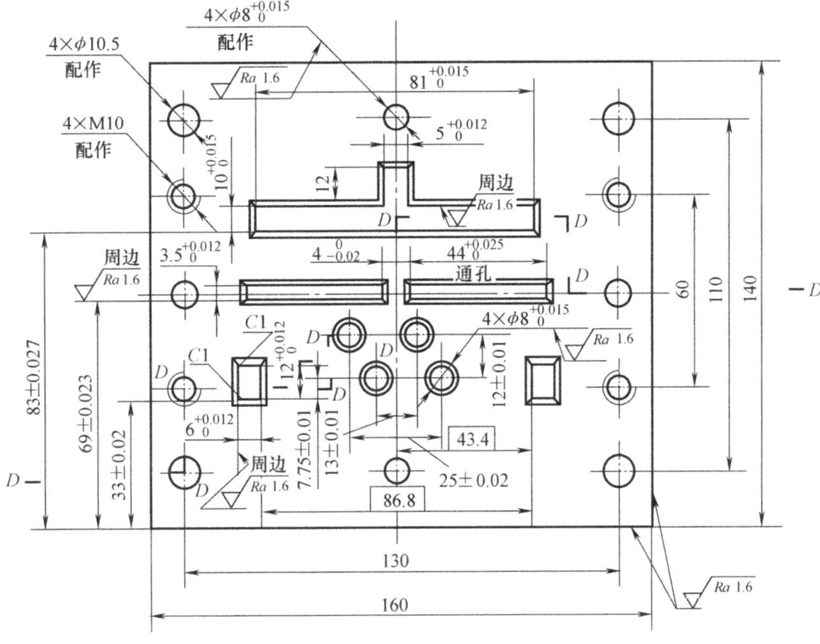

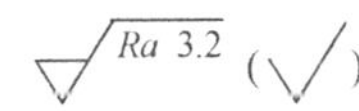

技术条件

1.未注明圆角为$R1$，未注明倒角均为$C1$。
2.各凸模安装孔对基准A、B和C的位置度公差均为0.02。
3.其余按JB/T 7653—2008条件验收。

凸模		比例	1:1	材料
凸模		件数	1	45
设计		质量		共 张 第 张
校对		××××学校 机制专业 班		
指导				
审核				

图 2-10 凸模固定板

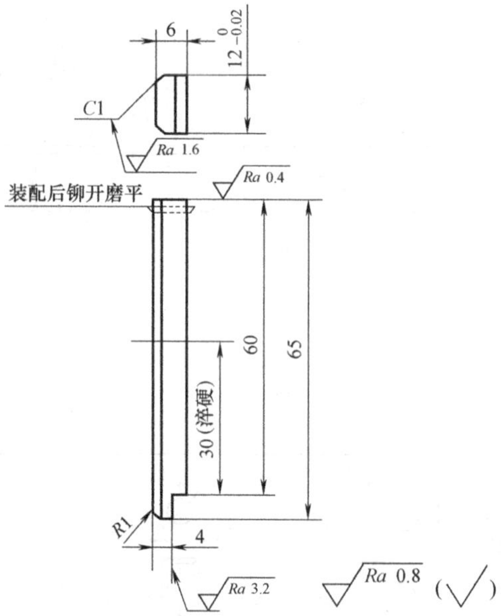

6
$12_{-0.02}^{\ 0}$
C1
Ra 1.6
Ra 0.4
装配后铆开磨平
60
65
30(淬硬)
R1
4
Ra 3.2
Ra 0.8 (√)

技术条件

1.与凸模固定板按H7/n6配合。
2.热处理：硬度58～62HRC。
3.其余按JB/T 7653—2008条件验收。

侧刃		比例	1:1	材料
		件数	2	Cr12
设计		质量		共　张　第　张
校对		××××学校		
指导				
审核		机制专业　班		

图 2-11　侧刃

18
$8_{\ 0}^{+0.1}$
R0.5
15°
14
R0.1
R0.5
Ra 0.8 (√)

技术条件

1.外形尺寸与导料板按H7/m6配合。
2.热处理：硬度56～60HRC。
3.其余按JB/T 7653—2008条件验收。

侧刃		比例	1:1	材料
		件数	2	T8A
设计		质量		共　张　第　张
校对		××××学校		
指导				
审核		机制专业　班		

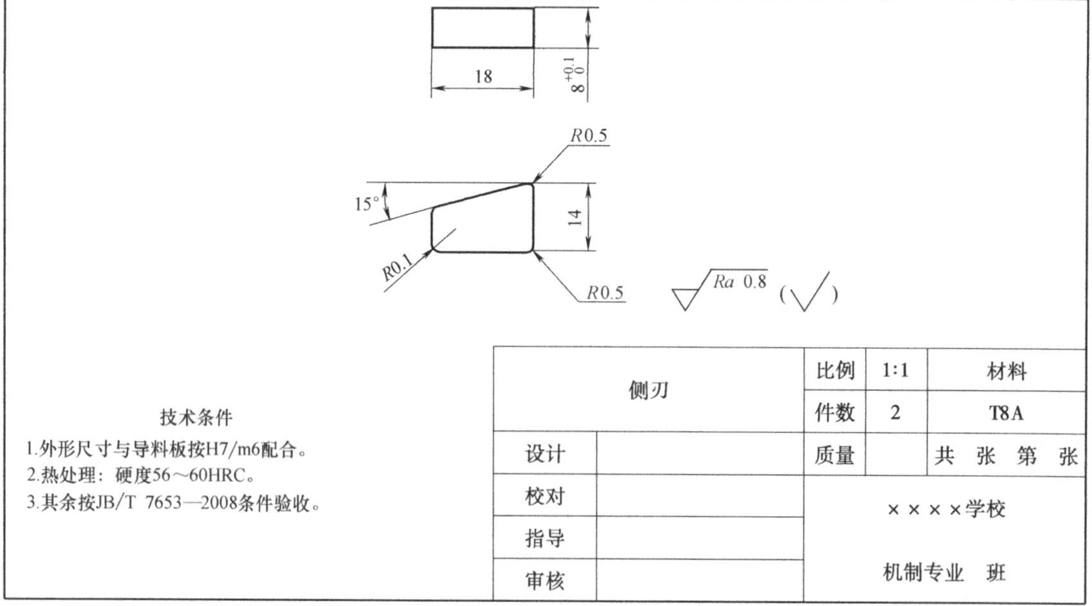

图 2-12　侧刃挡块

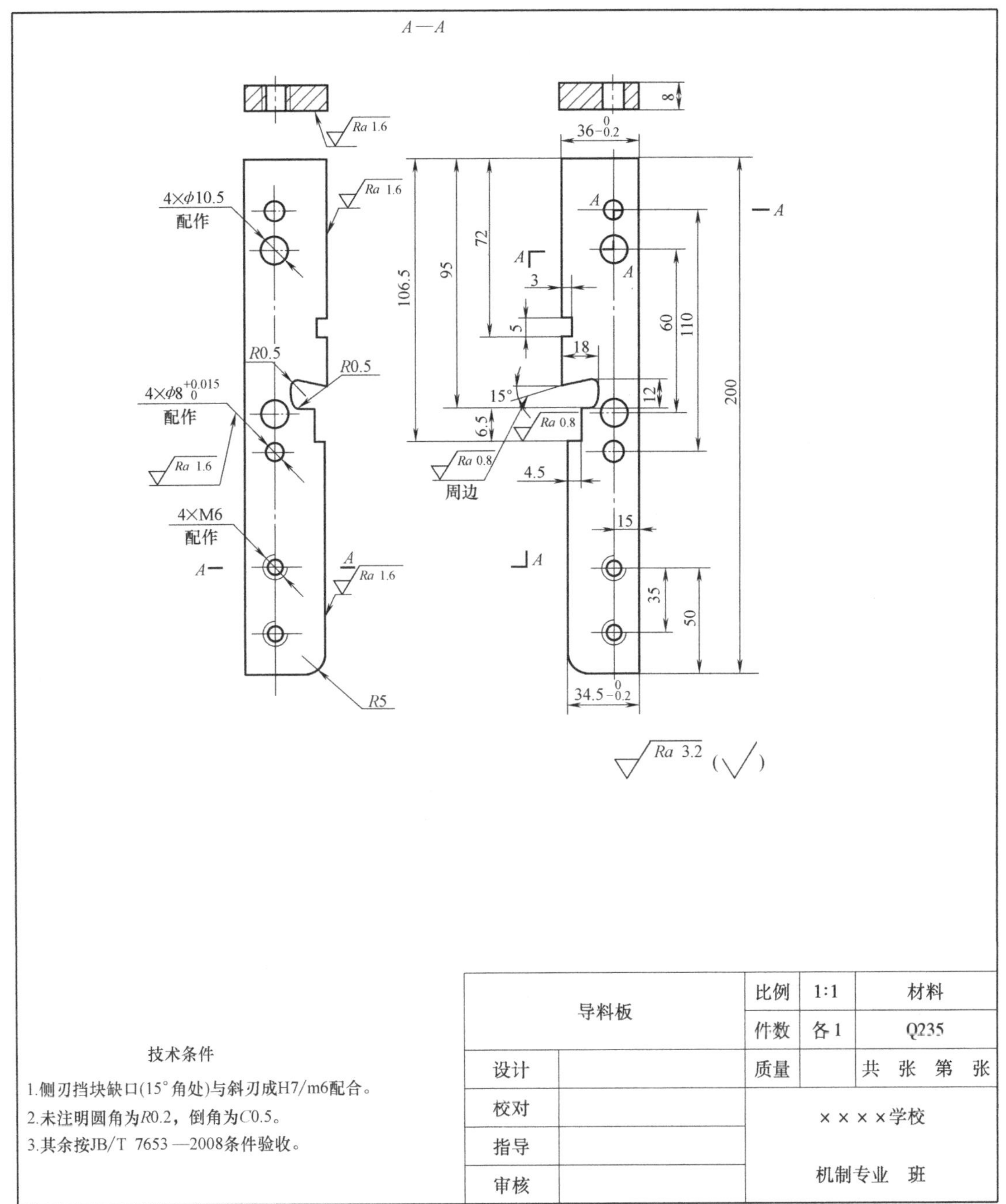

图 2-13 导料板

二、实例二

制件如图 2-14 所示，材料为 08 钢，料厚 0.9mm，制件尺寸公差等级为 IT14，形状简单，尺寸也不大，大批量生产，属普通冲压件。

1. 工艺性分析

根据制件的材料、厚度、形状及尺寸，在进行冲压工艺设计和模具设计时，应特别注意以下几点。

1）该制件为矩形拉深件，因此在设计时，毛坯尺寸的计算是一个重点。

2）虽然制件不大，但是深度尺寸相对较大，可能需要经过多次拉深。如果需要经过多次拉深，则拉深工序的确定以及拉深工序件尺寸的计算是正确进行工艺和模具设计的关键。

3）冲裁间隙、拉深凸凹模间隙以及每道拉深的高度的确定，应符合制件的要求。

4）各工序凸、凹模动作行程的确定应保证各工序动作稳妥、连贯。

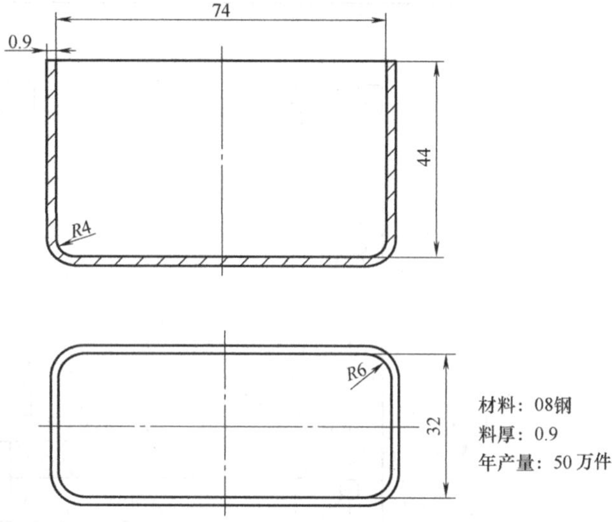

图2-14　制件图

2. 工艺方案的分析和确定

（1）工艺方案分析　根据制件的工艺性分析，其基本工序有落料、拉深、切边三种。按其先后顺序组合，可得以下两种方案。

1）落料—拉深—切边（可能要经过多次拉深，具体次数由工艺计算确定）。

2）落料、拉深复合—后续拉深—切边。

方案1）属于单工序冲压。由于此制件生产批量比较大，而尺寸不大，因此生产率比较低。方案2）改为落料、拉深复合，减少了工序数量，提高了效率，同时该制件的高度比较高，也满足落料、拉深复合工序本身的要求，故拟采用方案2）。

（2）主要工艺参数计算　计算拉深工序间尺寸：为了计算拉深工序间尺寸必须先确定拉深次数，从而确定计算方法。

已知制件尺寸如下：$b_1=74\text{mm}$，$b=32\text{mm}$，$h_0=44\text{mm}$，$r=6\text{mm}$，$r_{底}=4\text{mm}$，$t=0.9\text{mm}$。

首先确定拉深次数。

由于$\frac{t}{b}\times100=\frac{0.9}{32}\times100=2.8$以及$\frac{h_0}{b}\times100=\frac{44}{32}\times100=1.35$，根据文献［9］表5-15可知，拉深次数$n=3$。

根据$\frac{r}{b}=\frac{6}{32}=0.1875$及$\frac{h_0}{b}=1.375$，由文献［9］图5-20盒形件不同拉深情况的分区图，查得该件属于I_c区域的高矩形件。检查相对料厚$\frac{t}{b}>2$，可按本书表4-26所列的第二种方法计算。

1）确定拉深制件的修边余量Δh，并确定矩形制件的计算高度。

当$\frac{h_0}{r}=\frac{44}{6}=7.33$时，由文献［9］表5-12查得$\Delta h=(0.04\sim0.06)h_0$。这里由于比值

7.33 接近下限值，取 $\Delta h=0.04h_0$，可得 $\Delta h=2\text{mm}$，故：$h=\Delta h+h_0=(44+2)\text{mm}=46\text{mm}$

2）计算假想毛坯直径 D（$r\neq r_{底}$）

$$D=1.13\sqrt{b^2+4b(h-0.43r_{底})-1.72r(h+0.5r)-4r_{底}(0.11r_{底}-0.18r)}$$
$$=1.13\sqrt{32^2+4\times32(46-0.43\times4)-1.72\times6(46+0.5\times6)-4\times4(0.11\times4-0.18\times6)}\text{mm}$$
$$=90\text{mm}$$

3）计算毛坯长度 L

$$L=D+(b_1-b)=(90+(74-32))\text{mm}=132\text{mm}$$

4）计算毛坯宽度 K

$$K=D\frac{b-2r}{b_1-2r}+[b+2(h-0.43r)]\frac{b_1-b}{b_1-2r}$$
$$=\left[90\frac{32-2\times6}{74-2\times6}+(32+2(46-0.43\times6))\frac{74-32}{74-2\times6}\right]\text{mm}$$
$$=110\text{mm}$$

5）计算毛坯半径 R_s

$$R_s=0.5K=0.5\times110\text{mm}=55\text{mm}$$

6）初步估计工序比例系数 x_1

$$x_1=\frac{K-b}{L-b_1}=\frac{110-32}{132-74}=1.345$$

下面从第 $n-1$ 次（也就是倒数第二次）开始反推出各工序的过渡形状以及其过渡尺寸。

7）工序间蹴：查文献［9］图 5-26 当 $\frac{r}{b}=\frac{6}{32}=0.1875$、$n=3$ 时，工序间距离

$$S_n=8.3t=8.3\times0.9\text{mm}=7.47\text{mm}$$

8）计算 $n-1$ 道工序半径

$$R_{s(n-1)}=(0.5b+S_n)\text{mm}=23.47\text{mm}$$

9）计算角部间隙（包含料厚 t）

$$x=S_n+0.41r-0.207B_0=(7.47+0.41\times6-0.207\times32)\text{mm}=3.3\text{mm}$$

10）计算第（$n-1$）道工序拉深尺寸

$$b_{1n-1}=b_1+2S_n=(74+2\times7.47)\text{mm}=88.94\text{mm}$$
$$b_{n-1}=2R_{s(n-1)}=2\times23.47\text{mm}=46.94\text{mm}$$

11）计算第（$n-2$）道拉深半径 $R_{s(n-2)}$

$$R_{s(n-2)}=\frac{R_{s(n-1)}}{m_{n-1}}=\frac{23.47}{0.74}\text{mm}=31.72\text{mm}$$

（$m_{n-1}=m_2=0.74$，查文献［9］表5-4得）

12）计算第（$n-2$）道工序的工序间距离 S_{n-1}

$$S_{n-1}=\frac{R_{s(n-2)}-R_{s(n-1)}}{x_1}=\frac{37.72-23.47}{1.345}\text{mm}=6.133\text{mm}$$
$$a_{n-1}=R_{s(n-2)}-R_{s(n-1)}=31.72-23.47=8.25\text{mm}$$

13）计算第（$n-2$）道工序拉深尺寸

$$b_{n-2}=2R_{s(n-2)}=37.72\times2\text{mm}=63.44\text{mm}$$

$$b_{1n-2}=b_1+2(S_s+S_{n-1})=[74+2(7.47+6.13)]\text{mm}=101.2\text{mm}$$

14）判断第（$n-2$）道工序拉深尺寸能否直接由毛坯拉深而成，如果可以，则表明计算和设计方案是可行的；如果不能由毛坯直接拉深而成，那么还要增加一道拉深工序。判断的方法是计算第（$n-2$）道工序的拉深系数，如果拉深系数大于首次拉深的许用拉深系数，则可行；如果小于首次拉深的许用拉深系数，还要增加一次拉深工序。

根据文献［9］可知，方矩形件的首次拉深系数在$\frac{t}{b}\times100=\frac{0.9}{32}\times100=2.8>2$的条件下按以下公式计算

$$m_1\frac{R_{s(n-2)}}{0.5(L-L_{n-2}+B_{n-2})}=\frac{31.72}{0.5(132-101.2+63.4)}=0.662\leqslant[m_1]$$

由以上校核，满足首次拉深系数的要求，因此该工件可以由毛坯经过三道拉深得到，与初步估算一致。如果发现第一道拉深的实际拉深系数比许用拉深大得多，此时表明首次拉深的变形程度太小，应调整拉深系数，使三次拉深的变形程度均衡。此例中首次拉深系数与许用拉深系数比较接近，可不重新调整。

15）确定各道拉深的半成品高度

$$h_{n-1}\approx0.88H=0.88H=0.88\times46.2\text{mm}=41\text{mm}$$

$$h_{n-2}\approx0.86h_{n-1}=0.86\times41\text{mm}=35\text{mm}$$

16）计算过渡工序凸模圆角半径（即$r_凸$）：根据文献［9］各个工序的凸模圆角半径按如下方法确定：

第一道拉深工序：$r_{凸1}=10t=10\times0.9\text{mm}=9\text{mm}$

第二道拉深工序：$r_{凸2}=15t=15\times0.9\text{mm}=13.5\text{mm}$，且以45°倾斜侧壁与底部相连。

第三道拉深工序：$r_{凸3}=4t=4\times0.9\text{mm}=3.6\text{mm}$，在这里第三道工序的底部圆角半径按4倍的料厚，可以取3.6mm，是本次工序可以达到的最大变形量。但是由于经过三道拉深以后，制件的圆角半径要求为4mm，大于3.66mm，也就是说完全可以达到拉深制件的圆角半径要求，不需要增加一道整形工序。

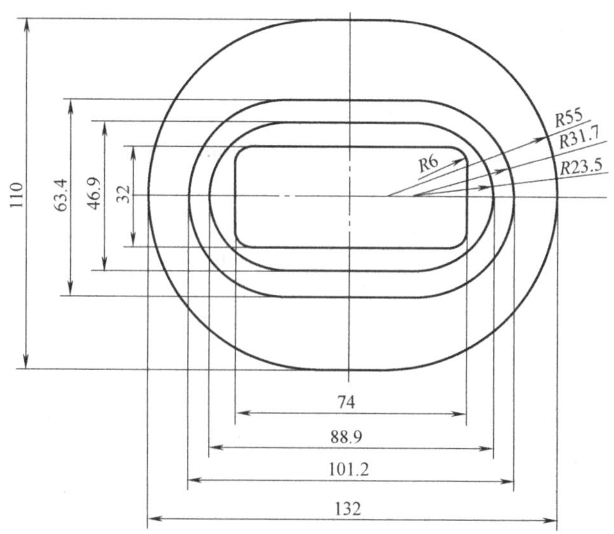

图2-15　矩形拉深件工序图

17）画出工序图（图2-15）。

（3）确定排样、裁板方案　这里毛坯为简单的长圆形，而且尺寸也不算小，考虑到操作方便，宜采用单排。

由文献［9］表2-8查得 $a=1.2\text{mm}$，$b=1.2\text{mm}$。根据本书表4-1轧制薄钢板规格拟选用规格为 $0.9\text{mm}\times900\text{mm}\times2400\text{mm}$ 的板材。

采用纵向冲裁和纵向排样的方案，可得材料利用率为

$$\eta=\frac{n_3 s}{L\times B}\times100\%=78\%$$

本例拟采用此方案进行冲裁和排样。

（4）计算各工序压力、压力中心，初选压力机　虽然该制件需要三道拉深工序，由三副模具完成。但是第二道和第三道工序以及模具的设计与首次拉深的工序和模具的设计完全相类似，因此在这里仅以首次拉深为例，进行工艺和模具的设计。

1）落料拉深工序

① 落料力计算

$$F_{落料}=1.3Lt\tau=1.3\times389.4\times0.9\times294\text{N}=133946\text{N}=134\text{kN}$$

其中 $L=389.4\text{mm}$，$\tau=294\text{MPa}$（查本书表4-10得）

② 卸料力计算

$$F_{卸}=K_{卸}\times F_{落}=0.04\times133946\text{N}=5357\text{N}=5.4\text{kN}$$

③ 拉深力计算：拉深力根据文献［9］表5-25，可以按下式计算

$$\begin{aligned}F_{拉深}&=(2b_1+2b-1.72r)t\sigma_b k_5\\&=(2\times74+2\times32-1.72\times6)\times0.9\times392\times0.85\text{N}\\&=60479\text{N}\\&\approx60\text{kN}\end{aligned}$$

由于是深拉深，故确定压力机的公称压力时应满足：最大拉深力 $\leqslant(0.5\sim0.6)F_{公称}$。因此拉深力 $F=\dfrac{F_{拉深}}{0.6}=\dfrac{60}{0.6}\text{kN}=100\text{kN}$

④ 确定是否需要压边装置并计算压边力：合理地压边是拉深制件质量的保障，拉深时压边力必须适当，压边力过大，会引起拉深力的增加，甚至造成制件拉裂；压边力过小则会造成制件直壁或凸缘部分起皱。

是否采取压边装置主要取决于毛坯或以后各道工序的拉深系数 m 和相对料厚 $\dfrac{t}{D}\times100$。该制件的相对料厚为 $\dfrac{t}{b}=2.8$，$m_1=0.662$，根据文献［9］图5-32，由毛坯相对厚度和拉深系数确定，第一道工序需要采用压边装置，则压边力可按如下公式计算

$$F_{压}=Ap=6366.68\times2.5\text{N}=15916\text{N}=16\text{kN}$$

由于08钢的材质较软，式中单位压边力 p 取2.5。

⑤ 总压力计算

$$F_{总}=F_{落}+F_{拉深}+F_{压}+F_{卸}=(134+5.4+100+16)\text{kN}=255.4\text{kN}$$

⑥ 初选压力机：由于该制件是一小型制件，且精度要求不高，因此选用开式可倾压力

机。它具有工作台三面敞开，操作方便，成本低廉的优点。由于冲裁、拉深复合模的压力行程的特点是在开始阶段即需要很大的压力，而在拉深阶段所需要的反倒要小得多。因此若按总的压力来选取压力机，很可能出现虽然总的压力满足要求，但是在开始阶段冲裁时已经超载。同时，选用拉深压力机还应该对拉深功进行核算，否则会出现压力机在力的大小满足要求，但是功率有可能过载，飞轮转速降低，从而引起电动机转速降低过大，损坏电动机。因此精确确定压力机压力应该根据压力机说明书中给出的允许工作负荷曲线，并校核功率。但是在一般条件下，可以根据生产车间的实际条件，在现有压力机中选取。在这里根据总压力为255.4kN，从本书表4-31提供的压力机公称压力序列中选取630kN的压力机，型号为J23-63。

⑦ 确定压力中心：由于该制件的毛坯及各工序件均为轴对称图形，而且只有一个工位，因此压力中心必定与制件的几何中心重合。

2）后续拉深工序：（略）

3. 填写冲压工序卡

（略）

4. 模具结构设计

根据确定的冲压工艺方案和制件的形状特点、要求等因素确定冲模的类型及结构形式。在这里我们仅以第一道落料、拉深复合模为例讨论模具设计的要点，其他各道工序的模具设计与此类似，读者可以自行确定。

（1）模具结构形式的选择　只有拉深件高度比较高时才能采用落料、拉深复合模具。这是因为浅拉深件若采用复合模，则落料凸模（兼拉深凹模）的壁厚会太薄，造成模具的强度不足。在本例中，凸凹模壁厚的最小值 $b_{min}=\dfrac{132-101.2}{2}\text{mm}=15.4\text{mm}$，能够保证足够的强度，故采用复合模的结构形式是合理的。

（2）模具工作部分的尺寸和公差的确定

1）计算落料凸、凹模刃口尺寸：本制件为简单轴对称图形，可用线切割法加工，故按配作法计算凸、凹模刃口尺寸。根据凸、凹模刃口尺寸计算公式，先计算出落料凹模刃口尺寸

$$L_d=131.50^{+0.040}_{0}\text{mm}$$

$$R_d=54.63^{+0.030}_{0}\text{mm}$$

$$K_d=109.5^{+0.350}_{0}\text{mm}$$

在这里，我们发现，$2R_d\neq K_d$，造成毛坯直边部分与两端圆弧不相切，这是由于计算刃口尺寸时，两者的基本尺寸差别比较大，从而与查得的制件公差 Δ 不一致所致。由于应用线切割加工凸、凹模，故 $K_d=2R_d$。即

$$K_d=2R_d=109.26^{+0.350}_{0}\text{mm}$$

由文献［9］表2-23查出 $Z_{min}=0.09\text{mm}$，则凸模刃口尺寸可按凹模配作，保证最小间隙 $Z_{min}=0.09\text{mm}$。

2）计算拉深凸、凹模工作部分尺寸：由于筒部尺寸为标注内形尺寸，则拉深凸、凹模工作部分尺寸应按下式计算：

凹模尺寸 $D_凹$：$D_凹=(d+0.4\Delta+2c)+\delta_凹$

式中，c 为模具单边间隙，在这里根据文献［2］取 1.1mm。

凸模尺寸 $d_{凸}$：$d_{凸}=(d+0.4\Delta)-\delta_{凸}$

则拉深的凹模尺寸为

$$L_d=103.78\ ^{+0.08}_{\ \ 0}\text{mm}$$

$$R_d=33.09\ ^{+0.070}_{\ \ 0}\text{mm}$$

$$K_d=2R_d=66.18\ ^{+0.070}_{\ \ 0}\text{mm}$$

由于这是第一次拉深，属于工序间尺寸，为便于加工，拉深模的尺寸可取整数，即

$$L_d=104\ ^{+0.08}_{\ \ 0}\text{mm}$$

$$R_d=33\ ^{+0.070}_{\ \ 0}\text{mm}$$

$$K_d=2R_d=66\ ^{+0.070}_{\ \ 0}\text{mm}$$

拉深模的凸模尺寸为

$$L_p=101.8\ ^{\ \ 0}_{-0.050}\text{mm}$$

$$R_p=31.9\ ^{\ \ 0}_{-0.040}\text{mm}$$

$$K_p=2R_p=63.8\ ^{\ \ 0}_{-0.040}\text{mm}$$

（3）模具结构设计

1）凹模周界尺寸计算：因制件形状简单，制件尺寸也不大，而且只有一个工位，故选用整体式圆形凹模比较合理。

① 凹模厚度尺寸 H 的计算：由文献［9］得到凹模的计算公式为

$$H=\sqrt[3]{F_{落料}\times10^{-1}}=\sqrt[3]{252825\times10^{-1}}\text{mm}\approx29.4\text{mm}$$

又因为冲裁轮廓线全长 $L=735$mm，超过了 50mm，故应乘以修正系数 K。由本书表4-21可得凹模厚度的修正系数 K 的值为 1.6

则 $$H_{凹模}=1.6\times29.4\text{mm}\approx47\text{mm}$$

② 凹模外形尺寸的计算：因为凹模孔口轮廓为圆形，则凹模壁厚可按下式计算

$$W=1.2H=1.2\times47\text{mm}\approx56\text{mm}$$

则凹模外形尺寸 D 为制件最大尺寸与凹模双边壁厚之和，即 $D=L+2W=(131.50+2\times56)\text{mm}=246.5\text{mm}$。根据冷冲模典型组合尺寸的有关标准，凹模外径 D 取 250mm。

2）选择模架及确定其他冲模零件：根据凹模周界尺寸 $D=250$mm，查行业标准选取典型组合结构 315 × 275 ~ 320，考虑到本模具采用纵向送料，制件精度要求不高，故拟选用滑动导向中间导柱圆形模架。查本书表（5-4）可得模架的规格为 315 × 275 ~ 320（GB/T 2851.6—2008）。

（4）卸料、压边弹性元件的确定　冲压工艺中常用的弹性元件有弹簧和橡胶等，但是由于这副模具所需的卸料力较大，如果选用弹簧，即使使用 8 个弹簧，每个弹簧所承担的负荷也将达到 $F_{预}=\frac{F_{卸}}{n}=\frac{5.4}{8}\text{kN}=0.68\text{kN}$。同时由于这是一副落料、拉深复合模，模具的行程较大，也给弹簧的选用带来困难。即使是选用了弹簧，也势必造成为了安装弹簧而选用较大的模架。因此我们选用橡胶作为卸料的弹性元件。

1）确定卸料橡胶

① 确定橡胶的自由高度 $H_{自}$，由本书表3-9 得：

$$H_{自}=\frac{L_{工}}{0.25-0.30}+h_{修磨}$$

式中，$L_{工}$ 为模具的工作行程再加 1 ~ 3mm。本模具的工作行程为矩形件的首次拉深高度，故 $L_{工}=37\text{mm}$，$h_{修磨}$的取值范围为 4 ~ 6mm，在这里取中间值 5mm。

$$H_{自}=\left(\frac{37}{0.3}+5\right)\text{mm}=128\text{mm}$$

② 确定 $L_{预}$ 和 $H_{装}$。由表 3-9 可得如下计算公式：

$$L_{预}=(0.1\sim0.15)H_{自}=0.1\times128\text{mm}=12.8\text{mm}\approx13\text{mm}$$

$$H_{装}=H_{自}-L_{预}=(128-13)\text{mm}=115\text{mm}$$

③ 确定橡胶横截面积 A

$$A=F/q$$

F 由前面可知，$F=5.4\text{kN}$，$q=0.26\sim0.5\text{MPa}$。在这里，由于该模具的工作行程比较大，因此取 $q=0.45\text{MPa}$

则
$$A=\frac{5400}{0.45}\text{mm}^2=11905\text{mm}^2$$

④ 核算橡胶的安装空间：可以安装橡胶的空间可按凹模外形表面积与凸、凹模底部面积之差的 80% 估算。经计算 $S=18902\text{mm}^2$，则可以安装橡胶的面积 $S=15121\text{mm}^2$，大于所需的橡胶面积，因此满足安装橡胶的需要。

2）确定压边弹性元件：在拉深中可以采用的弹性元件有橡胶、弹簧、气垫、氮气弹簧等。但是该工件是一件深拉深件，拉深件压边时，要求压边力基本恒定。若采用橡胶、弹簧等作为弹性元件，随着压力机行程的增大，压力也将急剧增加。此时压边力很难控制适当，不是过大，使工件拉裂，就是压边力过小，使工件边壁或凸缘起皱。气垫虽然基本能够保持恒定的压力，但是往往大型压力机上才有，而且它充的是低压空气，需要有单独的压缩空气气源供应系统，结构比较庞大，压力调节也不是很准确、方便。而选用氮气弹簧则可以很好解决上述问题。在拉深中选用氮气弹簧作为压边的弹性元件，有如下优点：①氮气弹簧可以根据需要获得大小不同的准确的压边力，压边力的调整也非常方便；②压边力可以在整个拉深过程中保持恒定，设计人员可以根据氮气弹簧的增压比和氮气弹簧的特性曲线，非常方便地选择合适的氮气弹簧，满足对压边力的需求，从而有效防止起皱，保证制件质量；③压边力的着力点也可以方便地调整，使金属的塑性流动平稳。因此在本例中我们选用氮气弹簧作为压边弹性元件。

选用氮气弹簧作为压边弹性元件，需要考虑以下几方面的问题：

(a) 氮气弹簧结构形式的选择；

(b) 氮气弹簧数量及弹压力的选择；

(c) 氮气弹簧行程的选择；

(d) 氮气弹簧安装方式的确定。

① 选用氮气弹簧结构形式。目前有以下三种结构形式可供选择，即独立式氮气弹簧、氮气弹簧座板、管路连接式等。管路连接式是将独立式氮气弹簧用高压管路连接起来，一般用于大型冲压件、大型覆盖件；氮气弹簧座板适用面广，大型覆盖件和小型件都可以采用，甚至可以几副模具共用一套，适用于大批量专业化的生产；独立式氮气弹簧是目前应用最为

广泛的氮气弹簧，它经充气以后，独立成为一个系统进行工作，有多种特性曲线供选用，所占用的空间较小，安装、紧固极为方便，直接安放在模具中就可以使用。因此在这里我们选用独立式氮气弹簧。

② 确定氮气弹簧的数量，选择氮气压力。确定合适的弹压力，需要考虑三方面的问题：(a) 确定氮气弹簧弹压力的大小；(b) 确定氮气弹簧的数量；(c) 确定氮气弹簧的增压比。

在设计拉深模具选择氮气弹簧的压力时，一般来说不能按理论计算的压边力直接选择，而应该按一定比例放大后的冲压力选择。这样做一方面弥补高压气体节流损失造成的压力下降，另一方面是为了弥补使用过程中由于气体的泄漏造成的漏损，计算公式如下

$$F_s = kF_1$$

式中 F_s——放大以后的压边力；

F_1——理论计算出的压边力；

k——压力增大系数，一般取 1.15 ~ 1.20。

F_1 由前面可知，$F_{压} = 16000\text{N}$，则 F_s 为

$$F_s = kF_1 = 1.20 \times 16000\text{N} = 19200\text{N}$$

根据本实例，选择拉深压边用的氮气弹簧，应该选用压力增量比较小、特性曲线比较平缓的 TB 系列氮气弹簧。

确定氮气弹簧数量和初始充气压力的原则是根据制件和模具结构的需要，提供足够的压边力并保证整个力系平衡，这样氮气弹簧才有足够长的寿命；同时兼顾调节方便，减少氮气弹簧数量，降低成本。总压边力与氮气弹簧的数量、初始充气压力之间应该满足下式要求

$$F_s = KF_0$$

式中 K——氮气弹簧的数量；

F_0——初始充气压力。

根据本书表 3-19 初步选择 TB750 型，额定充气压力为 15MPa 的氮气弹簧，根据上式计算则需要 $K = \dfrac{F_s}{F_0} = \dfrac{19200}{7500} = 2.56$ 个氮气弹簧；选择 TB1550 型时，则需要 1.28 个氮气弹簧，均不满足需要。因此必须重新确定初始充气压力，然后根据初始充气压力，确定在该充气压力下的初始弹压力，确定弹簧数量。根据上述原则，我们选用 4 个 TB750 型氮气弹簧。每个氮气弹簧的初始弹压力为：$F_0 = \dfrac{F_s}{K} = \dfrac{19200}{4}\text{N} = 4800\text{N}$；根据本实例初始弹压力变化的计算公式可以计算出初始弹压力为 4800N 时，初始充气压力为：$P_f = P_s \dfrac{F_r}{F_s} = 15 \times \dfrac{4800}{7500}\text{MPa} = 9.6\text{MPa}$。

③ 选择氮气弹簧的行程。不同的用途，选择氮气弹簧行程的标准不同。在拉深工序中选用氮气弹簧用于压边，要求弹压力基本保持恒定，行程比较大。因此行程可以按如下原则选取：对于拉深一整形工序，氮气弹簧的行程为工件高度加 3 ~ 5mm；对于筒形件，为了取件方便，提高制件质量，氮气弹簧的行程为工件高度加 8 ~ 10mm。考虑到该工件是矩形件拉深，而且底部有较大的圆角半径，行程还可以适当增加。在这里工件高度由前计算为 $h = 35\text{mm}$，根据本书表 3-19，选用行程为 50mm 的氮气弹簧。

111.6
1.2
R54.6
22.2
133.2
0.9
R9
R32
102
t=0.9mm
材料:08
315
620
425
1.冲裁间隙(双面)
Z_{min}=0.09
Z_{max}=0.126
2.本模具按GB/T 14662—2006标准验收。

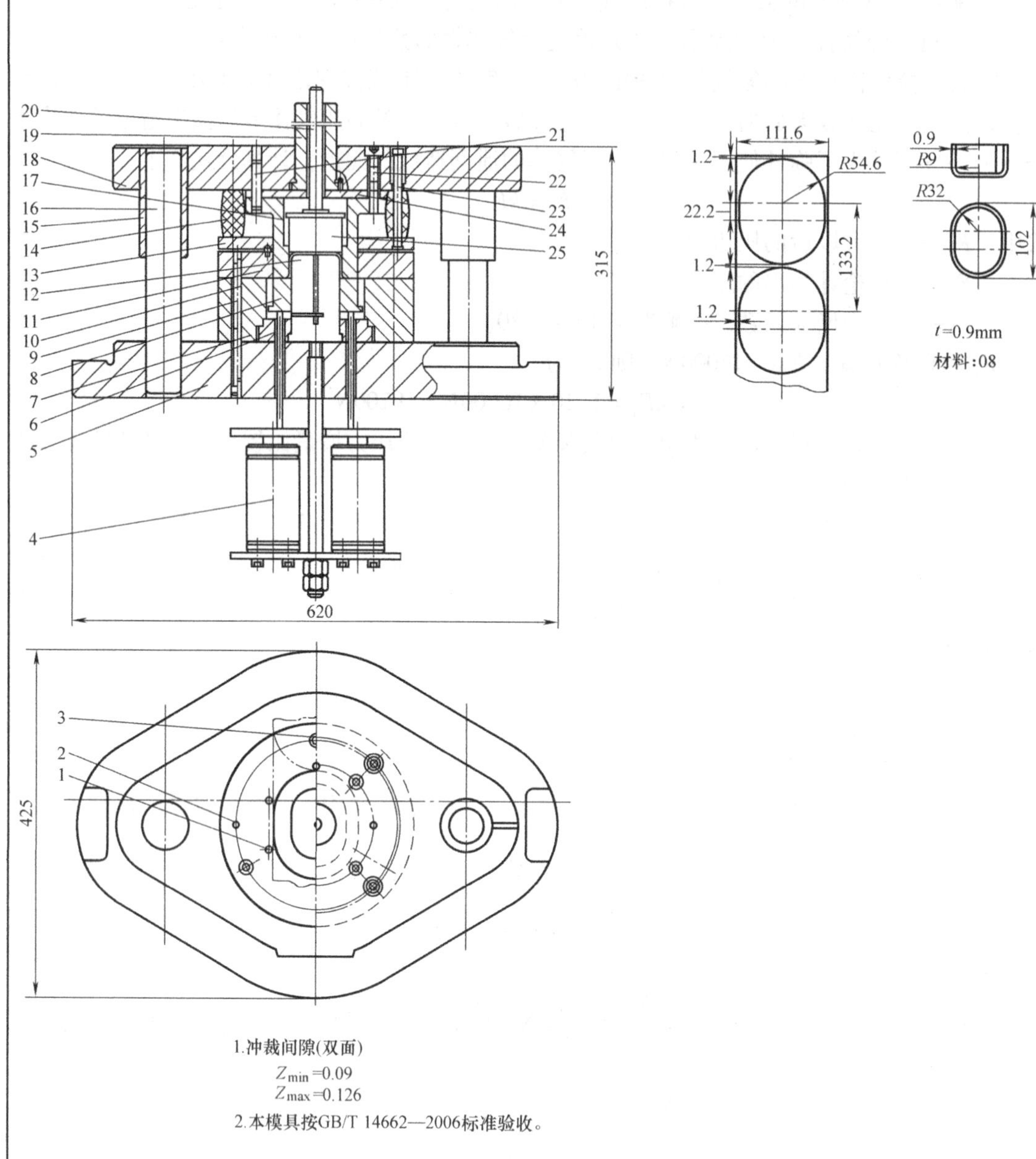

图 2-16　矩形盒落料

序号	代号	名称	数量	材料	重量 单件	重量 总计	备注
25		推件块	1	40 钢			
24		垫板	1	T7A			
23		卸料螺钉	4	40 钢			ϕ12×116
22		螺钉	4	35 钢			M12×60GB/T 5279—1985
21		普通圆柱销 B 型	2	35 钢			ϕ12×60GB/T 119—2000
20		推杆	1	40 钢			ϕ16×110
19		模柄	1	Q235			A50×110
18		上模座	1	HT200			315×55GB/T 2855. 11—2008
17		凸凹模	1	T10A			
16		导柱	2	20 钢			
15		导套	2	20 钢			
14		卸料橡皮					
13		弹压卸料板	1	45 钢			
12		拉深凸模	1	T10A			
11		凹模	1	T10A			
10		圆柱销	2	35 钢			ϕ14×12GB/T 119—2000
9		螺钉	3	Q235			M14×120GB/T 5279—1985
8		压边环	1	45 钢			
7		空心垫板	1	45 钢			
6		凸模压板	1	45 钢			
5		下模座	1	HT200			315×72GB/T 2855. 12—2008
4	KALLER	氮气弹簧	4				TB750—050
3		挡料销	1	45 钢			A10Z2JB/T 7649. 10—2008
2		圆柱销	3	35 钢			
1		导料销	2	T8A			

标记	处数	分区	更改文件号	签名	年、月、日				××学校××班级
设计	×××	2002 年 11 月 10 日	标准化			阶段标记	重量	比例	矩形盒落料拉深复合模
								1:3	
审核						共 张	第 张		
工艺			批准						

拉深复合模装配图

经上述分析及计算，本例中选用的氮气弹簧为TB750-050型，初始充气压力为9.6MPa，数量为4个。

④ 氮气弹簧安装方式的确定。本实例中选用的氮气弹簧为TB 750-050型，由于所用的压边力不大，可以利用氮气弹簧底部的两个M8安装螺孔安装，根据本书表3-24，螺孔间距为40mm。柱塞上端直接抵到推板，不留间隙。

5. 校核压力机安装尺寸

模座的外形尺寸为620mm×425mm，闭合高度为315mm（图2-16），由本书表4-33查得J23-63型压力机的工作台尺寸为710mm×480mm，最大闭合高度为360mm，连杆调节长度为90mm，故符合安装要求。

6. 画装配图和零件图（图2-17、图2-18）

本例虽然参照了典型结构，但是由于是一副冲裁、拉深复合模，而且工作行程比较大，因而各零件的尺寸不可能全部采用典型结构的推荐值。

另外由于现在数控加工、线切割等现代化的加工手段在生产实践中广泛应用，因此模具的结构特点也要适应加工要求，故本模具采用空心垫板结构。

（其他各次拉深模具的设计从略）

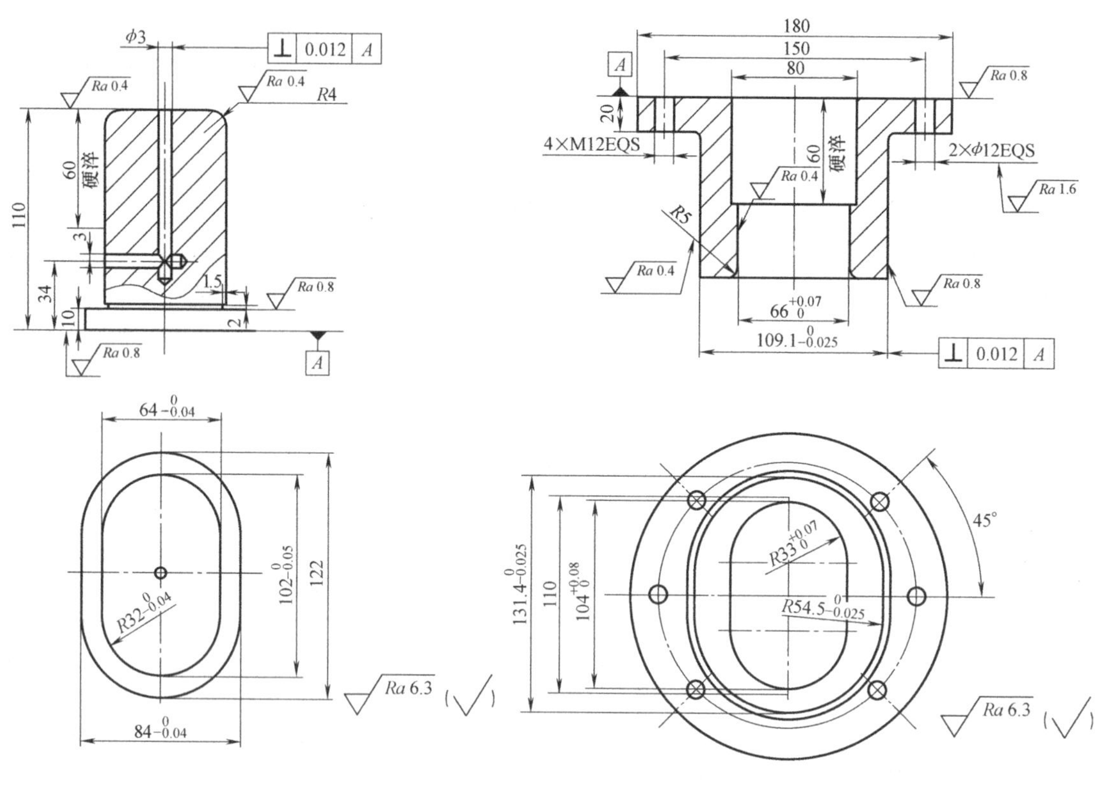

图2-17 拉深凸模零件图

图2-18 凸凹模零件图

三、实例三

如图2-19所示塑料制件，材料为PC，收缩率0.5%～0.8%，产量约100万件/年。

1. 工艺性分析

1）该塑件尺寸较小，外观无要求，可采用一模多腔。

2）采用潜伏式浇口，制品浇口自动断胶可节约成本。

3）制品侧面有盲孔和筋槽，采用侧向抽芯机构成型。

2. 确定型腔数目

一般来说，大中型塑件和精度要求高的小型塑件优先采用一模一腔的结构，但对于精度要求不高的小型塑件（没有配合精度要求），形状简单，又是大批量生产时，若采用多型腔模具可提供较优越的生产条件，使生产率大为提高，所以该件采用一模两腔的结构形式。

按照塑件图示，结合3D工程软件计算。

塑件体积　$V_S \approx 3.4\text{cm}^3$

查塑料物性（见第六章），塑料PC的密度是1.2g/cm^3。

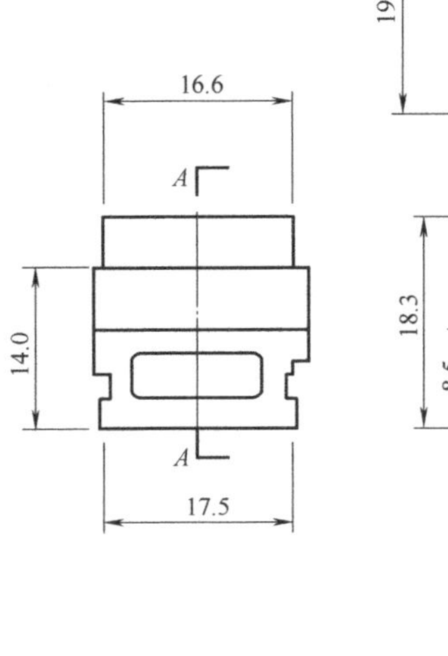

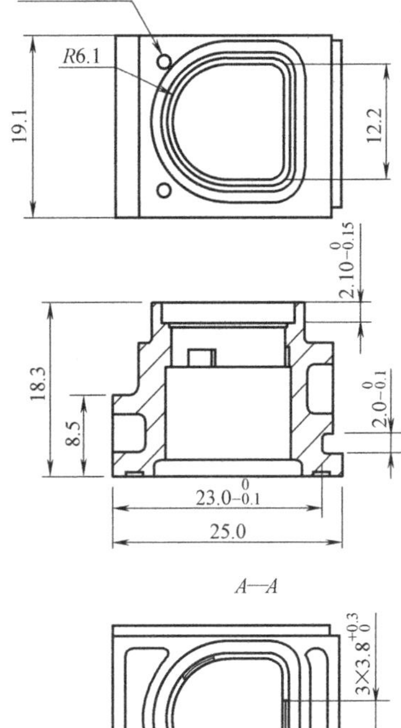

图2-19　塑料制件图

单件塑件重量为$3.4 \times 1.2\text{g} = 4.08\text{g} \approx 4\text{g}$。

采用一模两腔可节约流道和提高生产率。

3. 型腔、型芯工作部位尺寸的确定

查塑料物性（见第六章），塑料PC的收缩率是0.5%～0.8%。

平均收缩率　$S = (0.5\% + 0.8\%)/2 = 0.65\%$

由于塑件平均壁厚大，所以取收缩率为0.7%。

制件可利用工程软件自动添加收缩率S：

$$X_1 = X(1+S) = X1.007$$

$$Y_1 = Y(1+S) = Y1.007$$

$$Z_1 = Z(1+S) = Z1.007$$

式中　X、Y、Z——制件的原始尺寸。

X_1、Y_1、Z_1——加收缩率后的尺寸。

具体尺寸如图2-20所示。

4. 浇注系统的设计

（1）确定分型面位置　该塑件的结构如图2-20所示，由于制件四面都有沟槽，不能直接采用简单的上下分模，需要采用两边侧向抽芯机构成型。

根据分型面的选择原则，确定这个塑件的分型面，如图2-21所示。

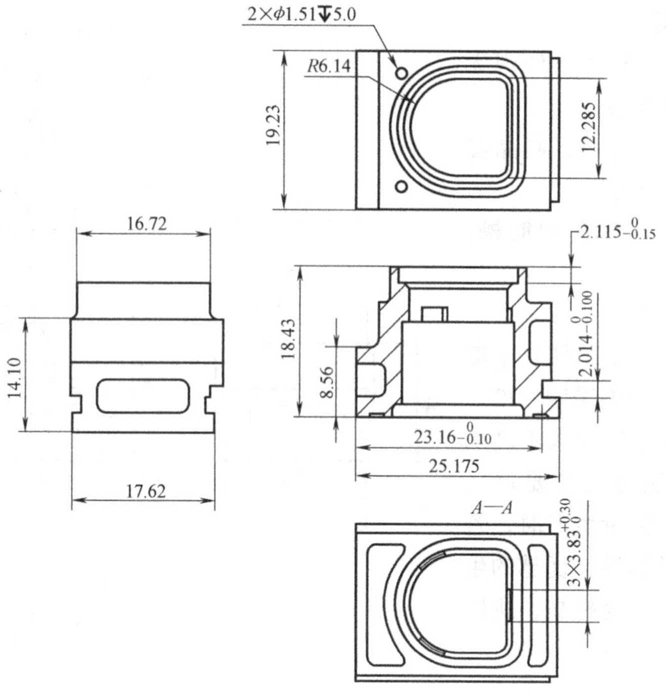

图 2-20 加收缩率后的制件尺寸

(2) 确定浇口形式及位置 为了提高成型效率，采用潜伏式浇口，避开制品高光亮区域，浇口尺寸及位置如图 2-22 所示。

潜伏浇口直径的选择要保证塑件在中等注塑压力下能快速地充满型腔；型腔充满后，浇口能迅速冷却封闭，防止型腔内还未冷却的塑料回流；流道和产品能顺利拉断并分离，同时塑件浇口残痕、飞边尽量得小。

浇口直径取 $d=1.0\text{mm}$；浇口锥角取 $\beta=30°$；浇口倾斜角取 $\alpha=45°$。

(3) 确定型腔位置的排布 制件选择一模两腔形式，近浇点在制件同一位置，故浇注系统的设计应采用从主流道到各个型腔分流道的形状及尺寸相同的设计，即型腔平衡式布置的形式，所以制品要按照旋转关系摆放，如图 2-22 所示。

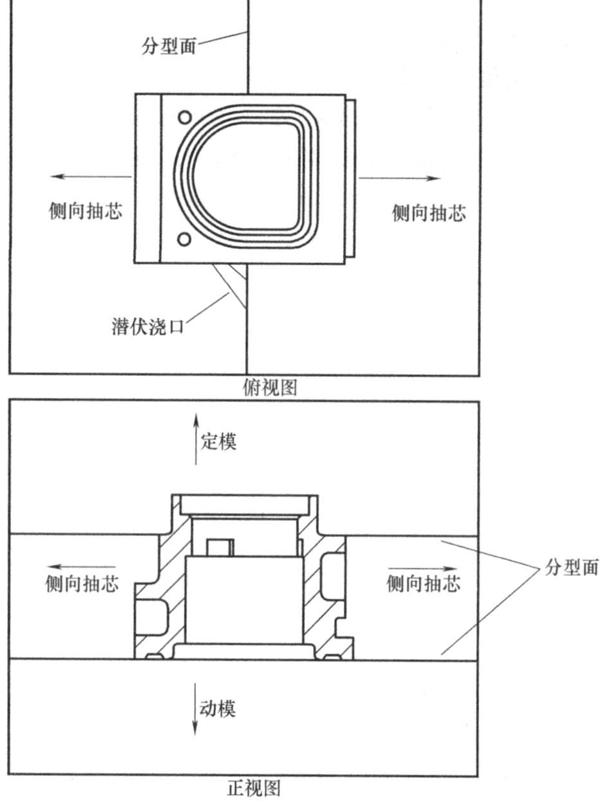

图 2-21 确定分型面

动定模的型芯尺寸计算：

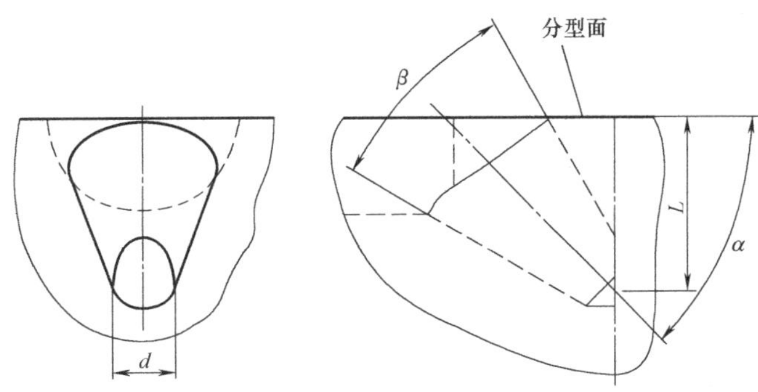

图 2-22　浇口示意图

动定模的型芯尺寸 $L(W)$ = 封料尺寸 + 水路尺寸 + 固定螺钉孔尺寸 + 适当余量，结果取整数并尽量缩小；产品较小时厚度尺寸按经验一般取动、定模型芯底面距离塑件制品最近的距离，为 20～30mm，如图 2-23 所示。

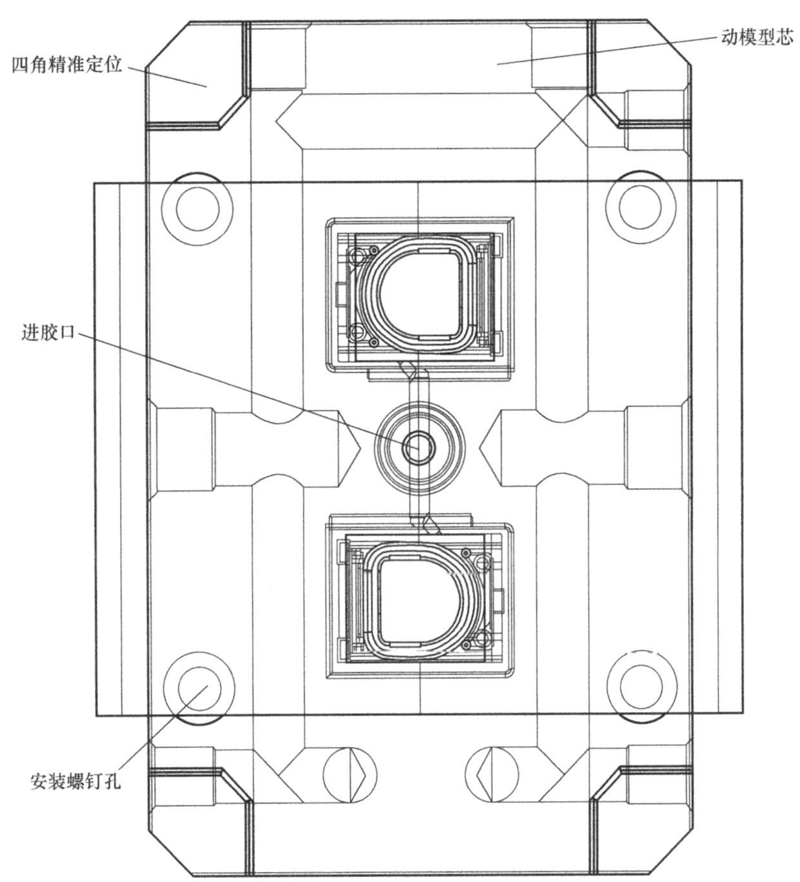

图 2-23　确定型腔位置的排布

（4）侧向抽芯的设计　侧向抽芯机构如图 2-24 所示。

（5）初步设计主流道及分流道形状和尺寸　主流道先经过浇口套，然后在侧向抽芯机构之间通过，一分为二进入分流道，最后通过潜伏浇口进入制品区域，如图 2-25 所示。

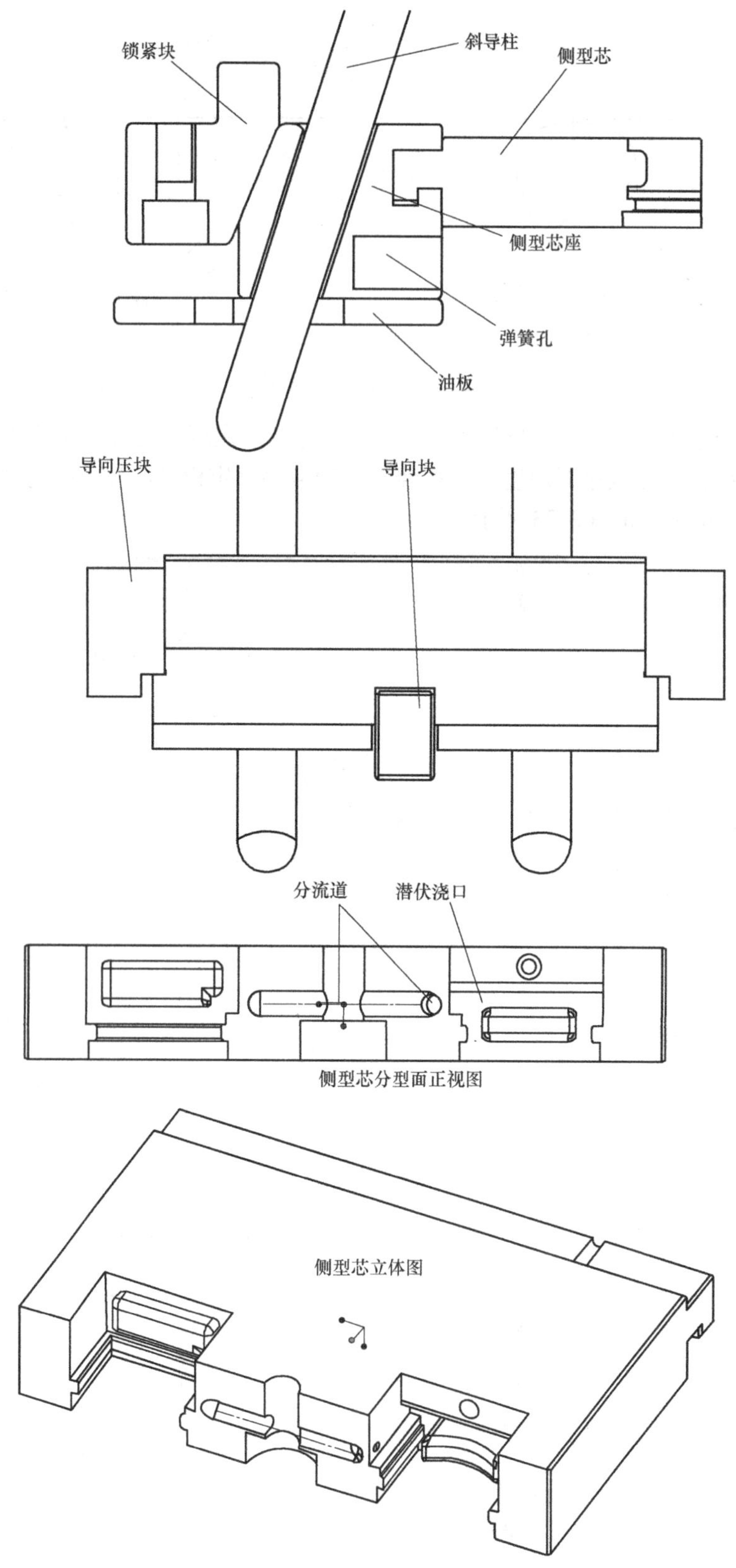

图 2-24　侧向抽芯机构

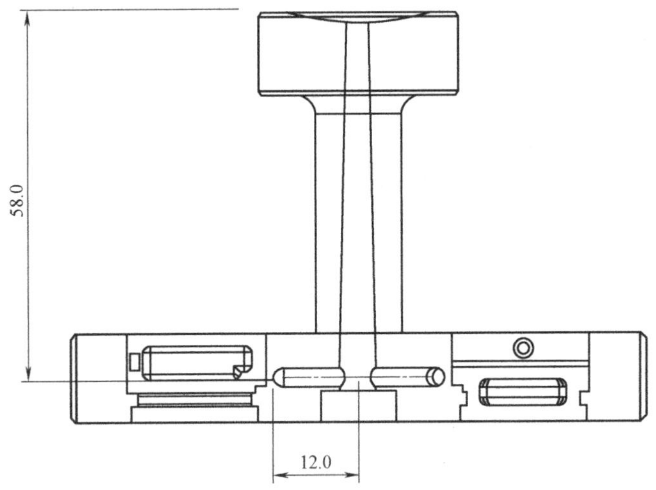

图 2-25 浇注系统示意图

注射机喷嘴孔的直径一般为 $\phi2.5 \sim \phi4$mm，主流道设计成圆锥形，其锥角为 $2° \sim 6°$，主流道小端直径比喷嘴孔大 $\phi0.5$mm，大端直径可取 $\phi5 \sim \phi6$mm，内壁表面粗糙度值 Ra 取 0.4μm。分流道截面设计成圆形截面，侧向抽芯机构各一半，加工较容易，且热量损失和压力损失较小，为常用形式。圆形截面分流道的直径可根据塑料的流动性等因素确定，该塑料制件采用 PC 塑料，流动性中等，分流道的直径根据主流道截面积大小递减，一般为主流道的 2/3 或者 1/2，所以，分流道大小可取 $\phi3 \sim \phi4$mm。

多腔模具流道设计的基本原则是：尽量短，每腔的流道长度一致。

因为影响流动比的因素主要是塑料的流动性，PC、ABS、POM 等塑料的流动性均为中等，小件可不校核流动比。

5. 选用模架

（1）型腔强度和刚性的计算　为了方便加工和以后的修模，型腔镶件可分为三部分，如图 2-26 所示。

（2）初选注射机

1）注射量：该塑料制件单件质量

$$m_s \approx 4\text{g}$$

浇注系统质量的计算可以根据图 2-25 所示浇注系统尺寸先计算出体积

$$V_j \approx 0.9\text{cm}^3$$

浇注系统质量　$m_j \approx V_j\rho = 0.9 \times 1.2\text{g} = 1.08\text{g}$

总体积　$V_{塑件} = (2 \times 3.4 + 0.9)\text{cm}^3 = 7.7\text{cm}^3$

总质量　$M = 7.7 \times 1.2\text{g} = 9.24\text{g}$

聚苯乙烯的密度是 1.05g/cm^3，PC 的密度是 1.2g/cm^3。

满足注射量　$V_{机} \geqslant V_{塑件}/0.8$

式中　$V_{机}$——额定注射量（cm^3）；

$V_{塑件}$——塑件和浇注系统凝料体积和（cm^3）。

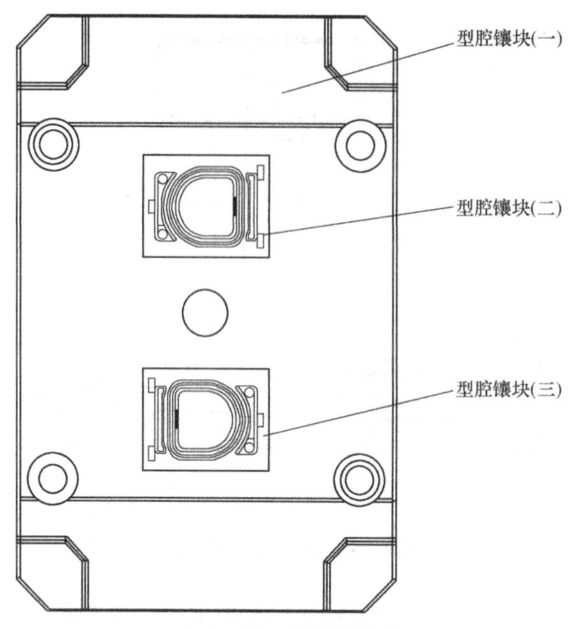

图 2-26 型腔镶拼式

$$\frac{V_{塑件}}{0.8}=\frac{7.7}{0.8}\mathrm{cm}^3=9.625\mathrm{cm}^3$$

或满足注射量 $M_{机} \geqslant M_{塑件}\rho_2/(0.8\rho_1)$

式中 $M_{机}$——额定注射量（g）；

$M_{塑件}$——塑件与浇注系统凝料的质量和（g）；

ρ_1——聚苯乙烯的密度（cm^3）；

ρ_2——塑料的密度（cm^3）。

$$\frac{M_{塑件}\rho_2}{0.8\rho_1}=\frac{9.24\times1.2}{1.05\times0.8}\mathrm{g}=13.2\mathrm{g}$$

2）注射压力

$$p_{注} \geqslant p_{成型}$$

查本书表 6-6，PC 塑料成型时的注射压力 $p_{成型}=80\sim130\mathrm{MPa}$。

3）锁模力

$$p_{锁模力} \geqslant pF$$

式中 p——塑料成型时型腔压力（MPa），PC 塑料的型腔压力 $p=40\mathrm{MPa}$；

F——浇注系统和塑件在分型面上的投影面积和（cm^2）。

各型腔及浇注系统在分型面上的投影面积（尺寸参照图 2-25）：

$$F\approx(60\times5+13\times3\times2+19\times17\times2)\mathrm{mm}^2=1024\mathrm{mm}^2$$

$$p_{锁模力}=pF=(40\times1024)\mathrm{N}=40.96\mathrm{kN}$$

近年来，我国引进的注射机型号很多，国内外注射机生产厂家的新机型日益增多，掌握使用设备的技术参数是注射模设计和生产所必需的技术准备。

根据以上分析计算，查表 6-29 初选注射机型号为：XS-Z-125。

注射机 XS-Z-125 有关技术参数如下：

最大开合模行程 S　　300mm
模具最大厚度　　300mm
模具最小厚度　　200mm
喷嘴圆弧半径　　12mm
喷嘴孔直径　　4mm
动、定模板尺寸　　428mm×458mm
拉杆空间　　260mm×290mm

4）选模架：根据以上分析、计算型腔尺寸及位置尺寸，可确定模架的结构形式和规格。查表7-5选用：A1200 250-A40-B80-C80　　GB/T 12555—2006

定模板厚度：$A=40\text{mm}$

动模板厚度：$B=80\text{mm}$

垫块厚度：$C=80\text{mm}$

模具厚度：$H=50+A+B+C=50\text{mm}+40\text{mm}+80\text{mm}+80\text{mm}=250\text{mm}$

模具最大外形：250mm×250mm×250mm

选用此模架，大小适中，刚好排布两腔制件，既保证模板能承受很大的注射压力而不变形，滑块有足够的退回空间，顶针板有足够长的顶出距离，又不造成材料上的浪费。

目前国内通常使用的标准模架有龙记（LKM），出口模具一般采用HASCO标准。龙记模架外形尺寸以整数结尾，四根导柱的位置其中一根做成偏心；HASCO模架外形尺寸以6结尾，导柱为三粗一细，防止动、定模装反。

6. 校核注射机

（1）注射量、锁模力、注射压力、模具厚度的校核　由于在初选注射机和选用标准模架时，是根据以上四个技术参数及壁厚等因素选用的，所以不需要再进行计算，已经达到所选注射机的要求。

（2）开模行程的校核　注射机最大开模行程 S

$$S\geqslant 2h_{件}+h_{浇}+(5\sim10)$$

式中　$h_{件}$——塑件高度（mm）；

$h_{浇}$——浇注系统的高度（mm）。

如图2-25所示，分流道在主分型面以下，所以

$$\begin{aligned}2h_{件}+h_{浇}+(5\sim10)\text{mm} &= 2\times18.5\text{mm}+(25-10)\text{mm}+58\text{mm}+(5\sim10)\text{mm}\\ &=115\sim120\text{mm}\end{aligned}$$

因此满足要求。

（3）模具在注射机上的安装　从标准模架外形尺寸看，小于注射机拉杆空间，并采用压板固定模具。因此，所选注射机规格满足要求。

7. 推出结构的设计

（1）推件力的计算

$$F_t=Ap(\mu\cos\alpha-\sin\alpha)+qA_1$$

式中　A——塑件包络型芯的面积（mm^2）；

p——塑件对型芯单位面积上的包紧力，为 $0.8\times10^7\sim1.2\times10^7\text{Pa}$；

α——脱模斜度；

q——大气压力，为0.09MPa；

μ——塑件对钢的摩擦系数，为0.1～0.3；

A_1——制件垂直于脱模方向的投影面积（mm^2）。

$$A \approx 单个塑件的包紧面积 \times 两腔数 = 842mm \times 2 \approx 1684mm^2$$

$$F_t = [1684 \times 1.2 \times 10^7 \times (0.3\cos30' - \sin30')/10^6 + 0.09 \times 19.1 \times 25]N = 5753.75N$$

（2）确定顶出方式及顶杆位置　根据制品的结构特点，因顶出位置受限，确定在制品的四角上设置顶针，如图2-27所示。

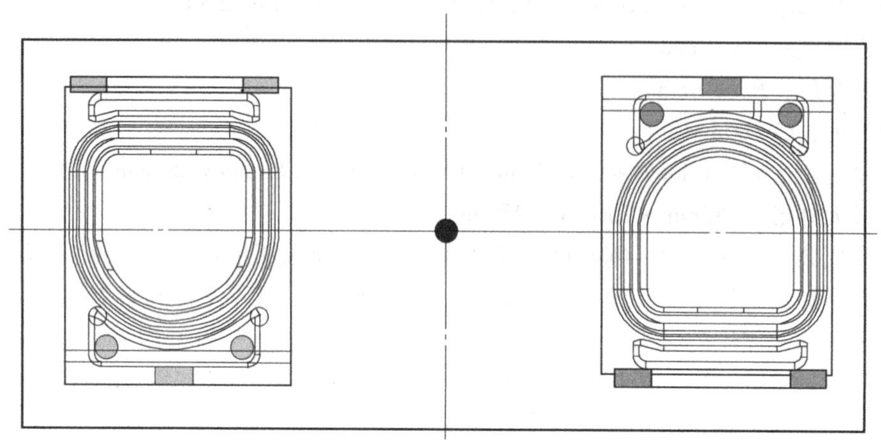

图2-27　顶杆位置示意图

对于流道的固化塑料也设置了拉料和顶出一体式的“Z”字形顶杆。

普通圆形顶杆选用直径为2mm，数量为4根；方形顶杆选用3mm×1.3mm，数量为6根，均能满足顶杆刚度要求。

8. 冷却系统的设计

水管的直径通常为4mm、6mm、8mm、10mm、12mm，由于产品平均壁厚为2.5mm，制件和型芯尺寸小，确定水管孔直径为8mm，且便于加工和具有充足的平衡模具温度的能力。

由于冷却水道的位置、结构形式、孔径、表面状态、水的流速、模具材料等很多因素都会影响模具的热量向水路传递，因此精确计算比较困难。实际生产中，通常是根据模具的结构来确定水路，水路的位置尽量靠近制件附近并均匀分布，同时通过调节水温、水速来满足要求。

动、定模冷却水路的布置如图2-28所示，出水口处用密封圈密封，从模板上进出水；定模、动模模板上也需要增加循环水路，使之能调节并稳定模具温度。

9. 排气系统的设计

动模部分可以通过顶杆、分型面的间隙排气；定模增加排气针，尺寸为$\phi 0.70^{-0.02}_{-0.03}$mm，位置根据模拟分析塑料最后的充满位置来确定。

10. 按要求绘制装配图

结果如图2-29所示。

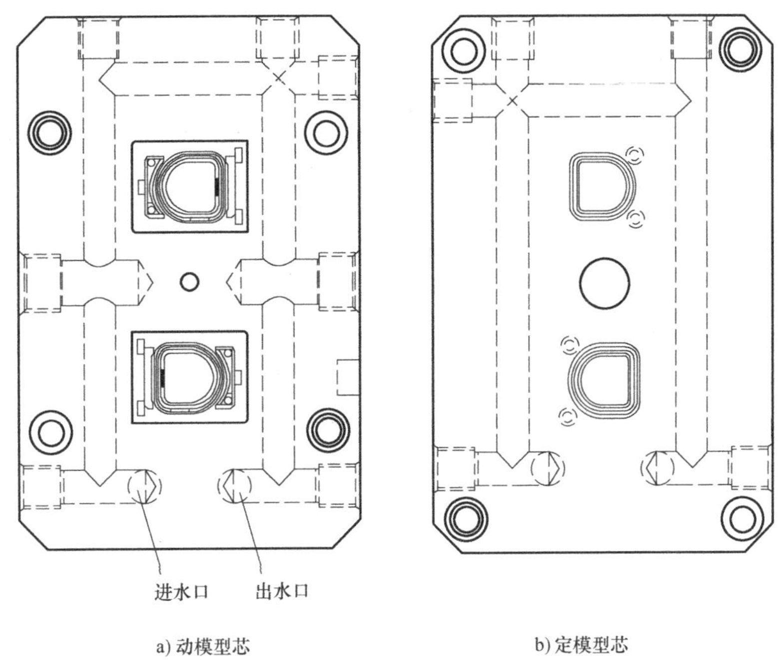

a) 动模型芯　　b) 定模型芯

图 2-28　型芯水路布置示意图

11. 按要求绘制立体图

结果如图 2-30 所示。

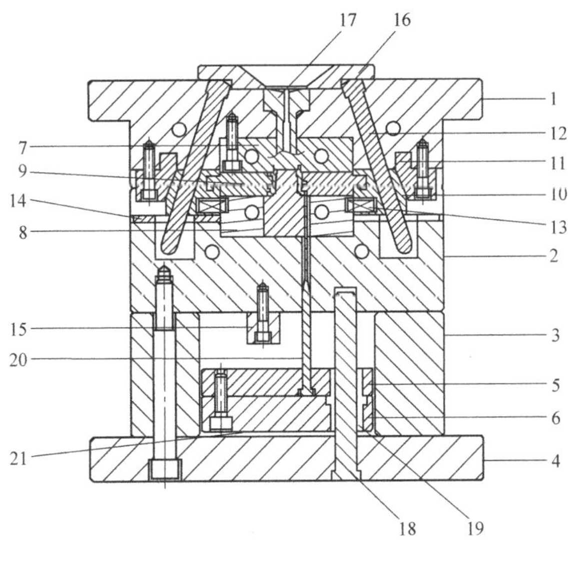

a) 模具剖面图

图 2-29　塑件模具装配图

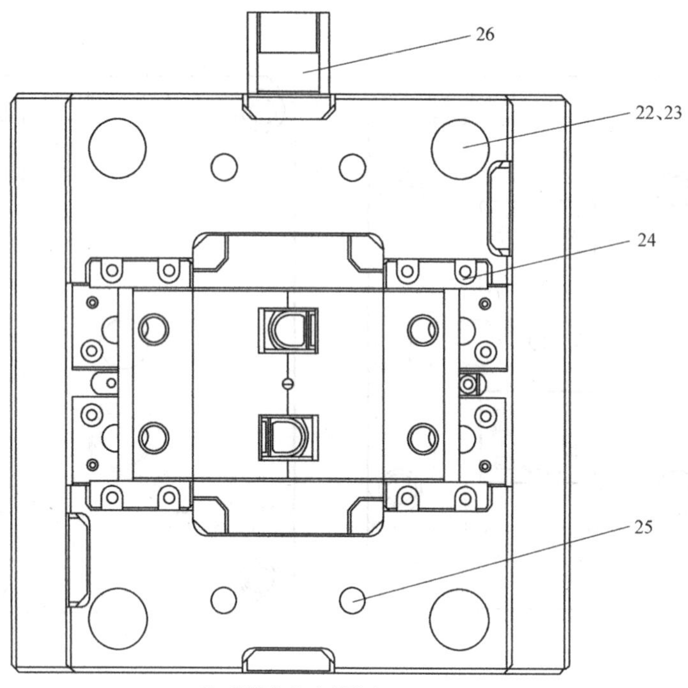

b) 动模分型面正视图

图 2-29 塑件模具装配图（续）

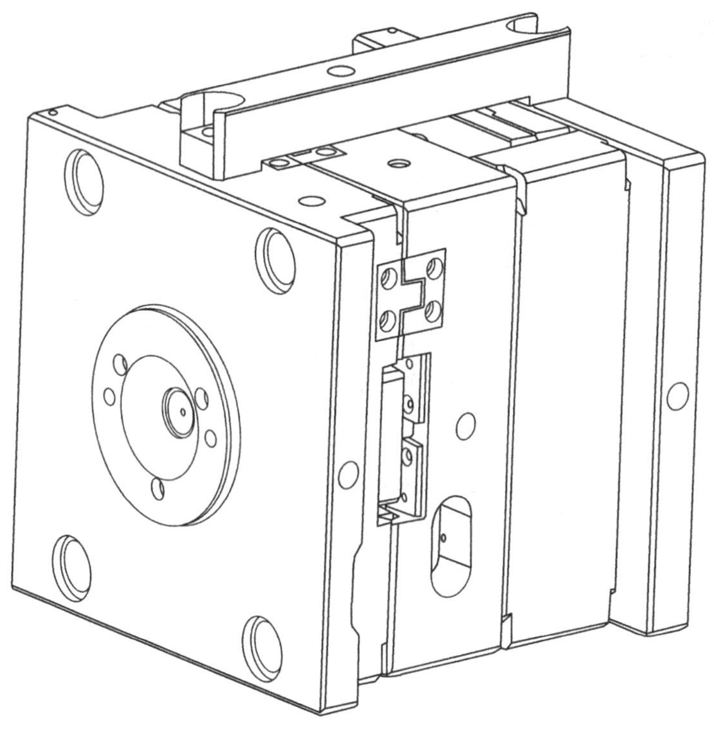

图 2-30 模具立体图

12. 按要求制作模具零件清单

结果如图 2-31 所示。

<table>
<tr><td>28</td><td></td><td></td><td></td><td></td><td></td><td></td><td></td></tr>
<tr><td>27</td><td>CAP SCREW</td><td>螺钉</td><td>略</td><td>略</td><td></td><td></td><td></td></tr>
<tr><td>26</td><td>TIE BAR</td><td>吊模块</td><td>1</td><td>45</td><td></td><td></td><td></td></tr>
<tr><td>25</td><td>RETUNE PIN</td><td>回程杆</td><td>4</td><td>SUJ2</td><td></td><td></td><td></td></tr>
<tr><td>24</td><td>GUIDE RAIL</td><td>侧型芯导向块</td><td>4</td><td>8402</td><td></td><td></td><td></td></tr>
<tr><td>23</td><td>GUIDE BUSH</td><td>导套</td><td>4</td><td>SUJ2</td><td></td><td></td><td></td></tr>
<tr><td>22</td><td>GUIDE PIN</td><td>导柱</td><td>4</td><td>SUJ2</td><td></td><td></td><td></td></tr>
<tr><td>21</td><td>STOP DISC</td><td>拉钉</td><td>8</td><td>8402</td><td></td><td></td><td></td></tr>
<tr><td>20</td><td>EJECTOR PIN</td><td>顶针</td><td>11</td><td>SKH51</td><td></td><td></td><td></td></tr>
<tr><td>19</td><td>EJECTOR GUIDE BUSH</td><td>顶针板导套</td><td>4</td><td>黄铜</td><td></td><td></td><td></td></tr>
<tr><td>18</td><td>EJECTOR GUIDE PIN</td><td>顶针板导柱</td><td>4</td><td>SUJ2</td><td></td><td></td><td></td></tr>
<tr><td>17</td><td>SPRUE BUSH</td><td>浇口套</td><td>1</td><td>8402</td><td></td><td></td><td></td></tr>
<tr><td>16</td><td>LOCATING RING</td><td>定位圈</td><td>1</td><td>45</td><td></td><td></td><td></td></tr>
<tr><td>15</td><td>STOPPER</td><td>顶出限位块</td><td>2</td><td>45</td><td></td><td></td><td></td></tr>
<tr><td>14</td><td>WEAR PLATE</td><td>耐磨油板</td><td>4</td><td>XW-10</td><td></td><td></td><td></td></tr>
<tr><td>13</td><td>SPRING</td><td>弹簧</td><td>4</td><td>65Mn</td><td></td><td></td><td></td></tr>
<tr><td>12</td><td>ANGULAR PIN</td><td>斜导柱</td><td>4</td><td>SUJ2</td><td></td><td></td><td></td></tr>
<tr><td>11</td><td>PRESSURE PAD</td><td>锁紧块</td><td>2</td><td>8402</td><td></td><td></td><td></td></tr>
<tr><td>10</td><td>SLIEDE HOLDER</td><td>侧型芯固定座</td><td>2</td><td>8402</td><td></td><td></td><td></td></tr>
<tr><td>9</td><td>SLIDE INSERT</td><td>侧型芯</td><td>2</td><td>8402</td><td></td><td></td><td></td></tr>
<tr><td>8</td><td>CORE INSERT</td><td>动模型芯</td><td>1</td><td>8402</td><td></td><td></td><td></td></tr>
<tr><td>7</td><td>CAVITY INSERT</td><td>定模型芯</td><td>1</td><td>8402</td><td></td><td></td><td></td></tr>
<tr><td>6</td><td>EJECTOR BACK PLATE</td><td>推板</td><td>1</td><td>45</td><td></td><td></td><td></td></tr>
<tr><td>5</td><td>EJECTOR PLATE</td><td>推杆固定板</td><td>1</td><td>45</td><td></td><td></td><td></td></tr>
<tr><td>4</td><td>BOTTOM PLATE</td><td>动模座板</td><td>1</td><td>45</td><td></td><td></td><td></td></tr>
<tr><td>3</td><td>SUPPORT BLOCK</td><td>垫块</td><td>2</td><td>45</td><td></td><td></td><td></td></tr>
<tr><td>2</td><td>CORE PLATE</td><td>动模板</td><td>1</td><td>45</td><td></td><td></td><td></td></tr>
<tr><td>1</td><td>CAVITY PLATE</td><td>定模板</td><td>1</td><td>45</td><td></td><td></td><td></td></tr>
<tr><td rowspan="2">序号</td><td rowspan="2">英文名称</td><td rowspan="2">中文名称</td><td rowspan="2">数量</td><td rowspan="2">材料</td><td>单件</td><td>总计</td><td rowspan="2">备注</td></tr>
<tr><td colspan="2">重　量</td></tr>
</table>

<table>
<tr><td></td><td></td><td></td><td></td><td></td><td></td><td colspan="3" rowspan="4"></td><td rowspan="2">学校、班级</td></tr>
<tr><td></td><td></td><td></td><td></td><td></td><td></td></tr>
<tr><td></td><td></td><td></td><td></td><td></td><td></td><td rowspan="4">塑料模具装配图</td></tr>
<tr><td>标记</td><td>处数</td><td>分区</td><td>更改文件号</td><td>签名</td><td>日期</td></tr>
<tr><td>设计</td><td></td><td></td><td>标准化</td><td></td><td></td><td>阶段标记</td><td>重量</td><td>比例</td></tr>
<tr><td></td><td></td><td></td><td></td><td></td><td></td><td></td><td></td><td></td></tr>
<tr><td>审核</td><td></td><td></td><td></td><td></td><td></td><td colspan="3" rowspan="2">共　张　　第　张</td><td rowspan="2"></td></tr>
<tr><td>工艺</td><td></td><td></td><td>批准</td><td></td><td></td></tr>
</table>

图 2-31　模具零件清单

13. 编写技术文件及备注

（1）填写塑料零件注射工艺卡片 试模前，先根据塑件的成型特点，参考本书表6-5，选择适合注射成型的工艺参数，制订注射成型工艺指导卡；再经过试模，最终确定合理的注射成型工艺。

（2）编写设计说明书 零件图样取名规则如下。

A XX：结构类零件　　B XX：定模相关零件

C XX：动模相关零件　　D XX：侧型芯相关零件

P XX：标准件类零件　　M XX：模板类零件

XX——图样按顺序编号。

（3）未注公差解释 如图2-32所示，X表示数字。

未加小数点	X	±0.2
小数点后一位数字	X.X	±0.1
小数点后二位数字	X.XX	±0.02
小数点后三位数字	X.XXX	±0.005
度数后未加分数	X°	±0°30′
度数后一位分数	X°θ′	±0°10′
度数后二位分数	X°θθ′	±0°5′

图2-32　未注公差解释

四、实例四

本实例吸收并改进国外注射模具的设计方式，结合三维工程软件Pro/ENGINEER进行分析。

1. 模具结构设计分析

（1）初步分析工艺性 图2-33所示为某电子产品塑料制件图，其材料为ABS，收缩率为0.3%～0.8%，取平均收缩率 $S=(0.3\%+0.8\%)/2=0.55\%$。

1）产量约50万件/年，可采用一模一腔方式。

2）塑料制件尺寸大小中等，形状较规则，外观要求高亮，后序要喷漆。

3）可采用三板模、点浇口，无后序加工可节约成本。

4）塑料制件内部有四处倒扣位，需采用斜顶机构成型。

（2）分型面位置的选择 此塑料制件充分考虑分型面选择原则后，大分型面比较平整简单，如图2-34所示。但是内部有四处倒扣位，需要采用斜顶机构成型，分型面如图2-35所示。

（3）确定型腔数量及排列方式 当分型面确定后，需要考虑是采用单型腔模还是多型腔模。

由于该塑料制件尺寸小、产量低，故初步拟定采用一模一腔，如图2-36所示。

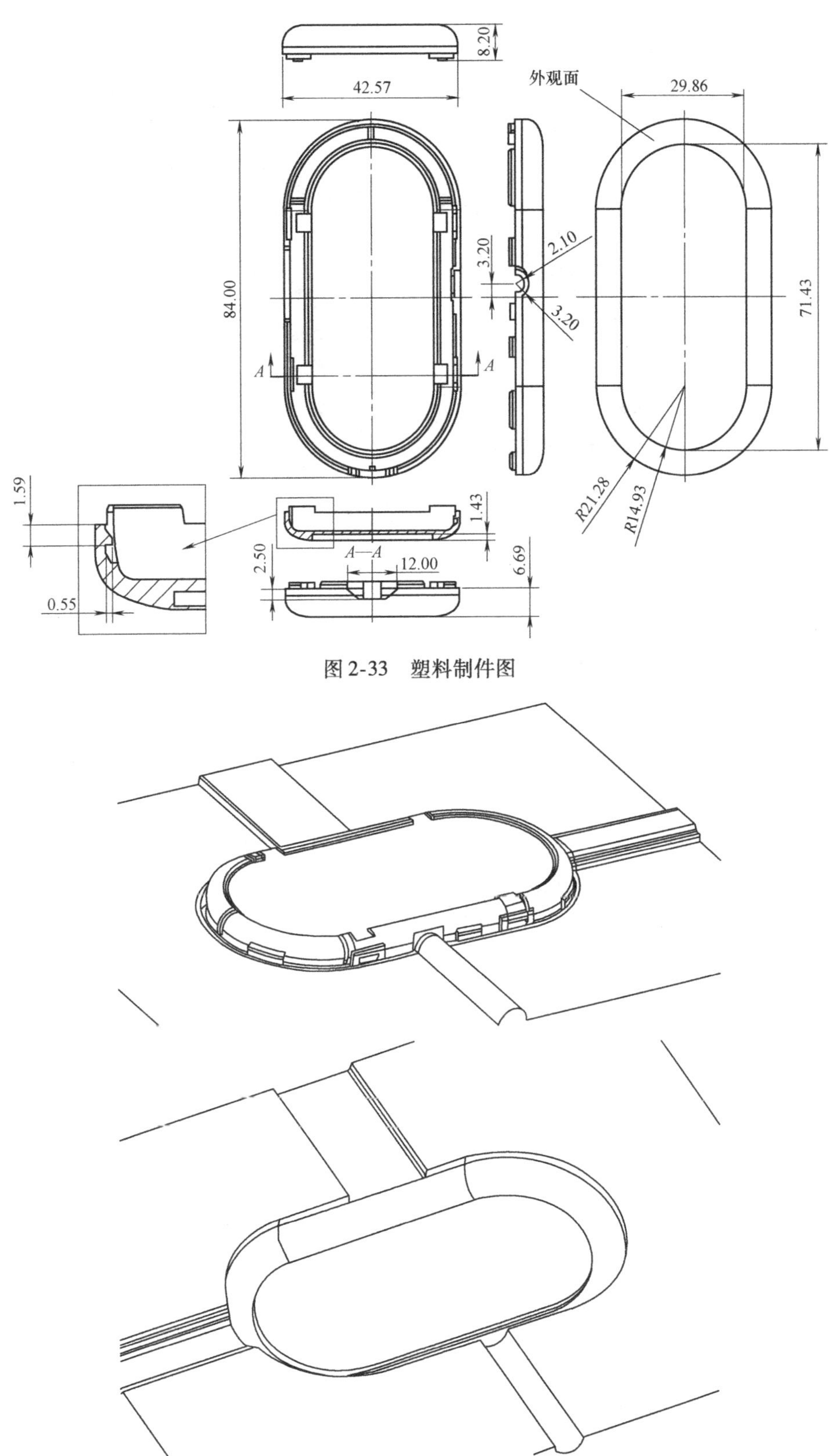

图 2-33　塑料制件图

图 2-34　分型面示意图

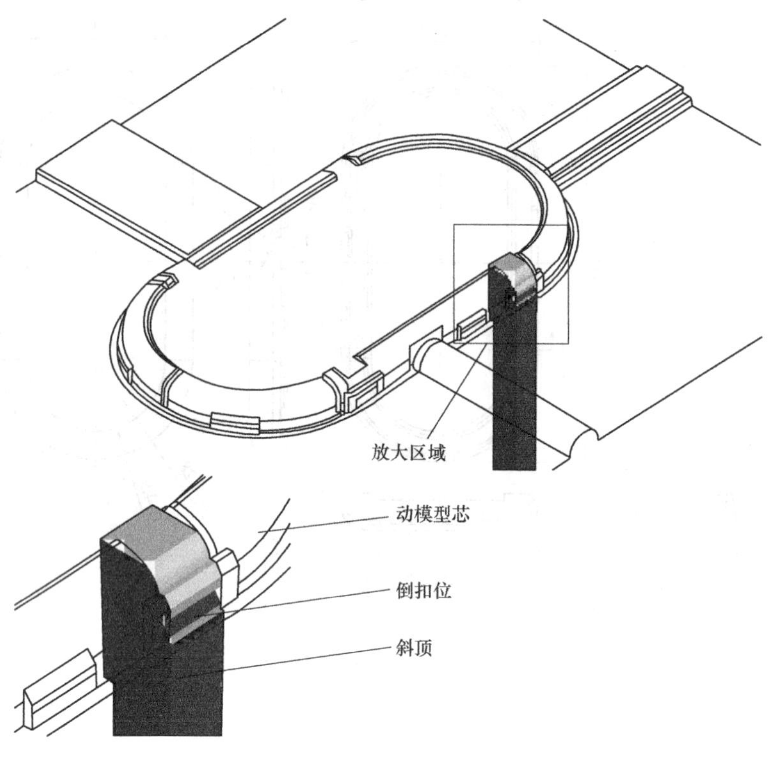

图 2-35 斜顶机构

(4) 模具结构形式的确定 该塑料制件外围一圈属于高亮面，后序需要喷漆，故不能有任何外观缺陷，不能采用一般侧浇口进浇；也尽量不用潜伏浇口，这样会造成后序工作量的增加，以及制品品质的不稳定性；香蕉浇口无后序加工，但是浇口位置受限，不能灵活改动，造成注射缺陷的可能性很大。综合考虑采用三板模，点浇口形式。

三板模具在设计时应特别注意缩短流道长度，因此，应使模板有合理的厚度和结构，同时注意和注射机相配，不要超出注射机机头的伸出长度和直径大小。流道推板的运动距离需要限制，一般打开距离为 8 ~ 20mm；定模板运动距离视注射机机头进浇点到塑料制件进浇点的距离而定，再加上 50mm 的预留空间。

注意：在设计定模板限位拉杆位置时，需要考虑主流道在开模后有能自由掉落的空间，否则不能自动生产，影响生产率。限位拉杆如图 2-37 所示。

小型三板模的限位机构一般采用 MISUMI 或 PUNCH 标准的合模定位器（Parting Lock Set)，如图 2-38 所示，大型的一般采用 HASCO 标准的锁紧装置（Latch Locking Device)。

一般要求较低的模具也可用阻尼器代替，安装于分型面。如图 2-39 所示。

(5) 浇口位置的选择 浇口是塑料流入型腔的最后通道，浇口位置的选择决定了这个制件的优劣，通常情况下，浇口选择在制件壁厚较厚或者集中成型的区域，以便于在不损失压力的情况下能迅速充满型腔内，同时能再通过保压消除缺料、缩痕等缺陷，但是需要考虑客户的要求。

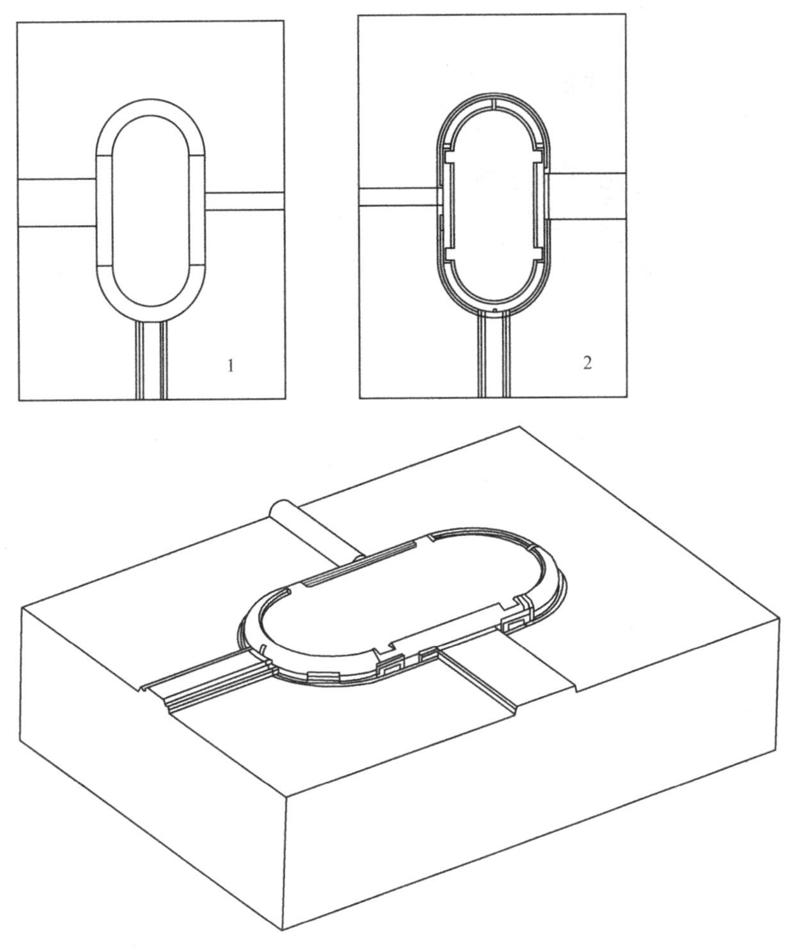

图 2-36　模芯示意图

1—定模　2—动模

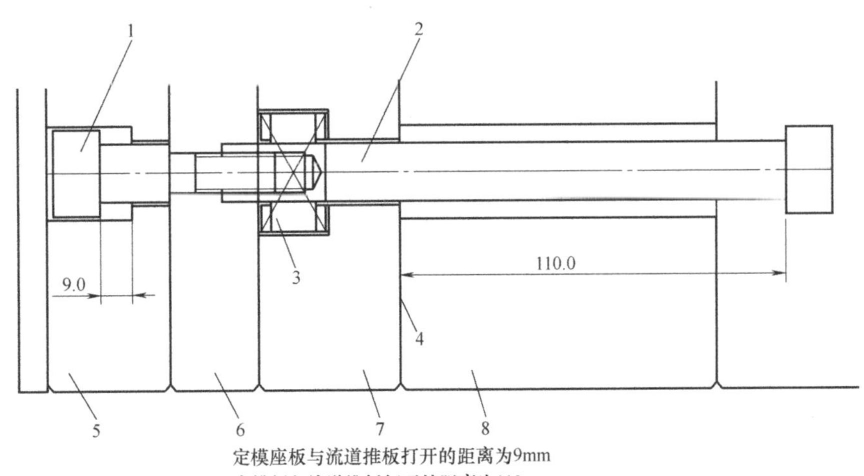

图 2-37　三板模限位拉杆图

1—止动螺栓　2—拉杆　3—弹簧　4—分型面　5—定模座板　6—流道推板　7—定模板　8—动模板

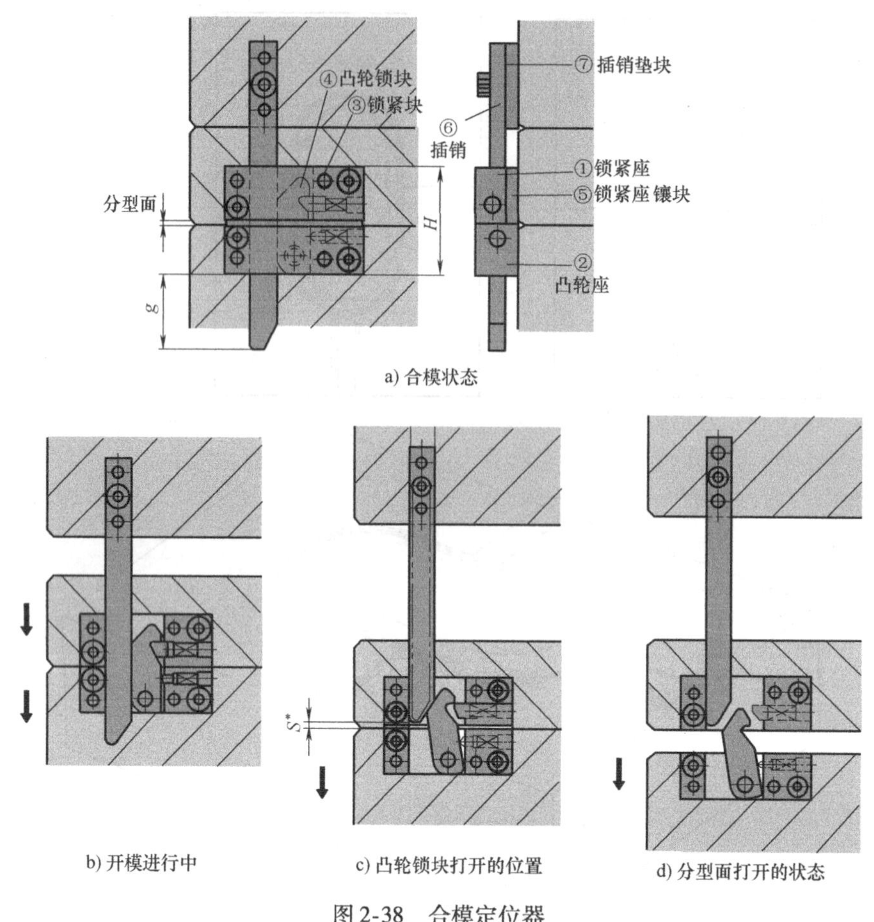

图 2-38　合模定位器

① M 材质 SCM435
② M 材质 特殊尼龙
使用温度在80℃以下。

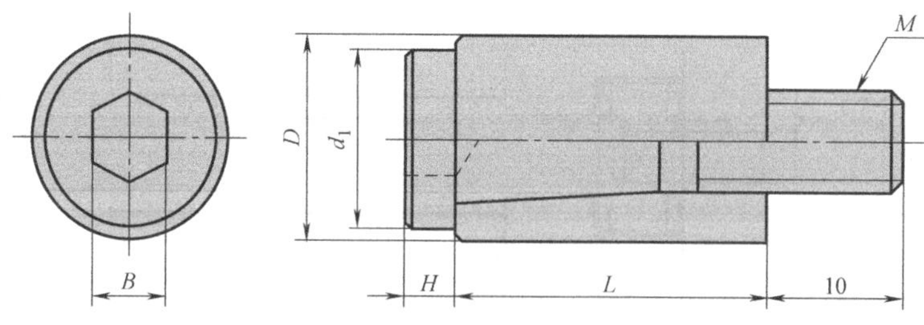

图 2-39　MISUMI 标准阻尼器

点浇口是三板模的专用浇口，要求注射机开合模的行程较大。三板模的第一次分模，将浇口从塑料制件上拉断；第二次分模，把流道从浇口套中拉出，实现流道自动掉落；第三次是将主分型面打开。

采用模流分析软件初步验证其可行性，结果如图 2-40 所示。

浇口直径可以根据经验公式计算

$$d = (0.14 \sim 0.20)\sqrt[4]{\delta^2 A}$$

式中 d——浇口直径（mm）；

δ——塑料制件在浇口处的壁厚（mm）；

A——型腔的表面积（mm^2）。

浇口直径取 $d = 1.0mm$；

浇口锥角取 $\beta = 35° \sim 45°$；

分流道锥角 $\alpha = 5°$。

点浇口直径的选择和潜伏浇口一样，要保证塑料制件在中等注射压力下都能快速地充满型腔；型腔充满后，浇口能迅速冷却封闭，以防止型腔内还未冷却的塑料回流；流道和制品能顺利拉断并分离，同时塑料制件浇口残痕、飞边要尽量的小，如图 2-41 所示。

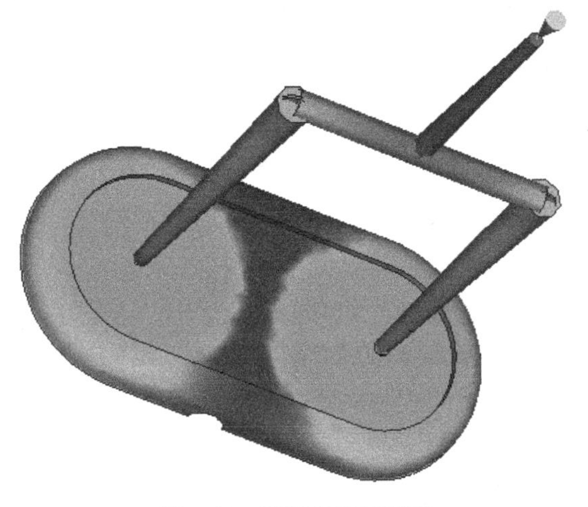

图 2-40　模流分析示意图

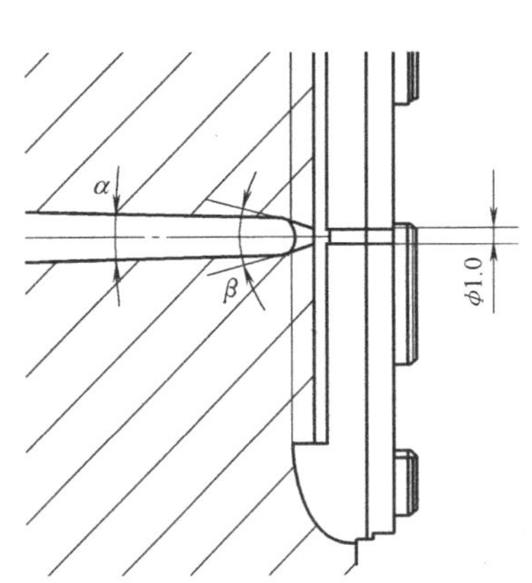

图 2-41　浇口示意图

（6）设计主流道及分流道的形状和尺寸　主流道先经过浇口套，然后从流道推板和定模板之间一分为二横向进入分流道，拐弯进入与主流道轴线平行的二级分流道，最后通过点浇口进入制品区域。注意：二级分流道是倒锥形，与主流道锥度相反，如图 2-42 所示。

注射机喷嘴孔的直径一般为 2.5 ~4mm，主流道设计成圆锥形，其锥角为 2° ~6°，主流道大段直径可取 5 ~6mm，内壁表面粗糙度值 Ra 取 0.4μm。分流道截面设计成 U 形截面，这种流道加工较容易，且热量损失和压力损失较小，为常用形式。分流道的直径可根据塑料的流动性等因素确定，该塑料制件采用 ABS 塑料，流动性中等。根据分流道直径 d 可取 3 ~4mm，小件可不校核流动比。

（7）排气系统的设计　该套模具属于小型模具，排气量小，流道末端需要引出排气，因 ABS 塑料流动性一般，排气槽深度 0.015 ~0.01mm，离制品边缘达到 3mm 之后可以加深到 0.3mm；塑料制件排气可在分型面上距离型腔 2mm 的一圈开排气槽引出，如图 2-43 所示。

（8）冷却系统的设计　冷却水路的作用是平衡模具温度，通常试模前，模具温度需要升高，这时通过内部的水（油）循环把热量带给模具，达到该塑料需要的模具温度；在注射一个周期完成后，塑料制件保压时需要冷却定型，或者在模具温度超过设定值需要降温时，也是通过水（油）的循环降低模具温度。好的冷却水路能缩短生产周期，提高生产率。

此塑料制件是 ABS 材料，料筒温度：前段 200 ~220℃；中段 180 ~200℃；后段 160 ~

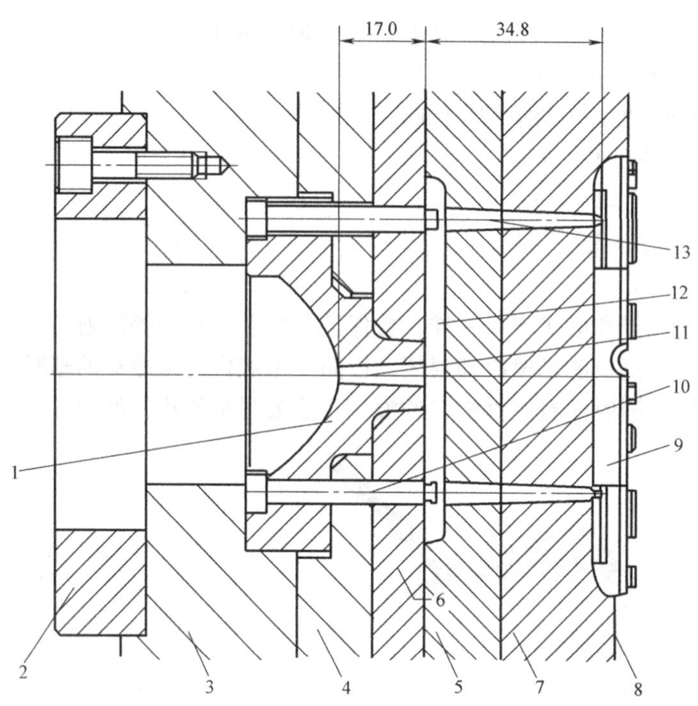

图 2-42 浇注系数示意图

1—浇口套 2—定位圈 3—定模座板 4—流道推板 5—流道板 6—流道背板 7—定模模芯 8—分型面 9—塑料制件 10—拉料钉 11—主流道 12—分流道 13—二级流道

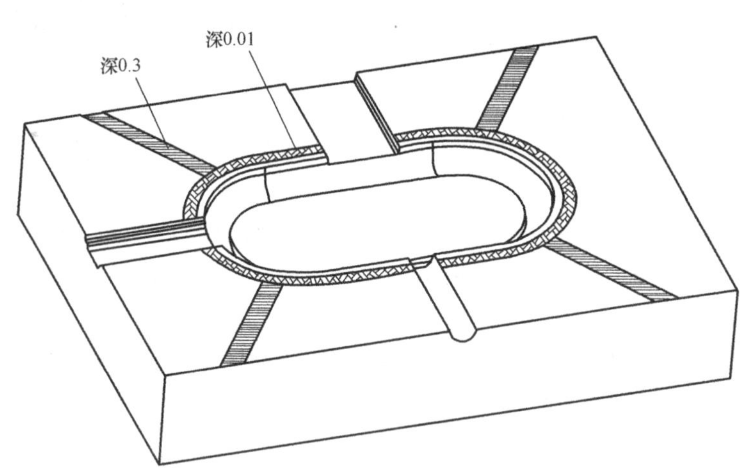

图 2-43 排气槽示意图

180℃。喷嘴温度：170～180℃。所需模具温度：50～80℃。在注射过程中，料温会通过流道和型腔进行热传递，造成模具温度不断升高接近料温。所以，为了平衡模具温度和塑件快速冷却固化，必须增加冷却水路。

流道推板、定模板、动模板以及模芯都需要加水路。如果模板厚度较厚，则需要做多层水路，在合适位置也可以增加分水片对模具充分冷却，如图 2-44 所示。

以上需根据水路设计原则进行设计。

2. 正式设计

(1) 核查塑料制件产品图

1) 仔细阅读塑料制件产品图，了解图样上的注解、特殊要求等信息，了解客户对塑料制件的要求，例如装配要求，外观要求等。

2) 核对二维图样和三维塑料制件的尺寸是否一致，公差是否需要调整。

3) 确认三维塑料制件上是否有难以成型、设计缺陷等问题，确认后及时调整。

4) 分析塑料制件的重要部位，确定是否需要在型芯上加大余量（通称留铁），便于后序修模；对于形状复杂、排气困难的地方，考虑分镶件或提出修改措施。

(2) 画结构图　二维结构图在确定模具结构是否可行上有很大的作用，特别是复杂的模具需要改动方案时可以做最快速的调整，一般被国外模具设计作为必须的步骤。

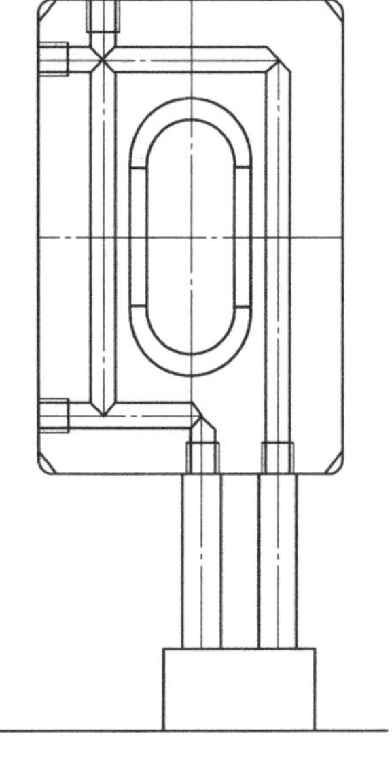
图 2-44　水路图

结构布局图如图 2-45 所示。

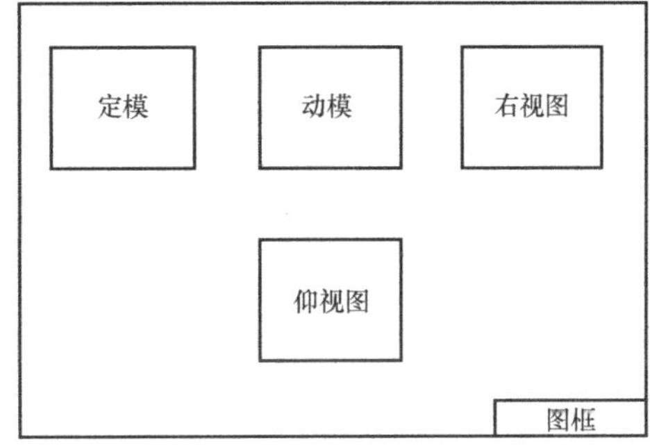

图 2-45　结构布局图

1) 根据之前的初步分析，把三维塑料制件产品转换成 AutoCAD 格式，二维图样中产品零件尺寸加收缩率放大后再镜像，即成为型芯图。

2) 根据先内后外、先主后次的原则，依次画出型芯外形尺寸，水路循环图，流道浇口的布局图，几个视图需要同时进行。

3) 根据初步拟定的模架尺寸，画出模架图，再画模具的主要结构，如浇注系统、三板模分模结构、限位机构、斜抽芯机构、上模抽芯机构、二次顶出系统、斜顶出机构（图 2-47 所示）等，再画冷却系统、普通顶出机构等，最后画出支撑柱、吊模块、垃圾钉等次要结构。装配图如图 2-46 所示。

装配图上应能明确反映以下内容：

① 在塑料制件外观上勾勒出分型线的设计。

② 流道、浇口的位置和大小。

③ 所有标准件（除螺钉外）。

④ 顶杆的位置和大小。

⑤ 特殊结构的运动装配关系。

⑥ 水路的进出结构、位置和大小。

⑦ 模架、型芯、导柱等重要部件的位置和大小。

⑧ 必须符合客户的设计标准，模具运作安全可靠。

用 CAD 软件画结构图时，利用好图层、线条颜色和线型、块等功能等，使图样清晰并能方便快捷地改动。

定模
P23, A12
A15, P33
A14, P32
P24, A11
P35, A16
P25
P26, P27, A10 P27, P18 P19, P20
P21, P22
P01
P44
P02
P03
P04
P43
P42
A21, P46
P12
P11
P31, P28
P29
P10
P30
P08, P09
P07
P06
A23
P16
A01
A09
A02
A17, P38, P39
A03
P14, P15
A04
A18, P40
P13
A05AB
A07
A08
A05
A22, P51
模具加工——零件图
浇口放大图
模具装配图
材料
比例
数量
图号
制图
审核
设计

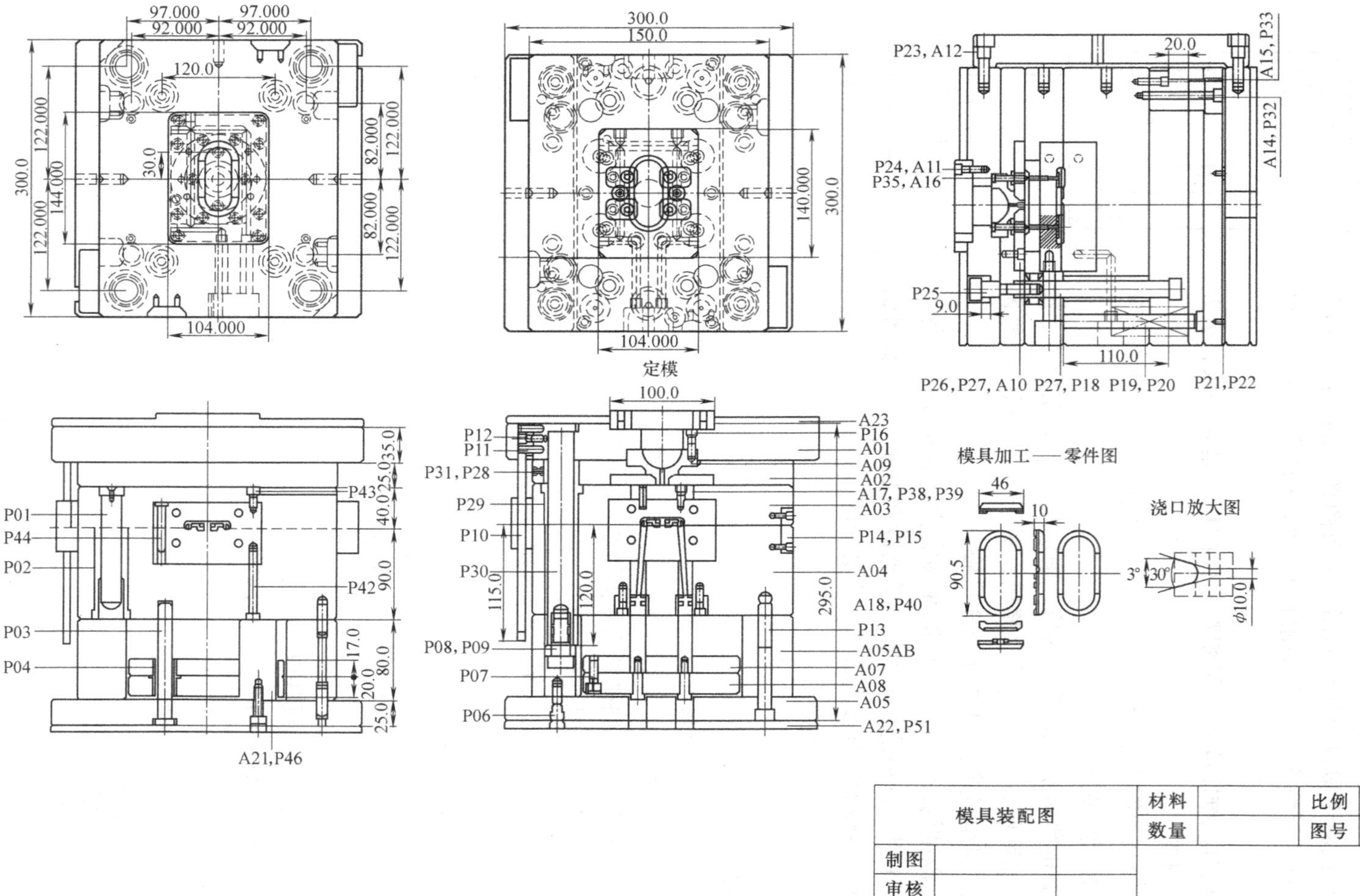

图 2-46　装配图

(3) 模架造型　确认结构图满足设计要求后，利用 Pro/ENGINEER 软件加载的 EMX 模块进行标准模架的调入。造型时应遵照从大到小、从外到内的原则。影响到多个零件的特征步骤，在装配模块（Assembly）里面尽量一次性做好。完成主要造型步骤后最后进行倒角处理。注意零件之间不能有干涉、错位，少零件等问题。

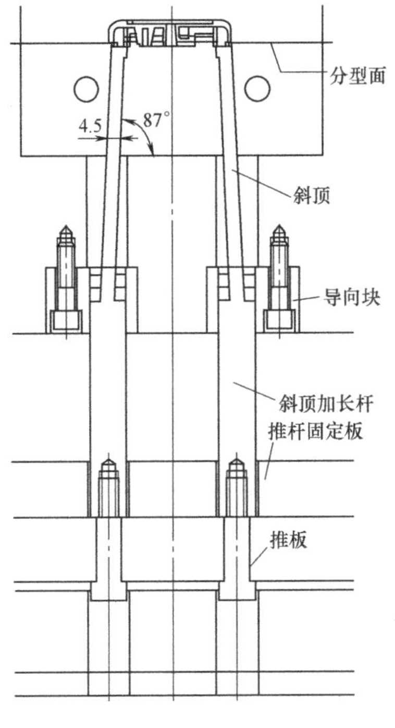

图 2-47　斜顶出机构

(4) 型芯分模、造型

1）在 Pro/ENGINEER 里建立 MFG 文件，把塑料制件调入 MFG 文件中，装配加上收缩率，选取装配文件自身的基准创建工作块。

型腔分模时，先做分模面分开动、定模芯，生成块文件，再进行小镶件、侧抽芯、斜顶（图 2-47）等等的分模，取名要有规律，方便记忆，最后生成实体。

2）造型时，应该根据结构图所画的尺寸进行设计，充分考虑加工工艺性，降低制造成本，同时又能保证模芯的强度和寿命。配合的面如果要调整，加配合斜度或者改动位置，最好是在装配文件里进行修改，以避免出错。造型原则也是从大到小、从外到内，先做塑料制件成型部分，再做流道、浇口、水路等，最后做螺纹孔、倒角等步骤。

造型完成后，检查模芯与模板的装配关系是否正确，不能有错位，检查螺纹和螺纹过孔设计大小不一等问题，一切都以装配图为准。

(5) 标注尺寸　图样是设计部门与加工部门沟通的工具，需要通过加工把理论的设计图变成实物，所以要求图样上的视图清晰完整，尺寸标注正确，公差要求合理，特殊加工、材料、数量等要求标注明确。

1）确定模芯、模架等造型无误，检查每项设计已经满足客户要求后再进行尺寸标注。

2）根据零件复杂程度选择合适的图框，放好主要几个视图，放图的原则是以尽量少的图表达更多的形状和尺寸。设置好线型，再确定是否能完全清晰地表达出所有形状，如果不行，则需要通过合适的剖视图、放大图、向视图进行表达，以上视图通过修改显示比例使图形能合理美观地布满图框。

3）模芯的标注：先从主视图开始，选取合理的零位基准，把所有公称尺寸标注完成，检查无遗漏后，根据设计角度和加工工艺标注公差。根据之前分析塑料制件二维图样的结论，哪些地方是需要做加大余量处理的，现在就把模芯上相应尺寸的公差调整好，塑料制件有单向公差要求或者公差要求很高时，模芯相应地方也需要做同样的加大余量处理，一般情况下模芯上的成型尺寸公差取塑料制件公差的 1/3。

4）模板的标注：视图摆放时，以分型面打开为视角，动、定模正面为主视图，每块模板在各自图样里的上下摆放方向要统一（以吊模块为上面），零位基准取模板的中心，厚度方向取有效的作用面为基准。

5）标准件的标注：还需要修整尺寸的标准件需要出图。图样上注明哪些尺寸是需要修整的，原本型号是什么。常用标准件供应商有 MISUMI、PUNCH、HASCO、DME 等。例如，顶杆选择 MISUMI 的 EPH 5-150 型号，模具上只需要 120mm 长度，所以就需要出图修整，图样上标注出长度 120mm 是需要修整的尺寸。

（6）零件清单（图 2-48）

<table>
<tr><td></td><td>螺钉等紧固件</td><td>略</td><td></td><td></td><td></td><td></td><td></td></tr>
<tr><td>P14</td><td>拉料销</td><td>RLR 5-35</td><td>2</td><td>MISUMI</td><td></td><td></td><td></td></tr>
<tr><td>P13</td><td>弹簧</td><td>SWF 30-90</td><td>4</td><td>MISUMI</td><td></td><td></td><td></td></tr>
<tr><td>P12</td><td>回程杆</td><td>RP8TH 15-150</td><td>4</td><td>MISUMI</td><td></td><td></td><td>需要修长度到 147</td></tr>
<tr><td>P11</td><td>弹簧</td><td>SWU 26-35</td><td>4</td><td>MISUMI</td><td></td><td></td><td></td></tr>
<tr><td>P10</td><td>拉杆</td><td>PBTN 16-160</td><td>4</td><td>MISUMI</td><td></td><td></td><td></td></tr>
<tr><td>P09</td><td>止动螺栓</td><td>STBG 16-20-30</td><td>4</td><td>MISUMI</td><td></td><td></td><td></td></tr>
<tr><td>P08</td><td>推板导套</td><td>EGBT 13-28-RL40</td><td>4</td><td>MISUMI</td><td></td><td></td><td></td></tr>
<tr><td>P07</td><td>推板导柱</td><td>GPH 13-120</td><td>4</td><td>MISUMI</td><td></td><td></td><td></td></tr>
<tr><td>P06</td><td>开模控制器</td><td>PLS</td><td>2</td><td>MISUMI</td><td></td><td></td><td></td></tr>
<tr><td>P05</td><td>精定位导套</td><td>GBHE 20-90</td><td>4</td><td>MISUMI</td><td></td><td></td><td></td></tr>
<tr><td>P04</td><td>精定位导柱</td><td>GPH 20-120</td><td>5</td><td>MISUMI</td><td></td><td></td><td></td></tr>
<tr><td>P03</td><td>模架导套</td><td>GBHE 25-40</td><td>4</td><td>MISUMI</td><td></td><td></td><td></td></tr>
<tr><td>P02</td><td>模架导套</td><td>GBSE 25-25</td><td>4</td><td>MISUMI</td><td></td><td></td><td></td></tr>
<tr><td>P01</td><td>模架导柱</td><td>GPHL 25-220-N35</td><td>4</td><td>MISUMI</td><td></td><td></td><td></td></tr>
<tr><td>C02</td><td>斜顶</td><td>85. 176 ×5. 92 ×4. 623</td><td>4</td><td>4Cr5MoSiV1</td><td></td><td></td><td></td></tr>
<tr><td>C01</td><td>动模型芯</td><td>140 ×104 ×40</td><td>1</td><td>4Cr5MoSiV1</td><td></td><td></td><td></td></tr>
<tr><td>B01</td><td>定模型芯</td><td>140 ×104 ×25</td><td>1</td><td>4Cr5MoSiV1</td><td></td><td></td><td></td></tr>
<tr><td>A18</td><td>导向块</td><td>32 ×21 ×20</td><td>4</td><td>4Cr5MoSiV1</td><td></td><td></td><td></td></tr>
<tr><td>A17</td><td>加长杆</td><td>13 ×13 ×75</td><td>4</td><td>4Cr5MoSiV1</td><td></td><td></td><td></td></tr>
<tr><td>A16</td><td>流道板</td><td>99 ×59 ×15</td><td>1</td><td>4Cr5MoSiV1</td><td></td><td></td><td></td></tr>
<tr><td>A15</td><td>顶出限位块</td><td>ϕ25 ×20</td><td>2</td><td>45</td><td></td><td></td><td></td></tr>
<tr><td>A14</td><td>支撑柱</td><td>ϕ36 ×80</td><td>4</td><td>45</td><td></td><td></td><td></td></tr>
<tr><td>A13</td><td>台阶支撑柱</td><td>ϕ36 ×80</td><td>2</td><td>45</td><td></td><td></td><td></td></tr>
<tr><td>A12</td><td>吊模块</td><td>276. 5 ×35 ×35</td><td>1</td><td>45</td><td></td><td></td><td></td></tr>
<tr><td>A11</td><td>定位圈</td><td>ϕ100 ×15</td><td>1</td><td>45</td><td></td><td></td><td></td></tr>
<tr><td>A10</td><td>流道背板</td><td>140 ×100 ×10</td><td>1</td><td>4Cr5MoSiV1</td><td></td><td></td><td></td></tr>
<tr><td>A09</td><td>浇口套</td><td>ϕ68 ×35</td><td>1</td><td>4Cr5MoSiV1</td><td></td><td></td><td></td></tr>
<tr><td>M08</td><td>推板</td><td>300 ×150 ×20</td><td>1</td><td>45</td><td></td><td></td><td></td></tr>
<tr><td>M07</td><td>推杆固定板</td><td>300 ×150 ×17</td><td>1</td><td>45</td><td></td><td></td><td></td></tr>
<tr><td>M06</td><td>动模座板</td><td>300 ×300 ×25</td><td>1</td><td>45</td><td></td><td></td><td></td></tr>
<tr><td>M05AB</td><td>垫块</td><td>300 ×80 ×48</td><td>各 1</td><td>45</td><td></td><td></td><td></td></tr>
<tr><td>M04</td><td>动模板</td><td>300 ×250 ×90</td><td>1</td><td>45</td><td></td><td></td><td></td></tr>
<tr><td>M03</td><td>定模板</td><td>300 ×250 ×40</td><td>1</td><td>45</td><td></td><td></td><td></td></tr>
<tr><td>M02</td><td>流道推板</td><td>300 ×250 ×25</td><td>1</td><td>45</td><td></td><td></td><td></td></tr>
<tr><td>M01</td><td>定模座板</td><td>300 ×300 ×35</td><td>1</td><td>45</td><td></td><td></td><td></td></tr>
<tr><td rowspan="2">序号</td><td rowspan="2">名称</td><td rowspan="2">规格</td><td rowspan="2">数量</td><td rowspan="2">材料</td><td>单件</td><td>总计</td><td rowspan="2">备注</td></tr>
<tr><td colspan="2">重　量</td></tr>
</table>

<table>
<tr><td></td><td></td><td></td><td></td><td></td><td></td><td colspan="3" rowspan="4"></td><td rowspan="3">学校、班级</td></tr>
<tr><td></td><td></td><td></td><td></td><td></td><td></td></tr>
<tr><td></td><td></td><td></td><td></td><td></td><td></td></tr>
<tr><td>标记</td><td>处数</td><td>分区</td><td>更改文件号</td><td>签名</td><td>日期</td><td rowspan="3">塑料模具装配图</td></tr>
<tr><td>设计</td><td></td><td></td><td>标准化</td><td></td><td></td><td>阶段标记</td><td>重量</td><td>比例</td></tr>
<tr><td></td><td></td><td></td><td></td><td></td><td></td><td></td><td></td><td></td></tr>
<tr><td>审核</td><td></td><td></td><td></td><td></td><td></td><td colspan="3" rowspan="2">共　张　　第　张</td><td rowspan="2"></td></tr>
<tr><td>工艺</td><td></td><td></td><td>批准</td><td></td><td></td></tr>
</table>

图 2-48　零件清单

3. 总结

注射模具是生产各种工业产品的重要工艺装备，随着塑料模具工业的迅速发展以及塑料制品在航空、航太、电子、机械、船舶和汽车等工业部门的推广应用，产品对模具的要求越来越高，传统的塑料模具设计方法已无法适应产品更新换代和提高质量的要求。计算机辅助工程技术（CAE）已成为塑料产品开发、模具设计及产品加工中这些薄弱环节的有效途经。

塑料模具设计不但要采用 CAD 技术，而且还要采用 CAE 技术，这是发展的必然趋势。注射成型分为两个阶段，即开发/设计阶段（包括产品设计、模具设计和模具制造）和生产阶段（包括购买材料、试模和成型）。传统的注射方法是在正式生产前，由设计人员凭经验与直觉设计模具，模具装配完毕后，通常需要几次试模，发现问题后不仅需要重新设置工艺参数，甚至还需要修改塑料模具制品和塑胶模具的设计，这势必增加生产成本，延长产品开发周期。

利用 CAE 技术可以在模具加工前，在计算机上对整个注射成型过程进行类比分析，准确预测熔体的填充、保压、冷却情况，以及制品中的应力分布、分子和纤维取向分布、制品的收缩和翘曲变形等情况，以便设计者能尽早发现问题，及时修改制件和模具设计，而不是等到试模以后再返修模具。这不仅是对传统塑料模具设计方法的一次突破，而且对减少甚至避免模具返修报废、提高制品质量和降低成本等，都有着重大的意义。

第三章 一般设计资料

一、模具常用公差与配合及表面粗糙度

表3-1为基准件标准公差数值。表3-2为基孔制极限偏差数值。表3-3为冲模中常用的公差与配合。表3-4为冲模中各零件表面粗糙度特征及使用范围。表3-5为火花纹路粗糙度值对比。表3-6为各种加工方法下的表面粗糙度值范围。

表3-1 基准件标准公差数值 （单位：μm）

公称尺寸/mm	公差等级															
	IT1	IT2	IT3	IT4	IT5	IT6	IT7	IT8	IT9	IT10	IT11	IT12	IT13	IT14	IT15	IT16
≤3	0.8	1.2	2	3	4	6	10	14	25	40	60	100	140	250	400	600
3~6	1	1.5	2.5	4	5	8	12	18	30	48	75	120	180	300	480	750
6~10	1	1.5	2.5	4	6	9	15	22	36	58	90	150	220	360	580	900
10~18	1.2	2	3	5	8	11	18	27	43	70	110	180	270	430	700	1100
18~30	1.5	2.5	4	6	9	13	21	33	52	84	130	210	330	520	840	1300
30~50	1.5	2.5	4	7	11	16	25	39	62	100	160	250	390	620	1000	1600
50~80	2	3	5	8	13	19	30	46	74	120	190	300	460	740	1200	1900
80~120	2.5	4	6	10	15	22	35	54	87	140	220	350	540	870	1400	2200
120~180	3.5	5	8	12	18	25	40	63	100	160	250	400	630	1000	1600	2500
180~250	4.5	7	10	14	20	29	46	72	115	185	290	460	720	1150	1850	2900
250~315	6	8	12	16	23	32	52	81	130	210	320	520	810	1300	2100	3200
315~400	7	9	13	18	25	36	57	89	140	230	360	570	890	1400	2300	3600
400~500	8	10	15	20	27	40	63	97	155	250	400	630	970	1550	2500	4000

注：摘自GB/T 1800.1—2009。

表 3-2　基孔制极限偏差数值　　（单位：μm）

配合名称		轴的极限偏差																				
		基准孔	过盈配合	过渡配合	间隙配合	基准孔	过盈配合		过渡配合			间隙配合			基准孔	过盈配合		过渡配合		间隙配合	
代号		H6	r5	m5	h5	H7	s6	r6	n6	k6	m6	h6	g6	f6	H8	u8	s7	n7	k7	h7	e7
公称尺寸/mm	≤3	+6 0	+14 +10	+6 +2	0 -4	+10 0		+16 +10	+12 +6	+6 0	+8 +2	0 -6	-2 -8	-6 -12	+14 0	+32 +18	+24 +14	+15 +6	+10 +1	0 -10	-14 -24
	3~6	+8 0	+20 +15	+9 +4	0 -5	+12 0		+23 +15	+16 +8	+9 +1	+12 +4	0 -8	-4 -12	-10 -18	+18 0	+41 +23	+31 +19	+20 +8	+13 +1	0 -12	-20 -32
	6~10	+9 0	+25 +19	+12 +6	0 -6	+15 0		+28 +19	+19 +10	+10 +1	+15 +6	0 -9	-5 -14	-13 -22	+22 0	+50 +28	+38 +23	+25 +10	+16 +1	0 -15	-25 -40
	10~18	+11 0	+31 +23	+15 +7	0 -8	+18 0		+34 +23	+23 +12	+12 +1	+18 +7	0 -11	-6 -17	-16 -27	+27 0	+60	+46	+30 +12	+19 +1	0 -18	-32 -50
	18~24	+13	+37	+17	0	+21		+41	+28	+15	+21	0	-7	-20	+33 0	+33	+28	+36	+23	0	-40
	24~30	0	+28	+8	-9	0		+28	+15	+2	+8	-13	-20	-33		+74 +41	+56	+15	+2	-21	-61
	30~40	+16	+45	+20	0	+25		+50	+33	+18	+25	0	-9	-25	+39 0	+81 +48	+35	+42	+27	0	-50
	40~50	0	+34	+9	-11	0		+34	+17	+2	+9	-16	-25	-41		+99 +60	+68	+17	+2	-25	-75
	50~65	+19	+54 +41	+24	0	+30		+60 +41	+39	+21	+30	0	-10	-30	+46	+109 +70	+43	+50	+32	0	-60
	65~80	0	+56 +43	+11	-13	0		+62 +43	+20	+2	+11	-19	-29	-49	0	+133 +87	+83 +53	+20	+2	-30	-90
	80~100	+22	+66 +51	+28	0	+35		+73 +51	+45	+25	+35	0	-12	-36	+54	+148 +102	+89 +59	+58	+38	0	-72
	100~120	0	+69 +54	+13	-15	0	+101 +79		+23	+3	+13	-22	-34	-58	0	+178 +124	+106 +71	+23	+3	-35	-107

（续）

配合名称	轴的极限偏差																			
	基准孔	过盈配合	过渡配合	间隙配合	基准孔	过盈配合		过渡配合			间隙配合			基准孔	过盈配合		过渡配合		间隙配合	
代号	H6	r5	m5	h5	H7	s6	r6	n6	k6	m6	h6	g6	f6	H8	u8	s7	n7	k7	h7	e7
公称尺寸/mm 120～140	+25	+81 +63	+33	0	+40	+117 +72		+52	+28	+40	0	−14	−43	+63	+198 +144	+114 +79	+67	+43	0	−85
140～150		+83				+125									+233 +170	+132 +92				
150～160		+65				+100									+253 +190	+140 +100				
160～180	0	+86 +68	+15	−18	0	+133 +108		+27	+3	+15	−25	−39	−60	0	+273 +210	+148 +108	+27	+3	−40	−125
180～200	+29	+97 +77	+37	0	+46	+151 +122		+60	+33	+46	0	−15	−50	+72	+308 +236	+168 +122	+77	+50	0	−100
200～225		+100 +80				+159 +130									+330 +258	+176 +130				
225～250	0	+104 +84	+17	−20	0	+169 +140		+31	+4	+17	−29	−44	−79	0	+356 +284	+186 +140	+31	+4	−46	−146
250～280	+32	+117 +94	+43	0	+52	+190 +158		+66	+36	+52	0	−17	−56	+81	+396 +315	+210 +158	+86	+56	0	−110
280～315	0	+121 +98	+20	−23	0	+202 +170		+34	+4	+20	−32	−49	−88	0	+431 +350	+222 +170	+34	+4	−52	−162
315～355	+36	+133 +108	+46	0	+57	+226 +190		+73	+40	+57	0	−18	f5 −62 −93	+89	+479 +390	+247 +190	+94	+61	0	−125
355～400	0	+139 +114	+21	−25	0	+244 +208		+37	+4	+21	−36	−54	−62 −98	0	+524 +435	+265 +208	+37	+4	−57	−182
400～450	+40	+153 +126	+50	0	+63	+272 +232		+80	+45	+63	0	−20	−68	+97	+587 +490	+295 +232	+103	+68	0	−135
450～500	0	+159 +132	+23	−27	0	+292 +252		+40	+5	+23	−40	−60	−108	0	+637 +540	+315 +252	+40	+5	−63	−198

（续）

配合名称		基准孔	间隙配合					基准孔	间隙配合	基准孔	间隙配合		基准孔		间隙配合			
		轴的极限偏差																
代号		H9	h8	h9	f9	d9	d10	H10	h10	H11	h11	d11	H12	H13	h12	h13	b12	c12
公称尺寸/mm	≤3	+25 0	0 -14	0 -25	-6 -31	-20 -45	-20 -60	+40 0	0 -40	+60 0	0 -60	-20 -80	+100 0	+140 0	0 -100	0 -140		-60 160
	3~6	+30 0	0 -18	0 -30	-10 -40	-30 -60	-30 -78	+48 0	0 -48	+75 0	0 -75	-30 -105	+120 0	+180 0	0 120	0 -180		-70 -250
	6~10	+36 0	0 -22	0 -36	-13 -49	-40 -76	-40 -98	+58 0	0 -58	+90 0	0 -90	-40 -130	+150 0	+220 0	0 -150	0 -220		c13 -80 -300
	10~18	+43 0	0 -27	0 -43	-16 -59	-50 -93	-50 -120	+70 0	0 -70	+110 0	0 -110	-50 -160	+180 0	+270 0	0 -180	0 -270		-95 -365
	18~24	+52	0	0	-20	-65	-65	+84	0	+130	0	-65	+210	+330	0	0	160	
	24~30	0	-33	-52	-72	-117	-149	0	-84	0	-130	-195	0	0	-210	-330	-370	
	30~40	+62	0	0	-25	-80	-80	+100	0	+160	0	-80	+250	+390	0	0	-170 -420	
	40~50	0	-39	-62	-87	-142	-180	0	-100	0	-160	-240	0	0	-250	390	-180 -430	
	50~65	+74	0	0	-30	-100	-100	+120	0	+190	0	-100	+300	+460	0	0	-190 -490	
	65~80		-46	-74	-104	-174	-220	0	-120	0	-190	-290	0	0	-300	-460	-200 -500	
	80~100	+87	0	0	-35	-120	-120	+140	0	+220	0	-120	+350	+540	0	0	-220 -570	
	100~120	0	-54	-87	-123	-207	-260	0	-140	0	-220	-340	0	0	-350	-540	-240 -590	

（续）

配合名称		轴的极限偏差																
		基准孔	间隙配合					基准孔	间隙配合	基准孔	间隙配合		基准孔		间隙配合			
代号		H9	h8	h9	f9	d9	d10	H10	h10	H11	h11	d11	H12	H13	h12	h13	b12	c12
公称尺寸/mm	120～140	+100	0	0	-43	-145	-145	+160	0	+250	0	-145	+400	+630	0	0	-260 -660	
	140～150																-280	
	150～160																-680	
	160～180	0	-63	-100	-143	-245	-305	0	-160	0	-250	-395	0	0	-400	-630	-310 -710	
	180～200	+115	0	0	-50	-170	-170	+185	0	+290	0	-170	+460	+720	0	0	-340 -800	
	200～225																-380 -840	
	225～250	0	-72	-115	-165	-285	-355	0	-185	0	-290	-460	0	0	-460	-720	-420 -880	-280 -1000
	250～280	+130	0	0	-56	-190	-190	+210	0	+320	0	-190	+520	+810	0	0	-480 -1000	c13 -300 -1110
	280～315	0	-81	-130	-186	-320	-400	0	-210	0	-320	510	0	0	-520	-810	-540 -1060	-330 -850
	310～355	+140	0	0	-62	-210	-210	+230	0	+360	0	-210	+570	+890	0	0		-360 -930
	355～400	0	-89	-140	-202	-350	-440	0	-230	0	-360	-570	0	0	-570	-890		-400 -970
	400～450	+155	0	0	-68	-230	-230	+250	0	+400	0	-230	+630	+970	0	0		-440 -1070
	450～500	0	-97	-155	-223	-385	-480	0	-250	0	-400	-630	0	0	-630	-970		-480 -1110

表 3-3　模具常用公差配合

配合性质		应用范围
冷　冲　模		
间隙配合	$\frac{H6}{h5}$	Ⅰ级精度模架导柱与导套的配合
	$\frac{H7}{h6}$	Ⅱ级精度模架导柱与导套的配合，导柱与导板，导正销与孔的配合
	$\frac{H8}{d9}$	活动挡料销，弹顶装置（弹性力作用线与活动件轴线重合时）销与销孔的配合
	$\frac{H8}{f9}$	始用挡料销、弹性侧压装置与导料板（导尺）的配合
	$\frac{H9}{h8}$	卸料螺钉与螺孔的配合
	$\frac{H11}{d11}$	活动挡料销与销孔的配合（弹性力作用线与活动件轴线不重合时）
	$\frac{H9}{d11}$	模柄与压力机的配合
过渡配合	$\frac{H6}{m5}$	导套或衬套与模座，小凸模、小凹模与固定板的配合
	$\frac{H7}{m6}$	凸模与固定板、模柄与模座孔的配合
过盈	$\frac{R6}{h5}$	Ⅰ级精度模架导柱与模座的配合
	$\frac{H7}{s6}$，$\frac{R7}{h6}$	Ⅱ级精度模架导柱与模座的配合
	$\frac{H6}{r5}$	Ⅰ级精度模架导套与模座的配合
	$\frac{H7}{r6}$	Ⅱ级精度模架导套与模座、凹模与固定板的配合
	$\frac{H7}{n6}$	模柄与模座的配合，销与销孔的配合，凸凹模与固定板的配合
塑　料　模		
间隙配合	$\frac{H7}{f7}$	螺纹型芯用于卧式注射机的模具上，或立式注射机的上模，采用弹性连接时，螺纹型芯与固定板间的配合 导柱工作部分的配合
	$\frac{H8}{f7}$	铆接式小型芯与模板的配合
	$\frac{H7}{f7}$，$\frac{H8}{f7}$	推杆与型腔板的配合
	$\frac{H8}{f8}$	用于下模的螺纹型芯与模板间的配合 低精度导柱工作部分的配合
	$\frac{H8}{f8}$，$\frac{H8}{f7}$	圆柱配合面固定螺纹型芯与模板间的配合 螺纹型环与模板的配合 斜销分型抽芯机构中滑块与导滑槽的配合
	$\frac{H9}{f9}$	整体嵌入式凹模与凹模具固定板的配合
过渡配合	$\frac{H6}{m5}$	导套或衬套与模座，小凸模、小凹模与模板的配合
	$\frac{H7}{Js6}$	整体嵌入式凹模与模板的配合

（续）

配合性质		应用范围
		塑　料　模
过盈配合	$\frac{H7}{k6}$	导柱固定部分配合 导套外径的配合
	$\frac{H7}{m6}$	整体嵌入式凹模与模板的配合 圆柱型芯与型芯固定板的配合 斜销分型抽芯机构中斜销固定段与模板的配合
	$\frac{H7}{r6}$	成型3m以下的盲孔的圆柱型芯采用正嵌法与型芯固定板的配合
	$\frac{H8}{s7}$	压入式小型芯与模板的配合
	$\frac{H8}{t7}$	整体嵌入式凹模与模板的配合
	$\frac{H11}{a11}$	斜销分型抽芯机构中斜销与滑块的配合

表3-4　模具零件表面粗糙度

表面粗糙度值 $Ra/\mu m$	表面微观特征	加工方法	使用范围
			冷　冲　模
0.1	暗光泽面	精磨、研磨、普通抛光	1. 精冲模刃口部分 2. 冷挤压模凸凹模关键部分 3. 滑动导柱工作表面
0.2	不可辨加工痕迹方向	精磨、研磨、珩磨	1. 要求高的凸、凹模成形面 2. 导套工作表面
0.4	微辨加工痕迹方向	精铰、精镗、磨、刮	1. 冲裁模刃口部分 2. 拉深、成形、压弯的凸、凹模工作表面 3. 滑动和精确导向表面
0.8	可辨加工痕迹方向	车、镗、磨、电加工	1. 凸、凹模工作表面，镶块的接合面 2. 模板、垫板、固定板的上、下表面 3. 静配合和过渡配合的表面 4. 要求准确的工艺基准面
1.6	看不清加工痕迹	车、镗、磨、电加工	1. 模板平面 2. 挡料销、推杆、顶板等零件主要工作表面 3. 凸、凹模的次要表面 4. 非热处理零件配合用内表面
3.2	微见加工痕迹	车、刨、铣、镗	1. 不磨加工的支承面、定位面和紧固面 2. 卸料螺钉支承面
6.3	可见加工痕迹	车、刨、铣、镗、锉、钻	不与制件或其他冲模零件接触的表面
12.5	有明显可见的刀痕	粗车、粗刨、粗铣、锯、锉、钻	粗糙的不重要表面
∀		铸、锻、焊	不需要机械加工的表面

（续）

表面粗糙度值 Ra/μm	表面微观特征	加工方法	使用范围
塑料模			
0.025	镜面	超精密磨削	透明塑料制件成型零件工作表面
0.08	镜面	精密磨削	对表面质量要求很高的塑料制件成型零件工作表面
≤0.1	暗光泽面	精磨、研磨、普通抛光	对表面质量要求高的塑料制件成型零件工作表面
≤0.2	不可辨加工痕迹方向	精磨、研磨、珩磨	对表面质量要求较高的注射模成型零件工作表面
≤0.4	微辨加工痕迹方向	抛光、精铰、研磨、珩磨	注射模成型零件工作表面
0.4	微辨加工痕迹方向	精铰、精镗、磨、刮	导柱工作表面 推板导柱工作表面
≤0.8	可辨加工痕迹方向	车、镗、磨、电加工	主流道
0.8	可辨加工痕迹方向	车、镗、磨、电加工	导柱固定部分表面 导套内外圆柱表面 推杆、推管、推板工作表面 垫块工作表面 支承柱工作表面 推板导柱工作表面
1.6	看不清加工痕迹	车、镗、磨、电加工	支撑柱端面 斜销分型抽芯机构中斜销工作表面
3.2	微见加工痕迹	车、刨、铣、镗	推杆、推管、推板、非工作表面

表 3-5 火花纹路表面粗糙度值对比表 CH No. =20 log 10 *Ra*（μm）

瑞士标准	国标		国际标准	瑞士标准	国标		国际标准
VDI 3400	Ra = CLA = AA		Class	VDI 3400	Ra = CLA = AA		Class
CH	μm	μin	ISO 1302	CH	μm	μin	ISO 1302
0	0.10	4		11	0.35	14	N4
1	0.11	4.4		12	0.40	16	
2	0.12	4.8		13	0.45	18	
3	0.14	5.6		14	0.50	20	
4	0.16	6.4		15	0.56	22.4	
5	0.18	7.2	N3	16	0.63	25.2	
6	0.20	8		17	0.70	28	
7	0.22	8.8		18	0.80	32	N5
8	0.25	10		19	0.90	36	
9	0.28	11.2		20	1.00	40	
10	0.32	12.8		21	1.12	44.8	

（续）

瑞士标准	国标		国际标准	瑞士标准	国标		国际标准
VDI 3400	Ra = CLA = AA		Class	VDI 3400	Ra = CLA = AA		Class
CH	μm	μin	ISO 1302	CH	μm	μin	ISO 1302
22	1.26	50.4	N6	34	5.0	200	N8
23	1.40	56		35	5.60	224	
24	1.62	68		36	6.3	250	
25	1.80	72		37	7	280	
26	2.00	80		38	8	320	
27	2.2	88		39	9	360	
28	2.5	100		40	10.00	400	
29	2.80	112	N7	41	11.20	448	N9
30	3.2	125		42	12.60	500	
31	3.5	140		43	14.00	560	
32	4.0	160		44	16	640	N10
33	4.5	180		45	18	760	

表 3-6　各种加工方法下的表面粗糙度值范围

表面粗糙度值 Ra/μm		0.025	0.05	0.1	0.2	0.4	0.8	1.6	3.2	6.3	12.5	25	50	100
传统的表面粗糙度符号	最大高度 R_{max}/μm	0.1-S	0.2-S	0.4-S	0.8-S	1.6-S	3.2-S	6.3-S	12.5-S	25-S	50-S	100-S	200-S	400-S
	基准长度的标准值/mm	0.25				0.8			2.5		8		25	
	加工符号	▽▽▽▽				▽▽▽			▽▽		▽		—	
加工法	锻造								← 精密	→	←	—	—	→
	铸造								← 精密	→	←	—	—	→
	压铸								←	→				
	热轧								←	—	—	→		
	冷轧			←	—	—	—	—	→					
	拉拔						←	—	—	→				
	挤压						←	—	—	→				
	滚筒抛磨		←	—	—	→								
	喷砂								←	—	→			
	成形轧制				←	—	→							
	正面铣削						← 精密	→	←	—	—	→		
	平面铣削								←	—	—	→		
	雕削（含立削）								←	—	—	→		
	铣削						← 精密	→	←	—	—	→		
	精密镗削				←	—	—	→						
	铿削加工						← 精密	→						
	车削			← 精密	—	→	← 上	→	← 中	→	← 粗糙	—	—	→
	镗削						← 精密	→	←	—	→			

（续）

<table>
<tr><td colspan="2">表面粗糙度值
$Ra/\mu m$</td><td>0.025</td><td>0.05</td><td>0.1</td><td>0.2</td><td>0.4</td><td>0.8</td><td>1.6</td><td>3.2</td><td>6.3</td><td>12.5</td><td>25</td><td>50</td><td>100</td></tr>
<tr><td rowspan="3">传统的表面粗糙度符号</td><td>最大高度
$R_{max}/\mu m$</td><td>0.1-S</td><td>0.2-S</td><td>0.4-S</td><td>0.8-S</td><td>1.6-S</td><td>3.2-S</td><td>6.3-S</td><td>12.5-S</td><td>25-S</td><td>50-S</td><td>100-S</td><td>200-S</td><td>400-S</td></tr>
<tr><td>基准长度的标准值/mm</td><td colspan="4">0.25</td><td colspan="3">0.8</td><td colspan="2">2.5</td><td colspan="2">8</td><td colspan="2">25</td></tr>
<tr><td>加工符号</td><td colspan="4">▽▽▽▽</td><td colspan="3">▽▽▽</td><td colspan="2">▽▽</td><td colspan="2">▽</td><td colspan="2">—</td></tr>
<tr><td rowspan="17">加工法</td><td>钻孔</td><td></td><td></td><td></td><td></td><td></td><td></td><td></td><td colspan="3">←→</td><td></td><td></td><td></td></tr>
<tr><td>铰孔</td><td></td><td></td><td></td><td></td><td colspan="2">←精密→</td><td colspan="3">←→</td><td></td><td></td><td></td><td></td></tr>
<tr><td>拉削</td><td></td><td></td><td></td><td></td><td colspan="2">←精密→</td><td colspan="3">←→</td><td></td><td></td><td></td><td></td></tr>
<tr><td>刮削</td><td></td><td></td><td></td><td></td><td></td><td colspan="4">←→</td><td></td><td></td><td></td><td></td></tr>
<tr><td>磨削</td><td></td><td></td><td>←精密→</td><td colspan="2">←上→</td><td colspan="2">←中→</td><td colspan="3">←粗糙→</td><td></td><td></td><td></td></tr>
<tr><td>珩磨加工</td><td></td><td></td><td colspan="2">←精密→</td><td colspan="3">←→</td><td></td><td></td><td></td><td></td><td></td><td></td></tr>
<tr><td>超精加工</td><td colspan="2">←精密→</td><td colspan="2">←→</td><td></td><td></td><td></td><td></td><td></td><td></td><td></td><td></td><td></td></tr>
<tr><td>抛磨加工</td><td></td><td colspan="4">←精密→</td><td colspan="3">←→</td><td></td><td></td><td></td><td></td><td></td></tr>
<tr><td>砂纸加工</td><td></td><td></td><td colspan="2">←精密→</td><td colspan="2">←→</td><td></td><td></td><td></td><td></td><td></td><td></td><td></td></tr>
<tr><td>抛光加工</td><td colspan="2">←精密→</td><td colspan="2">←→</td><td></td><td></td><td></td><td></td><td></td><td></td><td></td><td></td><td></td></tr>
<tr><td>液体珩磨</td><td></td><td></td><td colspan="2">←精密→</td><td colspan="3">←→</td><td></td><td></td><td></td><td></td><td></td><td></td></tr>
<tr><td>辊光加工</td><td></td><td></td><td></td><td colspan="3">←→</td><td></td><td></td><td></td><td></td><td></td><td></td><td></td></tr>
<tr><td>滚压加工</td><td></td><td></td><td></td><td colspan="3">←→</td><td></td><td></td><td></td><td></td><td></td><td></td><td></td></tr>
<tr><td>电火花加工</td><td></td><td></td><td></td><td></td><td></td><td colspan="5">←→</td><td></td><td></td><td></td></tr>
<tr><td>线切割加工</td><td></td><td></td><td></td><td></td><td></td><td></td><td colspan="3">←→</td><td></td><td></td><td></td><td></td></tr>
<tr><td>化学研磨</td><td></td><td></td><td></td><td></td><td colspan="3">←精密→</td><td colspan="2">←→</td><td></td><td></td><td></td><td></td></tr>
<tr><td>电解研磨</td><td colspan="4">←精密→</td><td colspan="3">←→</td><td></td><td></td><td></td><td></td><td></td><td></td></tr>
</table>

二、模具常用材料及热处理要求

模具工作零件承受较大的冲击载荷，要求有足够的强度和韧性，同时有较高的硬度和耐磨性。热态成型时，还须有一定的热硬性。冷冲模工作零件的材料及热处理要求见表3-7。冲压模具辅助零件的材料及热处理要求见表3-8。塑料模具成型零件由于直接与塑料接触，因此选用钢种时应按塑料制品生产批量、塑料和填料品种以及塑件精度与表面质量要求确定，成型零件常用材料及热处理见表3-9。塑料模具结构零件常用材料及热处理见表3-10。由于模具的材料很多是工具钢，价格昂贵且加工困难，因此常常根据模具的工作条件和制件批量的大小来选用最适宜的模具材料。表3-11为国内外精密模具常用钢材对照表。表3-12为金属材料硬度换算表。表3-13为模具材料与热处理关系表。

表3-7　冷冲模工作零件的材料及热处理要求

<table>
<tr><td rowspan="2">模具类型</td><td rowspan="2" colspan="2">冲件情况对模具工作零件的要求</td><td colspan="2">选用材料</td><td colspan="2">热处理硬度(HRC)</td></tr>
<tr><td>牌号</td><td>标准号</td><td>凸模</td><td>凹模</td></tr>
<tr><td rowspan="2">冲裁模</td><td rowspan="2">Ⅰ</td><td>形状简单、精度较低、冲裁材料厚度小于或等于3mm，中等批量</td><td rowspan="2">T10A
9Mn2V</td><td rowspan="2">GB/T 1298—2008
GB/T 1299—2014</td><td rowspan="2">56~60</td><td rowspan="2">60~64</td></tr>
<tr><td>带台肩的、快换式的凸凹模和形状简单的镶块</td></tr>
</table>

（续）

模具类型	冲件情况对模具工作零件的要求		选用材料		热处理硬度(HRC)	
			牌号	标准号	凸模	凹模
冲裁模	Ⅱ	材料厚度小于或等于3mm，形状复杂	9CrSi、CrWMn Cr12、Cr12MoV	GB/T 1299—2014	58～62	60～64
		材料厚度大于3mm，形状复杂的镶块	D2			
	Ⅲ	要求耐磨、高寿命	Cr12MoV	GB/T 1299—2014	58～62	60～64
			YG15 YG20	GB/T 1299—2014	—	—
			CH-1			
	Ⅳ	冲薄材料用的凹模	T10A	GB/T 1298—2008	—	—
	Ⅴ	高速冲床多工位级进模，精密、耐磨	GM、ER5、GD CH-1		—	—
	Ⅵ	非金属冲模及印刷板冲模	8Cr2S		—	—
	Ⅷ	冲中、厚钢板(10～25mm)凸模及冲小孔凸模	GD、012Al M2、V3N			60～62
	Ⅷ	废料切刀	T10A、9Mn2V	GB/T 1298—2008 GB/T 1299—2014	56～60	60～64
	Ⅸ	定距侧刃	T10A、Cr6WV 9Mn2V、Cr12	GB/T 1298—2008 GB/T 1299—2014	56～60	60～64
弯曲模	Ⅰ	一般弯曲的凸、凹模及镶块	T10A0	GB/T 1298—2008	56～62	
	Ⅱ	形状复杂、高耐磨的凸、凹模及镶块	CrWMn、Cr12 Cr12MoV	GB/T 1299—2014	60～64	
		生产批量特别大	YG15	GB/T 1299—2014	—	
			CH-1			
	Ⅲ	加热弯曲模	5CrNiMo 5CrNiTi 5CrMnMo	GB/T 1299—2014	52～56	
拉深模	Ⅰ	一般拉深	T10A	GB/T 1298—2008	56～60	58～62
	Ⅱ	形状复杂、高耐磨	Cr12、CrMoV	GB/T 1299—2014	58～62	60～64
	Ⅲ	生产批量特别大	Cr12MoV	GB/T 1299—2014	58～62	60～64
			YG15	GB/T 1299—2014		—
			GM、CH-1			
	Ⅳ	变薄拉深凸模	Cr12MoV	GB/T 1299—2014	58～62	
		变薄拉深凹模	W18Cr4V Cr12MoV	GB/T 1299—2014		60～64
			YG15			—
	Ⅴ	加热拉深	5CrNiMo 5CrNiTi	GB/T 1299—2014	52～56	52～56

（续）

模具类型	冲件情况对模具工作零件的要求		选用材料		热处理硬度(HRC)	
			牌号	标准号	凸模	凹模
大型拉深模	Ⅰ	中小批量	HT200	GB/T 9439—2010		
			QT600-2	GB/T 1348—2009	197～269HB	
	Ⅱ	大批量	镍铬合金 钼铬合金 钼钒合金		火焰淬硬 40～45 火焰淬硬 50～55 火焰淬硬 50～55	
			GM			
冷挤压模	Ⅰ	冷挤铅、锌等有色金属	T10A、Cr12、CrMo	GB/T 1298—2008 GB/T 1299—2014	61 或更高	58～62
	Ⅱ	挤压黑色金属	Cr12MoV RcWMn W18Cr4V	GB/T 1299—2014	61 以上	58～62
			65Nb、LD、GD			

表 3-8　冲压模具辅助零件材料及热处理要求

零件名称	选用材料牌号	标准号	硬度(HRC)	零件名称	选用材料牌号	标准号	硬度(HRC)
上、下模座	HT200	GB/T 9439—2010	—	导正销	9Mn2V	GB/T 1299—2014	56～60
模柄	Q235	GB/T 700—2006		垫板	45	GB/T 699—1999	43～48
导柱	20	GB/T 699—1999	58～62（渗碳）	螺钉	45	GB/T 699—1999	头部 43～48
				销	45	GB/T 699—1999	43～48
导套	20	GB/T 699—1999	58～62（渗碳）	推杆、顶杆	45	GB/T 699—1999	43～48
				顶板	45	GB/T 699—1999	43～48
凸凹模固定板	45 Q235	GB/T 699—1999 GB/T 700—2006		拉深模压边圈	T8A 45	GB/T 1298—2008 GB/T 699—1999	54～58 43～48
承料板	Q235	GB/T 700—2006		螺母、垫圈、螺塞	Q235	GB/T 700—2006	
卸料板	Q235 45	GB/T 700—2006 GB/T 699—1999		定距侧刃、废料切刀	T10A	GB/T 1298—2008	58～62
导料板	45 Q235	GB/T 699—1999 GB/T 700—2006	28～32	侧刃挡块	T8A	GB/T 1298—2008	56～60
挡料销	45	GB/T 699—1999	43～48	楔块与滑块	T8A	GB/T 1298—2008	54～58
导正销	T8A	GB/T 1298—2008	50～54	弹簧	65Mn	GB/T 1222—2007	44～50

表 3-9　塑料模成型零件常用材料及热处理要求

塑料品种	总生产数									
	小型件				中型件				大型件	
	1 万～10 万件		100 万～1000 万件		1 万～10 万件		100 万～1000 万件		1 万件以上	
	材料	热处理	材料	热处理	材料	热处理	材料	热处理	材料	热处理
一般用途丙烯酸酯系塑料，醋酸纤维素，聚丙烯，乙基纤维素，聚乙烯聚苯乙烯，丙酸纤维素	P20 或预硬化钢 SM1、SM2	HBW＞300	CrWMn P4410 06	53～56 HRC	P20 或预硬化钢 SM1、SM2	HBW＞300	CrWMn P4410 06	53～56 HRC	P20 或预硬化钢 PCR	HBW＞300
			P20 渗碳	54～58 HRC			P20 渗碳	54～58 HRC		

（续）

塑料品种	总生产数									
	小型件				中型件				大型件	
	1万~10万件		100万~1000万件		1万~10万件		100万~1000万件		1万件以上	
	材料	热处理	材料	热处理	材料	热处理	材料	热处理	材料	热处理
尼龙等流动性好的塑料	低碳合金钢渗碳 P20渗碳 PMS H13	54~58HRC	CrWMn PMS	53~56HRC	低碳合金钢渗碳	54~58HRC	低碳合金钢渗碳	54~58HRC	不适用	
乙烯基类等耐腐蚀性塑料	预硬钢 H13	HBW>300（镀铬5~25μm）	CrWMn 3Cr13	53~56HRC（镀铬5~25μm） 45~50HRC	P20或预硬化钢	HBW>300（镀铬5~25μm）	低碳合金钢渗碳 3Cr13 H13	54~58HRC（镀铬5~25μm） HRC50~54	P20或预硬化钢 PCR	HBW>30（镀铬5~25μm）

注：塑料模具钢中只有P20是正式收入GB/T 1299—2014的钢种。

表3-10 塑料模结构常用材料及热处理要求

零件类别	零件名称	选用材料		热处理方法	硬度(HRC)
		材料牌号	标准号		
模体零件	垫板(支撑板)	45	GB/T 699—1999	淬火	43~48
	动定模板、动定模垫板	45	GB/T 699—1999	调质	230~270HB
	固定板	45	GB/T 699—1999	调质	230~270HB
		Q235	GB/T 699—1999		
	顶板	T8A、T10A	GB/T 1298—2008	淬火	54~58
		45	GB/T 699—1999	调质	230~270HB
浇注系统零件	浇口套、拉料杆、分流梭	T8A、T10A	GB/T 1298—2008	淬火	50~55
导向零件	导柱	20	GB/T 699—1999	渗碳、淬火	56~60
	导套	T8A、T10A	GB/T 1298—2008	淬火	50~55
	限位导柱、顶板导套 顶板导柱、导钉				
抽芯机构零件	斜导柱、斜滑块、滑块	T8A、T10A	GB/T 1298—2008	淬火	54~58
	锁紧楔	TSA、T10A	GB/T 1298—2008	淬火	54~58
		45	GB/T 699—1999		43~48
顶出机构零件	顶杆(卸料杆)、顶管	T8A、T10A	GB/T 1298—2008	淬火	54~58
	顶块、复位杆	45	GB/T 699—1999	淬火	43~48
	挡板	45	GB/T 699—1999	淬火	43~48
	顶杆固定板 卸料杆固定板	45 Q235	GB/T 699—1999		
定位零件	圆锥定位件	T10A	GB/T 1298—2008	淬火	58~62
	定位圈	45	GB/T 699—1999		
	定距螺钉、限位钉限制块	45	GB/T 699—1999	淬火	43~48
支撑零件	支撑柱	45	GB/T 699—1999	淬火	43~48
	垫块	45、Q235	GB/T 699—1999		
其他零件	加料圈、压柱	T8A、T10A	GB/T 1298—2008	淬火	50~55
	手柄、套筒	Q235			
	喷嘴、水嘴	45、黄铜	GB/T 699—1999		
	吊钩	45	GB/T 699—1999		

表 3-11 国内外精密模具常用钢材对照

分类	名称	钢厂编号					比较标准				出厂状态	淬火硬度	主要用途
		瑞典“一胜百”	德国“撒斯特”	奥地利“百禄”	日本“大同”	日本“日立”	美国 AISI	德国 DIN	日本 JIS	中国 GB			
塑胶模具钢	预硬普通塑胶模具钢	618	GS-638 GS-2311	M201 M202	PX4 PX5	HPM7	P20	1.2311		3Cr2Mo	预硬 270 ~ 300HBW	52HRC	一般要求的大、小塑胶模具，可电蚀操作
	预硬优质塑胶模具钢	718S 718H	GS-2711 GS-2738	M238	PX88		P20 + Ni	1.2738		4Cr2MoNi	预硬 290 ~ 330HBW 330 ~ 370HBW		高要求的大、小塑胶模具，尤其适于电蚀操作
	预硬高硬度镜面塑胶模具钢				NAK55 NAK80	HPM50	P21			15Ni3Mn	预硬 370 ~ 400HBW		高镜面、高精度塑胶模具
	预硬抗腐镜面塑胶模具钢	S136H	GS-2316	M300	PAK90 (S-STAR)	HPM38	420	1.2316	SUS420J2	3Cr17NiMnMo	预硬 290 ~ 330HBW		防腐蚀及需要镜面抛光的塑胶模具
	抗腐镜面塑胶模具钢	S136	GS-2083	M310			420	1.2083	SUS420J2	40Cr13	退火 HBW < 215	C51 ~ 55HRC	防腐蚀及需要镜面抛光的塑胶模具
热作模具钢	热作压铸模具钢	8407	GS-2344	W302	DHA1	DAC FDAC	H13	1.2344	SKD61	4Cr5MoSiV1	退火 HBW < 250	52 ~ 55HRC	铝、锌、镁及合金压铸模

（续）

分类	名称	钢厂编号					比较标准				出厂状态	淬火硬度	主要用途
		瑞典“一胜百”	德国“撒斯特”	奥地利“百禄”	日本“大同”	日本“日立”	美国 AISI	德国 DIN	日本 JIS	中国 GB			
冷作模具钢	不变形油钢	DF-2 DF-3	GS-2510	K460	GOA	SGT ACD37	D1	1.251	SKS3	9CrWMn	退火 HBW＜230	54～62HRC	各种五金冲压模
	韧性高铬钢	XW-41 XW-42	GS-2379	K110	DC11　DC53	SLD SLD8	D2	1.2379	SKD11	Cr12Mo1V1	退火 HBW＜230	58～62HRC	各种不锈钢片、硅钢片、铝片的冲压模
	耐磨铬钢		GS-2080	K100			D3	1.2080	SKD1	Cr12	退火 HBW＜210		
	耐磨高铬钢	XW-5	GS-2436	K107			D6	1.2436		Cr12W	退火 HBW＜250		
高速模具钢	韧性高速钢	KM-2		S600	MH51	YXM1	M2	1.3343	SKH51（SKH9）	W6Mo5Cr4V2	退火 240-300HBW	65～68HRC	精密耐磨五金冷冲模或切割工具及刀具
	高韧性高速钢			S705	MH55	YXM4	M35	1.3243	SKH55	W6Mo5Cr4V2Co5			
	高钴韧性高速钢			S500			M42	1.3247	SKH59	W2Mo9Cr4VCo8			
碳素结构钢	优质碳素结构钢						1050	1.121	S50C	50	退火 HBW＜220	40～58HRC	模具板、普通机械零件
	普通碳素结构钢						A570. Gr. A	1.0037	SS400 （SS41）	Q235	退火 HBW＜150		普通机械零件

表 3-12　金属材料硬度换算表

(HRC)洛氏硬度C	(HV)维氏硬度	布氏硬度(HBW) 10mm球 载荷3000kgf		洛氏硬度			洛氏表面硬度 金刚石圆锥压头			(Hs)肖氏硬度	抗拉强度(近似值)/MPa(kgf/mm²)	洛氏硬度C
		标准球	碳化钨球	(HRA) A标准 载荷60kgf 金刚石圆锥压头	(HRB) B标准 载荷100kgf 直径1.6mm (1/16in)球	(HRD) D标度 载荷100kgf 金刚石圆锥压头	15—N标度 载荷15kgf	30—N标度 载荷30kgf	45—N标度 载荷45kgf			
68	940	—	—	85.6	—	76.9	93.2	84.4	75.4	97	—	68
67	900	—	—	85.0	—	76.1	92.9	83.6	74.2	95	—	67
66	865	—	—	84.5	—	75.4	92.5	82.8	73.3	92	—	66
65	832	—	(739)	83.9	—	74.5	92.2	81.9	72.0	91	—	65
64	800	—	(722)	83.4	—	73.8	91.8	81.1	71.0	88	—	64
63	772	—	(705)	82.8	—	73.0	91.4	80.1	69.9	87	—	63
62	746	—	(688)	82.3	—	72.2	91.1	79.3	68.8	85	—	62
61	720	—	(670)	81.8	—	71.5	90.7	78.4	67.7	83	—	61
60	697	—	(654)	81.2	—	70.7	90.2	77.5	66.6	81	—	60
59	674	—	(634)	80.7	—	69.9	89.8	76.6	65.5	80	—	59
58	653	—	615	80.1	—	69.2	89.3	75.7	64.3	78	—	58
57	633	—	595	79.6	—	68.5	88.9	74.8	63.2	76	—	57
56	613	—	577	79.0	—	67.7	88.3	73.9	62.0	75	—	56
55	595	—	560	78.5	—	66.9	87.9	73.0	60.9	74	2075(212)	55
54	577	—	543	78.0	—	66.1	87.4	72.0	59.8	72	2015(205)	54
53	560	—	525	77.4	—	65.4	86.9	71.2	58.5	71	1950(199)	53
52	544	(500)	512	76.8	—	64.6	86.4	70.2	57.4	69	1880(192)	52
51	528	(487)	496	76.3	—	63.8	85.9	69.4	56.1	68	1820(186)	51
50	513	(475)	481	75.9	—	63.1	85.5	68.5	55.0	67	1760(179)	50
49	498	(464)	469	75.2	—	62.1	85.0	67.6	53.8	66	1695(173)	49
48	484	451	455	74.7	—	61.4	84.5	66.7	52.5	64	1635(167)	48
47	471	442	443	74.1	—	60.8	83.9	65.8	51.4	63	1580(161)	47
46	458	432	432	73.6	—	60.0	83.5	64.8	50.3	62	1530(156)	46
45	446	421	421	73.1	—	59.2	83.0	64.0	49.0	60	1480(151)	45
44	434	409	409	72.5	—	58.5	82.5	63.1	47.8	58	1435(146)	44
43	423	400	400	72.0	—	57.7	82.0	62.2	46.7	57	1385(141)	43
42	412	390	390	71.5	—	56.9	81.5	61.3	45.5	56	1340(136)	42
41	402	381	381	70.9	—	56.2	80.9	60.4	44.3	55	1295(132)	41
40	392	371	371	70.4	—	55.4	80.4	59.5	43.1	54	1250(127)	40
39	382	362	362	69.9	—	54.6	79.9	58.6	41.9	52	1215(124)	39
38	372	353	353	69.4	—	53.8	79.4	57.7	40.8	51	1180(120)	38
37	363	344	344	68.9	—	53.1	78.8	56.8	39.6	50	1160(118)	37
36	354	336	336	68.4	(109.0)	52.3	78.3	55.9	38.4	49	1115(114)	36
35	345	327	327	67.9	(108.5)	51.5	77.7	55.0	37.2	48	1080(110)	35
34	336	319	319	67.4	(108.0)	50.8	77.2	54.2	36.1	47	1055(108)	34
33	327	311	311	66.8	(107.5)	50.0	76.6	53.3	34.9	46	1025(105)	33
32	318	301	301	66.3	(107.0)	49.2	76.1	52.1	33.7	44	1000(102)	32
31	310	294	294	65.8	(106.0)	48.4	75.6	51.3	32.7	43	980(100)	31

（续）

(HRC)洛氏硬度C	(HV)维氏硬度	布氏硬度(HBW)10mm球载荷3000kgf		洛氏硬度			洛氏表面硬度金刚石圆锥压头			(Hs)肖氏硬度	抗拉强度(近似值)/MPa(kgf/mm²)	洛氏硬度C
		标准球	碳化钨球	(HRA)A标准载荷60kgf金刚石圆锥压头	(HRB)B标准载荷100kgf直径1.6mm(1/16in)球	(HRD)D标度载荷100kgf金刚石圆锥压头	15—N标度载荷15kgf	30—N标度载荷30kgf	45—N标度载荷45kgf			
30	302	286	286	65.3	(105.5)	47.7	75.0	50.4	31.3	42	950(97)	30
29	294	279	279	64.7	(104.5)	47.0	74.5	49.5	30.1	41	930(95)	29
28	286	271	271	64.3	(104.0)	46.1	73.9	48.6	28.9	41	910(93)	28
27	279	264	264	63.8	(103.0)	45.2	73.3	47.7	27.8	40	880(90)	27
26	272	258	258	63.3	(102.5)	44.6	72.8	46.8	26.7	38	860(88)	26
25	266	253	253	62.8	(101.5)	43.8	72.2	45.9	25.5	38	840(86)	25
24	260	247	247	62.4	(101.0)	43.1	71.6	45.0	24.3	37	825(84)	24
23	254	243	243	62.0	100.0	42.1	71.0	44.0	23.1	36	805(82)	23
22	248	237	237	61.6	99.0	41.6	70.5	43.2	22.0	35	785(80)	22
21	243	231	231	61.0	98.5	40.9	69.9	42.3	20.7	35	770(79)	21
20	238	226	226	60.5	97.8	40.1	69.4	41.5	19.6	34	760(77)	20
(18)	230	219	219	—	96.7	—	—	—	—	33	730(75)	(18)
(16)	222	212	212	—	95.5	—	—	—	—	32	705(72)	(16)
(14)	213	203	203	—	93.9	—	—	—	—	31	675(69)	(14)
(12)	204	194	194	—	92.3	—	—	—	—	29	650(66)	(12)
(10)	196	187	187	—	90.7	—	—	—	—	28	620(63)	(10)
(8)	188	179	179	—	89.5	—	—	—	—	27	600(61)	(8)
(6)	180	171	171	—	87.1	—	—	—	—	26	580(59)	(6)
(4)	173	165	165	—	85.5	—	—	—	—	25	550(56)	(4)
(2)	166	158	158	—	83.5	—	—	—	—	24	530(54)	(2)
(0)	160	152	152	—	81.7	—	—	—	—	24	515(53)	(0)

注：(1) $1MPa = 1N/mm^2 = 1/9.80665kgf/mm^2$。

(2) 表中括号“（）”中的数字很少使用，仅供参考。

表3-13　模具材料与热处理关系表

(HRC)洛氏硬度C	(HV)维氏硬度	布氏硬度(HBW)10mm球载荷3000kgf		洛氏硬度			洛氏表面硬度金刚石圆锥压头			(Hs)肖氏硬度	抗拉强度(近似值)/MPa(kgf/mm²)	洛氏硬度C
		标准球	碳化钨球	(HRA)A标准载荷60kgf金刚石圆锥压头	(HRB)B标准载荷100kgf直径1.6mm(1/16in)球	(HRD)D标度载荷100kgf金刚石圆锥压头	15—N标度载荷15kgf	30—N标度载荷30kgf	45—N标度载荷45kgf			
68	940	—	—	85.6	—	76.9	93.2	84.4	75.4	97	—	68
67	900	—	—	85.0	—	76.1	92.9	83.6	74.2	95	—	67
66	865	—	—	84.5	—	75.4	92.5	82.8	73.3	92	—	66
65	832	—	(739)	83.9	—	74.5	92.2	81.9	72.0	91	—	65
64	800	—	(722)	83.4	—	73.8	91.8	81.1	71.0	88	—	64

（续）

(HRC) 洛氏硬度 C	(HV) 维氏硬度	布氏硬度(HBW) 10mm 球 载荷 3000kgf		洛氏硬度			洛氏表面硬度 金刚石圆锥压头			(Hs) 肖氏硬度	抗拉强度(近似值)/MPa (kgf/mm^2)	洛氏硬度 C
		标准球	碳化钨球	(HRA) A 标准 载荷 60kgf 金刚石圆锥压头	(HRB) B 标准 载荷 100kgf 直径 1.6mm (1/16in) 球	(HRD) D 标度 载荷 100kgf 金刚石圆锥压头	15—N 标度 载荷 15kgf	30—N 标度 载荷 30kgf	45—N 标度 载荷 45kgf			
63	772	—	(705)	82.8	—	73.0	91.4	80.1	69.9	87	—	63
62	746	—	(688)	82.3	—	72.2	91.1	79.3	68.8	85	—	62
61	720	—	(670)	81.8	—	71.5	90.7	78.4	67.7	83	—	61
60	697	—	(654)	81.2	—	70.7	90.2	77.5	66.6	81	—	60
59	674	—	(634)	80.7	—	69.9	89.8	76.6	65.5	80	—	59
58	653	—	615	80.1	—	69.2	89.3	75.7	64.3	78	—	58
57	633	—	595	79.6	—	68.5	88.9	74.8	63.2	76	—	57
56	613	—	577	79.0	—	67.7	88.3	73.9	62.0	75	—	56
55	595	—	560	78.5	—	66.9	87.9	73.0	60.9	74	2075(212)	55
54	577	—	543	78.0	—	66.1	87.4	72.0	59.8	72	2015(205)	54
53	560	—	525	77.4	—	65.4	86.9	71.2	56.5	71	1950(199)	53
52	544	(500)	512	76.8	—	64.6	86.4	70.2	57.4	69	1880(192)	52
51	528	(487)	496	76.3	—	63.8	85.9	69.4	56.1	68	1820(186)	51
50	513	(475)	481	75.9	—	63.1	85.5	68.5	55.0	67	1760(179)	50
49	498	(464)	469	75.2	—	62.1	85.0	67.6	53.8	66	1695(173)	49
48	484	451	455	74.7	—	61.4	84.5	66.7	52.5	64	1635(167)	48
47	471	442	443	74.1	—	60.8	83.9	65.8	51.4	63	1560(161)	47
46	458	432	432	73.6	—	60.0	83.5	64.8	50.3	62	1530(156)	46
45	446	421	421	73.1	—	59.2	83.0	64.0	49.0	60	1480(151)	45
44	434	409	409	72.5	—	58.5	82.5	63.1	47.8	58	1435(146)	44
43	423	400	400	72.0	—	57.7	82.0	62.2	46.7	57	1385(141)	43
42	412	390	390	71.5	—	56.9	81.5	61.3	45.5	56	1340(136)	42
41	402	381	381	70.9	—	56.2	80.9	60.4	44.3	55	1295(132)	41
40	392	371	371	70.4	—	55.4	80.4	59.5	43.1	54	1250(127)	40
39	382	362	362	69.9	—	54.6	79.9	58.6	41.9	52	1215(124)	39
38	372	353	353	69.4		53.8	79.4	57.7	40.8	51	1180(120)	38
37	363	344	344	68.9		53.1	78.8	56.8	39.6	50	1160(118)	37
36	354	336	336	68.4	(109.0)	52.3	78.3	55.9	38.4	49	1115(114)	36
35	345	327	327	67.9	(108.5)	51.5	77.7	55.0	37.2	48	1080(110)	35
34	336	319	319	67.4	(108.0)	50.8	77.2	54.2	36.1	47	1055(108)	34
33	327	311	311	66.8	(107.5)	50.0	76.6	53.3	34.9	46	1025(105)	33
32	318	301	301	66.3	(107.0)	49.2	76.1	52.1	33.7	44	1000(102)	32
31	310	294	294	65.8	(106.0)	48.4	75.6	51.3	32.7	43	980(100)	31
30	302	286	286	65.3	(105.5)	47.7	75.0	50.4	31.3	42	950(97)	30
29	294	279	279	64.7	(104.5)	47.0	74.5	49.5	30.1	41	930(95)	29
28	286	271	271	64.3	(104.0)	46.1	73.9	48.6	28.9	41	910(93)	28
27	279	264	264	63.8	(103.0)	45.2	73.3	47.7	27.8	40	880(90)	27
26	272	258	258	63.3	(102.5)	44.6	72.8	46.8	26.7	38	860(88)	26

(续)

(HRC)洛氏硬度C	(HV)维氏硬度	布氏硬度(HBW) 10mm球 载荷3000kgf		洛氏硬度			洛氏表面硬度 金刚石圆锥压头			(Hs)肖氏硬度	抗拉强度(近似值)/MPa (kgf/mm²)	洛氏硬度C
		标准球	碳化钨球	(HRA) A标准 载荷60kgf 金刚石圆锥压头	(HRB) B标准 载荷100kgf 直径1.6mm (1/16in)球	(HRD) D标度 载荷100kgf 金刚石圆锥压头	15—N标度 载荷15kgf	30—N标度 载荷30kgf	45—N标度 载荷45kgf			
25	266	253	253	62.8	(101.5)	43.8	72.2	45.9	25.5	38	840(86)	25
24	260	247	247	62.4	(101.0)	43.1	71.6	45.0	24.3	37	825(84)	24
23	254	243	243	62.0	100.0	42.1	71.0	44.0	23.1	36	805(82)	23
22	248	237	237	61.5	99.0	41.6	70.5	43.2	22.0	35	785(80)	22
21	243	231	231	61.0	98.5	40.9	69.9	42.3	20.7	35	770(79)	21
20	238	226	226	60.5	97.8	40.1	69.4	41.5	19.6	34	760(77)	20
(18)	230	219	219	—	96.7	—	—	—	—	33	730(75)	(18)
(16)	222	212	212	—	95.5	—	—	—	—	32	705(72)	(16)
(14)	213	203	203	—	93.9	—	—	—	—	31	675(69)	(14)
(12)	204	194	194	—	92.3	—	—	—	—	29	650(66)	(12)
(10)	196	187	187	—	90.7	—	—	—	—	28	620(63)	(10)
(8)	188	179	179	—	89.5	—	—	—	—	27	600(61)	(8)
(6)	180	171	171	—	87.1	—	—	—	—	26	580(59)	(6)
(4)	173	165	165	—	85.5	—	—	—	—	25	550(56)	(4)
(2)	166	158	158	—	83.5	—	—	—	—	24	530(54)	(2)
(0)	160	152	152	—	81.7	—	—	—	—	24	515(53)	(0)

注：(1) $1MPa = 1N/mm^2 = 1/9.80665kgf/mm^2$。

(2) 表中括号“( )”中的数字很少使用，仅供参考。

三、橡胶和弹簧的选用

1. 橡胶

橡胶允许承受的负载较大，占据的空间较小，安装调整比较方便灵活，而且成本低，是中小型冷冲模弹性卸料、顶件及压边的常用弹性元件。

选用橡胶时，应主要确定其自由高度预压缩量及截面积。其计算公式及步骤可由表3-14确定。

表3-14 卸料橡胶计算公式

序号	计算步骤及计算公式	说 明
1	确定自由高度 $H_自$ $H_自 = \frac{L_工}{0.25 \sim 0.30} + h_{修磨}$	$L_工$——冲模的工作行程(mm)。对冲裁模而言，$L_工 = t + 1$ $h_{修磨}$——预留的修磨量。根据模具设计寿命一般取4~6mm
2	确定 $L_预$ 和 $H_装$ $L_预 = (0.10 \sim 0.15) H_自$ $H_装 = H_自 - L_预$	$L_预$——橡胶的预压缩量 $H_装$——冲模装配好以后橡皮的高度
3	确定橡皮横截面积 $A(mm^2)$ $A = \frac{F}{q}$	F——所需的弹压力(N) q——橡胶在预压缩状态下的单位压力：约为0.26~0.50MPa

2. 弹簧

冲模常用圆柱螺旋压缩弹簧和碟形弹簧可按表3-15~表3-17选用。

表 3-15 圆柱螺旋压缩弹簧

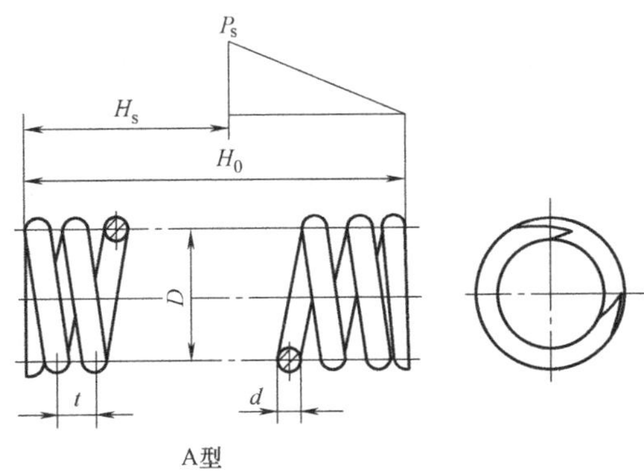

A型

标注示例：YA 型弹簧，材料直径 1.2mm，弹簧中径 8mm，自由高度 40mm，刚度、外径、自由高度的精度为 2 级，材料为碳素弹簧钢丝 B 级，表面镀锌处理的左旋弹簧。

标记：YA 1.2×8×40-2 左 GB/T 2089—2009

D = 弹簧外径(mm)
d = 钢丝直径(mm)
P_s = 试验负荷(N)
t = 节距(mm)
D_{xmax} = 最大芯轴直径(mm)
D_{Tmin} = 最小套筒直径(mm)
P' = 弹簧刚度(N/mm)
F_s = 试验负荷下变形量
F_1 = 最小允许工作负荷下的变形量(mm)
F_2 = 最大允许工作负荷下的变形量(mm)
H_0 = 弹簧自由长度(mm)
n = 有效圈数(圈)
L = 展开长度(mm)

d	D	t	P_s	D_{xmax}	D_{Tmin}	H_0	n	P'	F_s	F_1	F_2	L
0.5	4	1.75	11.4	2.9	5.1	12	6.5	1.48	7.70	1.54	6.16	107
						22	12.5	0.772	14.8	2.96	11.8	182
						26	14.5	0.665	17.2	3.44	13.8	207
	6	3.16	7.62	4.5	7.5	14	4	0.714	10.7	2.14	8.56	113
						22	6.5	0.440	17.3	3.46	13.8	160
0.8	6	2.34	28.7	4.2	7.8	13	4.5	4.16	6.91	1.38	5.53	123
						20	7.5	2.50	11.5	2.30	9.21	179
						32*	12.5	1.50	19.2	3.84	15.4	273
						38*	14.5	1.29	22.3	4.46	17.8	311
	8	3.53	21.6	6.2	9.8	18	4.5	1.76	12.3	2.46	9.84	163
						30*	7.5	1.06	20.5	4.10	16.4	239
1.0		3.12	40.9	6	10	20	5.5	3.51	11.7	2.34	9.36	189
						30*	8.5	2.27	18.0	3.60	14.1	264
	10	4.31	32.7	8	12	20	4	2.47	13.3	2.66	10.6	189
						30	6.5	1.52	21.5	4.30	17.2	267
	12					24	3.5	1.63	16.7	3.34	13.4	207
						35	7.5	1.32	24.8	4.96	19.8	298
1.6	10	3.55	126	7.4	12.6	24	5.5	11.8	10.7	2.14	8.56	236
						35	8.5	7.61	16.6	3.32	13.3	330
	12	4.41	105	8.4	15.6	22	4	9.36	11.2	2.24	8.96	226
						32	6.5	5.76	18.3	3.66	14.6	320

（续）

d	D	t	P_s	D_{xmax}	D_{Tmin}	H_0	n	P'	F_s	F_1	F_2	L
1.6	16	6.59	78.8	12.4	19.6	30	4	3.95	20.0	4.00	16.0	302
						40	5.5	2.87	27.5	5.50	22.0	376
						48	6.5	2.43	32.4	6.48	25.9	427
						60*	8.5	1.86	42.4	8.48	33.9	528
						70*	10.5	1.50	52.4	10.5	41.9	628
2	12	4.11	192	8	16	24	4.5	20.3	9.48	1.90	7.58	245
						35	7.5	12.2	15.8	3.16	12.6	358
	16	5.74	144	12	20	28	4	9.64	15.0	3.00	12.0	302
						38	5.5	7.01	20.6	4.12	16.5	377
						48	7.5	5.14	28.1	5.62	22.5	478
						55	8.5	4.54	31.8	6.36	25.4	528
						65*	10.5	3.67	39.3	7.86	31.4	729
						75*	12.5	3.09	46.8	9.36	37.4	729
	18	6.74	128	14	22	55	7.5	3.61	35.5	7.10	28.4	537
						65	8.5	3.19	40.3	8.06	32.2	549
						75*	10.5	2.58	49.8	9.96	39.8	707
	20	7.85	115	15	25	40	4.5	4.39	26.3	5.26	21.0	408
						48	5.5	3.59	32.2	6.44	25.8	471
						65	7.5	2.63	43.9	8.78	35.1	597
						75*	8.5	2.32	49.7	9.94	39.8	660
						90*	10.5	1.88	61.4	12.3	49.1	785
						120*	14.5	1.36	84.8	17.0	67.8	1037
2.5	16	5.40	273	11.5	20.5	30	4.5	20.9	13.0	2.60	10.4	327
						40	6.5	14.5	18.8	3.76	15.0	427
						48	7.5	12.6	21.5	4.34	17.4	478
						65*	10.5	8.97	30.4	6.08	24.3	628
						75*	12.5	7.53	36.2	7.24	29.0	729
	22	7.98	1.98	16.5	27.5	38	4	9.06	21.9	4.38	17.5	415
						50	5.5	6.59	30.1	6.02	24.1	518
						58	6.5	5.57	35.7	7.12	28.5	587
						65	7.5	4.83	41.1	8.22	32.9	657
						75	8.5	4.26	46.5	9.30	37.2	726
						90*	10.5	3.45	57.5	11.5	46.0	864
3.0	16	5.33	454	11	21	45	7.5	26.0	17.4	3.48	13.9	478
						52	8.5	23.0	19.8	3.96	15.8	528
	18	5.94	403	13	23	65*	10.5	18.6	24.4	4.88	19.5	628
						75*	12.5	15.6	29.1	5.82	23.3	729
						35	4.5	30.5	13.2	2.64	10.6	368
						45	6.5	21.1	19.1	3.82	15.3	481
						58	8.5	16.1	25.0	5.00	20.0	594
						70*	10.5	13.1	30.9	6.18	24.7	707
3.5	18	5.94	619	12.5	23.5	32	4	63.5	9.75	1.95	7.80	340
						40	5.5	46.2	13.4	2.68	10.7	424
						52	7.5	33.9	18.3	3.66	14.6	537
	20	6.51	557	13.5	26.5	38	4.5	41.2	13.5	2.70	10.8	408
						50	6.5	28.5	19.6	3.92	15.7	534
						58	7.5	24.7	22.6	4.52	18.1	597
						75*	10.5	17.6	31.6	6.32	25.3	785

（续）

d	D	t	P_s	D_{xmax}	D_{Tmin}	H_0	n	P'	F_s	F_1	F_2	L
3.5	22	7.14	506	15.5	28.5	38	4	34.8	14.6	2.92	11.7	415
						48	5.5	25.3	20.2	4.00	16.0	518
						62	7.5	18.6	27.3	5.46	21.8	657
						70	8.5	16.4	30.9	6.18	24.7	726
4.0	20	6.63	831	13	27	45	5.5	57.5	14,5	2.90	11.6	471
						58	7.5	42.5	19.7	3.94	15.8	597
						65	8.5	37.2	22.4	4.48	17.9	660
						80*	10.5	30.1	27.6	5.52	22.1	785
	22	7.18	756	15	29	48	5.5	57.5	17.5	3.50	14.0	518
						55	6.5	48.6	20.7	4.14	16.6	587
						70	8.5	37.2	27.1	5.42	21.7	726
						85*	10.5	30.1	33.4	6.68	26.7	864
	25	8.11	665	18	32	45	4.5	36.0	18.5	3.70	14.8	511
						55	5.5	29.4	22.6	4.52	18.1	589
						70	7.5	21.6	30.9	6.18	24.7	746
						80	8.5	19.0	35.0	7.00	28.0	825
	30	9.92	554	23	37	85	7.5	12.5	44.4	8.88	35.5	895
						95*	8.5	11.0	50.3	10.1	40.2	990
						115*	10.5	8.92	62.2	12.4	49.8	1178
						140*	12.5	7.49	74.0	14.8	59.2	1367
4.5	25	8.16	947	17.5	32.5	42	4	64.8	14.6	2.92	11.7	471
						55	5.5	47.1	20.1	4.02	16,1	589
						60	6.5	39.9	23.8	4.75	19.0	668
						70	7.5	34.6	27.4	5.48	21.9	746
	30	9.76	789	22.5	37.5	45	3.5	42.9	18.4	3.68	14.7	518
						52	4.5	33.3	23.7	4.74	18.9	613
						65	5.5	27.3	28.9	5.79	23.2	707
						80	7.5	20.2	39.5	7.89	31.6	895
5.0	25	8.29	1299	17	33	55	5.5	71.8	18.1	3.62	14.5	589
						65	6.5	60.8	21.4	4.28	17.1	668
						70	7.5	52.7	24.7	4.93	19.7	746
						80	8.5	46.5	28.0	5.59	22.4	825
	30	9.74	1083	22	38	50	4	57.1	18.9	3.79	15.2	565
						65	5.5	41.6	26.1	5.21	20.8	707
						75	6.5	35.2	30.8	6.16	24.6	801
						85	7.5	30.5	35.5	7.10	28.4	895
	35	11.5	928	26	44	60	4.5	32.0	29.0	5.80	23.2	715
						75	5.5	26.2	35.5	7.09	28.4	825
						85	6.5	22.1	41.9	8.38	33.5	935
						95	7.5	19.2	48.4	9.67	38.7	1045

注：1. 材料：65Mn、60Si2Mn，热处理硬度 40～48HRC，表面磷化处理。
2. 带“*”的系细长比大于 3.7，应考虑设置心轴或套筒。
3. 标准：GB/T 2089—2009。

表 3-16　碟形弹簧

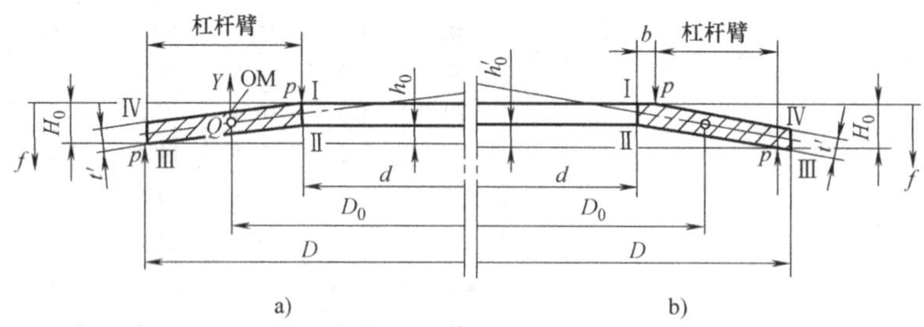

a)　　　b)

标记示例　一级精度，系列 A，外径 $D=100$mm 的第二类碟簧；

碟簧　A　100—1　GB/T 1972—1992

D：外径；d 内径；$t(t')$：厚度（减薄厚度）；H_0：单个弹簧的自由高度；h_0：无支承面碟簧压平时变形量的计算值；P：单个碟簧的负荷；f：单个碟簧的变形量；σ_{OM}、$\sigma_{Ⅱ}$、$\sigma_{Ⅲ}$：位置 OM、Ⅱ、Ⅲ处的计算应力；

类别	D	d	$t(t')$	h_0	H_0	P	f	H_0-f	σ_{OM}	$\sigma_{Ⅱ}$、$\sigma_{Ⅲ}$	Q kg/1000 件
						$f\approx0.75H_0$					
						N			N/mm^2	N/mm^2	
系列 A　$D/t\approx18$；$h_0/t\approx0.4$；$E=206000$N/mm^2；$\mu=0.3$											
1	18	9.2	1	0.4	1.4	1250	0.3	1.1	−1170	1300	1.480
2	25	12.2	1.5	0.55	2.05	2910	0.41	0.64	−1210	1410	4.400
	31.5	16.3	1.75	0.7	2.45	3900	0.53	1.92	−1190	1310	7.84
	35.5	18.3	2	0.8	2.8	5190	0.6	2.2	−1210	1330	11.40
	40	20.4	2.25	0.9	3.15	6540	0.68	2.47	−1210	1340	16.40
	45	22.4	2.5	1	3.5	7720	0.75	2.75	−1150	1300	23.50
	50	25.4	3	1.1	4.1	12000	0.83	3.27	−1250	1430	34.30
系列 B　$D/t\approx28$，$h_0/t\approx0.75$；$E=206000$N/mm^2；$\mu=0.3$											
1	18	9.2	0.7	0.5	1.2	572	0.38	0.82	−1040	1130	1.030
	25	12.2	0.9	0.7	1.6	868	0.53	1.07	−938	1030	2.640
2	31.5	16.3	1.25	0.9	2.15	1920	0.68	1.47	−1090	1190	5.600
	35.5	18.3	1.25	1	2.25	1700	0.75	1.5	−944	1070	7.130
	40	20.4	1.5	1.15	2.65	2620	0.86	1.79	−1020	1130	10.95
	45	22.4	1.75	1.3	3.05	3660	0.98	2.07	−1050	1150	16.40
	50	25.4	2	1.4	3.4	4760	1.05	2.35	−1060	1140	22.90
系列 C　$D/t\approx40$，$h_0/t\approx1.3$；$E=206000$N/mm^2；$\mu=0.3$											
1	18	9.2	0.45	0.6	1.05	214	0.45	0.6	−789	1110	0.661
	25	12.2	0.7	0.9	1.6	601	0.68	0.92	−936	1270	2.060
	31.5	16.3	0.8	1.05	1.85	687	0.79	1.06	−810	1130	3.580
	35.5	18.3	0.9	1.15	2.05	831	0.86	1.19	−779	1080	5.140
	40	20.4	1	1.3	2.3	1020	0.98	1.32	−772	1070	7.30
2	45	22.4	1.25	1.6	2.85	1890	1.2	1.65	−920	1250	11.70
	50	22.4	1.25	1.6	2.85	1550	1.2	1.65	−754	1040	14.30

注：1. 摘自 GB/T 1972—2005；

2. 材料：60Si2MnA 或 50CrVA，硬度 42～52HRC。

表 3-17　碟形弹簧的主要计算公式　（mm）

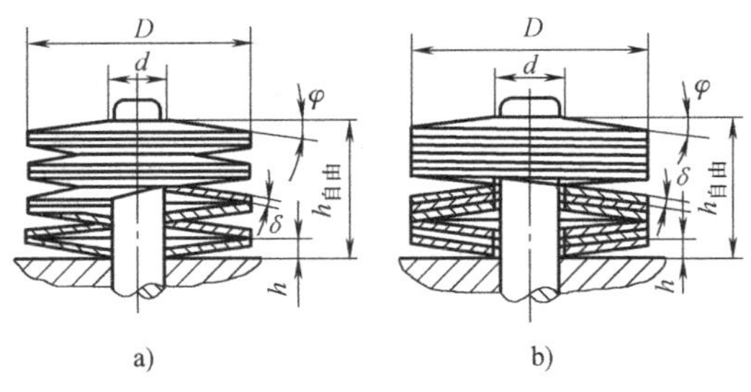

碟形弹簧的安装方法
a）对合式　b）复合式

计算项目	对合式安装（图 a）	复合式安装（图 b）
整个弹簧的允许负荷/N	$F=\dfrac{10^5\tan^2\varphi h_0\delta^2}{n\left(1-\dfrac{d}{1.5D}\right)}$	$F=\dfrac{10^5\tan^2\varphi h_0\delta^2 z}{n\left(1-\dfrac{d}{1.5D}\right)}$
一个弹簧的最大允许变形量/mm	$h=0.75h_0$	
整个弹簧的最大允许压缩量/mm	$h_{总}=0.75nh_0$	$h_{总}=0.75\dfrac{n}{z}h_0$
整个弹簧的预压缩量/mm	$h_{预}=(0.15\sim0.20)nh_0$	$h_{预}=(0.15\sim0.20)\dfrac{n}{z}h_0$
弹簧的工作行程/mm	$h_{工作}=h_{总}-h_{预}$	
保证规定行程的弹簧个数/个	$n=\dfrac{h_{工作}}{0.5h_0}$	$n=\dfrac{h_{工作}z}{0.5h_0}$
弹簧自由长度/mm	$h_{自由}=nh$	$H_{自由}=\dfrac{n}{z}[h+\delta(z-1)]$

注：F——一个弹簧在压缩量等于 $0.75h_0$ 时的最大允许负荷；
h_0——弹簧的极限行程（mm）；
n——装置中一组弹簧的总数；
z——组合弹簧每叠的弹簧数（图 b 中，$z=3$）；
h——一个弹簧的高度（mm）；
δ——弹簧板厚度（mm），$\tan\varphi=\dfrac{2(h-\delta)}{D-d}$。

3. 氮气弹簧

氮气弹簧是一种具有弹性功能的部件，它将高压氮气密封在容器内，外力通过柱塞杆将氮气压缩，当外力去除时，靠高压气体膨胀来获得一定的弹性压力，这种部件称为氮气弹簧，也称为氮气缸（Nitrogen Gas Spring & Nitrogen Cylinder）。

（1）氮气弹簧的特点　不需要预紧，弹压力在模具行程中基本保持恒定，弹压力大小受力点可以方便准确地调节，简化了模具的结构，缩短模具制造周期。与其他弹性元件相比具有安装方便、使用寿命长、安全、可靠，不需要额外的动力源等。它最突出的特点是由于它的特性曲线所表现出来的压力曲线随行程变化较为平缓。特性曲线如图 3-1 所示。

（2）氮气弹簧的分类和安装

1）独立式氮气弹簧的结构：虽然氮气弹簧根据其结构特点，可分为独立式氮气弹簧

(Self-Contained)、非独立式氮气弹簧（又称氮气弹簧板座 Mainfold）和管路连接式三大类，但由于篇幅，本文只介绍应用最为广泛的独立式氮气弹簧的结构。

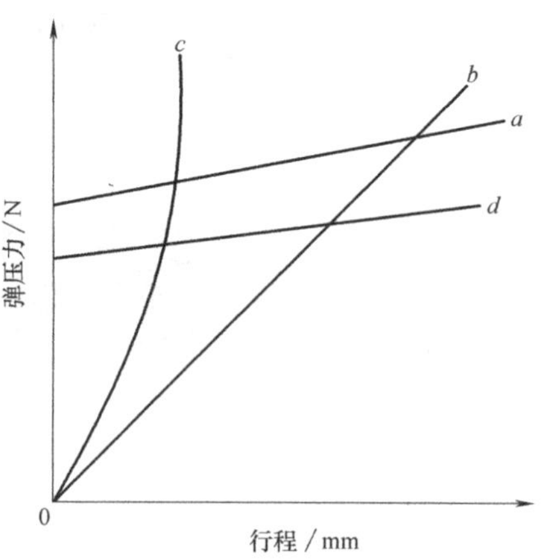

图 3-1 各种弹性元件的特性曲线比较

独立式氮气弹簧由缸体、缸底、缸盖、柱塞（活塞）四大部分（图 3-2）构成，自成一个封闭的体系，独立工作，氮气的压缩和膨胀均在缸内进行。它的特点是弹压力相对比较固定，不需要调节，安装、固定方便，体积小。目前应用广泛，其系列、品种、规格也比较齐全，方便选用。

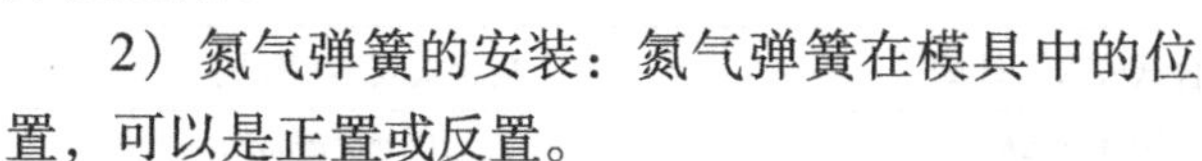

2）氮气弹簧的安装：氮气弹簧在模具中的位置，可以是正置或反置。

① 安装要求：安装时必须保证氮气弹簧在工作中的稳定性，受力要平衡，保证氮气弹簧的柱塞杆与模具顶件板平稳接触，不允许有间隙，尽量避免偏载；氮气弹簧在模具中不能发生移动或错位，氮气弹簧的安装应牢固、可靠、稳定，最好在座板上开设沉孔，深度可以根据具体情况而定；在并接氮气弹簧时更要注意结构紧凑，并联可靠，充气方便。

② 安装方法：常见的安装方法有法兰盘安装和螺孔安装。法兰盘安装是利用缸体上开槽将法兰盘与氮气弹簧固紧为一体，安装在模具上。借助于法兰盘，可以将氮气弹簧安装在模具中的任何位置。法兰盘可以是圆形、方形、吊耳形、矩形等。螺孔安装是利用在氮气弹簧底部开设两个或四个 M6 或 M8 的螺钉孔，直接将氮气弹簧安装在模具上。对于小型的氮气弹簧，有时直接将螺孔开设在缸体上，利用缸体上的螺纹直接进行安装。

图 3-2 独立式氮气弹簧结构图

a）活塞式氮气弹簧结构图

b）柱塞式氮气弹簧结构图

1—柱塞（活塞） 2—缸盖 3—缸筒 4—缸底

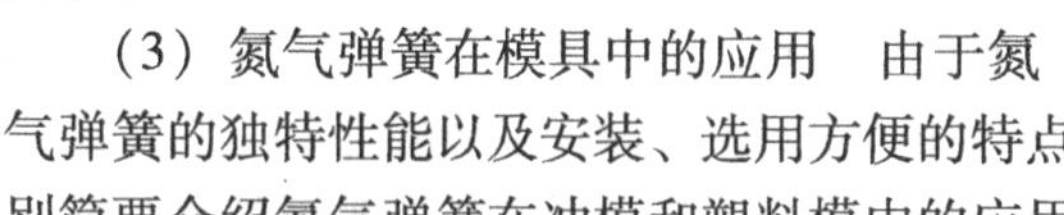

（3）氮气弹簧在模具中的应用 由于氮气弹簧的独特性能以及安装、选用方便的特点，因此其在模具中的应用越来越广泛，下面分别简要介绍氮气弹簧在冲模和塑料模中的应用。

1）氮气弹簧在冲模中的应用：在冲裁工艺中氮气弹簧主要用于卸料。在安装时它可以与卸料板联接也可以不联接，直接用氮气弹簧去顶或推卸料板。氮气弹簧可以直接紧固在模具中，也可以采用不同形式的法兰盘安装，甚至于不需要与卸料板联接，直接安放在模具上使用。但是氮气弹簧不能用于对卸料板的导向。

在弯曲工艺中使用氮气弹簧主要是利用氮气弹簧强大的初始压力压住工件，有效防止工件在变形中的位移和回弹。这时氮气弹簧需要有效地固定在模具上。

在拉深工艺中采用氮气弹簧主要是进行压边，这是氮气弹簧的特性曲线决定的。利用它可以获得非常优越的压边力，并且可以根据零件的成形情况，随时调节压边力。这是在冲压模具中氮气弹簧应用最多的，也是最为有效的工艺。此时氮气弹簧随压边圈一起运动，可以同压边圈联接，也可以独立安放。

在翻边工艺中，氮气弹簧主要用于压料。由于氮气弹簧能提供强大的预压力，特别适合不对称零件、局部成形、翻边等成形工艺。

2）氮气弹簧在塑料模具中的应用。在塑料模具中，氮气弹簧主要用于注射模具的斜楔机构中，它的作用是使模具零件平稳复位。

（4）选用计算说明　氮气弹簧不同的使用环境条件，有不同的工艺要求，其基本性能参数也不同。目前一般在常温使用，主要技术参数如下。

1）充气额定压力（Pa）。

2）额定初始弹压力（N）。

3）有效工作行程（mm）。

4）一次充气寿命（次）。

5）特性曲线与增压比。

6）工作环境温度（℃）。

7）外观颜色。

8）结构形式和最大偏载角。

相关计算公式如下。

① 初始弹压力计算

$$F = Pd\frac{\pi}{40}$$

式中　F——氮气弹压力（N）；

P——缸体内部的气体压力（Pa）；

d——柱塞或活塞的直径（mm）。

② 初始弹压力变化

$$P_{\text{f}} = P_{\text{s}}\frac{F_{\text{r}}}{F_{\text{s}}}$$

式中　P_{f}——所要求的实际弹压力（N）；

F_{r}——所要求的初始弹压力（N）；

F_{s}——标准初始弹压力（Pa）；

P_{s}——标准的充气压力（Pa）。

③ 等温状态下弹压力增量：当氮气弹簧内部气体被压缩时，将导致弹压力也随着增加，则在氮气弹簧的行程中任何一点的弹压力可以按以下公式计算

$$F_{\text{s}} = F_{\text{ia}}\left[\frac{S_{\text{n}}}{S_{\text{n}} - S_{\text{u}}\left(1 - \frac{F_{\text{in}}}{F_{\text{e}}}\right)}\right]$$

式中　F_s——使用行程为 S 时的弹压力（N）；

F_{ia}——在实际充气压力下的初始弹压力（N）；

S_u——使用行程（mm）；

S_n——氮气弹簧公称行程（mm）；

F_{in}——氮气弹簧公称初始弹压力（N）；

F_e——在全行程下的弹压力（N）。

④ 多值弹压力增量：用上式计算弹压力增量没有考虑氮气弹簧在使用过程中内部温度的变化，若考虑氮气弹簧内部温度的变化，则弹压力的真实增量（也就是多值的弹压力增量）可以用下式计算

$$F_s = F_{ia}\left[\frac{S_n}{S_n - S_u\left(1 - \frac{F_{in}}{F_e}\right)}\right]^n$$

式中　n——多值指数。根据被压缩快慢和缸内初始压力，n 值将在 1 ~ 1.55 之间变化，对于在压力机冲压模具中正常使用和充气压力为 150Pa 时，n 的取值为 1.4。

⑤ 初始弹压力与温度的关系　气体的温度都将影响氮气弹簧内部压力和弹压力的变化，一般技术手册是根据 20℃ 的工作温度条件给出的氮气弹簧弹压力的，在其他温度条件下气体的压力和弹压力可以按下式计算

$$F_1 = F_0\frac{T_1}{T_0} = F_0\frac{T_1}{293}$$

式中　T_1——氮气弹簧的工作温度（K）；

F_0——初始温度为 293K（20℃）时的弹压力（N）；

F_1——工作温度为 T_1 时的弹压力（N）。

（5）氮气弹簧的技术参数　国内模具行业中应用最广泛的氮气弹簧有“凯龙”公司（KALLER）独立氮气弹簧系列。该公司是目前生产独立氮气弹簧规模的厂家，其产品包括 TU、TC、TB、SL、M、CU、K、KS 等系列，其规格已经非常完善，应用也比较广，适用于各种冲压模具、注射模具以及其他各个行业。本书收入了在模具中使用较广泛的 TU、TB、M 三个系列的氮气弹簧。

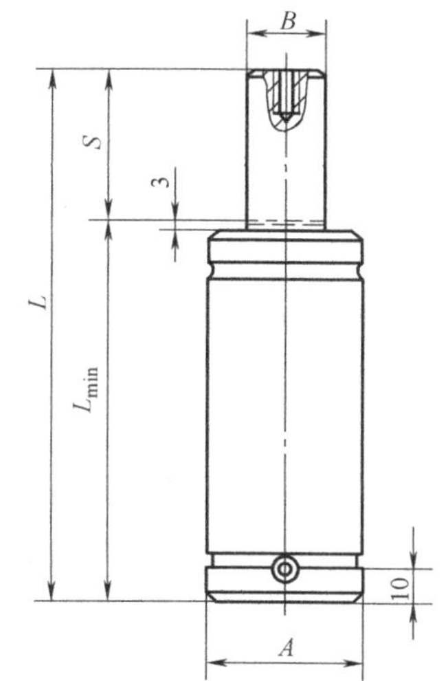

图 3-3　TU 型氮气弹簧外廓结构图

1）KALLER TU 系列氮气弹黄：TU 型氮气弹簧外观如图 3-3 所示，压力增量为 1.5 ~ 1.6MPa；是用途广泛的一种氮气弹簧。它可用于冲压模具中的拉深、弯曲和翻边工艺中的预压紧、斜楔滑块的复位动力等。KALLER TU 系列氮气弹簧的技术参数贝表 3-18。

2）KALLER TB 系列氮气弹簧：TB 型氮气弹簧外观如图 3-4 所示，特点是压力增量比较小，特性曲线平缓，广泛用于拉深压边、注射模具中抽心机构的动力和预压紧等。KALLER TB 系列氮气弹簧的技术参数见表 3-19。

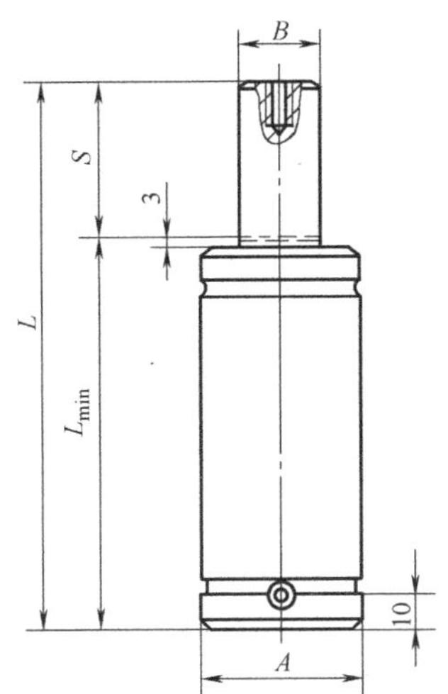

图 3-4　TB 型氮气弹簧外廓结构图

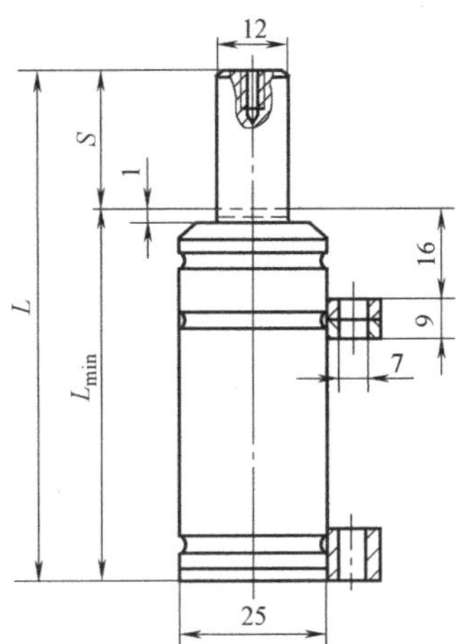

图 3-5　M 型氮气弹簧外廓结构图

表 3-18　KALLER TU 型氮气弹簧的技术参数（额定充气压力 15MPa）

氮气弹簧型号	行程 S/mm	弹压力		缸筒外径 A/mm	柱塞外径 B/mm	氮气弹簧总高度 L/mm	缸筒高度 L_{min}/mm	重量 /kg
		起始力/N	最大力/N					
TU 250-010	10.0	2500	3380	38		70.0	60.0	
TU 250-013	12.7	2500	3360	38		75.4	62.7	
TU 250-016	16.0	2500	3360	38		82.0	66.0	
TU 250-025	25.0	2500	3330	38		100.0	75.0	
TU 250-038	38.1	2500	3310	38		126.2	88.1	
TU 250-050	50.0	2500	3310	38		150.0	100.0	
TU 250-064	63.5	2500	3310	38		177.0	113.5	
TU 250-080	80.0	2500	3300	38		210.0	130.0	
TU 250-100	100.0	2500	3300	38		250.0	150.0	
TU 500-013	12.7	5000	7100	45.2	20	110.4	97.7	
TU 500-025	25.0	5000	7100	45.2	20	135.0	110.0	
TU 500-038	38.1	5000	7100	45.2	20	161.2	123.1	
TU 500-050	50.0	5000	7100	45.2	20	185.0	135.0	
TU 500-064	63.5	5000	7100	45.2	20	212.0	148.5	
TU 500-080	80.0	5000	7100	45.2	20	245.0	165.0	
TU 500-100	100.0	5000	7100	45.2	20	285.0	185.0	
TU 750-012	12.7	7500	12300	50.2	25	120.4	107.7	1.2
TU 750-025	25.0	7500	12300	50.2	25	145	120.0	1.4
TU 750-038	38.1	7500	12300	50.2	25	171.2	133.1	1.6
TU 750-050	50.0	7500	12300	50.2	25	195	145.0	1.7

（续）

氮气弹簧型号	行程 S/mm	弹压力		缸筒外径 A/mm	柱塞外径 B/mm	氮气弹簧总高度 L/mm	缸筒高度 L_{min}/mm	重量 /kg
		起始力/N	最大力/N					
TU 750-064	63.5	7500	12300	50.2	25	222	158.5	1.8
TU 750-080	80.0	7500	12300	50.2	25	255	175.0	1.9
TU 750-100	100.0	7500	12300	50.2	25	295	195.0	2.1
TU 750-125	125.0	7500	12300	50.2	25	345	220.0	2.4
TU 750-160	160.0	7500	12300	50.2	25	415	255.0	2.7
TU 750-200	200.0	7500	12300	50.2	25	495	295.0	
TU 750-250	250.0	7500	12300	50.2	25	595	345.0	
TU 750-300	300.0	7500	12300	50.2	25	695	395.0	
TU 1500-025	25.0	15000	22300	75.2	36	160	135.0	3.7
TU 1500-038	38.1	15000	22300	75.2	36	186.2	148.1	3.9
TU 1500-050	50.0	15000	22300	75.2	36	210	160.0	4.1
TU 1500-063	63.5	15000	22300	75.2	36	237	173.5	4.4
TU 1500-080	80.0	15000	22300	75.2	36	270	190.0	4.7
TU 1500-100	100.0	15000	22300	75.2	36	310	210.0	5.1
TU 1500-125	125.0	15000	22300	75.2	36	360	235.0	5.5
TU 1500-160	160.0	15000	22300	75.2	36	430	270.0	6.2
TU 1500-200	200.0	15000	22300	75.2	36	510	310.0	
TU 1500-250	250.0	15000	22300	75.2	36	610	360.0	
TU 1500-300	300.0	15000	22300	75.2	36	710	410.0	
TU 3000-025	25.0	30160	45940	95.2	50	170	145.0	6.8
TU 3000-038	38.1	30160	46490	95.2	50	196.2	158.1	7.2
TU 3000-050	50.0	30160	47040	95.2	50	220	170.0	7.5
TU 3000-063	63.5	30160	47180	95.2	50	247	183.5	7.9
TU 3000-080	80.0	30160	47320	95.2	50	280	200.0	8.4
TU 3000-100	100.0	30160	47440	95.2	50	320	220.0	9.1
TU 3000-125	125.0	30160	47530	95.2	50	370	245.0	9.9
TU 3000-160	160.0	30160	47650	95.2	50	440	280.0	11.0
TU 3000-200	200.0	30160	47850	95.2	50	520	320.0	
TU 3000-250	250.0	30160	48150	95.2	50	620	370.0	
TU 3000-300	300.0	30160	48460	95.2	50	720	420.0	
TU 5000-025	25.0	50800	77088	120.2	65	190	165.0	12.5
TU 5000-038	38.1	50800	78494	120.2	65	216.2	178.1	13.2

（续）

氮气弹簧型号	行程 S/mm	弹压力		缸筒外径 A/mm	柱塞外径 B/mm	氮气弹簧总高度 L/mm	缸筒高度 L_{min}/mm	重量 /kg
		起始力/N	最大力/N					
TU 5000-050	50.0	50800	79895	120.2	65	240	190.0	13.8
TU 5000-063	63.5	50800	80480	120.2	65	267	203.5	14.5
TU 5000-080	80.0	50800	80166	120.2	65	300	220.0	15.1
TU 5000-100	100.0	50800	81474	120.2	65	340	240.0	15.7
TU 5000-125	125.0	50800	81832	120.2	65	390	265.0	17.0
TU 5000-160	160.0	50800	82136	120.2	65	460	300.0	18.5
TU 5000-200	200.0	50800	82807	120.2	65	540	340.0	
TU 5000-250	250.0	50800	83823	120.2	65	640	390.0	
TU 5000-300	300.0	50800	84331	120.2	65	740	440.0	
TU 7500-025	25.0	76475	107047	150.2	80	205	180.0	19.2
TU 7500-038	38.1	76475	110948	150.2	80	231.2	193.1	20.0
TU 7500-050	50.0	76475	112490	150.2	80	255	205.0	20.9
TU 7500-063	63.5	76475	114713	150.2	80	282	218.5	21.8
TU 7500-080	80.0	76475	115530	150.2	80	315	235.0	22.9
TU7500-100	100.0	76475	117026	150.2	80	355	255.0	24.3
TU 7500-125	125.0	76475	117752	150.2	80	405	280.0	26.0
TU 7500-160	160	76475	118596	150.2	80	475	315	28.4
TU 7500-200	200	76475	120065	150.2	80	555	355	
TU 7500-250	250	76475	121562	150.2	80	655	405	
TU 7500-300	300	76475	123127	150.2	80	755	455	

注：氮气弹簧的标准和标注

1. 标准：国际标准中有关冲模具氮气弹簧的标准分为二部分：ISO 11901-1 是关于氮气弹簧的通用技术条件规定；ISO 11901-2 是关于氮气弹簧附件的技术条件规定。
2. 标注：ISO 11901-1 规定氮气弹簧的标记由以下几方面内容构成：

   氮气弹簧：国际标准代号：额定充气压力：额定弹压力：工作行程：充气口所在的位置；生产日期；生产厂家。

   例如：某个氮气弹簧的弹压力为7500N，行程为80mm，额定充气压力 13.8MPa，充气口在缸体上，为独立式氮气弹簧，1997 年7 月生产，生产厂家为×××，则其标记如下：

   氮气弹簧　ISO 11901-1　　7500×80×13.8-C

   　　　　　　9707 ×××

   其中充气口位置标记如下：

   F—表示充气口位于缸体底部；

   C—表示充气口位于缸体上；

   B—表示充气口位于柱塞杆顶部；

   ISO 中关于氮气弹簧的外观有如下规定：氮气弹簧本体应该是黑色，缸体上标签的颜色表示充气压力。红色表示缸内压力为 10～15MPa，蓝色表示缸内压力在 10MPa 以下。

表 3-19 KALLER TB 型氮气弹簧的技术参数（额定充气压力 15MPa）

氮气弹簧型号	行程 S/mm	弹压力		缸筒外径 A/mm	柱塞外径 B/mm	氮气弹簧总高度 L/mm	缸筒高度 L_{min}/mm	重量 /kg
		起始力/N	最大力/N					
TB 750-012	12.7	7506	8935	75.2	25	120.4	107.7	2.0
TB 750-025	25.0	7506	8935	75.2	25	145.0	120.0	2.1
TB 750-038	38.1	7506	8935	75.2	25	171.2	133.1	2.3
TB 750-050	50.0	7506	8935	75.2	25	195	145.0	2.5
TB 750-063	63.5	7506	8935	75.2	25	222	158.5	2.7
TB 750-080	80.0	7506	8935	75.2	25	255	175.0	2.9
TB 750-100	100.0	7506	8935	75.2	25	295	195.0	3.2
TB 750-125	125.0	7506	8935	75.2	25	345	220.0	3.6
TB 750-160	160.0	7506	8935	75.2	25	415	255.0	4.1
TB 750-200	200.0	7506	8935	75.2	25	495	295.0	
TB 750-250	250.0	7506	8935	75.2	25	595	345.0	
TB 750-300	300.0	7506	8935	75.2	25	695	395.0	
TB 1500-025	25.0	15648	19504	95.2	36	160	135.0	4.6
TB 1500-038	38.1	15648	19504	95.2	36	186.2	148.1	4.9
TB 1500-050	50.0	15648	19504	95.2	36	210	160.0	5.2
TB 1500-063	63.5	15648	19504	95.2	36	237	173.5	5.5
TB 1500-080	80.0	15648	19504	95.2	36	270	190.0	5.9
TB 1500-100	100.0	15648	19504	95.2	36	310	210.0	6.4
TB 1500-125	125.0	15648	19504	95.2	36	360	235.0	7.0
TB 1500-160	160.0	15648	19504	95.2	36	430	270	7.9
TB 1500-200	200.0	15648	19504	95.2	36	510	310	
TB 1500-250	250.0	15648	19504	95.2	36	610	360	
TB 1500-300	300.0	15648	19504	95.2	36	710	410	
TB 3000-025	25.0	30163	39235	120.2	50	170	145	9.1
TB 3000-038	38.1	30163	39235	120.2	50	196.2	158.1	9.7
TB 3000-050	50.0	30163	39235	120.2	50	220	170.0	10.2
TB 3000-063	63.5	30163	39235	120.2	50	247	183.5	10.7
TB 3000-080	80.0	30163	39235	120.2	50	280	200	11.4
TB 3000-100	100.0	30163	39235	120.2	50	320	220	12.1
TB 3000-125	125.0	30163	39235	120.2	50	370	245	13.2
TB 3000-160	160.0	30163	39235	120.2	50	440	280	14.5
TB 3000-200	200.0	30163	39235	120.2	50	520	320	
TB 3000-250	250.0	30163	39235	120.2	50	620	370	

（续）

氮气弹簧型号	行程 S/mm	弹压力		缸筒外径 A/mm	柱塞外径 B/mm	氮气弹簧总高度 L/mm	缸筒高度 L_{min}/mm	重量 /kg
		起始力/N	最大力/N					
TB 3000-300	300.0	30163	39235	120.2	50	720	420	
TB 5000-025	25.0	50802	67585	150.2	65	190	165	17.5
TB 5000-038	38.1	50802	67585	150.2	65	216.2	178.1	18.5
TB 5000-050	50.0	50802	67585	150.2	65	240	190.0	19.4
TB 5000-064	63.5	50802	67585	150.2	65	267	203.5	20.4
TB 5000-080	80.0	50802	67585	150.2	65	300	220	21.7
TB 5000-100	100.0	50802	67585	150.2	65	340	240	23.2
TB 5000-125	125.0	50802	67585	150.2	65	390	265	25.1
TB 5000-160	160.0	50802	67585	150.2	65	460	300	27.8
TB 5000-200	200.0	50802	67585	150.2	65	540	340	
TB 5000-250	250.0	50802	67585	150.2	65	640	390	
TB 5000-300	300.0	50802	67585	150.2	65	740	440	

3）KALLER M 系列氮气弹簧：M 型氮气弹簧外观如图 3-5 所示，特点是缸体外径均为 25mm，柱塞的外径均为 12mm，因而体积小，弹压力也小，适用于大行程和高频次的冲压工艺，能有效代替机械弹簧。高频次的氮气弹簧也可以用在高速多工位压力机的模具上，用不同的颜色表示不同的弹压力。利用法兰盘和缸体上的 C 形槽对氮气弹簧进行固紧联接，主要用于小型冷冲压模具和注射模具，充气口位于柱塞顶端。KALLER M 系列氮气弹簧的技术参数见表 3-20。

表 3-20　KALLER M 型氮气弹簧的技术参数

氮气弹簧型号	行程 S/mm	弹压力		充气压力 /MPa	氮气弹簧颜色	氮气弹簧总高度 L/mm	缸筒高度 L_{min}/mm	重量 /kg
		起始力/N	最大力/N					
M 50-010	10.0	510	660	4.5	绿	65.0	55.0	0.129
M 50-013	12.7	510	675	4.5	绿	70.4	57.7	0.139
M 50-016	16.0	510	680	4.5	绿	77.0	61.0	0.150
M 50-025	25.0	510	695	4.5	绿	95.0	70.0	0.155
M 50-038	38.1	510	710	4.5	绿	121.2	83.1	0.175
M 50-050	50.0	510	715	4.5	绿	145.0	95.0	0.193
M 50-064	63.5	510	715	4.5	绿	172.0	108.5	0.218
M 50-080	80.0	510	720	4.5	绿	205.0	125.0	0.249
M 50-100	100.0	510	720	4.5	绿	245.0	145.0	0.266

（续）

氮气弹簧型号	行程 S/mm	弹压力		充气压力/MPa	氮气弹簧颜色	氮气弹簧总高度 L/mm	缸筒高度 L_{min}/mm	重量/kg
		起始力/N	最大力/N					
M 50-125	125.0	510	725	4.5	绿	295.0	170.0	0.309
M 100-010	10.0	1020	1346	9.0	蓝	65.0	55.0	0.129
M 100-013	12.7	1020	1377	9.0	蓝	70.4	57.7	0.139
M 100-016	16.0	1020	1397	9.0	蓝	77.0	61.0	0.150
M 100-025	25.0	1020	1417	9.0	蓝	95.0	70.0	0.155
M 100-038	38.1	1020	1448	9.0	蓝	121.2	83.1	0.175
M 100-050	50.0	1020	1458	9.0	蓝	145.0	95.0	0.193
M 100-064	63.5	1020	1458	9.0	蓝	172.0	108.5	0.218
M 100-080	80.0	1020	1469	9.0	蓝	205.0	125.0	0.249
M 100-100	100.0	1020	1469	9.0	蓝	245.0	145.0	0.266
M 100-125	125.0	1020	1479	9.0	蓝	295.0	170.0	0.309
M 150-010	10.0	1530	2020	13.5	红	65.0	55.0	0.129
M 150-013	12.7	1530	2065	13.5	红	70.4	57.7	0.139
M 150-016	16.0	1530	2096	13.5	红	77.0	61.0	0.150
M 150-025	25.0	1530	2127	13.5	红	95.0	70.0	0.155
M 150-038	38.1	1530	2173	13.5	红	121.2	83.1	0.175
M 150-050	50.0	1530	2188	13.5	红	145.0	95.0	0.193
M 150-064	63.5	1530	2188	13.5	红	172.0	108.5	0.218
M 150-080	80.0	1530	2203	13.5	红	205.0	125.0	0.249
M 150-100	100.0	1530	2203	13.5	红	245.0	145.0	0.266
M 150-125	125.0	1530	2218	13.5	红	295.0	170.0	0.309
M 200-010	10.0	2040	2693	18.0	黄	65.0	55.0	0.129
M 200-013	12.7	2040	2754	18.0	黄	70.4	57.7	0.139
M 200-016	16.0	2040	2795	18.0	黄	77.0	61.0	0.150
M 200-025	25.0	2040	2836	18.0	黄	95.0	70.0	0.155
M 200-038	38.1	2040	2897	18.0	黄	121.2	83.1	0.175
M 200-050	50.0	2040	2917	18.0	黄	145.0	95.0	0.193
M 200-064	63.5	2040	2917	18.0	黄	172.0	108.5	0.218
M 200-080	80.0	2040	2938	18.0	黄	205.0	125.0	0.249
M 200-100	100.0	2040	2938	18.0	黄	245.0	145.0	0.266
M 200-125	125.0	2040	2958	18.0	黄	295.0	170.0	0.309

（6）KALLER（凯龙）氮气弹簧安装形式和规格　凯龙系列氮气弹簧根据缸体上开设的槽的不同，可以按四类方法安装：U 形槽安装、C 形槽安装、缸底螺孔安装和缸体螺纹安

装。与这四种基本安装形式相配合的法兰有吊耳形、方形、圆形等。各种安装方式的代号与说明表3-21氮气弹簧上槽的结构以及法兰结构如图3-6～图3-16所示，相对就的槽的结构尺寸以及法兰结构尺寸见表3-22～表3-28。

表3-21　氮气弹簧安装方式的代号与说明

代　　号	安装方式说明
U	U形槽设在缸体底部,用于吊耳法兰和方形法兰的安装,氮气弹簧可以在水平或垂直方向安装
C	C形槽设在缸体上部,用于圆形和方形两片法兰带弹簧钢丝的安装,氮气弹簧可在水平或垂直两个方向使用
B	缸底螺孔安装形式,氮气弹簧可以正置或倒置使用
T	在整个缸体上开设螺纹,可以将氮气弹簧直接拧在模具上,再用锁紧螺母锁定
K	带有压紧小台的吊耳压板,通常要用3～4个压板固定一个氮气弹簧
KU	带有压紧小台的吊耳压板,螺钉固紧形式不同,要用3～4个压板固定一个氮气弹簧
L	吊耳锁定盘
K+L	通常为两个K型吊耳时,带有锁定盘和吊耳的安装形式
KU+L	通常为两个KU型吊耳时,带有锁定盘和吊耳的安装形式
FF	两个长方形法兰盘,径向安装氮气弹簧的固紧形式,压紧凸台在上部
FFC	两个长方形法兰盘,径向安装氮气弹簧的固紧形式,螺孔的标准不同
FU	两个长方形法兰盘,径向安装氮气弹簧的固紧形式,压紧凸台在中部
D	方形锁定盘,通常将两个长方形法兰盘组成一个整体,固紧氮气弹簧
FX	带有压力垫和橡皮垫的安装形式
ESL	安装SL型氮气弹簧,两个方形法兰安装形式
FAC	将氮气弹簧水平安装的形式
FCR	安装M型氮气弹簧,由两个法兰和钢丝圈组成,钢丝圈安放C形槽内,C形槽在缸体上部或下部
FC	由两个法兰和钢丝圈组成的氮气弹簧安装形式,通常C形槽在缸体上部
FCS	由两个方形法兰盘和钢丝组成的安装形式
FS	由两个圆形法兰和钢丝组成的安装形式,通常在氮气弹簧上部C形槽上安装
FT	内孔带有螺纹的法兰盘安装形式
FVC	用于较大弹压力氮气弹簧,法兰带有自位的安装形式
FR	圆形锁紧螺母
FH	六方锁紧螺母
MP	氮气弹簧安装板
S	氮气弹簧支承座

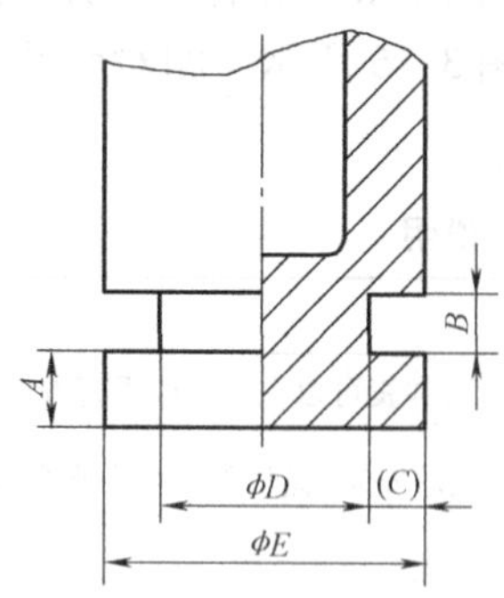

图 3-6　U 形槽的结构图

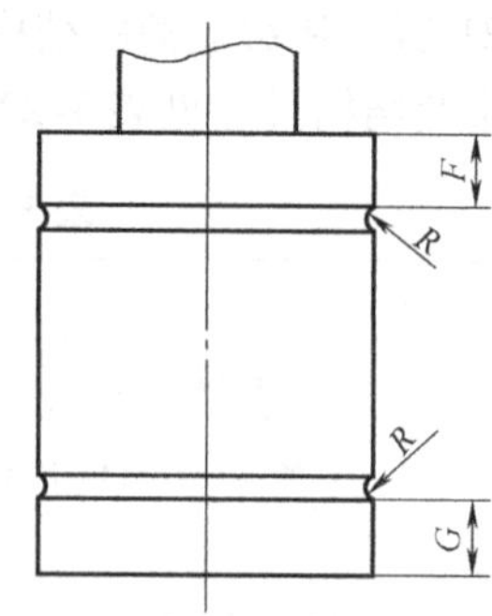

图 3-7　C 形槽的结构图

表 3-22　U 形槽结构尺寸　（单位：mm）

氮气弹簧型号	*A*	*B*	*C*	直径 *D*	直径 *E*
TC、HT250	4	4	3	32.1	38
TC、K、KS500	4	4	3	39.1	45.2
TU、TC、TS750 HT、K、KS750	8	7	3.7	42.6	50.1
TB750	8	7	3.7	67.6	75.1
TU、TC1500	8	7	3.7	67.6	75.1
TB1500	8	7	4.2	86.6	95.1
TU、TC3000	8	7	4.2	86.6	95.1
TB3000	8	7	4.2	111.6	120.1
TU、TC5000	8	7	4.2	111.6	120.1
TB5000	8	7	4.2	141.6	150.1
TU7500	8	8	4.2	141.6	150.1

注：TS、TC、TB、K、KS、HT 型号的氮气弹簧均设计有 U 形槽，位于氮气弹簧的下部。

表 3-23　C 形槽结构尺寸　（单位：mm）

氮气弹簧型号	规　格	*F*	*G*	*R*
M	50～150	9.5	4	1
TC、HT	250	9.5	—	1
TC、K、KS	500	13.5	—	1
TS、K、KS	750	12.5	—	2
TU、TC、HT	750	12.5	—	2
TU、TC	1500	15.5	—	2.5
TU、TC	3000	18.5	—	2.5
TU、TC	5000	20	—	2.5
TU	7500	22	—	2.5
TB	750	15.5	—	2.5

（续）

氮气弹簧型号	规　格	F	G	R
TB	1500	18.5	—	2.5
TB	3000	20	—	2.5
TB	5000	22	—	2.5
SL	750	12.5	11	2
SL	1500	15.5	10.5	2.5
SL	3000	18.5	10.5	2.5
SL	5000	20	10.5	2.5
CU	1000	9.5	9.5	1
CU	1800	12.5	12.5	2
CU	4700	15.5	15.5	2.5
CU	7500	18.5	18.5	2.5
CU	11800	20	20	2.5
CU	18300	22	22	2.5

注：M、TS、TU、TC、TB、HT、SL、K、KS 和 CU 型氮气弹簧均设计有 C 形槽，开设在氮气弹簧的上部和下部，依靠弹簧卡圈将氮气弹簧和法兰盘连接在一起。

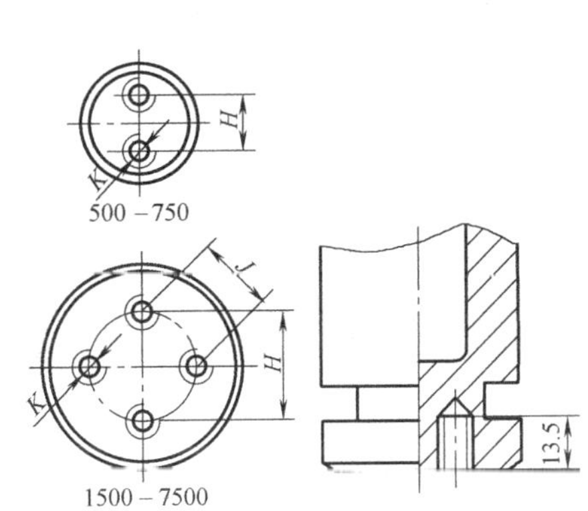

图 3-8　缸底螺孔结构图

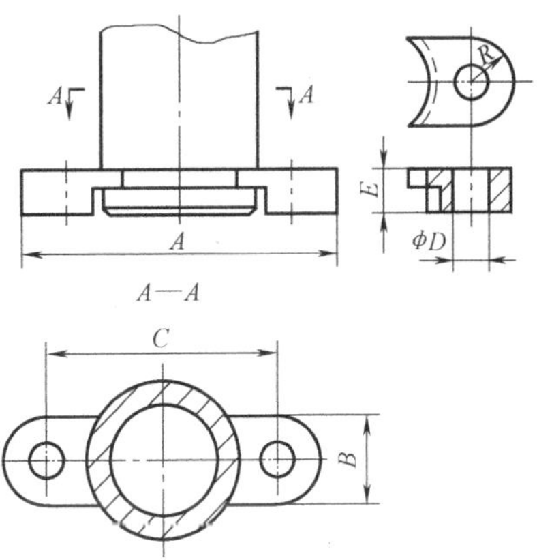

图 3-9　K 型吊耳结构图

表 3-24　螺孔位置尺寸　　（单位：mm）

氮气弹簧型号	规　格	H	J	K 螺孔
TC、K、KS	500	20		M8
TU、TC、K、KS	750	20		M8
TU、TC	1500	40	28.3	M8
TU、TC	3000	60	42.4	M10
TU、TC	5000	80	56.6	M10
TU	7500	100	70.7	M10
TB	750	40	28.3	M8

（续）

氮气弹簧型号	规　　格	H	J	K 螺孔
TB	1500	60	42.4	M10
TB	3000	80	56.6	M10
TB	5000	100	70.7	M10
HT	750	20		M8
SL	750	31.75		M10
SL	1500	53.9	38.1	M12
SL	3000	76.2	54.1	M12
SL	5000	80.7	57.1	M12

注：TU、TC、TB、HT、SL 型的独立氮气弹簧缸体底部设有 2 个或 4 个螺孔用于固定氮气弹簧，氮气弹簧可以正置、倒置、水平放置。

表 3-25　吊耳结构尺寸　（单位：mm）

吊耳型号	A	B	C	直径 D	E	R
K-500	95.8	25	70.7	9	7	12.5
K-750	110	30	80	13	14.2	15
K-1500	134	30	104	13	14.2	15
K-3000	170	40	130	17	14.2	20
K-5000	205	50	155	17	14.2	25
K-7500	145	50	195	21	14.2	25

注：TB 型氮气弹簧选用吊耳的规格要比氮气弹簧的规格大一个等级。如 TB750 型的氮气弹簧要选用 K1500 型的吊耳。

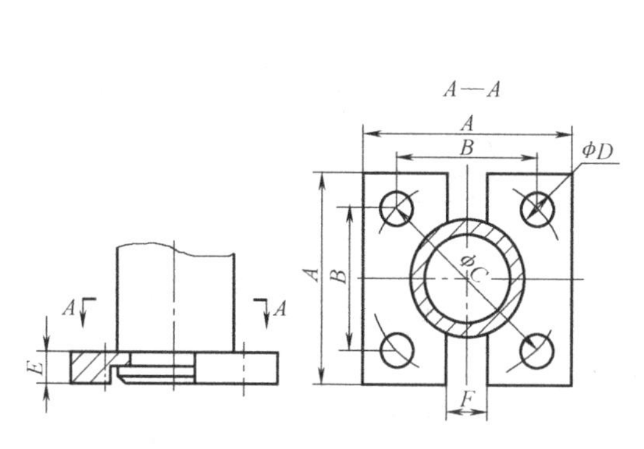

图 3-10　长方形带圆孔法兰结构图

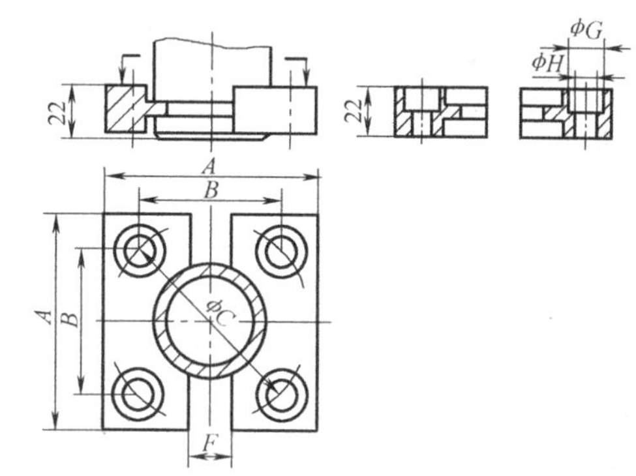

图 3-11　长方形螺钉沉孔法兰结构图

表 3-26　长方形带圆孔法兰结构尺寸　（单位：mm）

法兰型号	A	B	C	直径 D(FF)	直径 D(FFC)	F	E
FF/FFC-250	55	40	56.5	7	7	5	7
FF/FFC-500	70	50	70.7	9	9	20	7
FF/FFC-750	75	56.5	80	13	9	24	12

（续）

法兰型号	*A*	*B*	*C*	直径 *D*(FF)	直径 *D*(FFC)	*F*	*E*
FF/FFC-1500	100	73.5	104	13	11	24	12
FF/FFC-3000	120	92	130	17	13	24	12
FF/FFC-5000	140	109.5	155	17	13	24	12

表 3-27　长方形带螺钉沉孔法兰结构尺寸　　（单位：mm）

法兰型号	*A*	*B*	直径 *C*	直径 *G*	直径 *H*
FU-500	70	50	70.7	15	9
FU-750	75	56.5	80	20	13.5
FU-1500	100	73.5	104	20	13.5
FU-3000	120	92.5	130	26	17
FU-5000	140	109.5	155	26	17
FU-7500	190	138	195	33	21

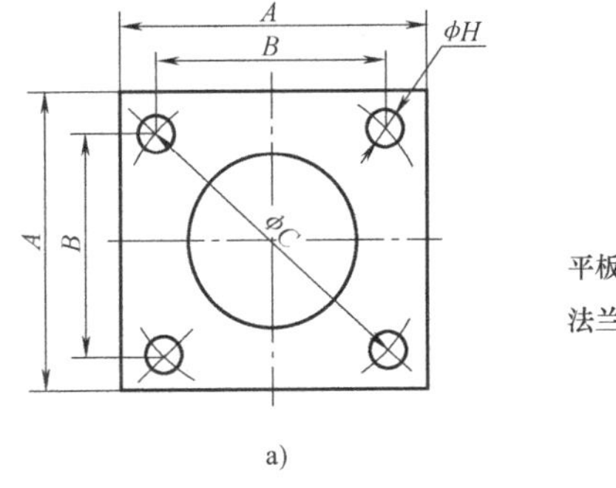

a)

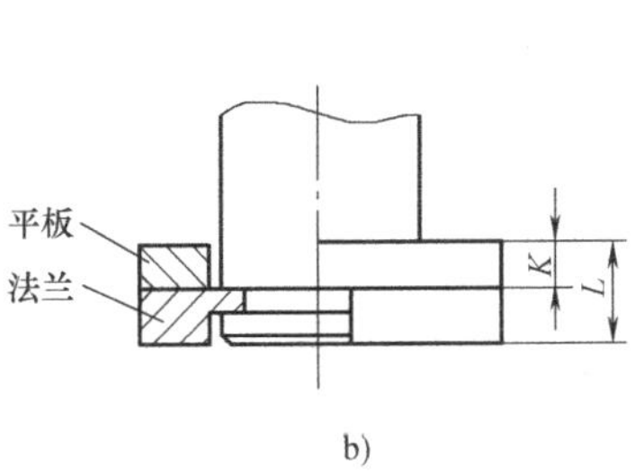

b)

图 3-12　方形平板结构和安装形式图
a）方形平板尺寸　b）方形平板安装形式

表 3-28　方形平板结构尺寸　　（单位：mm）

方形平板规格	*A*	*B*	直径 *C*	直径 *H*	*K*	*L*	*M*
D-250	55	40	56.5	7	10	17	32
D-500	70	50	70.7	9	10	17	32
D-750	75	56.5	80	13.5	10	22	32
D-1500	100	73.5	104	13.5	10	22	32
D-3000	120	92	130	17	12	24	34
D-5000	140	109.5	155	17	12	24	34
D-7500	190	138	195	21	12	24	34

（感谢上海润升科技（集团）有限公司大力协助并提供有关氮气弹簧的技术资料）。

4. 矩形弹簧

（1）矩形弹簧简介　矩形截面模具弹簧（简称模具弹簧）主要用于冲压模、金属压铸模、塑料注射模以及结构精密的机械设备等。它具有安装体积小、弹性好、刚度大、精密度高、制作材料呈矩形等特点，现在我国常用矩形弹簧的标准主要参照日本标准分为特轻负荷、较轻负荷、轻负荷、中负荷、重负荷、超重负荷系列和参照美国标准分为轻负荷、中负荷、重负荷、超重负荷系列，并以不同的颜色表示。矩形弹簧具有以下特点。

1）弹簧材料：一般选用高级优质铬钒钢（50CrVA）制作，耐疲劳、耐高温、韧性好。

2）材料实体：呈矩形截面圆角圆边形状，与一般的矩形直边不同，弹簧在高速运动时可以减少应力集中。

3）强压处理：弹簧经过多次强化处理，消除应力，不会再发生弹簧变形、缩短、断裂现象。

4）喷丸处理：弹簧表面经过喷丸强化处理，其表面组织结实，提高了应力集中点的强度，使弹簧的疲劳寿命更长。

（2）矩形弹簧的选择原则

1）在设计模具时必须事先考虑模具弹簧的负荷、尺寸和安装位置。

2）模具在设计 P 值时，尽量选择中等负荷，避免最大负荷。

3）已设计加工好的模具，选择的弹簧不适宜时，只有重新选择弹簧，不允许磨削弹簧的内外径和两端面。

4）凡是修改过的模具必须按修改比例加深导孔，避免弹簧遭受撞击或损坏模具。

表 3-29 是中负荷矩形弹簧技术参数。

表 3-29　中负荷矩形弹簧

规格 D_2/mm × D_1/mm × H_0/mm	刚度 p'/(N/mm)	工作范围				工作极限	
		F_1/mm	P_1/N	F_2/mm	P_2/N	F_1/mm	P_1/N
10×5×20	30.69	5.1		5.8		6.4	
10×25×20	24.52	6.4		7.2		8.0	
10×30×20	20.4	7.7		8.6		9.6	
10×35×20	17.46	9.0		10.1		11.2	
10×40×20	15.3	10.2		11.5		12.8	
10×45×20	13.53	11.5		13.0		14.4	
10×50×20	12.26	12.8		14.4		16.0	
10×55×20	11.08	14.1	156.9	15.8	176.5	17.6	196.0
10×60×20	10.2	15.4		17.3		19.2	
10×65×20	9.41	16.6		18.7		20.8	
10×70×20	8.73	17.9		20.2		22.4	
10×75×20	8.14	19.2		21.6		24.0	
10×80×20	7.65	20.5		23.0		25.6	
10×90×20	6.77	23		25.9		28.8	
10×100×20	6.13	25.6		28.8		32.0	

（续）

规格 D_2/mm × D_1/mm × H_0/mm	刚度 p'/(N/mm)	工作范围				工作极限	
		F_1/mm	P_1/N	F_2/mm	P_2/N	F_1/mm	P_1/N
12×6×20	44.42	5.1	225.6	5.8	255.0	6.4	284.4
12×25×20	35.5	6.4		7.2		8.0	
12×30×20	29.62	7.7		8.6		9.6	
12×35×20	25.3	9.0		10.1		11.2	
12×40×20	21.57	10.2		11.5		12.8	
12×45×20	19.71	11.5		13.0		14.4	
12×50×20	17.75	12.8		14.4		16.0	
12×55×20	16.08	14.1		15.8		17.6	
12×60×20	14.81	15.4		17.3		19.2	
12×65×20	13.63	16.6		18.7		20.8	
12×70×20	12.65	17.9		20.2		22.4	
12×75×20	11.77	19.2		21.6		24.0	
12×80×20	11.08	20.5		23.0		25.6	
12×90×20	9.9	23		25.9		28.8	
12×100×20	8.83	25.6		28.8		32.0	
14×7×25	47.76	6.4	304.0	7.2	343.2	8.0	382.5
12×30×20	39.81	7.7		8.6		9.6	
12×35×20	34.13	9.0		10.1		11.2	
12×40×20	29.81	10.2		11.5		12.8	
12×45×20	26.48	11.5		13.0		14.4	
12×50×20	23.83	12.8		14.4		16.0	
12×55×20	21.67	14.1		15.8		17.6	
12×60×20	19.91	15.4		17.3		19.2	
12×65×20	18.34	16.6		18.7		20.8	
12×70×20	17.06	17.9		20.2		22.4	
12×75×20	15.89	19.2		21.6		24.0	
12×80×20	14.91	20.5		23.0		25.6	
12×90×20	13.24	23		25.9		28.8	
12×100×20	11.96	25.6		28.8		32.0	
16×8×25	62.47	6.4	402.1	7.2	451.1	8.0	500.1
12×30×20	52.07	7.7		8.6		9.6	
12×35×20	44.62	9.0		10.1		11.2	
12×40×20	39.03	10.2		11.5		12.8	
12×45×20	34.72	11.5		13.0		14.4	

（续）

规格 D_2/mm×D_1/mm×H_0/mm	刚度 p'/(N/mm)	工作范围				工作极限	
		F_1/mm	P_1/N	F_2/mm	P_2/N	F_1/mm	P_1/N
12×50×20	31.19	12.8	402.1	14.4	451.1	16.0	500.1
12×55×20	28.34	14.1		15.8		17.6	
12×60×20	25.99	15.4		17.3		19.2	
12×65×20	24.03	16.6		18.7		20.8	
12×70×20	22.26	17.9		20.2		22.4	
12×75×20	20.69	19.2		21.6		24.0	
12×80×20	19.52	20.5		23.0		25.6	
12×90×20	17.36	23		25.9		28.8	
12×100×20	15.69	25.6		28.8		32.0	
18×9×25	79.63	6.4	510.0	7.2	568.8	8.0	637.4
12×30×20	66.39	7.7		8.6		9.6	
12×35×20	56.88	9.0		10.1		11.2	
12×40×20	49.72	10.2		11.5		12.8	
12×45×20	44.23	11.5		13.0		14.4	
12×50×20	39.81	12.8		14.4		16.0	
12×55×20	36.19	14.1		15.8		17.6	
12×60×20	33.15	15.4		17.3		19.2	
12×65×20	30.6	16.6		18.7		20.8	
12×70×20	28.4	17.9		20.2		22.4	
12×75×20	25.5	19.2		21.6		24.0	
12×80×20	24.81	20.5		23.0		25.6	
12×90×20	22.56	23		25.9		28.8	
12×100×20	19.91	25.6		28.8		32.0	
12×125×20	15.98	32.0		36.0		40.0	
12×150×20	13.24	38.4		43.2		48.0	
20×10×25	98.1	6.4	627.6	7.2	706.1	8.0	784.5
12×30×20	81.69	7.7		8.6		9.6	
12×35×20	70.02	9.0		10.1		11.2	
12×40×20	61.29	10.2		11.5		12.8	
12×45×20	54.43	11.5		13.0		14.4	
12×50×20	49.03	12.8		14.4		16.0	
12×55×20	44.52	14.1		15.8		17.6	
12×60×20	40.08	15.4		17.3		19.2	
12×65×20	37.66	16.6		18.7		20.8	

（续）

规格 D_2/mm × D_1/mm × H_0/mm	刚度 p'/(N/mm)	工作范围				工作极限	
		F_1/mm	P_1/N	F_2/mm	P_2/N	F_1/mm	P_1/N
12×70×20	35.01	17.9	627.6	20.2	706.1	22.4	784.5
12×75×20	32.36	19.2		21.6		24.0	
12×80×20	30.6	20.5		23.0		25.6	
12×90×20	27.16	23		25.9		28.8	
12×100×20	24.52	25.6		28.8		32.0	
12×125×20	19.61	32.0		36.0		40.0	
12×150×20	16.38	38.4		43.2		48.0	
22×11×25	11.7	6.4	755.1	7.2	853.2	8.0	951.3
12×30×20	99.05	7.7		8.6		9.6	
12×35×20	85.32	9.0		10.1		11.2	
12×40×20	74.24	10.2		11.5		12.8	
12×45×20	64.72	11.5		13.0		14.4	
12×50×20	59.43	12.8		14.4		16.0	
12×55×20	53.94	14.1		15.8		17.6	
12×60×20	49.52	15.4		17.3		19.2	
12×65×20	45.11	16.6		18.7		20.8	
12×70×20	42.46	17.9		20.2		22.4	
12×75×20	39.23	19.2		21.6		24.0	
12×80×20	37.07	20.5		23.0		25.6	
12×90×20	32.95	23		25.9		28.8	
12×100×20	29.71	25.6		28.8		32.0	
12×125×20	23.73	32.0		36.0		40.0	
12×150×20	19.81	38.4		43.2		48.0	
25×12.5×25	152	6.4	980.7	7.2	1098.3	8.0	1225.8
12×30×20	127.7	7.7		8.6		9.6	
12×35×20	109.8	9.0		10.1		11.2	
12×40×20	95.71	10.2		11.5		12.8	
12×45×20	84.34	11.5		13.0		14.4	
12×50×20	76.59	12.8		14.4		16.0	
12×55×20	68.65	14.1		15.8		17.6	
12×60×20	63.84	15.4		17.3		19.2	
12×65×20	57.86	16.6		18.7		20.8	
12×70×20	54.72	17.9		20.2		22.4	
12×75×20	50.01	19.2		21.6		24.0	

（续）

规格 D_2/mm × D_1/mm × H_0/mm	刚度 p'/(N/mm)	工作范围				工作极限	
		F_1/mm	P_1/N	F_2/mm	P_2/N	F_1/mm	P_1/N
12 × 80 × 20	47.86	20.5	980.7	23.0	109.3	25.6	1225.8
12 × 90 × 20	42.56	23		25.9		28.8	
12 × 100 × 20	38.25	25.6		28.8		32.0	
12 × 125 × 20	30.6	32.0		36.0		40.0	
12 × 150 × 20	25.5	38.4		43.2		48.0	
27 × 13.5 × 25	177.5	6.4	1147	7.2	1284.7	8.0	1431.8
12 × 30 × 20	149.1	7.7		8.6		9.6	
12 × 35 × 20	128.5	9.0		10.1		11.2	
12 × 40 × 20	111.8	10.2		11.5		12.8	
12 × 45 × 20	98.1	11.5		13.0		14.4	
12 × 50 × 20	89.44	12.8		14.4		16.0	
12 × 55 × 20	80.41	14.1		15.8		17.6	
12 × 60 × 20	74.53	15.4		17.3		19.2	
12 × 65 × 20	68.65	16.6		18.7		20.8	
12 × 70 × 20	63.84	17.9		20.2		22.4	
12 × 75 × 20	58.84	19.2		21.6		24.0	
12 × 80 × 20	55.9	20.5		23.0		25.6	
12 × 90 × 20	49.62	23		25.9		28.8	
12 × 100 × 20	44.72	25.6		28.8		32.0	
12 × 125 × 20	35.79	32.0		36.0		40.0	
12 × 150 × 20	29.81	38.4		43.2		48.0	
30 × 15 × 25	281.7	6.4	1412.2	7.2	1578.9	8.0	1756.2
12 × 30 × 20	183.9	7.7		8.6		9.6	
12 × 35 × 20	157.9	9.0		10.1		11.2	
12 × 40 × 20	137.9	10.2		11.5		12.8	
12 × 45 × 20	120.6	11.5		13.0		14.4	
12 × 50 × 20	110.3	12.8		14.4		16.0	
12 × 55 × 20	99.05	14.1		15.8		17.6	
12 × 60 × 20	91.89	15.4		17.3		19.2	
12 × 65 × 20	84.34	16.6		18.7		20.8	
12 × 70 × 20	78.75	17.9		20.2		22.4	
12 × 75 × 20	72.57	19.2		21.6		24.0	
12 × 80 × 20	68.94	20.5		23.0		25.6	
12 × 90 × 20	61.29	23		25.9		28.8	

（续）

规格 D_2/mm × D_1/mm × H_0/mm	刚度 p'/（N/mm）	工作范围				工作极限	
		F_1/mm	P_1/N	F_2/mm	P_2/N	F_1/mm	P_1/N
12×100×20	55.11	25.6	1412.2	28.8	1578.9	32.0	1765.2
12×125×20	44.13	32.0		36.0		40.0	
12×150×20	36.77	38.4		43.2		48.0	

注：以上资料由上海艾艾弹簧有限公司（原诸暨弹簧总厂）、上海忠宝模具弹簧有限公司提供。

四、模具常用螺钉与销

冷冲模零件的联接和紧固常用内六角圆柱头螺钉和沉头螺钉，见表3-30和表3-31。零件的定位常用圆柱销见表3-32。表3-33为内六角圆柱头螺栓。表3-34为内六角圆柱头螺栓长度系列表。表3-35为螺纹底孔孔径表。表3-36为钻孔尺寸。

表3-30　内六角圆柱头螺钉　（单位：mm）

螺纹			M4	M5	M6	M8	M10	M12	M16	M20
P[1]			0.7	0.8	1	1.25	1.5	1.75	2	2.5
$b_{参考}$			20	22	24	28	32	36	44	52
d_k	max	3)	7.00	8.50	10.00	13.00	16.00	18.00	24.00	30.00
		4)	7.22	8.72	10.22	13.27	16.27	18.27	24.33	30.33
	min		6.78	8.28	9.78	12.73	15.73	17.73	23.67	29.67
d_a	max		4.7	5.7	6.8	9.2	11.2	13.7	17.7	22.4
d_s	max		4.00	5.00	6.00	8.00	10.00	12.00	16.00	20.00
	min		3.82	4.82	5.82	7.78	9.78	11,73	15.73	19.67
e	min[5]		3.44	4.58	5.72	6.86	9.15	11.43	16	19.44
l_f	max		0.6	0.6	0.68	1.02	1.02	1.45	1.45	2.04
k	max		4.00	5.00	6.0	8.00	10.00	12.00	16.00	20.00
	min		3.82	4.82	5.7	7.64	9.64	11.57	15.57	19.48
r	min		0.2	0.2	0.25	0.4	0.4	0.6	0.6	0.8
S	公称		3	4	5	6	8	10	14	17
	max	6)	3.071	4.084	5.084	6.095	8.115	10.115	14.142	17.23
		7)	3.080	4.095	5.140	6.140	8.175	10.175	14.212	
	min		3.020	4.020	5.020	6.020	8.025	10.025	14.032	17.05
t	min		2	2.5	3	4	5	6	8	10
v	max		0.4	0.5	0.6	0.8	1	1.2	1.6	2
d_w	min		6.53	8.03	9.38	12.33	15.33	17.23	23.17	28.87
w	min		1.4	1.9	2.3	3.3	4	4.8	6.8	8.6

（续）

螺纹	M4	M5	M6	M8	M10	M12	M16	M20
L（长度系列）	6,8,10 12,16, 20,25, 30,35, 40	8,10, 12,16, 20,25, 30,35, 40,45, 50	10,12, 16,20, 25,30, 35,40, 45,50, 55,60	12,16, 20,25, 30,35, 40,45, 50,55, 60,65, 70,80	16,20, 25,30, 35,40, 45,50, 55,60, 65,70, 80,90, 100	20,25, 30,35, 40,45, 50,55, 60,65, 70,80, 90,100, 110,120	25,30, 35,40, 45,50, 55,60, 65,70, 80,90, 100,110, 120,130, 140,150, 160	25,30, 35,40, 45,50, 55,60, 65,70, 80,90, 100,110, 120,130, 140,150, 160,180, 200

注：1. *P*：螺距。
　　2. 标准：GB/T 70.1—2008。
　　3. 材料：35 钢。

表 3-31　开槽沉头螺钉　　（单位：mm）

螺纹规格 *d*			M4	M5	M6	M8	M10
p[1]			0.7	0.8	1	1.25	1.5
a	max		1.4	1.6	2	2.5	3
b	min		38	38	38	38	38
d_k[2]	理论值 max		9.4	10.4	12.6	17.3	20
	实际值	公称 = max	8.40	9.30	11.30	15.80	18.30
		min	8.04	8.94	10.87	15.37	17.78
K[2]	公称 = max		2.7	2.7	3.3	4.65	5
n	公称		1.2	1.2	1.6	2	2.5
	max		1.51	1.51	1.91	2.31	2.81
	min		1.26	1.26	1.66	2.06	2.56
r	max		1	1.3	1.5	2	2.5
t	max		1.3	1.4	1.6	2.3	2.6
	min		1.0	1.1	1.2	1.8	2.0
x	max		1.75	2	2.5	3.2	3.8
L（长度系列）			6,8,10, 12,16,20, 25,30,35, 40	8,10,12, 16,20,25, 30,35,40, 45,50	8,10,12, 16,20,25, 30,35,40, 45,50,60	10,12,16, 20,25,30, 35,40,45, 50,60,70, 80	12,16,20, 25,30,35, 40,45,50, 60,70,80

注：1. 标准：摘自 GB/T 68—2000。
　　2. 材料：Q235。

表 3-32 圆柱销 （单位：mm）

d	2	2.5	3	4	5	6	8	10	12	16
c	0.35	0.4	0.5	0.63	0.8	1.2	1.6	2	2.5	3
l 的范围	5～20	5～24	6～30	6～40	8～50	10～60	12～80	16～95	20～140	24～180
l 的系列	5,6,8,10,12,14,16,18,20,22,24,26,28,30,32,35,40,45,50,55,60,65,70,75,80,85,90,95,100,120,140,160,180,200									
标注方法	销 GB/T 119.1(d)×(公差等级)×(公称长度)									

注：1. 标准：摘自 GB/T 119.1—2000。
2. 材料：Q235、35、45 钢。

表 3-33 内六角圆柱头螺栓

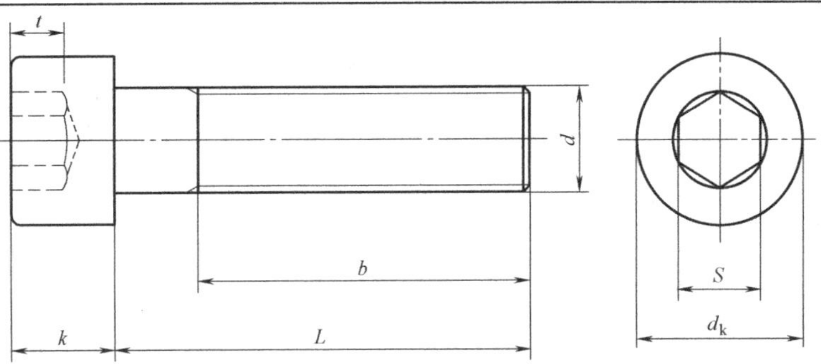

（单位：mm）

公称直径 d	螺距 P	b	d_k max	d_k min	k max	k min	s max	s min	t min
M1.4	0.3	14	2.74	2.46	1.4	1.26	1.36	1.32	0.6
M1.6	0.35	15	3.14	2.86	1.6	1.46	1.56	1.52	0.7
M2	0.4	16	3.98	3.62	2	1.86	1.56	1.52	1
M2.5	0.45	17	4.68	4.32	2.5	2.36	2.06	2.02	1.1
M3	0.5	18	5.68	5.32	3	2.86	2.58	2.52	1.3
M4	0.7	20	7.22	6.78	4	3.82	3.08	3.02	2
M5	0.8	22	8.72	8.28	5	4.82	4.095	4.02	2.5
M6	1	24	10.22	9.78	6	5.7	5.14	5.02	3
M8	1.25/1	28	13.27	12.73	8	7.64	6.14	6.02	4
M10	1.5/1.25/1	32	16.27	15.73	10	9.64	8.175	8.025	5
M12	1.75/1.5/1.25	36	18.27	17.73	12	11.57	10.18	10.025	6
M14	2/1.5	40	21.33	20.67	14	12.57	12.21	12.032	7
M16	2/1.5	44	24.33	23.67	16	15.57	14.21	14.032	8
M18	2.5/2/1.5	48	27.33	26.67	18	17.57	14.21	14.032	9
M20	2.5/2/1.5	52	30.33	29.67	20	19.48	17.23	17.05	10
M22	2.5/2/1.5	56	33.39	32.61	22	21.48	17.23	17.05	11
M24	3/2	60	36.39	35.61	24	23.48	19.28	19.065	12
M27	3/2	66	40.39	39.61	27	26.48	19.28	19.065	13.5

（续）

公称直径 d	螺距 P	b	d_k		k		s		t
			max	min	max	min	max	min	min
M30	3. 5/2	72	45. 39	44. 61	30	29. 48	22. 28	22. 065	15. 5
M33	3. 52	78	50. 39	49. 61	33	32. 38	24. 28	24. 065	18
M36	4/3	84	54. 46	53. 54	36	35. 38	27. 28	27. 065	19
M42	4. 5/3	96	63. 46	62. 54	42	41. 38	32. 33	32. 08	24
M48	5/3	108	72. 46	71. 54	48	47. 38	36. 33	36. 08	28
M56	5. 5/4	124	84. 54	83. 46	56	56. 26	41. 33	41. 08	34
M64	6/4	140	96. 54	95. 46	64	63. 26	46. 33	46. 08	38

表 3-34 内六角圆柱头螺栓长度序列表 （单位：mm）

螺纹直径	M3	M4	M5	M6	M8	M10	M12	M16	M20	M24
长度 L										
5	—	—	—							
6	—	—	—	—						
8	—	—	—	—	—					
10	—	—	—	—	—	—				
12	—	—	—	—	—	—				
14	—	—	—	—	—					
15	—	—	—	—	—	—	—			
16	—	—	—	—	—					
18	—	—	—	—	—					
20	—	—	—	—	—	—	—	—		
22	—	—	—	—	—	—	—	—		
25	—	—	—	—	—	—	—	—		
30	—	—	—	—	—	—	—	—		
35	—	—	—	—	—	—	—	—		
40	—	—	—	—	—	—	—	—	—	
45	—	—	—	—	—	—	—	—	—	
50	—	—	—	—	—	—	—	—	—	—
55	—	—	—	—	—	—	—	—	—	
60	—	—	—	—	—	—	—	—	—	—
65	—	—	—	—	—	—	—	—	—	
70		—	—	—	—	—	—	—	—	—
75		—	—	—	—	—	—	—	—	
80			—	—	—	—	—	—	—	—
85			—	—	—	—	—	—	—	
90			—	—	—	—	—	—	—	—
95			—	—	—	—	—	—	—	
100			—	—	—	—	—	—	—	—
110			—	—	—	—	—	—	—	—

（续）

螺纹直径	M3	M4	M5	M6	M8	M10	M12	M16	M20	M24
120			—	—	—	—	—	—	—	—
130			—	—	—	—	—	—	—	—
140			—	—	—	—	—	—	—	—
150				—	—	—	—	—	—	—
160					—	—	—	—	—	
170						—	—	—	—	
180						—	—	—	—	
190						—	—	—	—	
200					—	—	—	—	—	
210						—	—	—	—	
220							—	—	—	
230							—	—	—	
240							—	—	—	
250							—	—	—	
260							—	—		
270							—	—		
280							—	—		
290							—	—		
300								—		
310								—		
320								—		

表 3-35　螺纹底孔孔径表　（单位：mm）

米制规格	粗牙螺距	细牙螺距	最大外径
M2	0.4	0.25	1.98/2.0
M2.2	0.45	0.25	2.18/2.2
M2.5	0.45	0.35	2.48/2.5
M3	0.5	0.35	2.98/3.0
M3.5	0.6	0.35	3.47/3.0
M4	0.7	0.5	3.97/3.98
M4.5	0.75	0.5	4.47/4.48
M5	0.8	0.5	4.97/4.98
M6	1	0.75	5.97/5.98
M8	1.25	0.75/1	7.96/7.97
M10	1.5	0.75/1	9.96/9.97
M12	1.75	1.25/1.5	11.95/11.97
M14	2	1/1.25/1.5	13.98/13.97
M16	2	1/1.5	15.95/15.97
M18	2.5	1.5/2	17.95/17.96
M20	2.5	1/1.5/2	19.95/19.96

表 3-36 钻孔

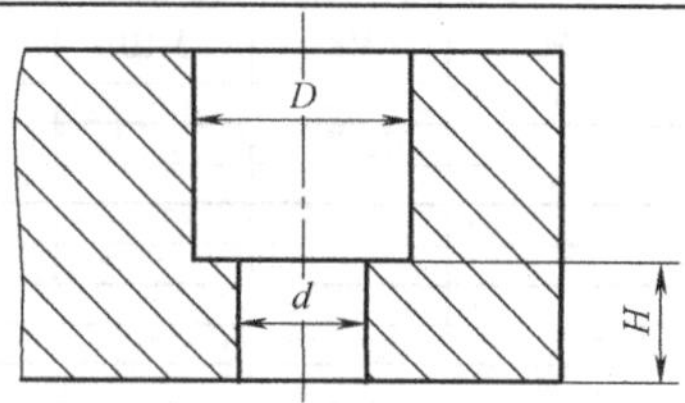

（单位:mm）

通过孔尺寸	螺钉									
	M3	M4	M5	M6	M8	M10	M12	M16	M20	M24
d	3.5	4.5	6	7	9	11	13.5	17.5	22	26
D	6.5	8	10	11	14	17	20	26	32	38
L	4	5	6	7	9	11	13	17	22	26
H_{min}	2	2	2.5	3	4	5	6	8	10	12

五、模具上有关螺钉孔的尺寸

1）螺钉通过孔的尺寸，见表3-37。表3-38 为球头罗塞。表3-39 为卸料螺钉孔的尺寸。表3-40 为内六角螺塞。

表 3-37 内六角螺钉通过孔尺寸 （单位：mm）

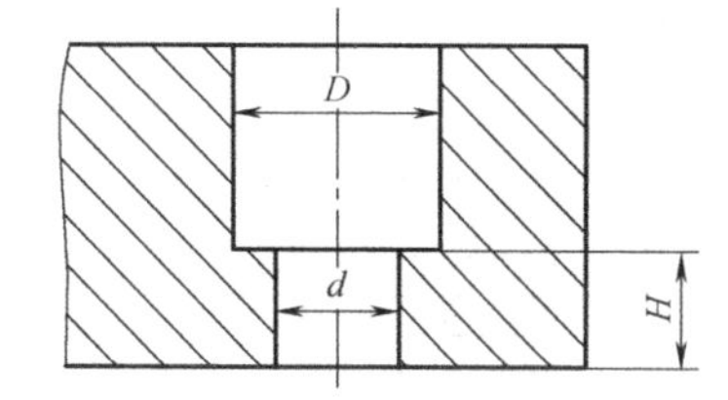

通过孔尺寸	螺钉						
	M6	M8	M10	M12	M16	M20	M24
d	7	9	11.5	13.5	17.5	21.5	25.5
D	11	13.5	16.5	19.5	25.5	31.5	37.5
H_{min}	3	4	5	6	8	10	12
H_{max}	25	35	45	55	75	85	95

表 3-38 球头螺塞 （单位：mm）

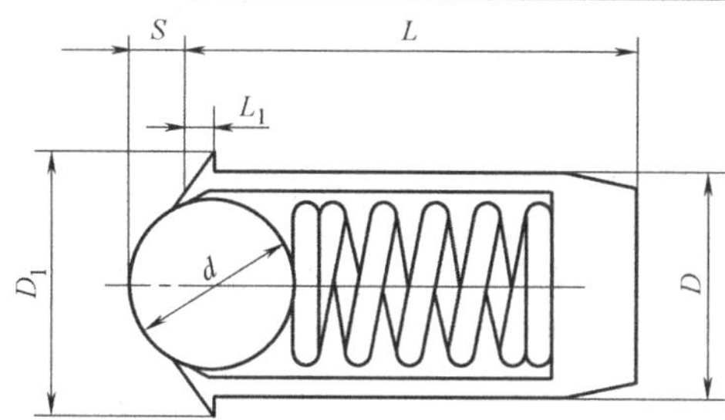

参数对照表

D	L	D_1	s	d	L_1	弹力/N					
						1H		2H		3H	
						MIN	MAX	MIN	MAX	MIN	MAX
3.18	6.4	4.75	0.89	2.39	0.8	1.8	5.9	3.4	12	9	22
4.78	10	6.35	1.47	4	1	4.5	11.3	9	22	18	44
6.35	12	7.9	1.78	4.75	1.15	6.8	15.8	13.5	30	27	58
7.9	16	9.5	2.29	6.35	1.15	9	22.5	18	45	36	72
9.5	20	12.7	2.8	7.9	2	11.3	31.5	22.5	62	45	81
12.7	28	17.5	41	11	2.8	18	40.5	36	80	72	105

2）螺钉旋进的最小深度，窝座最小深度以及柱销配合长度如图 3-13 所示。

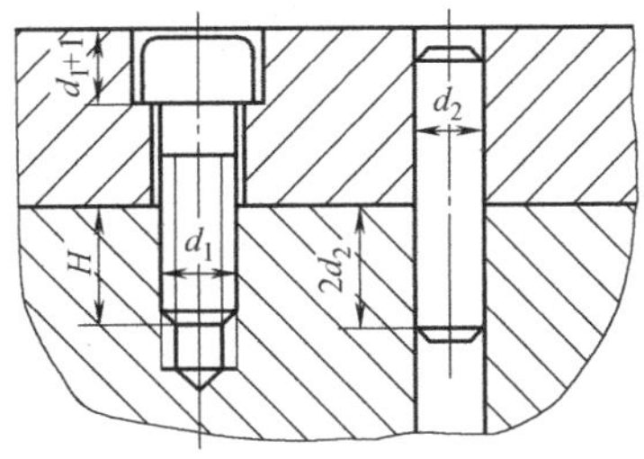

图 3-13　配合图

攻螺纹前钻孔直径

1）当螺距 $t<1$mm 时　　　$d_0=d_M-t$

2）当螺距 $t>1$mm 时　　　$d_0=d_M-(1.04\sim1.06)\ t$

式中　d_0——钻孔直径（mm）；

d_M——螺纹公称直径（mm）。

3）装配卸料螺钉用的尺寸见表 3-39。

表 3-39　卸料螺钉孔的尺寸　（单位：mm）

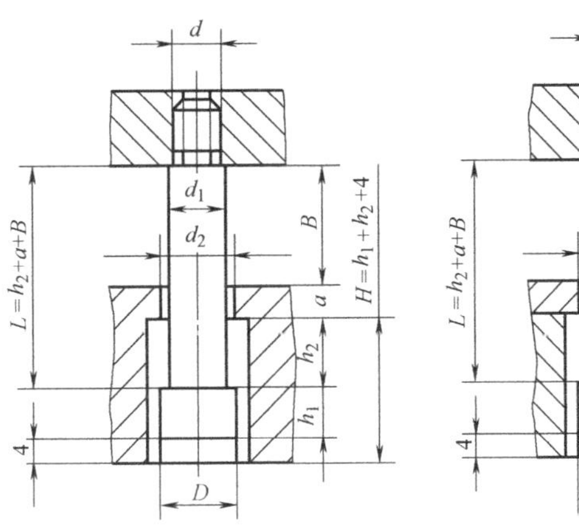

d	d_1	d_2	D	h_1	
				圆柱头螺钉	内六角圆柱头螺钉
M4	6	6.5	9	3.5	4
M6	8	8.5	12	5	6
M8	10	10.5	14.5	6	8
M10	12	13	17	7	10
M12	14	15	20	8	12

注：$a_{min}=\frac{1}{2}d_1$，使用垫板时 a = 垫板厚度。

在扩孔情况下 $H=h_1+h_2+4$，如使用垫板时可全部打通。

h_2——卸料板行程

B——弹簧(橡皮)压缩后的高度

表 3-40 内六角螺塞

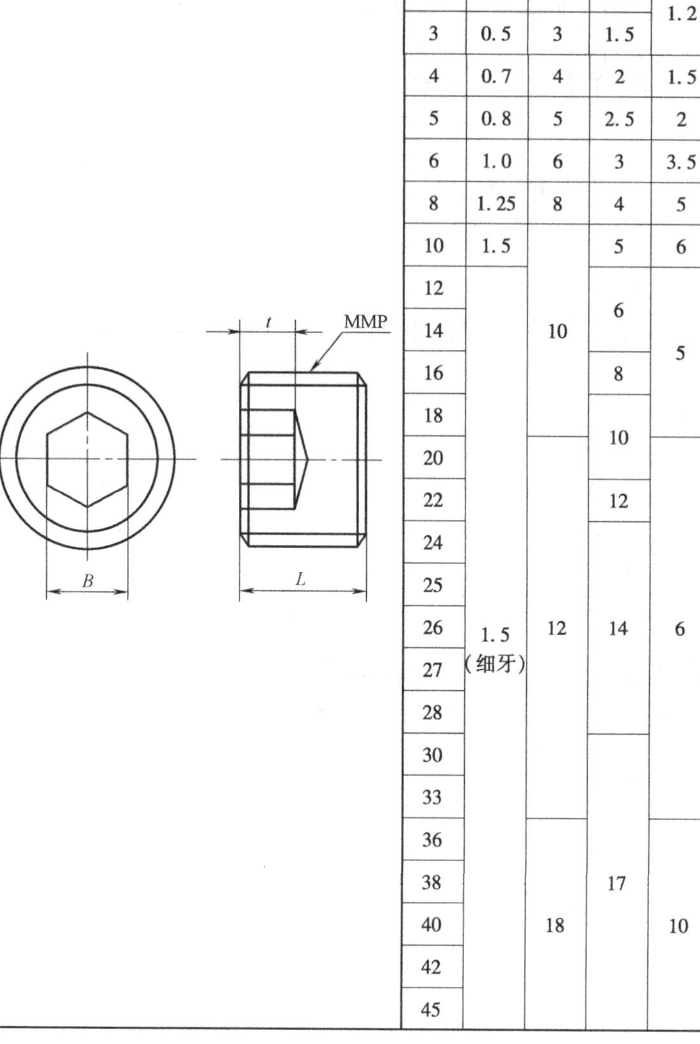

■标准型

<table>
<tr><th>MMP</th><th>L</th><th></th><th>B</th><th>t</th></tr>
<tr><td>2. 5</td><td>0. 45</td><td>3</td><td>1. 3</td><td rowspan="2">1. 2</td></tr>
<tr><td>3</td><td>0. 5</td><td>3</td><td>1. 5</td></tr>
<tr><td>4</td><td>0. 7</td><td>4</td><td>2</td><td>1. 5</td></tr>
<tr><td>5</td><td>0. 8</td><td>5</td><td>2. 5</td><td>2</td></tr>
<tr><td>6</td><td>1. 0</td><td>6</td><td>3</td><td>3. 5</td></tr>
<tr><td>8</td><td>1. 25</td><td>8</td><td>4</td><td>5</td></tr>
<tr><td>10</td><td>1. 5</td><td rowspan="5">10</td><td>5</td><td>6</td></tr>
<tr><td>12</td><td rowspan="18">1. 5
(细牙)</td><td rowspan="2">6</td><td rowspan="4">5</td></tr>
<tr><td>14</td></tr>
<tr><td>16</td><td>8</td></tr>
<tr><td>18</td><td rowspan="2">10</td></tr>
<tr><td>20</td><td rowspan="9">12</td><td rowspan="9">6</td></tr>
<tr><td>22</td><td>12</td></tr>
<tr><td>24</td><td rowspan="5">14</td></tr>
<tr><td>25</td></tr>
<tr><td>26</td></tr>
<tr><td>27</td></tr>
<tr><td>28</td></tr>
<tr><td>30</td><td rowspan="7">17</td></tr>
<tr><td>33</td></tr>
<tr><td>36</td><td rowspan="5">18</td><td rowspan="5">10</td></tr>
<tr><td>38</td></tr>
<tr><td>40</td></tr>
<tr><td>42</td></tr>
<tr><td>45</td></tr>
</table>

■全长短型

<table>
<tr><th>MMP</th><th>L</th><th></th><th>B</th><th>t</th></tr>
<tr><td>8</td><td>1. 25</td><td rowspan="6">6</td><td>4</td><td rowspan="6">3</td></tr>
<tr><td>10</td><td>1. 5</td><td>5</td></tr>
<tr><td>12</td><td rowspan="13">1. 5
(细牙)</td><td rowspan="2">6</td></tr>
<tr><td>14</td></tr>
<tr><td>16</td><td>8</td></tr>
<tr><td>18</td><td rowspan="2">10</td></tr>
<tr><td>20</td><td rowspan="9">8</td><td rowspan="9">4</td></tr>
<tr><td>22</td><td>12</td></tr>
<tr><td>24</td><td rowspan="5">14</td></tr>
<tr><td>25</td></tr>
<tr><td>26</td></tr>
<tr><td>27</td></tr>
<tr><td>28</td></tr>
<tr><td>30</td><td rowspan="2">17</td></tr>
<tr><td>33</td></tr>
</table>

第四章 冷冲模设计资料

一、冲压常用金属材料的规格和性能

冷冲压常用的金属材料以钢铁板材为主，此外还有非铁金属材料和其他非金属材料。表4-1至表4-10列出了常用金属板材的规格和主要性能指标，供设计时选用。

表4-1 冷轧钢板的尺寸 （单位：mm）

标称厚度	钢板宽度																			
	600	650	700	(710)	750	800	850	900	950	1000	1100	1250	1400	(1420)	1500	1600	1700	1800	1900	2000
0.20 0.25 0.30 0.35 0.40 0.45	1200~2500	1300~2500	1400~2500	1400~2500	1500~2500	1500~2500	1500~2500	1500~3000	1500~3000	1500~3000	1500~3000	—	—	—	—	—	—	—	—	—
0.56 0.60 0.65	1200~2500	1300~2500	1400~2500	1400~2500	1500~2500	1500~2500	1500~2500	1500~3000	1500~3000	1500~3000	1500~3000	1500~3500	—	—	—	—	—	—	—	—
0.70 0.75	1200~2500	1300~2500	1400~2500	1400~2500	1500~2500	1500~2500	1500~2500	1500~3000	1500~3000	1500~3000	1500~3000	1500~3500	2000~4000	2000~4000	—	—	—	—	—	
0.80 0.90 1.00	1200~3000	1300~3000	1400~3000	1400~3000	1500~3000	1500~3000,	1500~3000	1500~3500	1500~3500	1500~3500	1500~3500	1500~4000	2000 4000	2000~4000	2000~4000	—	—	—	—	—
1.1 1.2 1.3	1200~3000	1300~3000	1400~3000	1400~3000	1500~3000	1500~3000	1500~3000	1500~3500	1500~3500	1500~3500	1500~3500	1500~4000	2000~4000	2000~4000	2000~4000	2000~4000	2000~4200	2000~4200	—	—
1.4 1.5 1.6 1.7 1.8 2.0	1200~3000	1300~3000	1400~3000	1400~3000	1500~3000	1500~3000	1500~3000	1500~3000	1500~3000	1500~4000	1500~4000	1500~6000	2000~6000	2000~6000	2000~6000	2000~6000	2000~6000	2500~6000	—	—

（续）

标称厚度	钢板宽度																			
	600	650	700	(710)	750	800	850	900	950	1000	1100	1250	1400	(1420)	1500	1600	1700	1800	1900	2000
2.2 2.5	1200 ~ 3000	1300 ~ 3000	1400 ~ 3000	1400 ~ 3000	1500 ~ 3000	1500 ~ 3000	1500 ~ 3000	1500 ~ 3000	1500 ~ 3000	1500 ~ 4000	1500 ~ 4000	2000 ~ 6000	2000 ~ 6000	2000 ~ 6000	2000 ~ 6000	2000 ~ 6000	2500 ~ 6000	2500 ~ 6000	2500 ~ 6000	2500 ~ 6000
2.8 3.0 3.2	1200 ~ 3000	1300 ~ 3000	1400 ~ 3000	1400 ~ 3000	1500 ~ 3000	1500 ~ 3000	1500 ~ 3000	1500 ~ 3000	1500 ~ 3000	1500 ~ 4000	1500 ~ 4000	2000 ~ 6000	2000 ~ 6000	2000 ~ 6000	2000 ~ 6000	2000 ~ 2750	2500 ~ 2750	2500 ~ 2700	2500 ~ 2700	2500 ~ 2700
3.5 3.8 3.9	—	—	—	—	—	—	—	—	—	—	—	2000 ~ 4500	2000 ~ 4500	2000 ~ 4500	2000 ~ 4750	2000 ~ 2750	2500 ~ 2750	2500 ~ 2700	2500 ~ 2700	2500 ~ 2700
4.0 4.2 4.5	—	—	—	—	—	—	—	—	—	—	—	2000 ~ 4500	2000 ~ 4500	2000 ~ 4500	2000 ~ 4500	1500 ~ 2500	1500 ~ 2500	1500 ~ 2500	1500 ~ 2500	1500 ~ 2500
4.8 5.0	—	—	—	—	—	—	—	—	—	—	—	2000 ~ 4500	2000 ~ 4500	2000 ~ 4500	2000 ~ 4500	1500 ~ 2300	1500 ~ 2300	1500 ~ 2300	1500 ~ 2300	1500 ~ 2300

注：摘自 GB/T 708—2006。冷轧钢板和钢带的尺寸、外形、重量及允许偏差。

表 4-2　冷轧钢板厚度偏差　　（单位：mm）

标称厚度 \ 标称宽度	厚度允许偏差			
	A 级精度		B 级精度	
	≤1500	1500～2000	≤1500	1500～2000
0.20～0.50	±0.04	—	±0.05	—
0.50～0.65	±0.05	—	±0.06	—
0.65～0.90	±0.06	—	±0.07	—
0.90～1.10	±0.07	±0.09	±0.09	±0.11
1.10～1.20	±0.09	±0.10	±0.10	±0.12
1.20～1.4	±0.10	±0.12	±0.11	±0.14
1.4～1.5	±0.11	±0.13	±0.12	±0.15
1.5～1.8	±0.12	±0.14	±0.14	±0.16
1.8～2.0	±0.13	±0.15	±0.15	±0.17
2.0～2.5	±0.14	±0.17	±0.16	±0.18
2.5～3.0	±0.16	±0.19	±0.18	±0.20
3.0～3.5	±0.18	±0.20	±0.20	±0.21
3.5～4.0	±0.19	±0.21	±0.22	±0.24
4.0～5.0	±0.20	±0.22	±0.23	±0.25

注：摘自 GB/T 708—2006。

表 4-3　拉深用钢力学性能　（单位：mm）

钢　种	拉深级别							
	Z	S 和 P	Z	S	P	Z	S	P
	抗拉强度 R_m/MPa		伸长率 $A_{11.3}$(%)不小于					
			冷轧钢板			热轧钢板		
08F	275～365	275－380	31	32	30	30	29	27
08 08Al 10F	275～390	275～410	32	30	28	28	27	25
10	295～410	295～430	30	29	28	27	26	24
15F	315～430	315～450	29	28	27	27	26	24
15 15Al 20F	335～450	335～470	27	26	25	26	25	24
20	355～490	355～500	26	25	24	25	24	24
25	—	390～540	—	24	23	—	23	22
30	—	440～590	—	22	21	—	21	20
35	—	490～635	—	20	19	—	19	18
40	—	510～650	—	—	18	—	—	17
45	—	540～685	—	—	16	—	—	15
50	—	540～715	—	—	14	—	—	13

注：摘自 GB/T 710—2008 优质碳素结构钢热轧薄钢板和钢带。

表 4-4　碳素钢冷轧钢带的厚度与宽度公差　（单位：mm）

材料厚度 t	材料厚度公差		钢带宽度	宽度公差			
				切边钢带		不切边钢带	
	普通	较高		普通精度	较高精度	尺寸	允许偏差
0.05、0.06、0.08	－0.020	－0.015	5、10、…、100(间隔 5)	－0.3	－0.2	≤50	+2 －1
0.10、0.15			5、10、…、150 (间隔 5)、160、 170、180、190、 200				
0.20、0.25	－0.030	－0.020					
0.30、0.35、0.40	－0.040	－0.030					
0.45、0.50	－0.050	－0.040					
0.55、0.60、0.65、0.70				－0.4	－0.3		
0.75、0.80	－0.070	－0.050	30、35、…、150 (间隔 5)、160、 170、180、190、 200				
0.85、0.90、0.95							
1.00	－0.090	－0.060				>50	+3 －2
1.05、1.10、1.15、1.20 1.25、1.30、1.35				－0.6	－0.4		
1.40、1.45、1.50	－0.110	－0.080					
1.60、1.70、1.75			50、55、…、150 (间隔 5)、160、 170、180、190、 200				
1.80、1.90、2.00 2.10、2.20、2.30	－0.130	－0.100					
2.40、2.50、2.60 2.70、2.80、2.90、3.00	－0.160	－0.120					

注：摘自 GB 716—1991。

表 4-5　优质碳素结构钢冷轧钢带尺寸　　　　（单位：mm）

<table>
<tr><th colspan="4">钢 带 厚 度</th><th colspan="5">钢 带 宽 度</th></tr>
<tr><th rowspan="3">尺寸</th><th colspan="3">允许偏差</th><th colspan="3">切边钢带</th><th colspan="2">不切边钢带</th></tr>
<tr><th rowspan="2">普通精度(P)</th><th rowspan="2">较高精度(H)</th><th rowspan="2">高精度(J)</th><th rowspan="2">尺寸</th><th colspan="2">允许偏差</th><th rowspan="2">尺寸</th><th rowspan="2">允许偏差</th></tr>
<tr><th>普能精度(P)</th><th>较高精度(K)</th></tr>
<tr><td>0.10～0.15</td><td>-0.020</td><td>-0.015</td><td>-0.010</td><td rowspan="2">4～120</td><td rowspan="4">-0.3</td><td rowspan="4">-0.2</td><td rowspan="5">≤50</td><td rowspan="5">+2
-1</td></tr>
<tr><td>0.15～0.25</td><td>-0.030</td><td>-0.020</td><td>-0.015</td></tr>
<tr><td>0.25～0.40</td><td>-0.040</td><td>-0.030</td><td>-0.020</td><td rowspan="2">6～200</td></tr>
<tr><td>0.40～0.50</td><td rowspan="2">-0.050</td><td rowspan="2">-0.040</td><td rowspan="2">-0.025</td></tr>
<tr><td>0.50～0.70</td><td rowspan="4">10～200</td><td rowspan="4">-0.4</td><td rowspan="4">-0.3</td></tr>
<tr><td>0.70～0.95</td><td>-0.070</td><td>-0.050</td><td>-0.030</td><td rowspan="7">>50</td><td rowspan="7">+3
-2</td></tr>
<tr><td>0.95～1.00</td><td rowspan="2">-0.090</td><td rowspan="2">-0.060</td><td rowspan="2">-0.040</td></tr>
<tr><td>1.00～1.35</td></tr>
<tr><td>1.35～1.75</td><td>-0.110</td><td>-0.080</td><td>-0.050</td><td rowspan="4">18～200</td><td rowspan="4">-0.6</td><td rowspan="4">-0.4</td></tr>
<tr><td>1.75～2.30</td><td>-0.130</td><td>-0.100</td><td>-0.060</td></tr>
<tr><td>2.30～3.00</td><td>-0.160</td><td>-0.120</td><td>-0.080</td></tr>
<tr><td>3.00～4.00</td><td>-0.200</td><td>-0.160</td><td>-0.100</td></tr>
</table>

注：1. 钢带采用15、20、25、30、35、40、45、50、55、60、65、70号钢轧制。
2. 摘自GB 3522—1983优质碳素结构钢冷轧钢带。

表 4-6　冷轧黄铜板的厚度、宽度、长度极限偏差　　　　（单位：mm）

<table>
<tr><th rowspan="3">厚　度</th><th colspan="2">厚 度 偏 差</th><th rowspan="3">宽度长度偏差</th></tr>
<tr><th colspan="2">宽度×长度</th></tr>
<tr><th>600×1500</th><th>710×1410</th></tr>
<tr><td>0.40</td><td rowspan="3">-0.07</td><td rowspan="3">-0.09</td><td rowspan="21">宽度偏差为：-10
长度偏差为：-15</td></tr>
<tr><td>0.45</td></tr>
<tr><td>0.50</td></tr>
<tr><td>0.60</td><td rowspan="2">-0.08</td><td rowspan="3">-0.10</td></tr>
<tr><td>0.70</td></tr>
<tr><td>0.80</td><td rowspan="2">-0.10</td></tr>
<tr><td>0.90</td><td rowspan="3">-0.12</td></tr>
<tr><td>1.00</td><td rowspan="2">-0.12</td></tr>
<tr><td>1.10</td></tr>
<tr><td>1.20</td><td rowspan="2">-0.14</td><td rowspan="2">-0.14</td></tr>
<tr><td>1.35</td></tr>
<tr><td>1.50</td><td rowspan="3">-0.16</td><td rowspan="3">-0.16</td></tr>
<tr><td>1.65</td></tr>
<tr><td>1.80</td></tr>
<tr><td>2.00</td><td rowspan="3">-0.18</td><td rowspan="2">-0.18</td></tr>
<tr><td>2.25</td></tr>
<tr><td>2.50</td><td rowspan="4">-0.21</td></tr>
<tr><td>2.75</td><td rowspan="2">-0.20</td></tr>
<tr><td>3.00</td></tr>
<tr><td>3.50</td><td rowspan="2">-0.23</td></tr>
<tr><td>4.00</td><td>-0.24</td></tr>
</table>

表 4-7　铝板、铝合金板的厚度及宽度偏差　（单位：mm）

板料厚度	板料宽度								宽度偏差
	400 500	600	800	1000	1200	1400	1500	2000	
	厚度偏差								
0.30	-0.05								宽度≤1000 时为 +5 -3 宽度>1000 时为 +10 -5
0.40	-0.05								
0.50	-0.05	-0.05	-0.08	-0.10	-0.12				
0.60	-0.05	-0.06	-0.10	-0.12	-0.12				
0.80	-0.08	-0.08	-0.12	-0.12	-0.13	-0.14	-0.14		
1.00	-0.10	-0.10	-0.15	-0.15	-0.16	-0.17	-0.17		
1.20	-0.10	-0.10	-0.15	-0.15	-0.16	-0.17	-0.17		
1.50	-0.15	-0.15	-0.20	-0.20	-0.22	-0.25	-0.25	-0.27	
1.80	-0.15	-0.15	-0.20	-0.20	-0.22	-0.25	-0.25	-0.27	
2.00	-0.15	-0.15	-0.20	-0.20	-0.24	-0.26	-0.26	-0.28	
2.50	-0.20	-0.20	-0.25	-0.25	-0.28	-0.29	-0.29	-0.30	
3.00	-0.25	-0.25	-0.30	-0.30	-0.33	-0.34	-0.34	-0.35	

表 4-8　深拉深冷轧薄钢板杯突试验的冲压深度　（单位：mm）

钢板厚度	钢号及拉深级别							
	08Al			08Al,08,08F,10F			15Al,10,15,20,15F,20	
	ZF	HF	F	Z	S	P	Z	S
	冲压深度不小于							
0.5	—	—	—	9.0	8.4	8.0	8.0	7.6
0.6	—	—	—	9.4	8.9	8.5	8.4	7.8
0.7	—	—	—	9.7	9.2	8.9	8.6	8.0
0.8	10.6	10.5	10.3	10.0	9.5	9.3	8.8	8.2
0.9	10.8	10.7	10.5	10.3	9.9	9.6	9.0	8.4
1.0	11.2	10.8	10.7	10.5	10.1	9.9	9.2	8.6
1.1	11.3	11.0	10.9	10.8	10.4	10.2	—	—
1.2	11.5	11.2	11.1	11.0	10.6	10.4	—	—
1.3	11.7	11.3	11.3	11.2	10.8	10.6	—	—
1.4	11.8	11.4	11.4	11.3	11.0	10.8	—	—
1.5	12.0	11.6	11.5	11.5	11.2	11.0	—	—
1.6	—	11.8	11.7	11.6	11.4	11.2	—	—
1.7	—	12.0	11.9	11.8	11.6	11.4	—	—
1.8	—	12.1	12.0	11.9	11.7	11.5	—	—
1.9	—	12.2	12.1	12.0	11.8	11.7	—	—
2.0	—	12.3	12.2	12.1	11.9	11.8	—	—

表 4-9 一些材料的 A 与 n 值

材料牌号	A	n
3A21	17.7	0.21
2A12M	24.6	0.13
20	63.7	0.18
30CrMnSi	92.4	0.14
1Cr18Ni9Ti	134.0	0.34

注：n 为硬化指数，A 为系数。

表 4-10 常用冲压材料的力学性能

材料名称	牌号	材料状态	力学性能				
			τ/MPa	R_m/MPa	R_{eL}/MPa	$A_{11.3}$(%)	E/GPa
工业纯铁	DT1、DT2、DT3	已退火	177	225		26	
电工硅钢	D11、D12、D21 D31、D32 D41～D43	退火	441				
		未退火	549				
碳素结构钢	Q195	未经退火	255～314	314～392	195	28～33	
	Q215		265～333	333～412	215	26～31	
	Q235		304～373	432～461	235	21～25	
	Q255		333～412	481～511	255	19～23	
	Q275		392～490	569～608	275	15～19	
优质碳素结构钢	10F	已退火	216～333	275～410	186	30	
	15F		245～363	315～450		28	
	08		255～333	275～410	196	32	186
	10		255～353	295～430	206	29	194
	15		265～373	335～470	225	26	198
	20		275～392	355～500	245	25	206
	25		314～432	390～540	275	24	195
	30		353～471	440～590	294	22	197
	35		392～511	490～635	315	20	197
	40		412～530	510～650	333	18	209
	45		432～549	540～685	353	16	200
	65(65Mn)	正火	588	≥716	412	12	207
不锈钢	12Cr13	退火	314～372	392～461	412	21	206
	13Cr13Mo		314～392	392～490	441	20	206
	12Cr17Ni8		451～511	569～628	196	35	196
黄铜	68 黄铜 (H68)	软	235	294	98	40	108
		半硬	275	343		25	108
		硬	392	392	245	15	113

（续）

材料名称	牌　号	材料状态	力学性能				
			τ/MPa	R_m/MPa	R_{eL}/MPa	$A_{11.3}$(%)	E/GPa
黄铜	62 黄铜（H62）	软	255	294		35	98
		半硬	294	373	196	20	
		硬	412	412		10	
铝	1070A、1060、1050A、1035、1200	退火	78	74～108	49～78	25	71
		冷作硬化	98	118～147		4	71
	2A12（硬铝）	退火	103～147	147～211		12	
		冷作硬化	275～314	392～451	333	10	71
工业纯钛	TA2	退火	353～471	441～588		25～30	
镁合金	MB1	冷态	118～137	167～186	118	3～5	39
	MB8		147～177	225～235	216	14～15	40
	MB1	300℃	29～49	29～49		50～52	39
	MB8		49～69	49～69		58～62	40
锡青铜	QSn4-4-2.5	软	255	294	137	38	98
		硬	471	539		35	95

二、冲模类型的选用

冲模的结构与类型的选择，很大程度上取决于冲压制件生产批量的大小。表 4-11 和表 4-12 列出了制件生产批量的划分与模具结构以及生产批量之间的关系，表 4-13 给出了生产精度要求与模具结构之间的关系，表 4-14 给出了冲模导向方式的选用原则，供确定模具结构时选用。

表 4-11　生产批量的划分　（单位：万件）

项　目	单　件	小　批	中　批	大　批	大　量
大件	<0.1	0.1～0.2	0.2～2	2～30	>30
中件	<0.1	0.1～0.5	0.5～5	5～100	>100
小件	<0.1	0.1～1	1～10	10～500	>500

表 4-12　冲模结构与生产批量的关系

项　目	单件　小批	小批　中批	中批　大批	大批　大量
生产类型	形状多变，生产时间短、试制	虽长期生产，但形状变化可能性较大，不能稳定生产	形状变化可能性少，长期稳定生产	形状基本不变，长期稳定生产
模具类型	简易模，单工序模	单工序模，通用模，成组模具	具有复杂结构的单工序模，复合模，级进模	级进模
送料方式	手工	手工，小件机械送料	机械，自动	自动

(续)

项　目	单件　小批	小批　中批	中批　大批	大批　大量
模具结构要求	结构尽可能简单,成本低,交货快,一般精度较低	结构简单,制造费用低,交货期短,一般精度较低	结构合理,主要尺寸稳定,结构可能复杂,一般精度较高	结构合理完善、生产率高为主要要求,一般精度较高
卸料压料	可不考虑	固定卸料、弹压卸料均可	一般为弹压卸料	一般为弹压卸料
要求寿命	短	较长	长	最长,可达亿次
压力机	普通压力机	普通压力机	高速自动精密压力机	高速自动精密压力机,专用压力机

表 4-13　冲模选用原则

项　目	单工序模	复合模	连续模(级进模)
冲压精度	较低	较高	一般或较高
冲压生产率	低,压力机一次行程只能完成一道工序	较高,压力机一次行程能完成两道以上工序	高,压力机一次行程能完成多件、多道工序
实现操作机械化和自动化的可能性	较易	难,因为制件排除较复杂,只能在单机上实现局部操作机械化	容易,尤其适应于在单机上实现自动化
生产通用性	通用性好,适合于中小批量生产及大型制件的大量生产	通用性差,适合于大批量的生产	同复合模,常用于中小型零件的大批量生产
冲模制造的复杂性和成本	结构简单、制造周期短、价格低	较复杂,价格高	复杂性和价格随工位数而定

表 4-14　冲模导向形式的选用

项　目	无导向简易模具	导柱模具	导板模具
安装与调整的方便性	差,尤其对于冲裁模具的间隙不易控制,使工作零件的寿命降低	好,工作零件使用寿命较高、制件质量比较稳定	较好,但导向零件的磨损较快,影响凸模寿命和导向精度
操作方便性	好,定位可见,变化较灵活	较好,定位可见,定位变化受导柱位置限制	差,定位不可见
制造复杂性	结构简单,造价低	较复杂,精度要求高,在装配导柱时,可在导柱与模座间隙中浇注环氧树脂或低熔点合金以提高位置精度	制造和装配精度要求均高
应用范围	主要应用于单工序成形,尤其是压弯、拉深、成型模用得较多,适合中小批量生产	适合大批量、生产精度要求高的各种冲压制件	主要用于连续模和单工序模,以及冲压精度要求较高的冲压件,导板可兼作卸料板,并对凸模起保护作用

三、冲压件未注公差尺寸的极限偏差

凡产品图样上未注公差的尺寸，均属于未注公差尺寸。在计算凸模和凹模尺寸时，冲压件未注公差尺寸的极限偏差数值通常按 GB/T 1800.1—2009 中 IT14 级计算。表 4-15 至表 4-18为一些未注公差尺寸的极限偏差。凹模厚度修正系数 K 值见表 4-19。

表 4-15　冲裁和拉深件未注公差尺寸的极限偏差　　（单位：mm）

公称尺寸	尺寸的类型		
	包容表面	被包容表面	暴露表面及孔中心距
≤3	+0.25	−0.25	±0.15
3～6	+0.30	−0.30	
6～10	+0.36	−0.36	±0.215
10～18	+0.43	−0.43	
18～30	+0.52	−0.52	±0.31
30～50	+0.62	−0.62	
50～80	+0.74	−0.74	±0.435
80～120	+0.87	−0.87	
120～180	+1.00	−1.00	±0.575
180～250	+1.15	−1.15	
250～315	+1.30	−1.30	±0.70
315～400	+1.40	−1.40	
400～500	+1.55	−1.55	±0.875
500～630	+1.75	−1.75	
630～800	+2.00	−2.00	±1.15
800～1000	+2.30	−2.30	
1000～1250	+2.60	−2.60	±1.55
1250～1600	+3.10	−3.10	
1600～2000	+3.70	−3.70	±2.20
2000～2500	+4.40	−4.40	

注：包容尺寸——当测量时包容量具有表面尺寸称为包容尺寸，如孔径或槽宽。

被包容尺寸——当测量时被量具包容的表面尺寸称被包容尺寸，如圆柱体直径和板厚等。

暴露表面尺寸——不属于包容尺寸和被包容尺寸的表面尺寸称为暴露尺寸，如凸台高度、不通孔的深度等。

表 4-16　翻边高度未注公差尺寸的极限偏差　　（单位：mm）

	公称尺寸 c	偏差
	≤3	±0.3
	3～6	±0.5
	6～18	±0.8
	≥18	±1.2

表 4-17　翘曲面未注公差尺寸的极限偏差　　（单位：mm）

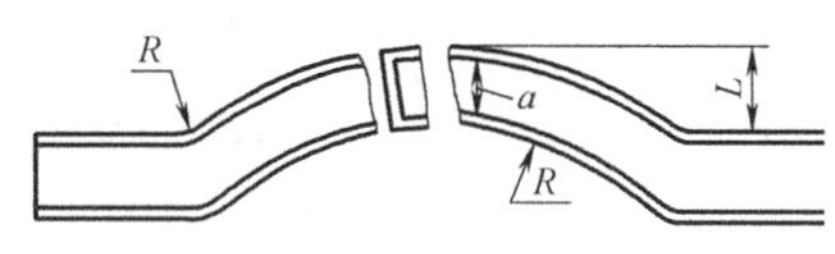

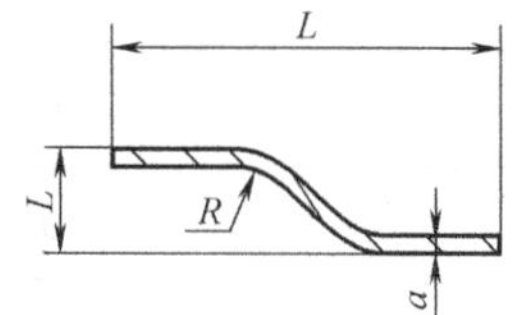

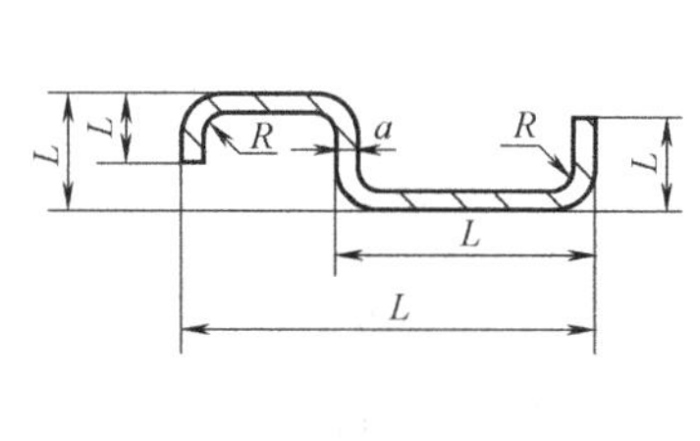

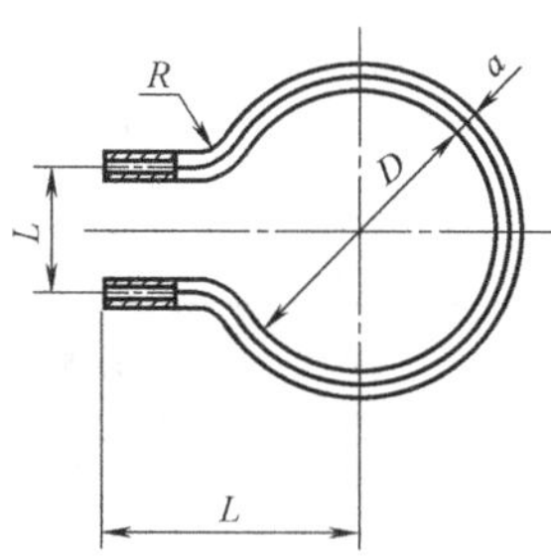

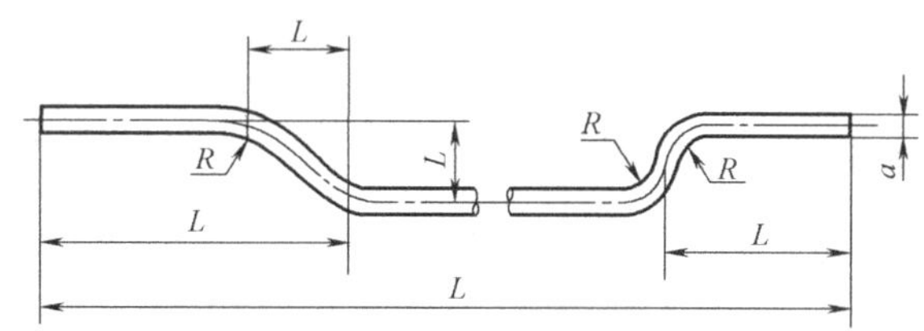

<table>
<tr><th rowspan="3">公称尺寸
L、R、D</th><th colspan="3">翘曲面轮廓最大尺寸 a</th></tr>
<tr><th>≤6</th><th>6～30</th><th>>30</th></tr>
<tr><th colspan="3">偏　差</th></tr>
<tr><td>≤6</td><td>±0.8</td><td rowspan="2">—</td><td rowspan="3">—</td></tr>
<tr><td>6～18</td><td>±1.1</td></tr>
<tr><td>18～50</td><td>±1.6</td><td>±1.2</td></tr>
<tr><td>50～120</td><td>±2.2</td><td>±1.5</td><td>±1</td></tr>
<tr><td>120～260</td><td>±3</td><td>±2</td><td>±1.2</td></tr>
<tr><td>260～500</td><td>±4</td><td>±2.5</td><td>±1.5</td></tr>
</table>

（续）

公称尺寸 $L、R、D$	翘曲面轮廓最大尺寸 a		
	≤6	6～30	>30
	偏　差		
500～800	±5	±3	±2
800～1250	±6	±4	±2.5
1250～2000	±7	±5	±3

注：1. 零件按正常工艺参数加工。若由于弹性翘曲所引起的偏差超过本表之值，但仍能保证装配零件方便时，仍是允许的。
2. 冷弯曲时受材料弹性变形而产生回弹所影响的尺寸均属于翘曲尺寸。

表 4-18　属于与同一零件联接的孔中心距、孔与边缘距离以及孔组之间的未注公差尺寸 c 的极限偏差　（单位：mm）

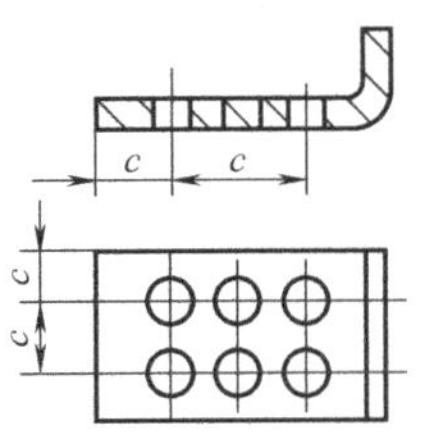

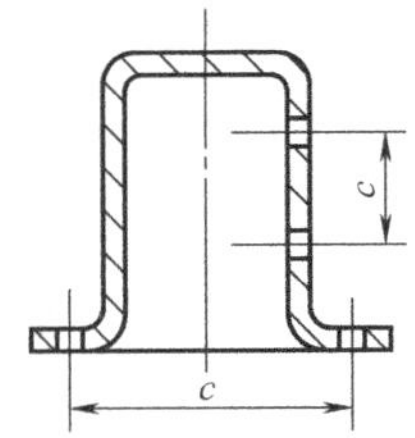

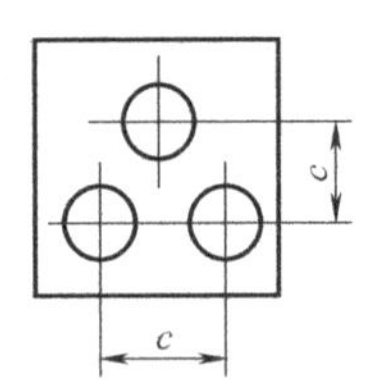

中心距与边缘距	偏　差
≤120 120～360 360～500 >500	±0.2 ±0.3 ±0.4 ±0.5

表 4-19　凹模厚度修正系数 K 值

轮廓线长度/mm	50～75	75～150	150～300	300～500	500 以上
修正系数 K	1.12	1.25	1.37	1.50	1.6

四、复杂旋转体毛坯尺寸计算

根据古鲁金定律，复杂旋转体毛坯尺寸计算可转化为各段弧长的计算。表 4-20～表 4-24列出了一些弧长的计算表。表 4-25、表 4-26 列出了高方形件和高矩形件的计算程序和计算公式。

表 4-20　中心角 $\alpha = 90°$ 时的弧长 L　　（单位：mm）

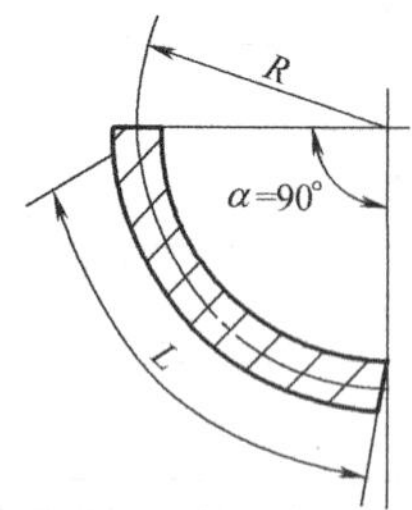

$L = \frac{\pi}{2}R$　例：$R=41.25$ 查弧长 L

R	L
41	64.40
0.2	0.31
0.05	0.08
41.25	64.79

R	L	R	L	R	L	R	L
		10	15.71	40	62.83	70	109.96
0.01	0.02	11	17.28	41	64.40	71	111.53
0.02	0.03	12	18.85	42	65.97	72	113.10
0.03	0.05	13	20.42	43	67.54	73	114.67
0.04	0.06	14	21.99	44	69.12	74	116.24
0.05	0.08	15	23.56	45	70.69	75	117.81
0.06	0.09	16	25.13	46	72.26	76	119.38
0.07	0.11	17	26.70	47	73.83	77	120.95
0.08	0.12	18	28.27	48	75.40	78	122.52
0.09	0.14	19	29.85	49	76.97	79	124.09
		20	31.42	50	78.54	80	125.66
0.1	0.16	21	32.99	51	80.11	81	127.23
0.2	0.31	22	34.56	52	81.68	82	128.81
0.3	0.47	23	36.13	53	83.25	83	130.38
0.4	0.63	24	37.70	54	84.82	84	131.95
0.5	0.79	25	39.27	55	86.39	85	133.52
0.6	0.94	26	40.84	56	87.96	86	135.09
0.7	1.10	27	42.41	57	89.54	87	136.66
0.8	1.26	28	43.98	58	91.11	88	138.23
0.9	1.41	29	45.55	59	92.68	89	139.80
		30	47.12	60	94.25	90	141.37
1	1.57	31	48.69	61	95.82	91	142.94
2	3.14	32	50.27	62	97.39	92	144.51
3	4.71	33	51.84	63	98.96	93	146.08
4	6.28	34	53.41	64	100.53	94	147.66
5	7.85	35	54.98	65	102.10	95	149.23
6	9.42	36	56.55	66	103.67	96	150.80
7	11.00	37	58.12	67	105.24	97	152.37
8	12.57	38	59.69	68	106.81	98	153.94
9	14.14	39	61.26	69	108.39	99	155.51

表 4-21　中心角 $\alpha<90°$ 时的弧长 L_1 （$R=1$）

（单位：mm）

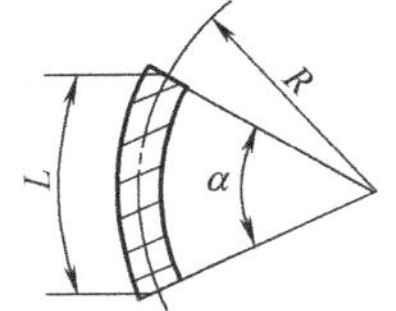

$$L=\pi R\frac{\alpha}{180°}=L_1R$$

例：$\alpha=25°30'$，$R=22.5$，求弧长 L

$$L=(0.436+0.009)\times22.5=10.0$$

α/(°)									
α/(°)	L_1	α/(°)	L_1	α/(°)	L_1	α/(′)	L_1	α/(′)	L_1
		30	0.524	60	1.047			30	0.009
1	0.017	31	0.541	61	1.064	1		31	0.009
2	0.035	32	0.558	62	1.082	2		32	0.009
3	0.052	33	0.576	63	1.099	3	0.001	33	0.010
4	0.070	34	0.593	64	1.117	4	0.001	34	0.010
5	0.087	35	0.611	65	1.134	5	0.001	35	0.010
6	0.105	36	0.628	66	1.152	6	0.002	36	0.011
7	0.122	37	0.646	67	1.169	7	0.002	37	0.011
8	0.140	38	0.663	68	1.187	8	0.002	38	0.011
9	0.157	39	0.681	69	1.204	9	0.002	39	0.011
10	0.175	40	0.698	70	1.222	10	0.003	40	0.012
11	0.192	41	0.715	71	1.239	11	0.003	41	0.012
12	0.209	42	0.733	72	1.256	12	0.003	42	0.012
13	0.227	43	0.750	73	1.274	13	0.004	43	0.013
14	0.244	44	0.768	74	1.291	14	0.004	44	0.013
15	0.262	45	0.785	75	1.309	15	0.004	45	0.013
16	0.279	46	0.803	76	1.326	16	0.005	46	0.014
17	0.297	47	0.820	77	1.341	17	0.005	47	0.014
18	0.314	48	0.838	78	1.361	18	0.005	48	0.014
19	0.332	49	0.855	79	1.379	19	0.005	49	0.014
20	0.349	50	0.873	80	1.396	20	0.006	50	0.015
21	0.366	51	0.890	81	1.413	21	0.006	51	0.015
22	0.384	52	0.907	82	1.431	22	0.006	52	0.015
23	0.401	53	0.925	83	1.448	23	0.007	53	0.016
24	0.419	54	0.942	84	1.466	24	0.007	54	0.016
25	0.436	55	0.960	85	1.483	25	0.007	55	0.016
26	0.454	56	0.977	86	1.501	26	0.008	56	0.017
27	0.471	57	0.995	87	1.518	27	0.008	57	0.017
28	0.489	58	1.012	88	1.536	28	0.008	58	0.017
29	0.506	59	1.030	89	1.553	29	0.008	59	0.017

表 4-22　中心角 $\alpha=90°$ 时弧的重心到 $Y—Y$ 轴的距离 x　（单位：mm）

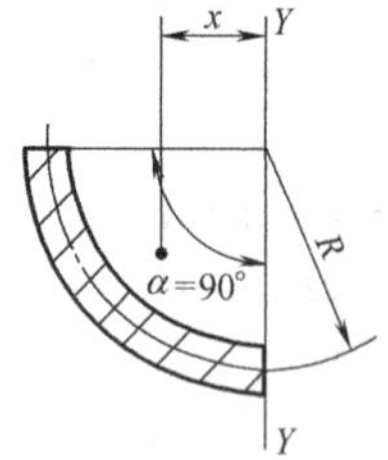

$\alpha=90°$，$R<100$ 时，弧的重心到 $Y—Y$ 轴的距离

$x=\frac{2}{\pi}R$　例：$R=52.37$ 求 x

R	x
52	33.12
0.3	0.19
0.07	0.05
52.37	33.36

R	x	R	x	R	x	R	x
		10	6.37	40	25.48	70	44.58
0.01	0.01	11	7.01	41	26.11	71	45.22
0.02	0.01	12	7.64	42	26.75	72	45.86
0.03	0.02	13	8.28	43	27.39	73	46.49
0.04	0.03	14	8.92	44	28.02	74	47.13
0.05	0.03	15	9.55	45	28.66	75	47.77
0.06	0.04	16	10.19	46	29.30	76	48.41
0.07	0.05	17	10.83	47	29.93	77	49.05
0.08	0.05	18	11.46	48	30.57	78	49.69
0.09	0.06	19	12.10	49	31.21	79	50.32
		20	12.74	50	31.84	80	50.95
0.1	0.06	21	13.37	51	32.48	81	51.59
0.2	0.13	22	14.01	52	33.12	82	52.23
0.3	0.19	23	14.65	53	33.76	83	52.86
0.4	0.25	24	15.29	54	34.39	84	53.50
0.5	0.32	25	15.92	55	35.03	85	54.13
0.6	0.38	26	16.56	56	35.67	86	54.77
0.7	0.45	27	17.20	57	36.30	87	55.41
0.8	0.51	28	17.83	58	36.94	88	56.05
0.9	0.57	29	18.47	59	37.58	89	56.68
		30	19.11	60	38.21	90	57.33
1	0.64	31	19.74	61	38.85	91	57.96
2	1.27	32	20.38	62	39.49	92	58.59
3	1.91	33	21.02	63	40.12	93	59.23
4	2.55	34	21.65	64	40.76	94	59.87
5	3.18	35	22.29	65	41.40	95	60.51
6	3.82	36	22.93	66	42.04	96	61.15
7	4.46	37	23.67	67	42.67	97	61.79
8	5.10	38	24.20	68	43.31	98	62.43
9	5.73	39	24.84	69	43.95	99	63.66

表 4-23 中心角 $\alpha<90°$ 时弧的重心到 $Y—Y$ 轴的距离 x （单位：mm）

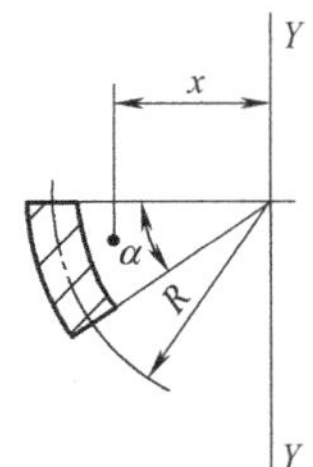

$$x=R\frac{180°\sin\alpha}{\pi\alpha}=Rx_0$$

式中 x_0——$R=1$ 时的 x 值(可查表)

例:$R=20$,$\alpha=25°$时,求 x

$x=Rx_0=20\times0.969=19.38$

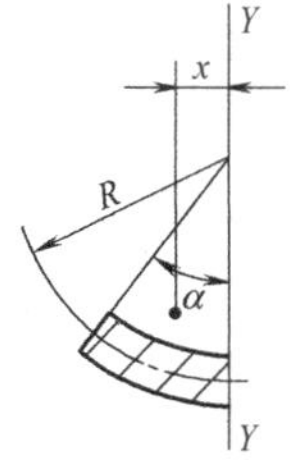

$$x=R\frac{180°(1-\cos\alpha)}{\pi\alpha}=Rx_0$$

式中 x_0——$R=1$ 时的 x 值(可查表)

例:$R=25$,$\alpha=38°$时,求 x

$x=Rx_0=25\times0.320=8$

$R=1$ 时弧的重心到 $Y—Y$ 轴的距离 x_0						$R=1$ 时弧的重心到 $Y—Y$ 轴的距离 x_0					
α/(°)	x_0	α/(°)	x_0	α/(°)	x_0	α/(°)	x_0	α/(°)	x_0	α/(°)	x_0
		30	0.955	60	0.827			30	0.256	60	0.478
1	1.000	31	0.952	61	0.822	1	0.009	31	0.264	61	0.484
2	1.000	32	0.949	62	0.816	2	0.017	32	0.272	62	0.490
3	1.000	33	0.946	63	0.810	3	0.026	33	0.280	63	0.497
4	0.999	34	0.942	64	0.805	4	0.035	34	0.288	64	0.503
5	0.999	35	0.939	65	0.799	5	0.043	35	0.296	65	0.509
6	0.998	36	0.936	66	0.793	6	0.052	36	0.304	66	0.515
7	0.998	37	0.932	67	0.787	7	0.061	37	0.312	67	0.521
8	0.997	38	0.929	68	0.781	8	0.070	38	0.320	68	0.527
9	0.996	39	0.925	69	0.775	9	0.073	39	0.327	69	0.533
10	0.996	40	0.921	70	0.769	10	0.087	40	0.335	70	0.538
11	0.994	41	0.917	71	0.763	11	0.095	41	0.343	71	0.544
12	0.993	42	0.913	72	0.757	12	0.104	42	0.350	72	0.550
13	0.992	43	0.909	73	0.750	13	0.113	43	0.358	73	0.555
14	0.990	44	0.905	74	0.744	14	0.122	44	0.366	74	0.561
15	0.989	45	0.901	75	0.738	15	0.130	45	0.373	75	0.566
16	0.987	46	0.896	76	0.731	16	0.139	46	0.380	76	0.572
17	0.985	47	0.891	77	0.725	17	0.147	47	0.388	77	0.577
18	0.984	48	0.887	78	0.719	18	0.156	48	0.395	78	0.582
19	0.982	49	0.883	79	0.712	19	0.164	49	0.402	79	0.587
20	0.980	50	0.879	80	0.705	20	0.173	50	0.409	80	0.592
21	0.978	51	0.873	81	0.699	21	0.181	51	0.416	81	0.597
22	0.976	52	0.868	82	0.692	22	0.190	52	0.423	82	0.602
23	0.974	53	0.864	83	0.685	23	0.198	53	0.430	83	0.606
24	0.972	54	0.858	84	0.678	24	0.206	54	0.437	84	0.611
25	0.969	55	0.853	85	0.671	25	0.215	55	0.444	85	0.615
26	0.966	56	0.848	86	0.665	26	0.223	56	0.451	86	0.620
27	0.963	57	0.843	87	0.658	27	0.231	57	0.458	87	0.624
28	0.960	58	0.838	88	0.651	28	0.240	58	0.464	88	0.628
29	0.958	59	0.832	89	0.644	29	0.248	59	0.471	89	0.633

表 4-24　根据 *LX* 查毛坯直径 *D*　　（单位：mm）

$(D = \sqrt{8LX})$

LX	*D*	*LX*	*D*	*LX*	*D*	*LX*	*D*
50	20	512	64	1458	108	2888	152
55	21	528	65	1485	109	2926	153
60.5	22	544	66	1512	110	2964	154
66	23	561	67	1540	111	3003	155
72	24	578	68	1568	112	3042	156
78	25	595	69	1596	113	3081	157
84.5	26	612.5	70	1624	114	3120	158
91	27	630	71	1653	115	3161	159
98	28	648	72	1682	116	3200	160
105	29	666	73	1711	117	3240	161
112.5	30	684.5	74	1740	118	3280	162
120	31	703	75	1770	119	3321	163
128	32	722	76	1800	120	3362	164
136	33	741	77	1830	121	3403	165
144.5	34	760.5	78	1860	122	3444	166
154	35	780	79	1891	123	3486	167
162	36	800	80	1922	124	3528	168
171	37	820	81	1953	125	3570	169
180.5	38	840.5	82	1984	126	3612	170
190	39	861	83	2016	127	3655	171
200	40	882	84	2048	128	3698	172
210	41	903	85	2080	129	3741	173
220.5	42	924.5	86	2112	130	3784	174
231	43	946	87	2145	131	3828	175
242	44	968	88	2178	132	3872	176
253	45	990	89	2211	133	3916	177
264.5	46	1012.5	90	2244	134	3960	178
276	47	1035	91	2278	135	4005	179
285.5	48	1058	92	2312	136	4050	180
300	49	1081	93	2346	137	4095	181
312.5	50	1104.5	94	2380	138	4140	182
325	51	1128	95	2415	139	4186	183
338	52	1152	96	2450	140	4232	184
351	53	1176	97	2485	141	4278	185
364.5	54	1200	98	2520	142	4324	186
378	55	1225	99	2556	143	4371	187
392	56	1250	100	2592	144	4418	188
406	57	1275	101	2628	145	4465	189
420.5	58	1300	102	2664	146	4512	190
435	59	1326	103	2701	147	4560	191
450	60	1352	104	2738	148	4608	192
465	61	1378	105	2775	149	4656	193
480.5	62	1404	106	2812	150	4704	194
496	63	1431	107	2850	151	4753	195

（续）

LX	D	LX	D	LX	D	LX	D
4802	196	7320	242	10368	288	27612	470
4851	197	7381	243	10440	289	28203	475
4900	198	7442	244	10512	290	28800	480
4950	199	7503	245	10585	291	29403	485
5000	200	7564	246	10658	292	30012	490
5050	201	7626	247	10731	293	30628	495
5100	202	7688	248	10804	294	31250	500
5151	203	7750	249	10878	295	31878	505
5202	204	7812	250	10952	296	32512	510
5253	205	7875	251	11026	297	33153	515
5304	206	7938	252	11100	298	33800	520
5356	207	8001	253	11175	299	34453	525
5408	208	8064	254	11250	300	35112	530
5460	209	8128	255	11628	305	35778	535
5512	210	8192	256	12012	310	36450	540
5565	211	8256	257	12403	315	37128	545
5618	212	8320	258	12800	320	37812	550
5671	213	8385	259	13203	325	38503	555
5724	214	8450	260	13612	330	39200	560
5778	215	8515	261	14028	335	39903	565
5832	216	8580	262	14450	340	40612	570
5886	217	8646	263	14878	345	41328	575
5840	218	8712	264	15312	350	42050	580
5995	219	8778	265	15753	355	42778	585
6050	220	8844	266	16200	360	43512	590
6105	221	8911	267	16653	365	44253	595
6166	222	8978	268	17112	370	45000	600
6216	223	9045	269	17578	375	45753	605
6272	224	9112	270	18050	380	46512	610
6328	225	9180	271	18528	385	47278	615
6384	226	9248	272	19012	390	48050	620
6441	227	9316	273	19503	395	48828	625
6485	228	9384	274	20000	400	49612	630
6555	229	9453	275	20503	405	50403	635
6612	230	9522	276	21012	410	51200	640
6670	231	9591	277	21528	415	52003	645
6715	232	9660	278	22050	420	52812	650
6786	233	9730	279	22578	425	53628	655
6844	234	9800	280	23112	430	54450	660
6903	235	9870	281	23653	435	55278	665
6962	236	9940	282	24200	440	56112	670
7021	237	10011	283	24753	445	56953	675
7080	238	10082	284	25312	450	57800	680
7140	239	10153	285	25878	455	58653	685
7200	240	10224	286	26450	460	59512	690
7260	241	10296	287	27028	465	60378	695

表 4-25 高方形件的计算程序与计算公式

决定的数值		计算方法和计算公式	
		第一种方法(图 4-1a)	第二种方法(图 4-1b)
相对厚度		$\frac{t}{b}\times100\geqslant2;b\leqslant50t$	$\frac{t}{b}\times100<2;b>50t$
毛坯直径	$r=r_{底}$	$D=1.13\sqrt{b^2+4b(h-0.43r)-1.72r(h+0.33r)}$	
	$r\neq r_{底}$	$D=1.13\sqrt{b^2+4b(h-0.43r_{底})-1.72r(h+0.5r)-4r_{底}(0.11r_{底}-0.18r)}$	
角部计算尺寸 $b_y<b$		—	$b_y\approx50t$
工序间距离		$s_n\leqslant10t$	
$(n-1)$道(倒数第二道)工序半径		$R_{s(n-1)}=0.5b+s_n$	$R_{y(n-1)}=0.5b_y+s_n$
$(n-1)$道工序宽度		—	$b_{n-1}=b+2s_n$
角部间隙(包括 t 在内)		$x=s_n+0.41r-0.207b$	$x=s_n+0.41r-0.207b_y$
$(n-2)$道工序半径		$R_{s(n-2)}=R_{s(n-1)}/m_2=0.5Dm_1$	$R_{y(n-2)}=R_{y(n-1)}/m_{n-1}$
工序间距离		—	$s_{n-1}=R_{y(n-2)}-R_{y(n-1)}$
$(n-2)$道工序宽度(当 $n=4$)		—	$b_{n-2}=b_{n-1}+2s_{n-1}$
$(n-2)$道工序直径(三道工序时)		—	$D_{n-2}=2[R_{y(n-1)}/m_{n-1}+0.7(b-b_y)]$
盒的高度		$h=(1.05\sim1.10)h_0$	h_0—图样上的高度
$(n-1)$道(倒数第二道)工序高度		$h_{n-1}=0.88h$	$h_{n-1}\approx0.88h$
第一次拉深[$(n-2)$或$(n-3)$道工序]高度		$h_1=h_{n-2}=0.25\left(\frac{D}{m_1}-d_1\right)+0.43\frac{r_1}{d_1}(d_1+0.32r)$	

注：1. 尺寸 s_n 根据比值$\frac{r}{b}$（第一种方法）或$\frac{r}{b_y}$（第二种方法）及拉深次数决定。

2. 系数 m_1；m_2；m_{n-1}根据筒形件拉深用的表列数值。

3. 在作图时修正计算值是允许的。

4. 上列拉深方法，也适用于材料相对厚度大于表中数值的情况下。

表 4-25 中公式各字母的含义见图 4-1、图 4-2 所示的标注示例。

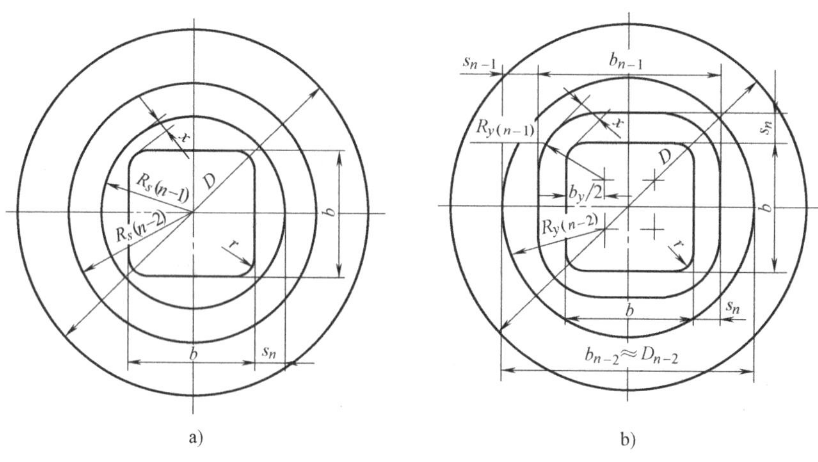

图 4-1 高方形件的各道工序程序

a）当 $b\leqslant50t$ b）当 $b>50t$

表 4-26　高矩形件的计算程序与计算公式

决定的数值		计算方法和计算公式	
		第一种方法(图 4-2a)	第二种方法(图 4-2b)
相对厚度		$\frac{t}{b}\times 100\geqslant 2;b\leqslant 50t$	$\frac{t}{b}\times 100<2;b>50t$
假想的毛坯直径	$r=r_{底}$	$D=1.13\sqrt{b^2+4b(h-0.43r)-1.72r(h+0.33r)}$	
	$r\neq r_{底}$	$D=1.13\sqrt{b^2+4b(h-0.43r_{底})-1.72r(h+0.5r)-4r_{底}(0.11r_{底}-0.18r)}$	
毛坯长度		$L=D+(b_1-b)$	
毛坯宽度		$K=D\frac{b-2r}{b_1-2r}+[b+2(h-0.43r)]\frac{b_1-b}{b_1-2r}$	
毛坯半径		$R=0.5K$	
工序比例系数		$x_1=(K-b)/(L-b_1)$	
工序间距离		$s_n=a_n\leqslant 10t$	
角部计算尺寸 $B_y<B$		—	$b_y\approx 50t$
$(n-1)$道工序半径		$R_{s(n-1)}=0.5b+s_n$	$R_{y(n-1)}=0.5b_y+s_n$
角部间隙(包括 t 在内)		$x=s_n+0.41r-0.207b$	$x=s_n+0.41r-0.207b_y$
$(n-1)$道工序尺寸		$b_{n-1}=2R_{s(n-1)};b_{1n-1}=b_1+2s_n$	$b_{n-1}=b+2a_n;b_{1n-1}=b_1+2s_n$
$(n-2)$道工序半径		$R_{s(n-2)}=R_{s(n-1)}/m_{n-1}$	$R_{y(n-2)}=R_{y(n-1)}/m_{n-1}$ $R_{s(n-2)}=b_{n-2}/2$
工序间距离		$s_{n-1}=\frac{R_{s(n-2)}-R_{s(n-1)}}{x_1}$ $a_{n-1}=R_{s(n-2)}-R_{s(n-1)}$	$s_{n-1}=R_{y(n-2)}-R_{y(n-1)}$ $a_{n-1}=xs_{n-1}$
$(n-2)$道工序尺寸		$b_{n-2}=2R_{s(n-2)}$ $b_{1n-2}=b_1+2(s_n+s_{n-1})$	$b_{n-2}=b+2(a_n+a_{n-1})$ $b_{1n-2}=b_1+2(s_n+s_{n-1})$
盒的高度		$h=(1.05\sim1.1)h_0$	h_0—图样上的高度
工序高度		$h_{n-1}\approx 0.88h$	$h_{n-2}\approx 0.86h_{n-1}$

注：同表 4-25。

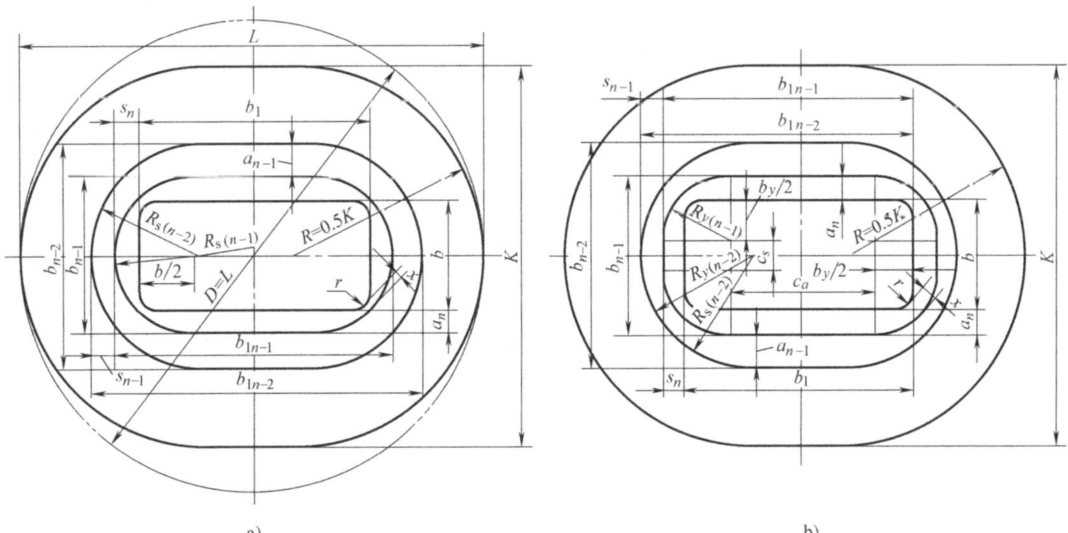

图 4-2　矩（方）形件不同拉深情况的分区图

a）当 $b\leqslant 50t$　b）当 $b>50t$

图 4-3 为盒形件不同拉深情况的分区图。

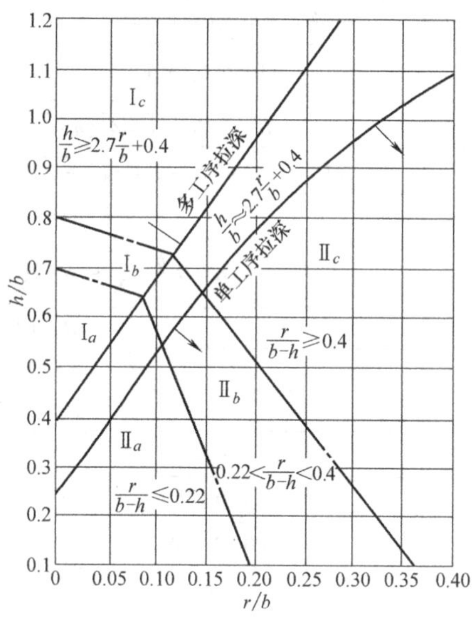

图 4-3　盒形件不同拉深情况的分区图

五、常用冲压设备规格型号及选用

冲压设备的选择是工艺设计中的一项重要内容，它直接关系到设备的合理使用、安全、产品质量、模具寿命、生产率和成本等一系列重要问题。表 4-27 给出了下料常用的剪板机的技术参数，表 4-28 给出了冲压类型与冲压设备之间的关系，表 4-29 和表 4-30 给出了常用冲压设备类别，组、型的代号，表 4-31 ~ 表 4-39 给出了常用冲压设备以及部分高速冲压、数控冲床、精密冲床的技术资料，供大家选用时参考。

表 4-27　常用剪板机的技术参数

型号 \ 技术参数	剪板尺寸（厚/mm×宽/mm）	剪切角度	行程次数/（次/min）	板材强度/MPa	后挡料装置调节范围/mm	喉口深度/mm	电动机功率/kW	质量/t	外形尺寸（长/mm×宽/mm×高/mm）
Q11-1×1000A	1×1000	1°	100	≤500	420		1.1	0.55	1553×1128×1040
Q11-2.5×1600	2.5×1600	1°30″	55	≤500	500		3.0	1.64	2355×1300×1200
Q11-3×1200	3×1200	2°25″	55	≤500	350		3.0	1.38	2015×1505×1300
Q11-3×1800	3×1800	2°20″	38	≤400	600		5.5	2.9	2980×1900×1600
Q11-4×2000	4×2000	1°30″	45	≤500	20 ~ 500		5.5	2.9	3100×1590×1280
Q11-6×1200	6×1200	2°	50	≤500	500		7.5	4	2250×1650×1602
Q11-6×2500	6×2500	2°30″	36	≤500	460	210	7.5	6.5	3610×2260×2120

（续）

型号 \ 技术参数	剪板尺寸（厚/mm×宽/mm）	剪切角度	行程次数/（次/min）	板材强度/MPa	后挡料装置调节范围/mm	喉口深度/mm	电动机功率/kW	质量/t	外形尺寸（长/mm×宽/mm×高/mm）
Q11-6×3200	6×3200	1°30″	45	≤500	630		10	8	4455×2170×1720
Q11-6.3×2000	6.3×2000	2°	40		600		7.5	4.8	3175×1765×1530
Q11-6.3×2500A	6.3×2500	1°30″	50		630		7.5	6.2	3710×2288×1560
Q11-7×2000A	7×2000	1°30″	20	≤500	0~500		10	5.3	3160×1843×1535
Q11-8×2000	8×2000	2°	40	≤500	20~500		10	5.5	3270×1765×1530
Q11-10×2500	10×2500	2°30″	16	≤500	0~460		15	8	3420×1720×2030
Q11-12×2000	12×2000	2°	40	≤500	5~800		17	8.5	2100×3140×2358
Q11-12×2000	12×2000	2°	40	≤500	5~800	230	17	8.5	2100×3140×2358
Q11-13×2000	13×2000	2°	40	≤500	800		18.5	10	2100×3640×2558
Q11-13×2000	13×2000	3°	28	≤450	700	250	13	13.3	3720×2565×2450
Q11-13×2500	13×2500	3°	28	≤500	460	250	15	13.3	3595×2160×2240
Q11-20×2000	20×2000	4°15″	18	≤470	60~750		30	20	4180×2930×3240
Q11-25×3800	25×3800	4°7″	6		50	16	70	85	6790×4920×5110
Q11Y-6×2500	6×2500	1°30″	13	≤500	~750		7.5	5.6	3427×2201×1610
Q11Y-7×7000	7×7000	1°30″	7	≤500	~700		22	34	7584×2600×2600
Q11Y-12×3200	12×3200	2°	12	≤500	~750		18.5	14.5	3685×2600×2430
Q11Y-16×2500B	16×2500	0.5~2.5	8	≤500	5~1000	300	18.5	15	3230×3300×2560
Q11Y-20×2500	20×2500	0.5~3.5	10	≤500	~1000		40	20	3650×3040×2540
液压摆式剪板机									
Q12Y-4×2500	4×2500	1°30″	28	≤500	~600		7.5	3.7	3040×1400×1540
Q12Y-6×2500	6×2500	1°30″	24	≤500	~600		11	6	3186×2696×1858
Q12Y-12×2000	12×2000	1°30″	16	≤500	~800		18.5	8	3045×2040×1820
Q12Y-16×3200	16×3200	2°	11	≤500	~1100		22	14.5	3920×2440×2050
Q12Y-20×2500	20×2500	3°	8~12	≤500	~750		40	19	3390×2740×2635
Q12Y-25×4000	25×4000	3°	6~12	≤500	~1000		40	41	5032×2300×3150
Q12Y-32×4000	32×4000	3°30″	3	≤500	~1000		55	43.6	5200×2850×3250

表 4-28 冲压类型与冲压设备选用

冲压设备＼冲压类型	冲 裁	弯 曲	简单拉深	复杂拉深	整形校平	立体成形
小行程通用压力机	适用	一般	不适用	不适用	不适用	不适用
中行程通用压力机	适用	一般	适用	一般	一般	不适用
大行程通用压力机	适用	一般	适用	一般	适用	适用
双动拉深压力机	不适用	不适用	一般	适用	不适用	不适用
高速自动压力机	适用	不适用	不适用	不适用	不适用	不适用
摩擦压力机	一般	适用	不适用	不适用	不适用	适用

表 4-29 通用锻压设备类别代号

类别	机械压力机	液压机	线材成形自动机	锤	锻机	剪切机	弯曲校正机	其他
字母代号	J	Y	Z	C	D	Q	W	T

表 4-30 机械压力机组、型（系列）代号

组	手动压力机				单柱压力机			开式压力机							
型	01	02	03	04	11	12	13	21	22	23	24	25	28	29
机械压力机名称	齿条式压力机	螺旋式压力机	杠杆式压力机	台式压力机	单柱固定台压力机	单柱活动台压力机	单柱柱形台压力机	开式固定台压力机	开式活动台压力机	开式可倾台压力机	开式转台压力机	开式双点压力机	开式柱形台压力机	开式底传动压力机

组	闭式压力机						拉深压力机								其他压力机			
型	31	32	33	36	37	39	41	42	43	44	45	46	47	48	91	92	94	95
机械压力机名称	闭式单点压力机	闭式单点切边压力机	闭式侧滑块压力机	闭式双点压力机	闭式双点切边压力机	闭式四点压力机	闭式单点单动拉深压力机	闭式双点单动拉深压力机	开式双动拉深压力机	底传动双动拉深压力机	闭式单点双动拉深压力机	闭式双点双动拉深压力机	闭式双点双动拉深压力机	闭式四点双动拉深压力机	分度台压力机	冲模回转头压力机	底传动精密压力机	精密冲裁压力机

表 4-31 开式压力机的主要技术参数

标称压力/kN	40	63	100	160	250	400	630	800	1000	1250	1600	2000	2500	3150	4000
达到公称压力时滑块离下止点距离/mm	3	3.5	4	5	6	7	8	9	10	10	12	12	13	13	15
滑块行程/mm	40	50	60	70	80	100	120	130	140	140	160	160	200	200	250
行程次数/(次/min)	200	160	135	115	100	80	70	60	60	50	40	40	30	30	25
最大封闭高度/mm 固定台式和可倾式	160	170	180	220	250	300	360	380	400	430	450	450	500	500	550
最大封闭高度/mm 活动台位置 最低				300	360	400	460	480	500						
最大封闭高度/mm 活动台位置 最高				160	180	200	220	240	260						

（续）

标称压力/kN		40	63	100	160	250	400	630	800	1000	1250	1600	2000	2500	3150	4000
封闭高度调节量/mm		35	40	50	60	70	80	90	100	110	120	130	130	150	150	170
滑块中心到床身的距离/mm		100	110	120	160	190	220	260	290	320	350	380	380	425	425	480
工作台尺寸/mm	左　右	280	315	360	450	560	630	710	800	900	970	1120	1120	1250	1250	1400
	前　后	180	200	240	300	360	420	480	540	600	650	710	710	800	800	900
工作台孔尺寸/mm	左　右	130	150	180	220	260	300	340	380	420	460	530	530	650	650	700
	前　后	60	70	90	110	130	150	180	210	230	250	300	300	350	350	400
	直　径	100	110	130	160	180	200	230	260	300	340	400	400	460	460	530
立柱间距离/mm		100	150	180	220	260	300	340	380	420	460	530	530	650	650	700
模柄孔尺寸(直径/mm×深度/mm)		$\phi30\times50$				$\phi50\times70$			$\phi60\times75$			$\phi70\times80$		T形槽		
工作台板厚度/mm		35	40	50	60	70	80	90	100	110	120	130	130	150	150	170
倾斜角(可倾式工作台压力机)/(°)		30	30	30	30	30	30	30	30	25	25	25				

表4-32　闭式单点单动压力机的主要技术参数

标称压力/kN		1000	2500	3150	4000	6300	8000	10000	12500
标称压力行程/mm		10.4	10.4	10.5	13.2	13	13	13	11
滑块行程长度/mm		250	315	315	400	400	500	500	500
滑块行程次数/(次/min)		20	20	20	20	12	10	10	10
最大装模高度/mm		450	490	490	550	700	700	850	830
装模高度调节量/mm		200	200	200	250	250	315	400	250
导轨间距离/mm		690	810	910	1330	1400	1680	1680	1520
滑块底面前后尺寸/mm		700	850	960	1150	1400	1500	1500	1560
工作台垫板尺寸/mm	前后	800	900	1100	1200	1500	1600	1600	1900
	左右	800	900	1100	1240	1500	1900	1900	1900
主电动机功率/kW			30	30	40	55	75		100
气垫个数		1	1	1	1	1	1	1	1
单个气垫退出力/MN		0.04	0.07	0.07	0.076	0.15	0.18	1.6	0.25
单个气垫紧力/MN		0.25	0.4	0.15	0.5	1	1.25		2

表4-33　国产多工位压力机主要技术参数

压力机型号	Z81—40	Z81—125	Z81—160	Z81—250	Z81—400
标称压力/kN	400	1250	1600	2500	4000
滑块行程/mm	150	200	315	200	400
工位数/个	7	8	5	9	9
滑块行程次数/(次/min)	40	35	20	20~25	11~22
最大装模高度/mm	300	380	420	490	700
装模高度调节量/mm	40	50	40	80	80
工位距/mm	150	210	180	300	400
夹板纵向送料行程/mm	150	210	180	300	400

（续）

压力机型号	Z81—40	Z81—125	Z81—160	Z81—250	Z81—400
夹紧时夹板内侧距离/mm	130 ~ 210	200 ~ 320	300	250 ~ 400	350 ~ 450
送料线高度/mm	180	230	320	320	400
模柄孔尺寸(直径/mm × 深度/mm)	ϕ32 × 55	ϕ40 × 60		ϕ60 × 60	
垫板尺寸(孔径/mm × 厚度/mm)	ϕ110 × 60				
打料行程/mm	30	30		30	
侧滑块/mm				80	
侧滑块压力/kN					800

注：侧滑块一般安装在机身外侧，主要用于落料，为后道工序提供坯料。压力机设置侧滑块，主要防止因落料引起的振动而影响滑块工作的稳定性。

表 4-34 双盘摩擦压力机的技术参数

标称压力/kN		250	400	630	1000	1600	2500	3150	4000	6300	10000	16000	25000	31500
允许压力/kN		400	630	1000	1600	2500	4000	5000	6300	10000	16000	25000	40000	50000
运动部分能量/kJ		0.6	1.25	2.5	4.5	9	18	25	36	71	140	280	560	800
滑块行程/mm		140	160	180	200	224	280	280	300	375	475	600	750	850
滑块行程次数/(次/min)		42	39	36	33	30	27	25	22	18	14	12	10	9
最小装模高度/mm		140	150	170	190	220	280	310	350	450	600	780	840	870
工作台垫板厚度 t/mm		60	70	80	90	100	120	140	150	180	200	220	250	280
工作台面尺寸/mm	左右	280	315	355	400	450	500	560	630	750	900	1120	1250	1400
	前后	315	355	400	450	560	630	670	750	900	1120	1250	1500	1700

表 4-35 部分双动薄板拉深液压机的主要技术参数

名 称	量 值			
	YA28—160	YA28—400A	YA28—500	YB28—630
总压力/MN	2.6	6.3	8.0	10.3
拉深压力/MN	1.6	4.0	3.15/5.0	6.3
压边压力/MN	1.0	2.5	3.0	2.5
液压垫压力/MN		1.5	1.0	4.0
顶出压力/MN		0.5	1.0	0.8
液体最大工作压强/MPa	25	25	25	25
拉深滑块行程/mm	850	1100	1000	1300
压边滑块行程/mm	550	1000	1000	1200
液压垫行程/mm		400	350	400
最大拉深深度/mm	250	400	320	
拉深滑块距工作台面最大距离/mm	1130	1600	1600	2200

（续）

名　称	量　　值			
	YA28—160	YA28—400A	YA28—500	YB28—630
压边滑块距工作台面最大距离/mm	850	1600	500	200
工作台面距地面距离/mm	800	650	500	200
拉深滑块尺寸（左右/mm×前后/mm）	870×720	1970×1250	2400×1400	2400×1400
工作台尺寸（左右/mm×前后/mm）	1400×1250	2500×1800	3000×2150	2300×1300
液压垫尺寸（左右/mm×前后/mm）		1630×1180	2260×1260	2300×1300
移动工作台最大移出距离/mm		1800		2200
机器外形尺寸（左右/mm×前/mm×地面上高/mm）	5080×2500×5336	7840×7020×6600	7250×3600×6200	8190×7450×7860
电机总功率/kW	53	100	115.5	215
全机质量/kg		86800	75000	215000

表 4-36　Y26 型精冲压力机主要技术参数（内江锻压机床厂）

名　称		量　值	
		Y26—100	Y26—630
总压力/kN		1000	6300
边压力/kN		0～350	450～3000
反压力/kN		0～150	100～1400
最高行程次数/(1/min)		30	24
冲裁速度/(min/s)		6～14	3～8
工作行程/mm		50	70～150
压边行程/mm		15	30
反压行程/mm		15	30
封闭高度/mm		170～235	380～450
上工作台	尺寸/mm	420×420	ϕ1020
	支撑面尺寸/mm	ϕ180	ϕ550
下工作台	尺寸/mm	220×450	500×800
	支撑面尺寸/mm	ϕ180	ϕ500
立柱间距（前后/mm×左右/mm）		220×450	500×920
外形尺寸（长/mm×宽/mm×高/mm）		3450×1620×3360	3400×4600×4500
最大冲裁厚度/mm		8	16
最大材料宽度/mm		150	380
电动机功率/kW		22.25	79
质量/t		10	30

表 4-37 HFA 型精冲压力机主要技术参数（德国 Feintool SMG）

名 称	量 值							
	HFA250	HFA320	HFA400	HFA630	HFA800	HFA1000	HFA1400	HFA2500
总压力/kN	2500	3200	4000	6300	8000	10000	14000	25000
边压力/kN	100 ~ 1250	100 ~ 1600	100 ~ 2000	100 ~ 3200	100 ~ 4000	100 ~ 5000	300 ~ 5000	300 ~ 12500
反压力/kN	100 ~ 1250	50 ~ 800	50 ~ 1000	50 ~ 1300	100 ~ 2000	100 ~ 2500	200 ~ 3000	200 ~ 5000
最高行程次数/(1/min)	60	60	50	45	40	40	35	15
冲裁速度/(min/s)	3 ~ 40	5 ~ 50	5 ~ 50	5 ~ 50	5 ~ 50	5 ~ 50	4 ~ 50	4 ~ 22
封闭高度/mm	300 ~ 380	300 ~ 380	300 ~ 380	320 ~ 400	350 ~ 450	350 ~ 450	520 ~ 600	700 ~ 800
工作行程/mm	30 ~ 70	30 ~ 80	30 ~ 80	30 ~ 100	30 ~ 100	30 ~ 100	30 ~ 100	30 ~ 160
压边行程/mm	25	30	40	40	40	40	30	60
反压行程/mm	25	30	40	40	40	40	30	60
上工作台/mm × mm	600 × 600	630 × 630	800 × 800	900 × 900	1000 × 1000	1100 × 1100	1200 × 1200	1500 × 1500
下工作台 (左右/mm × 前后/mm)	600 × 600	630 × 960	800 × 1050	900 × 1260	1000 × 1200	1100 × 1300	1200 × 1200	1500 × 1500
最大冲裁厚度/mm	15	16	16	16	16	16	20	40
最大材料宽度/mm	250	250	350	350	450	450	630	800
条料最小长度/mm	2500	2700	2700	3000	3300	3600		
送料最大长度/mm	1 ~ 999.9	1 ~ 999.9	1 ~ 999.9	1 ~ 999.9	1 ~ 999.9	1 ~ 999.9	1 ~ 999.9	1 ~ 999.9
电动机功率/kW	50	60	80	95	140	200	200	320
质量/t	12	14	19	27	38.5	48	69.5	90

表 4-38 GKP 型精冲压力机主要技术参数（瑞士 Feintool Osterwalder）

名 称	量 值				
	GKP—FS25	GKP—F40	GKP—F100	GKP—F160	GKP—F250
总压力/kN	250	400	1000	1600	2500
边压力/kN	20 ~ 120	20 ~ 120	40 ~ 310	125 ~ 500	20 ~ 750
反压力/kN	0.2 ~ 120	5 ~ 120	10 ~ 270	10 ~ 400	20 ~ 750
行程次数/(次/min)	63 ~ 160	36 ~ 90	20 ~ 80	18 ~ 72	15 ~ 60
冲裁速度/(min/s)	5 ~ 15	5 ~ 15	5 ~ 15	5 ~ 15	5 ~ 15
工作行程/mm	25	45	50	61	61
压边行程/mm	8	8	8	10	15
反压行程/mm	7	7	14	14	13
封闭高度/mm					
活动工作台/mm	100 ~ 170	110 ~ 180	140 ~ 220	194 ~ 274	
固定工作台/mm			175 ~ 225	234 ~ 314	

（续）

名称	量值				
	GKP—FS25	GKP—F40	GKP—F100	GKP—F160	GKP—F250
复合工作台（活动凸模）/mm			140～220	184～264	
复合工作台（固定凸模）/mm			150～230	197～274	
模具安装尺寸/mm×mm					
上工作台/mm×mm	280×280	280×280	420×430	480×520	540×540
活动式下工作台/mm×mm	280×300	280×300	420×430	480×520	
固定式下工作台/mm×mm			420×430	480×520	
复合式下工作台/mm×mm			420×430	480×520	540×540
材料最大厚度/mm	2	4	5	6	10
材料最大宽度/mm	64	100	180	180	210
250 送料最大长度/mm	66	60	180	180	250
电动机功率/kW	4.5	4	8	13	29
质量/t	3.3	3.3	7	10.2	16

表 4-39　数控步冲压力机主要技术参数

型号	J92K—25	J92K—40	JCQ2025	J93K—30
公称压力/kN	250	400	200	300
最大加工板料尺寸/（mm×mm）	1000×2000	1250×2500	1000×2000	750×2000
最大板料厚度/mm	6	6	6.4	3
最大模具尺寸/mm	110	110	100	
工位数	24	32		9
步冲行程次数/（次/min）	180	180		150

第五章 部分冷冲模标准

冷冲模标准是指在冷冲模设计和制造中必须或应该遵循的技术规范、基准和准则，是采用现代化模具生产技术和装备，实现模具的计算机辅助设计和辅助制造，以及采用和充分使用高效、高精度模具加工设备和加工工艺，提高模具设计和制造质量，提高效率、降低成本的技术基础。采用标准化技术设计冷冲模，是现代技术发展的需要和基本要求。为方便学生查找资料，本章摘录了部分冷冲模国家标准。由于篇幅所限，对部分内容进行了删减，重新编排了表格，并采用最新国家标准。

一、国内外先进模架厂模具

HASCO 标准模架及龙记标准模架是现在模具厂选用最广泛的模架。两者最大的区别是外形尺寸的尾数不同。

1. HASCO 标准模架

HASCO 标准是世界三大模具配件生产标准之一，如图 5-1 所示，以其互配性强、设计简洁、容易安装、可换性好、操作可靠、性能稳定、兼容各国家工业标准等优点被广泛采用，与美国的 DME 标准、日本的 MISUMI 标准齐名；为世界覆盖范围最广的模具配件生产标准。

HASCO 模架与龙记模架最大的区别就是外形尺寸的尾数不同。HASCO 模架外形通常以 6 结尾，例如：外形 196mm × 246mm，模板厚度 S = 56mm、66mm、76mm 等；龙记模架外形通常以整数结尾，例如：200mm × 250mm，模板厚度 S = 25mm、30mm、50mm、80mm 等。另外，HASCO 的 4 个导柱孔位置都是对称的，通过 HASCO 系列标准导套的“三粗一细”达到防止动定模反装的目的，龙记模架则是通过其中一个导柱孔位置做成偏心的来防止反装。

“三粗一细”是指导套的内孔直径不同，有 3 个尺寸一致，最后一个比另外 3 个要小一个型号。例如：导套外径 d_3 = 26mm 时，模板导柱孔直径就做到 26mm，可以选择 3 个 d_1 = 20mm，一个 d_1 = 18mm 的导套，导套长度 S_2 的尺寸可以根据模板厚度 S 来进行选择见表 5-1。

图 5-1　HASCO 标准模架示意图

表 5-1　导套型号

Typ 1

Typ 2

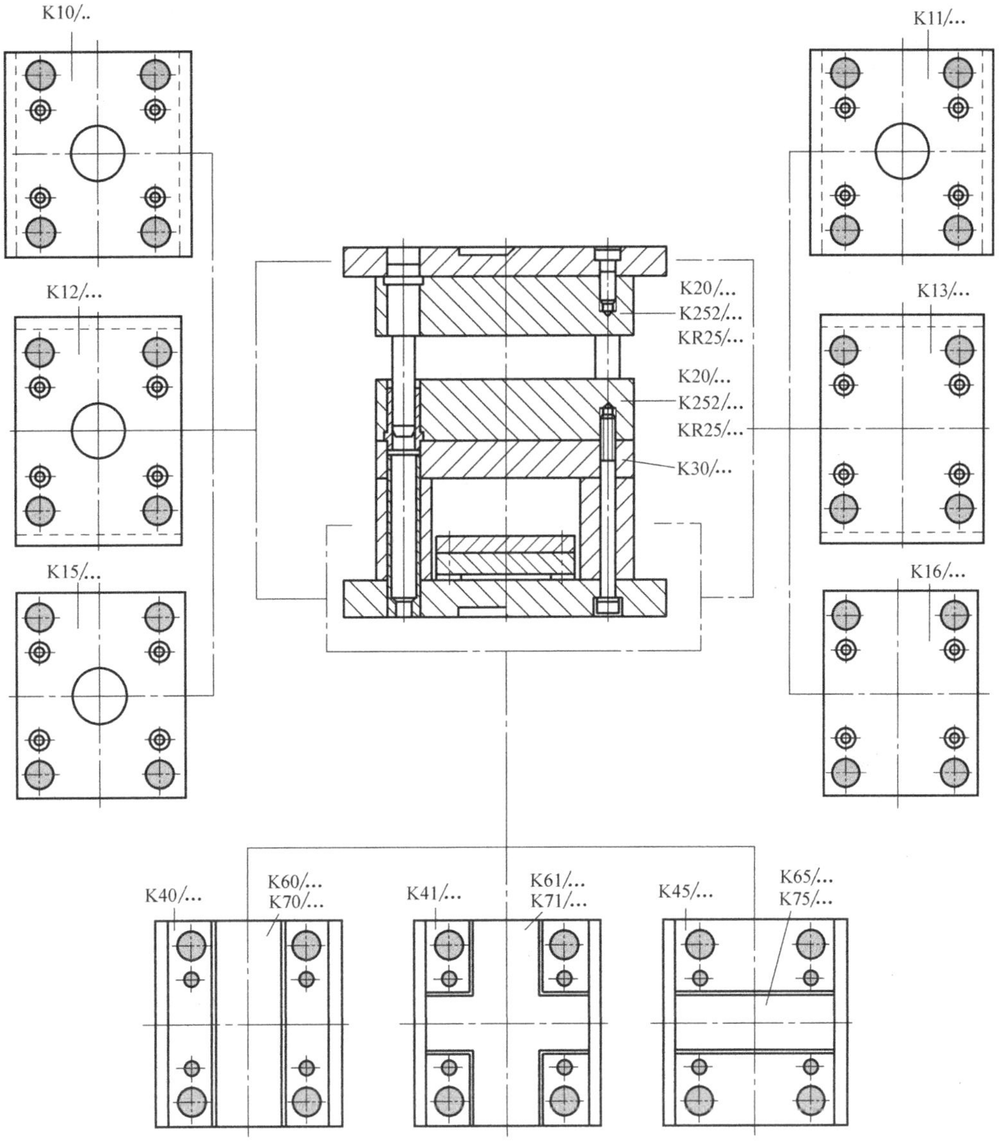

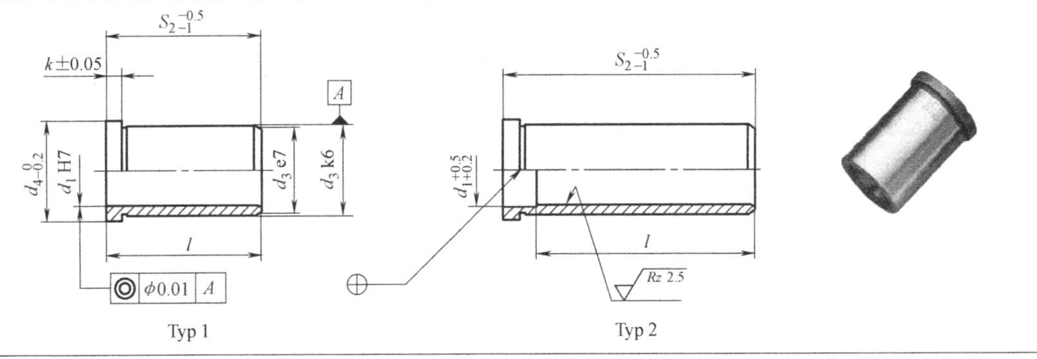

（续）

<table>
<tr><th></th><th></th><th></th><th></th><th></th><th></th><th>ϕ</th><th></th><th>ϕ</th><th></th></tr>
<tr><th>Typ</th><th>1</th><th>d_3</th><th>d_4</th><th>K</th><th>S_2</th><th>d_1</th><th>Nr. /No.</th><th>d_1</th><th>Nr. /No.</th></tr>
<tr><td rowspan="8">1</td><td>17</td><td rowspan="12">26</td><td rowspan="12">31</td><td rowspan="12">6</td><td>17</td><td rowspan="12">18</td><td>Z11/17/18</td><td rowspan="12">20</td><td>Z11/17/20</td></tr>
<tr><td>22</td><td>22</td><td>22</td><td>22</td></tr>
<tr><td>27</td><td>27</td><td>27</td><td>27</td></tr>
<tr><td>36</td><td>36</td><td>36</td><td>36</td></tr>
<tr><td>46</td><td>46</td><td>46</td><td>46</td></tr>
<tr><td>56</td><td>56</td><td>56</td><td>56</td></tr>
<tr><td>66</td><td>66</td><td>66</td><td>66</td></tr>
<tr><td rowspan="5">76</td><td>76</td><td>76</td><td>76</td></tr>
<tr><td rowspan="4">2</td><td>86</td><td>86</td><td>86</td></tr>
<tr><td>96</td><td>96</td><td>96</td></tr>
<tr><td>116</td><td>116</td><td>116</td></tr>
<tr><td>136</td><td>136</td><td>136</td></tr>
<tr><td rowspan="10">1</td><td>17</td><td rowspan="13">30</td><td rowspan="13">35</td><td rowspan="13">6</td><td>17</td><td rowspan="13">22</td><td>Z11/17/22</td><td rowspan="13">24</td><td>Z11/17/24</td></tr>
<tr><td>22</td><td>22</td><td>22</td><td>22</td></tr>
<tr><td>27</td><td>27</td><td>27</td><td>27</td></tr>
<tr><td>36</td><td>36</td><td>36</td><td>36</td></tr>
<tr><td>46</td><td>46</td><td>46</td><td>46</td></tr>
<tr><td>56</td><td>56</td><td>56</td><td>56</td></tr>
<tr><td>66</td><td>66</td><td>66</td><td>66</td></tr>
<tr><td>76</td><td>76</td><td>76</td><td>76</td></tr>
<tr><td>86</td><td>86</td><td>86</td><td>86</td></tr>
<tr><td rowspan="4">96</td><td>96</td><td>96</td><td>96</td></tr>
<tr><td rowspan="3">2</td><td>116</td><td>116</td><td>116</td></tr>
<tr><td>136</td><td>136</td><td>136</td></tr>
<tr><td>156</td><td>156</td><td>156</td></tr>
</table>

2. 龙记标准模架

龙记集团为世界四大模架制造商之一，模架销售量多年来稳居亚洲之冠。龙记集团始创于1975年，初期以销售模具钢材为主，于1985年正式开始设计并制造标准。

（1）大水口系统模架　1515～6080系列，有A、B、C、D四种型号，共AI、AH、AT、BI、BH、BT、CI、CH、CT、DI、DH、DT 12款花式。其中板件最少为CH型，含A板、B板、方铁、面针板、底针板、底板；板件最多为BI及BT型，其中BI型含工字面板、A板、推板、B板、托板、方铁、面针板、底针板、工字底板。

（2）细水口系统模架　包含2025～5070系列，分为D、E两种型号，共DAI、DBI、DCI、DDI、EAI、EBI、ECI、EDI、DAH、DBH、DCH、DDH、EAH、EBH、ECH、EDH 16

款花式。其中板件最少为 ECI 及 ECH 型，其中 ECI 型含工字水口面板、A 板、B 板、方铁、面针板、底针板、工字底板；ECH 型含水口面板、A 板、B 板、方铁、面针板、底针板、底板。板件最多为 DBI 及 DBH 型，其中 DBI 型含工字水口面板、水口推板、A 板、推板、B 板、托板、方铁、面针板、底针板、工字底板；DBH 型含水口面板、水口推板、A 板、推板、B 板、托板、方铁、面针板、底针板、底板。

（3）简化型细水口系统模架　包含 1515～5070 系列，分为 F、G 两种型号，共 FAI、FAH、FCI、FCH、GAI、GAH、GCI、GCH 8 款花式。其中板件最少为 GCI 及 GCH 型，其中 GCI 型含工字水口面板、A 板、B 板、方铁、面针板、底针板、工字底板；GCH 型含水口面板、A 板、B 板、方铁、面针板、底针板、底板。板件最多为 FAI 及 FAH 型，其中 FAI 型含工字水口面板、水口推板、A 板、B 板、托板、方铁、面针板、底针板、工字底板；FAH 型含水口面板、水口推板、A 板、B 板、托板、方铁、面针板、底针板、底板。

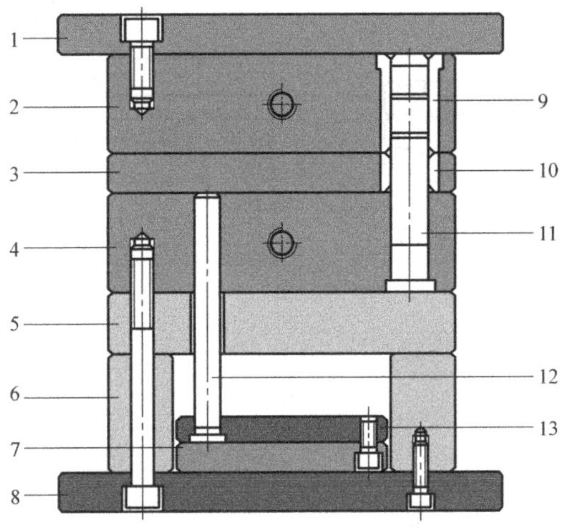

图 5-2　大水口模架

1—工字板（定模座板）　2—A 板（定模板）　3—推板（成品推板）　4—B 板（动模板）　5—托板（支承板）　6—方铁（垫板）　7—底针板（推板）　8—底板（动模座板）　9—托司（有托导套）　10—直司（直导套）　11—边钉（导柱）　12—回针（复位板）　13　面针板（推杆固定板）

大水口模架（又称单分型面模架），标准长宽尺寸由 150mm × 150mm（简称 1515 系列）至 600mm × 800mm（简称 6080 系列）；因不同 A 板、B 板、推板及托板组合，共分 A、B、C、D 四个型号。模架因码模结构不同，有工字模（I 型）、直身模（H 型）及直身模加面板（T 型）三类，结合 A、B、C、D 四个型号，标准大水口模架共有 12 种不同型号规格，模具制作者可因产品要求而配置不同的板厚组合，如图 5-2 和图 5-3 所示。

大水口模具（又称两板模）：流道及浇口设计在同一分模在线，与产品一同脱模，设计较简单，制作成本及时间较少，广泛被模具制作者接受及使用，但缺点是产品外观在水口位置较明显，要进行后续处理将水口及产品分离。

大水口模架型号定义：

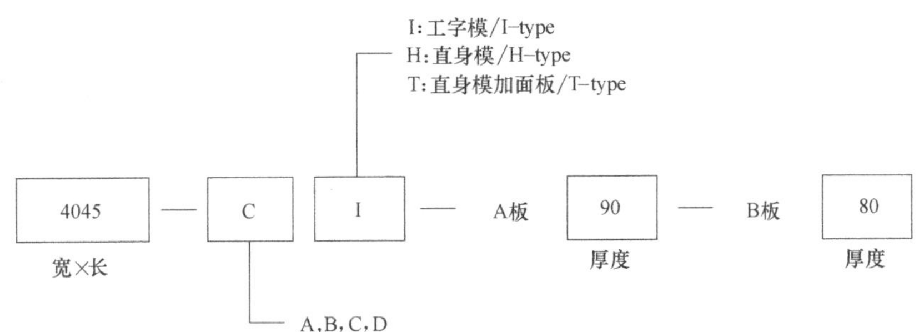

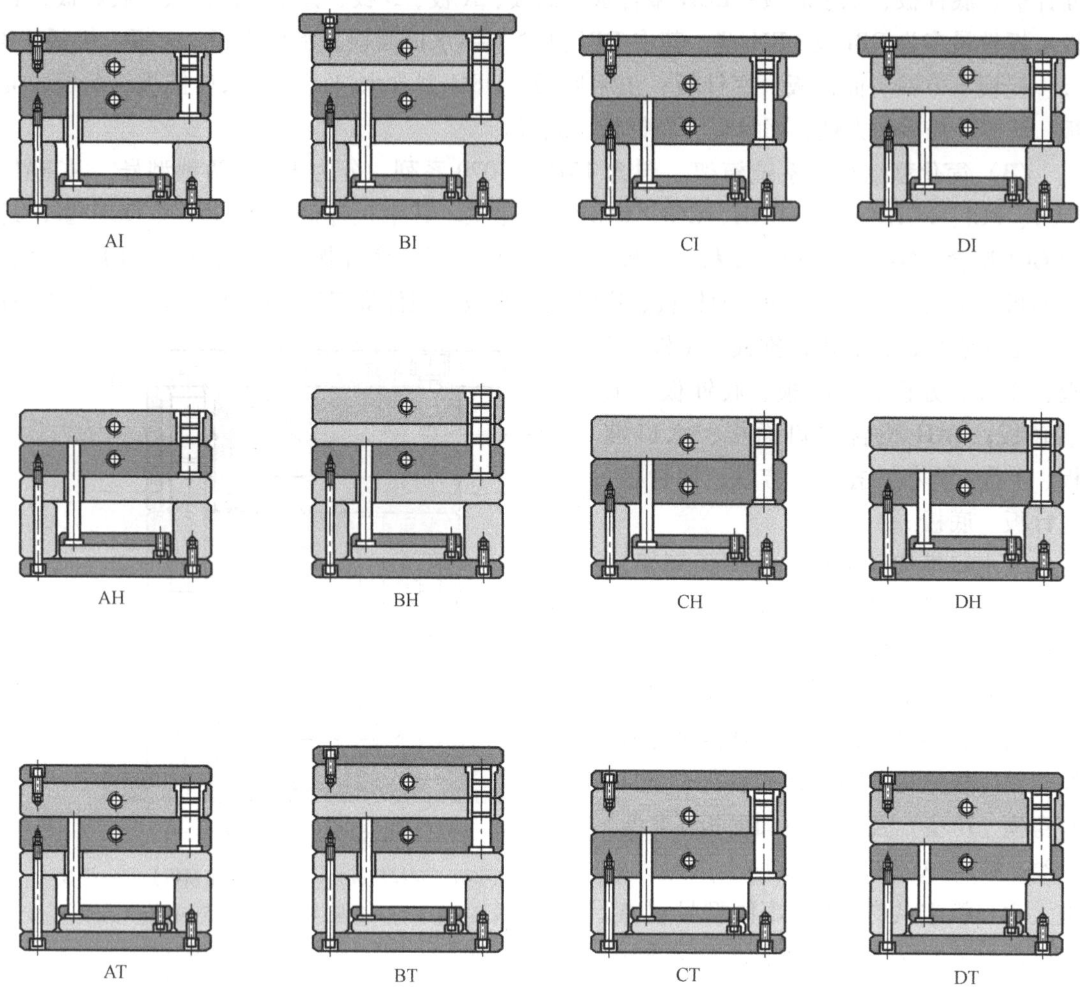

图 5-3 大水口模架类型

细水口模架（又称双/多分型面模架），标准长宽规格由 200mm × 250mm（简称 2025 系列）至 500mm × 700mm（简称 5070 系列）；细水口模架比大水口模架多了四只控制模板开合行程的拉杆及一块水口板，并分 D 及 E 型两大类，D 型有水口推板而 E 型则没有。与大水口模架一样，因板件配置不同而再分为 A、B、C、D 四个型号，但细水口模架只有工字模（I 型）、直身模（H 型）两类，合计共有 16 种不同型号规格，模具制作者可因产品要求而配置不同的板厚组合，如图 5-4 和图 5-5 所示。

细水口模具（又称三板模）：流道与浇口不在同一分模在线；产品在分模在线脱模，水口料则在水口板分模在线脱模，如图 5-4 所示。由于细水口需要设计多一组水口板分模线及控制模具开合行程装置，设计复杂，制作时间及成本会较大水口模架高。由于产品及浇口已分离，外观较佳，也无需增加后续水口分离的工作。

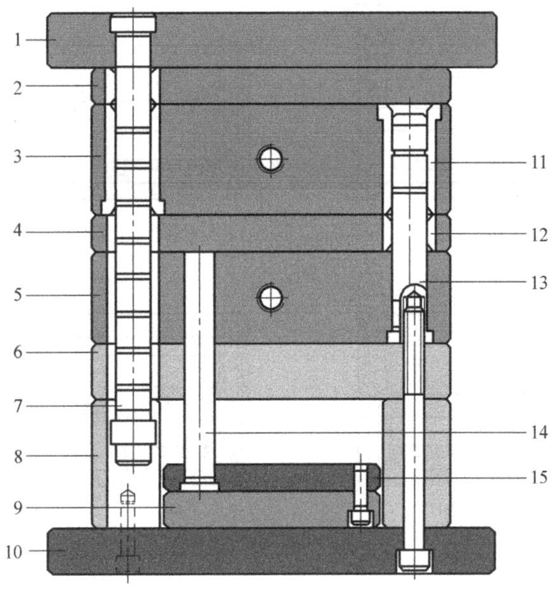

图 5-4　细水口模架

1—水口板（定模座板）　2—水口推板（推料板）　3—A 板（定模板）　4—推板（成品推板）　5—B 板（动模板）　6—托板（支承板）　7—水口边（导柱）　8—方铁（垫板）　9—底针板（推板）　10—底板（动模座板）　11—托司（有托导套）　12—直司（直导套）　13—边钉（导柱）　14—回针（复位杆）　15—面针板（推杆固定板）

细水口模架型号定义：

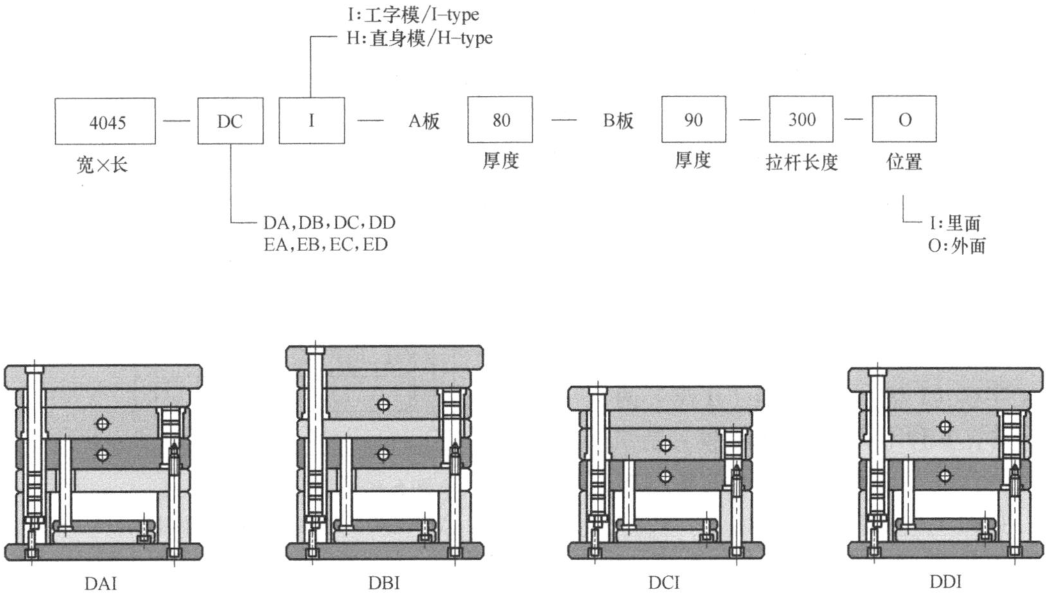

图 5-5　细水口模架类型

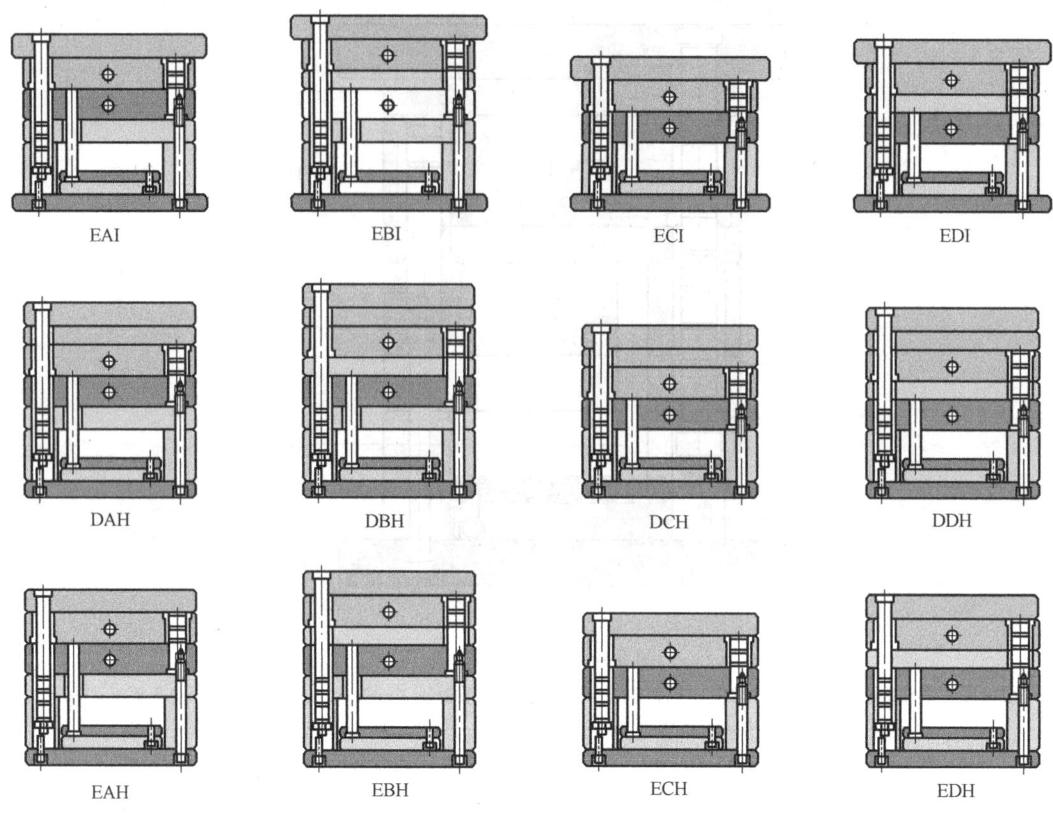

图 5-5 细水口模架类型（续）

简化型细水口（又称双/多分型面模架），是细水口模架之简化版本，标准长宽规格由 150mm × 150mm（简称 1515 系列）至 500mm × 700mm（简称 5070 系列）。简化型细水口模架少了四组拉杆，AB 板导柱改为四组长导柱，由水口板延至方铁。模架分为 F 型及 G 型两大类，F 型有水口推板而 G 型没有，由于 A 板及 B 板之间没有推板，故只有 A、C 两个型号，加上只有工字模（I 型）、直身模（H 型）两类，共有 8 种不同型号规格，模具制作者可因产品要求而进行不同的板厚组合，如图 5-6 和图 5-7 所示。

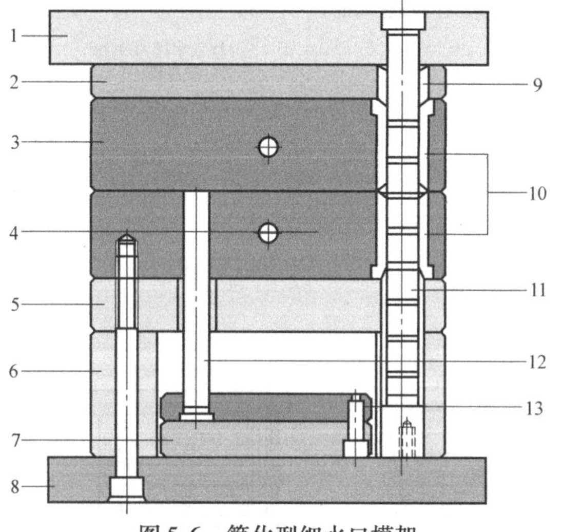

图 5-6 简化型细水口模架

1—水口板（定模座板） 2—水口推板（推料板） 3—A 板（定模板） 4—B 板（动模板） 5—托板（支承板） 6—方铁（垫板） 7—底针板（推板） 8—底板（动模座板） 9—直司（直导套） 10—托司（有托导套） 11—水口边（导柱） 12—回针（复位杆） 13—面针板（推杆固定板）

简化型细水口模具（又称三板模）：功能与细水口模架相同，流道与浇口不在同一分模在线；产品在分模在线脱模，水口料则在水口板分模在线脱模。由于简化型细水口少了四组拉杆及导套，设计空间较大，所以容许 1515 至 2023 等较细尺寸的长宽标准存在，令模具制作更灵活。由于产品及浇口已分离，外观较佳，也无需增加后续水口分离的工作。

简化细水口模架型号定义：

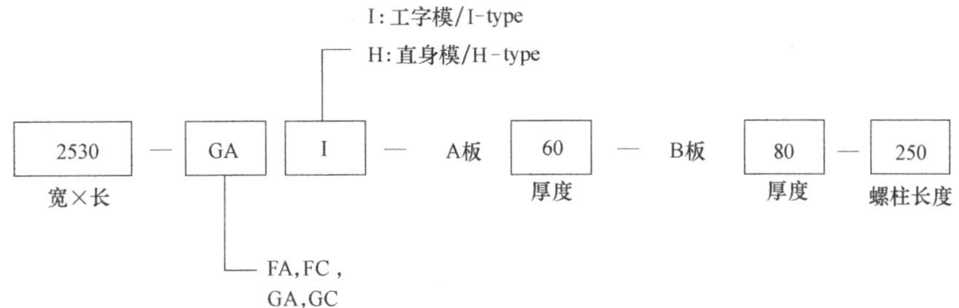

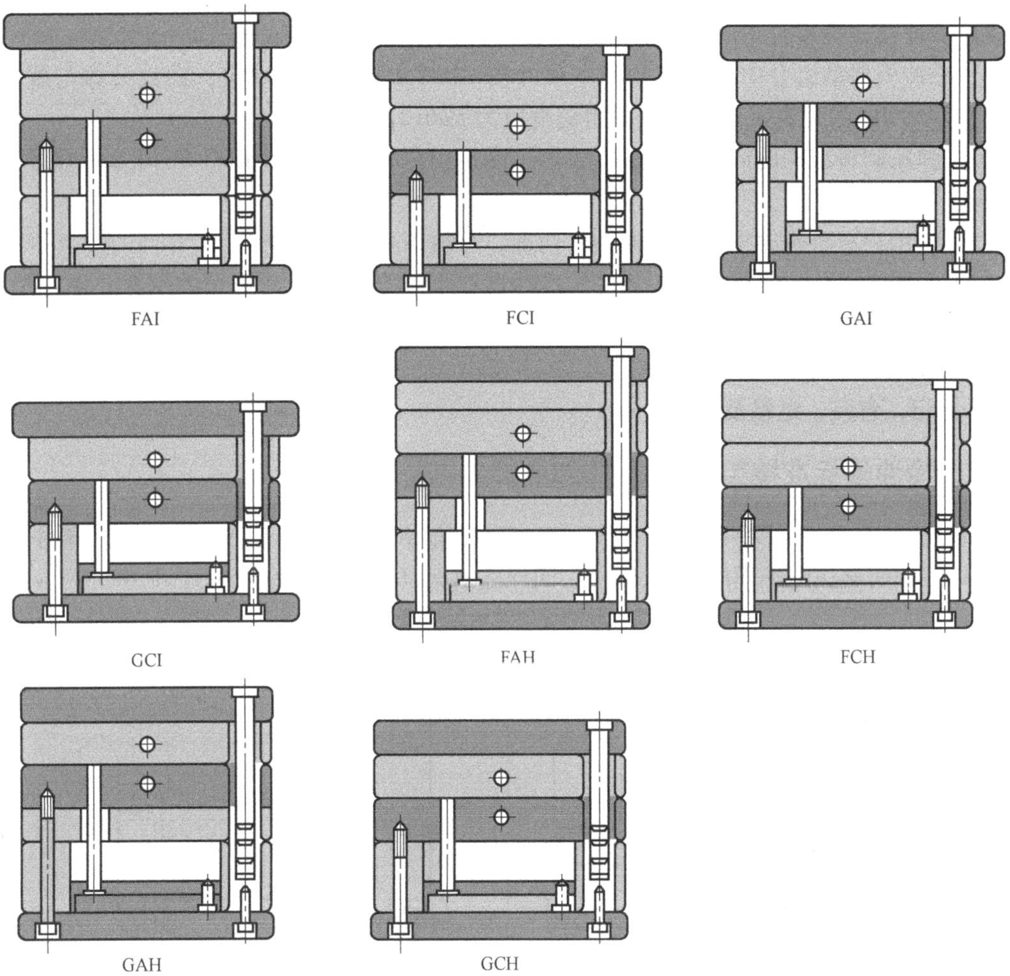

FAI　FCI　GAI

GCI　FAH　FCH

GAH　GCH

图 5-7　简化细水口模架类型

二、冷冲模典型组合技术条件

1. 技术要求

1）冷冲模典型组合的零件，均须符合有关零件的标准要求和本技术条件的规定。

2）装配成套的冷冲模典型组合，在其零件的加工表面上不得有擦伤、划痕、裂纹等缺陷。

3）上、下模座上的螺钉沉孔，其深度不应超过上、下模座厚度的1/2，并保证螺钉、圆柱销头端面不高出上、下模座基面。

4）在冷冲模典型组合中的卸料螺钉采用在上、下模座上打沉孔的结构形式时，卸料螺钉沉孔深度应保证同一副组合一致。

5）冷冲模典型组合中的导料板宽度尺寸 *B* 值，按实际需要进行修正。

6）冷冲模典型组合中的两块导料板厚度需修磨一致。

7）冷冲模典型组合中的上、下模座、固定板、卸料板、导料板、凹模等零件上的圆柱销孔不加工，待装配时再钻和铰。

8）冷冲模典型组合中的通孔、沉孔的表面粗糙度值为 *Ra*6. 3μm。

9）冷冲模典型组合中的螺纹的基本尺寸按 GB/T 196—2003 规定，螺纹公差与配合按 GB/T 197—2003 的规定，螺纹的表面粗糙度值为 *Ra*6. 3μm。

10）弹压卸料结构的卸料螺钉长度，若不满足用户要求时可用 JB/T 7650. 8—2008 调节垫圈调整。

11）若用户有特殊要求，经与制造厂协商，可按下述规定供应：

①可不制出螺孔；②可以改变相应的冷冲模典型组合标准中所规定的螺孔、销孔位置；③导料板可不接长于凹模外。

2. 验收规则（略）

3. 标记、包装、运输及保管（略）

三、冷冲模标准模架

本部分主要列出了冷冲模滑动导向中的对角导柱模架（表 5-2）、后侧导柱模架（表 5-3）、中间导柱圆形模架（表 5-4）、四导柱模架（表 5-5）等。

表 5-2 滑动导向对角导柱模架规格 （单位：mm）

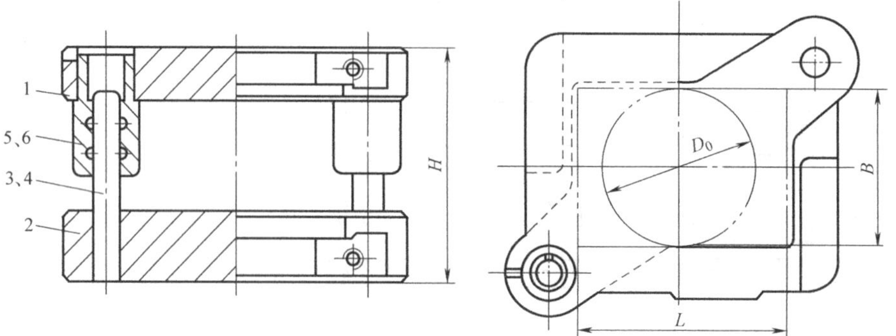

标记示例：

凹模周界 $L=200$mm、$B=125$mm，闭合高度 $H=170\sim205$mm，Ⅰ级精度的对角导柱模架：

模架 200×125×170～205 Ⅰ GB/T 2851—2008

（续）

凹模周界		闭合高度（参考）*H*		零件件号、名称及标准编号					
				1	2	3	4	5	6
				上模座 GB/T 2855.1—2008	下模座 GB/T 2855.2—2008	导柱 GB/T 2861.1—2008		导套 GB/T 2861.6—2008	
				数量					
L	*B*	最小	最大	1	1	1	1	1	1
				规格					
63	50	100	115	63×50×20	63×50×25	16× 90	18× 90	16× 60×18	18× 60×18
		110	125			100	100		
		110	130	63×50×25	63×50×30	100	100	65×23	65×23
		120	140			110	110		
63	63	100	115	63×63×20	63×63×25	90	90	60×18	60×18
		110	125			100	100		
		110	130	63×63×25	63×63×30	100	100	65×23	65×23
		120	140			110	110		
80	63	110	130	80×63×25	80×63×30	100	100	65×23	65×23
		130	150			120	120		
		120	145	80×63×30	80×63×40	110	110	70×28	70×28
		140	165			130	130		
100	63	110	130	100×63×25	100×63×30	18× 100	20× 100	18× 65×23	20× 65×23
		130	150			120	120		
		120	145	100×63×30	100×63×40	110	110	70×28	70×28
		140	165			130	130		
80	80	110	130	80×80×25	80×80×30	100	100	65×23	65×23
		130	150			120	120		
		120	145	80×80×30	80×80×40	110	110	70×28	70×28
		140	165			130	130		
100	80	110	130	100×80×25	100×80×30	20× 100	20× 100	20× 65×23	22× 65×23
		130	150			120	120		
		120	145	100×80×30	100×80×40	110	110	70×28	70×28
		140	165			130	130		
125	80	110	130	125×80×25	125×80×30	100	100	65×23	65×23
		130	150			120	120		
		120	145	125×80×30	125×80×40	110	110	70×28	70×28
		140	165			130	130		
100	100	110	130	100×100×25	100×100×30	100	100	65×23	65×23
		130	150			120	120		
		120	145	100×100×30	100×100×40	110	110	70×28	70×28
		140	165			130	130		
125	100	120	150	125×100×30	125×100×35	22× 110	25× 110	22× 80×28	25× 80×28
		140	165			130	130		
		140	170	125×100×35	125×100×45	130	130	80×33	80×33
		160	190			150	150		
160	100	140	170	160×100×35	160×100×40	25× 130	28× 130	25× 85×33	28× 85×33
		160	190			150	150		
		160	195	160×100×40	160×100×50	150	150	90×38	90×38
		190	225			180	180		

（续）

凹模周界 L	凹模周界 B	闭合高度（参考）H 最小	闭合高度（参考）H 最大	1 上模座 GB/T 2855.1—2008	2 下模座 GB/T 2855.2—2008	3 导柱 GB/T 2861.1—2008		4 导柱 GB/T 2861.1—2008		5 导套 GB/T 2861.6—2008		6 导套 GB/T 2861.6—2008	
				数量 1	1	1		1		1		1	
				规格									
200	100	140	170	200 × 100 × 35	200 × 100 × 40	25 ×	130	28 ×	130	25 ×	85 × 38	28 ×	85 × 38
		160	190				150		150				
		160	195	200 × 100 × 40	200 × 100 × 50		150		150		90 × 38		90 × 38
		190	225				180		180				
125	125	120	150	125 × 125 × 30	125 × 125 × 35	22 ×	110	25 ×	110	22 ×	80 × 28	25 ×	80 × 28
		140	165				130		130				
		140	170	125 × 125 × 35	125 × 125 × 45		130		130		85 × 33		85 × 33
		160	190				150		150				
160		140	170	160 × 125 × 35	160 × 125 × 40	25	130	28	130	25 ×	85 × 33	28 ×	85 × 33
		160	190				150		150				
		170	205	160 × 125 × 40	160 × 125 × 50		160		160		95 × 38		95 × 38
		190	225				180		180				
200		140	170	200 × 125 × 35	200 × 125 × 40		130		130		85 × 33		85 × 33
		160	190				150		150				
		170	205	200 × 125 × 40	200 × 125 × 50		160		160		95 × 38		95 × 38
		190	225				180		180				
250		160	200	250 × 125 × 40	250 × 125 × 45	28 ×	150	32 ×	150	28 ×	100 × 38	32 ×	100 × 38
		180	220				170		170				
		190	235	250 × 125 × 45	250 × 125 × 55		180		180		110 × 43		110 × 43
		210	255				200		200				
160	160	160	200	160 × 160 × 40	160 × 160 × 45	28 ×	150	32 ×	150	28 ×	100 × 38	32 ×	100 × 38
		180	220				170		170				
		190	235	160 × 160 × 45	160 × 160 × 55		180		180		110 × 43		110 × 43
		210	255				200		200				
200		160	200	200 × 160 × 40	200 × 160 × 45		150		150		100 × 38		100 × 38
		180	220				170		170				
		190	235	200 × 160 × 45	200 × 160 × 55		180		180		110 × 43		110 × 43
		210	255				200		200				
250		170	210	250 × 160 × 45	250 × 160 × 55	32 ×	160	35 ×	160	32 ×	105 × 43	35 ×	105 × 43
		200	240				190		190				
		200	245	250 × 160 × 50	250 × 160 × 60		190		190		115 × 48		115 × 48
		220	265				210		210				
200	200	170	210	200 × 200 × 45	200 × 200 × 50	32 ×	160	35 ×	160	30 ×	105 × 43	35 ×	105 × 43
		200	240				190		190				
		200	245	200 × 200 × 50	200 × 200 × 60		190		190		115 × 48		115 × 48
		220	265				210		210				
250		170	210	250 × 200 × 45	250 × 200 × 50		160		160		105 × 43		105 × 43
		200	240				190		190				
		200	245	250 × 200 × 50	250 × 200 × 60		190		190		115 × 48		115 × 48
		220	265				210		210				

（续）

凹模周界		闭合高度（参考）*H*		零件件号、名称及标准编号					
				1	2	3	4	5	6
				上模座 GB/T 2855.1—2008	下模座 GB/T 2855.2—2008	导柱 GB/T 2861.1—2008		导套 GB/T 2861.6—2008	
				数　量					
L	*B*	最小	最大	1	1	1	1	1	1
				规　格					
315	200	190	230	315×200×45	315×200×55	180	180	115×43	115×43
		220	260			210	210		
		210	255	315×200×50	315×200×65	200	200	125×48	125×48
		240	285			230	230		
250	250	190	230	250×250×45	250×250×55	35× 180	40× 180	35× 115×43	40× 115×43
		220	260			210	210		
		270	255	250×250×50	250×250×65	200	200	125×48	125×48
		240	285			230	230		
315		215	250	315×250×50	315×250×60	200	200	125×48	125×48
		245	280			230	230		
		245	290	315×250×55	315×250×70	230	230	140×53	140×53
		275	320			260	260		
400		215	250	400×250×50	400×250×60	40× 200	45× 200	40× 125×48	45× 125×48
		245	280			230	230		
		245	290	400×250×55	400×250×70	230	230	140×53	140×53
		275	320			260	260		
315	315	215	250	315×315×50	315×315×60	200	200	125×48	125×48
		245	280			230	230		
		245	290	315×315×55	315×315×70	230	230	140×53	140×53
		275	320			260	260		
400		245	290	400×315×55	400×315×65	230	230	140×58	140×58
		275	315			260	260		
		275	320	400×315×60	400×315×75	260	260	150×58	150×58
		305	350			290	290		
500		245	290	500×315×55	500×315×65	45× 230	50× 230	45× 140×53	50× 140×53
		275	315			260	260		
		275	320	500×315×60	500×315×75	260	260	150×58	150×58
		305	350			290	290		
400	400	245	290	400×400×55	400×400×65	230	230	140×53	140×53
		275	315			260	260		
		275	320	400×400×60	400×400×75	260	260	150×58	150×58
		305	350			290	290		
630		240	280	630×400×55	630×400×65	220	220	150×53	150×53
		270	305			250	250		
		270	310	630×400×65	630×400×80	250	250	160×63	160×63
		300	340			280	280		
500	500	260	300	500×500×55	500×500×65	50× 240	55× 240	50× 150×53	55× 150×53
		290	325			270	270		
		290	330	500×500×65	500×500×80	270	270	160×63	160×63
		320	360			300	300		

表 5-3 滑动导向后侧导柱模架规格 （单位：mm）

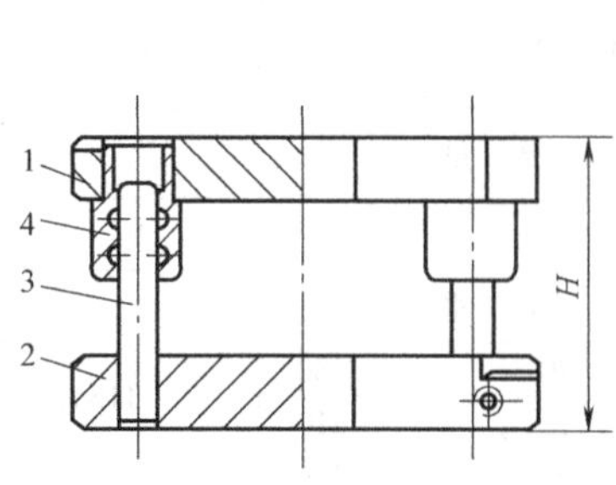

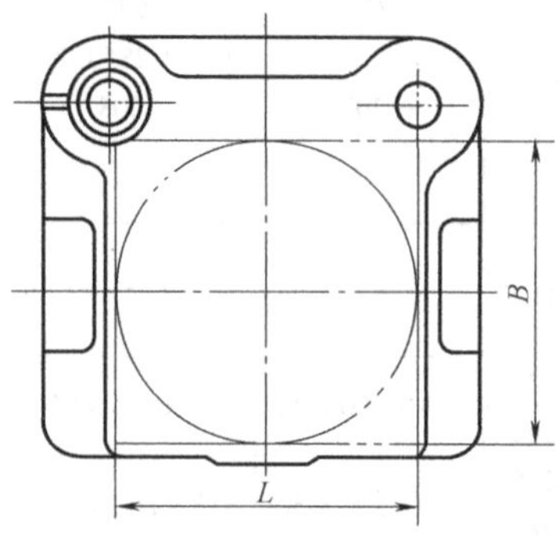

标记示例：

凹模周界 $L=200\text{mm}$、$B=125\text{mm}$，闭合高度 $H=170\sim205\text{mm}$，Ⅰ级精度的后侧导柱模架：

模架 200×125×170～205 Ⅰ GB/T 2851—2008

凹模周界		闭合高度（参考）*H*		零件件号、名称及标准编号					
				1	2	3		4	
				上模座 GB/T 2855.1—2008	下模座 GB/T 2855.2—2008	导柱 GB/T 2861.1—2008		导套 GB/T 2861.3—2008	
				数 量					
L	*B*	最小	最大	1	1	2		2	
				规 格					
63	50	100	115	63×50×20	63×50×25	16 ×	90	16 ×	60×18
		110	125				100		
		110	130	63×50×25	63×50×30		100		65×23
		120	140				110		
63	63	100	115	63×63×20	63×63×25		90		60×18
		110	125				100		
		110	130	63×63×25	63×63×30		100		65×23
		120	140				110		
80		110	130	80×63×25	80×63×30	18 ×	100	18 ×	65×23
		130	150				120		
		120	145	80×63×30	80×63×40		110		70×28
		140	165				130		
100		110	130	100×63×25	100×63×30		100		65×23
		130	150				120		
		120	145	100×63×30	100×63×40		110		70×28
		140	165				130		

（续）

凹模周界		闭合高度（参考）*H*		零件件号、名称及标准编号			
				1	2	3	4
				上模座 GB/T 2855.1—2008	下模座 GB/T 2855.2—2008	导柱 GB/T 2861.1—2008	导套 GB/T 2861.3—2008
				数　量			
L	*B*	最小	最大	1	1	2	2
				规　格			
80	80	110	130	80×80×25	80×80×30	20×100	20×65×23
		130	150			120	
		120	145	80×80×30	80×80×40	110	70×28
		140	165			130	
100		110	130	100×80×25	100×80×30	100	65×23
		130	150			120	
		120	145	100×80×30	100×80×40	110	70×28
		140	165			130	
125		110	130	125×80×25	125×80×30	100	65×23
		130	150			120	
		120	145	125×80×30	125×80×40	110	70×28
		140	165			130	
100	100	110	130	100×100×25	100×100×30	100	65×23
		130	150			120	
		120	145	100×100×30	100×100×40	110	70×28
		140	165			130	
125		120	150	125×100×30	125×100×35	22×110	22×80×28
		140	165			130	
		140	170	125×100×35	125×100×45	130	80×33
		160	190			150	
160		140	170	160×100×35	160×100×40	25×130	25×85×33
		160	190			150	
		160	195	160×100×40	160×100×50	150	90×38
		190	225			180	
200		140	170	200×100×35	200×100×40	130	85×33
		160	190			150	
		160	195	200×100×40	200×100×50	150	90×38
		190	225			180	
125	125	120	150	125×125×30	125×125×35	22×100	22×80×28
		140	165			130	
		140	170	125×125×35	125×125×45	130	85×33
		160	190			150	
160		140	170	160×125×35	160×125×40	25×130	25×85×33
		160	190			150	
		170	205	160×125×40	160×125×50	160	95×38
		190	225			180	
200		140	170	200×125×35	200×125×40	130	85×33
		160	190			150	
		170	205	200×125×40	200×125×50	160	95×38
		190	225			180	

（续）

凹模周界		闭合高度（参考）*H*		零件件号、名称及标准编号			
				1	2	3	4
				上模座 GB/T 2855.1—2008	下模座 GB/T 2855.2—2008	导柱 GB/T 2861.1—2008	导套 GB/T 2861.3—2008
				数　量			
L	*B*	最小	最大	1	1	2	2
				规　格			
250	125	160	200	250×125×40	250×125×45	28×150	28×100×38
		180	220			28×170	
		190	235	250×125×45	250×125×55	28×180	28×110×43
		210	255			28×200	
160	160	160	200	160×160×40	160×160×45	28×150	28×100×38
		180	220			28×170	
		190	235	160×160×45	160×160×55	28×180	28×110×43
		210	255			28×200	
200		160	200	200×160×40	200×160×45	28×150	28×100×38
		180	220			28×170	
		190	235	200×160×45	200×160×55	28×180	28×110×43
		210	255			28×200	
250		170	210	250×160×45	250×160×50	32×160	32×105×43
		200	240			32×190	
		200	245	250×160×50	250×160×60	32×190	32×115×48
		220	265			32×210	
200	200	170	210	200×200×45	200×200×50	32×160	32×105×43
		200	240			32×190	
		200	245	200×200×50	200×200×60	32×190	32×115×48
		220	265			32×210	
250		170	210	250×200×45	250×200×50	32×160	32×105×43
		200	240			32×190	
		200	245	250×200×50	250×200×60	32×190	32×115×48
		220	265			32×210	
315		190	230	315×200×45	315×200×55	35×180	35×115×43
		220	260			35×210	
		210	255	315×200×50	315×200×65	35×200	35×125×48
		240	285			35×230	
250	250	190	230	250×250×45	250×250×55	35×180	35×115×43
		220	260			35×210	
		210	255	250×250×50	250×250×65	35×200	35×125×48
		240	285			35×230	
315		215	250	315×250×50	315×250×60	40×200	40×125×48
		245	280			40×230	
		245	290	315×250×55	315×250×70	40×230	40×140×53
		275	320			40×260	
400		215	250	400×250×50	400×250×60	40×200	40×125×48
		245	280			40×230	
		245	290	400×250×55	400×250×70	40×230	40×140×53
		275	320			40×260	

表 5-4 滑动导向中间导柱圆形模架规格 （单位：mm）

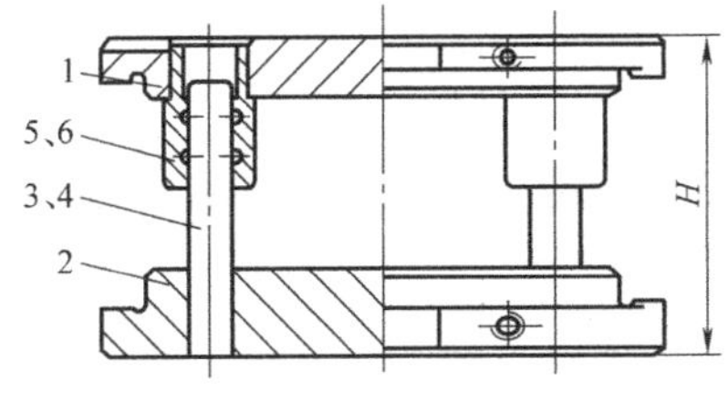

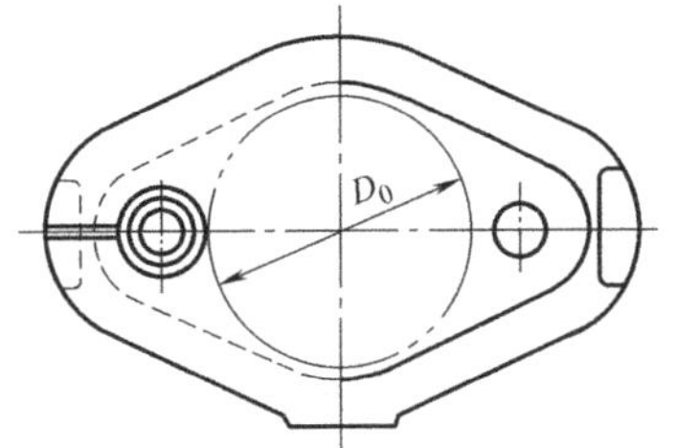

标记示例：

凹模周界 D_0 = 200mm、闭合高度 H = 200 ~ 245mm，Ⅰ级精度的中间导柱圆形模架：

模架 200×200~245 Ⅰ GB/T 2851—2008

凹模周界	闭合高度（参考）H		零件件号、名称及标准编号					
			1	2	3	4	5	6
			上模座 GB/T 2855.1—2008	下模座 GB/T 2855.2—2008	导柱 GB/T 2861.1—2008		导套 GB/T 2861.3—2008	
			数量					
			1	1	1	1	1	1
D_0	最小	最大	规格					
63	100	115	63×20	63×25	16×90	18×90	16×60×18	18×60×18
	110	125			16×100	18×100		
	110	130	63×25	63×30	16×100	18×100	16×65×23	18×65×23
	120	140			16×110	18×110		
80	100	130	80×25	80×30	20×100	22×100	20×65×23	22×65×23
	130	150			20×120	22×120		
	120	145	80×30	80×40	20×110	22×110	20×70×28	22×70×28
	140	165			20×130	22×130		
100	110	130	100×25	100×30	20×100	22×100	20×65×23	22×65×23
	130	150			20×120	22×120		
	120	145	100×30	100×40	20×110	22×110	20×70×28	22×70×28
	140	165			20×130	22×130		
125	120	150	125×30	125×35	22×110	25×110	22×80×28	25×80×28
	140	165			22×130	25×130		
	140	170	125×35	125×45	22×130	25×130	22×85×33	25×85×33
	160	190			22×150	25×150		
160	160	200	160×40	160×45	28×150	32×150	28×100×38	32×100×38
	180	220			28×170	32×170		
	190	235	160×45	160×55	28×180	32×180	28×110×43	32×110×43
	210	255			28×200	32×200		

（续）

凹模周界	闭合高度（参考）H		零件件号、名称及标准编号					
			1	2	3	4	5	6
			上模座 GB/T 2855.1—2008	下模座 GB/T 2855.2—2008	导柱 GB/T 2861.1—2008		导套 GB/T 2861.3—2008	
			数　量					
D_0	最小	最大	1	1	1	1	1	1
			规　格					
200	170	210	200×45	200×50	32×160	35×160	32×105×43	35×105×43
	200	240			32×190	35×190		
	200	245	200×50	200×60	32×190	35×190	32×115×48	35×115×48
	220	265			32×210	35×210		
250	190	230	250×45	250×55	35×180	40×180	35×115×43	40×115×43
	220	260			35×210	40×210		
	210	255	250×50	250×65	35×200	40×200	35×125×48	40×125×48
	240	280			35×230	40×230		
315	215	250	315×50	315×60	45×200	50×200	45×125×48	50×125×48
	245	280			45×230	50×230		
	245	290	315×55	315×70	45×230	50×230	45×140×53	50×140×53
	275	320			45×260	50×260		
400	245	290	400×55	400×65	45×230	50×230	45×140×53	50×140×53
	275	315			45×260	50×260		
	275	320	400×60	400×75	45×260	50×260	45×150×58	50×150×58
	305	350			45×290	50×290		
500	260	300	500×55	500×65	50×240	55×240	50×150×53	55×150×53
	290	325			50×270	55×270		
	290	330	500×65	500×80	50×270	55×270	50×160×63	55×160×63
	320	360			50×300	55×300		
630	270	310	630×60	630×70	55×250	60×250	55×160×58	60×160×58
	300	340			55×280	60×280		
	310	350	630×75	630×90	55×290	60×290	55×170×73	60×170×73
	340	380			55×320	60×320		

表 5-5　四导柱模架规格　（单位：mm）

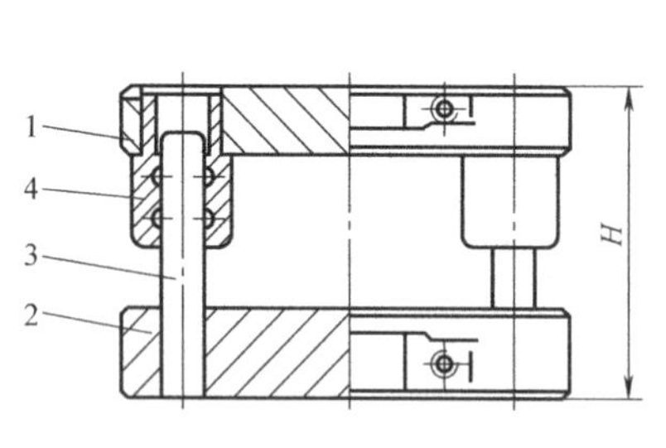

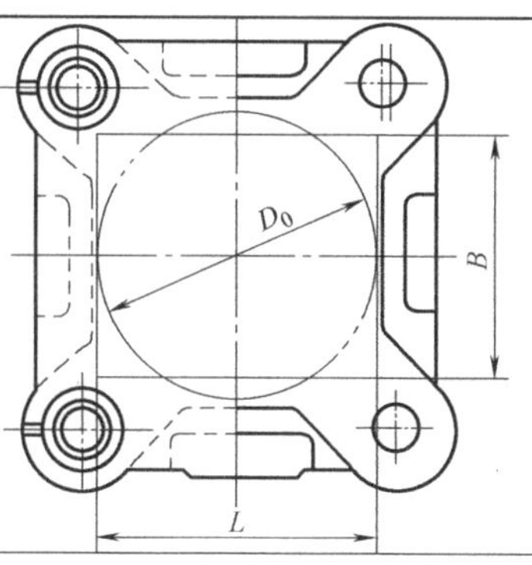

标记示例：

凹模周界 $L=250$mm、$B=200$mm、闭合高度 $H=200\sim245$mm，Ⅰ级精度的四导柱模架：

模架　250×200×200～245 Ⅰ GB/T 2851—2008

（续）

凹模周界		闭合高度（参考）*H*			零件件号、名称及标准编号					
					1	2	3		4	
					上模座 GB/T 2855.1—2008	下模座 GB/T 2855.2—2008	导柱 GB/T 2861.1—2008		导套 GB/T 2861.3—2008	
					数量					
					1	1	4		4	
L	*B*	D_0	最小	最大	规格					
160	125	160	140	170	160×125×35	160×125×40	25×	130	25×	85×33
			160	190				150		
			170	205	160×125×40	160×125×50		160		95×38
			190	225				180		
200	160	200	160	200	200×160×40	200×160×45	28×	150	28×	100×38
			180	220				170		
			190	235	200×160×45	200×160×55		180		110×43
			210	255				200		
250		—	170	210	250×160×45	250×160×50	32×	160	32×	105×43
			200	240				190		
			200	245	250×160×50	250×160×60		190		115×48
			220	265				210		
250	200	250	170	210	250×200×45	250×200×50		160		105×43
			200	240				190		
			200	245	250×200×50	250×200×60		190		115×48
			220	265				210		
315		—	190	230	315×200×45	315×200×55	35×	180	35×	115×43
			220	260				210		
			210	255	315×200×50	315×200×65		200		125×48
			240	285				230		
315	250	—	215	250	315×250×50	315×250×60	40×	200	40×	125×48
			245	280				230		
			245	290	315×250×55	315×250×70		230		140×53
			275	320				260		
400			215	250	400×250×50	400×250×60		200		125×48
			245	280				230		
			245	290	400×250×55	400×250×70		230		140×53
			275	320				260		
400	315	—	245	290	400×315×55	400×315×65	45×	230	45×	140×53
			275	315				260		
			275	320	400×315×60	400×315×75		260		150×58
			305	350				290		
500			245	290	500×315×55	500×315×65		230		140×53
			275	315				260		
			275	320	500×315×60	500×315×75		260		150×58
			305	350				290		
630			260	300	630×315×55	630×315×65	50×	240	50×	150×53
			290	325				270		
			290	330	630×315×65	630×315×80		270		160×63
			320	360				300		

（续）

凹模周界			闭合高度（参考）H		零件件号、名称及标准编号			
					1	2	3	4
					上模座 GB/T 2855. 1—2008	下模座 GB/T 2855. 2—2008	导柱 GB/T 2861. 1—2008	导套 GB/T 2861. 3—2008
					数量			
L	B	D_0	最小	最大	1	1	4	4
					规格			
500	400	—	260	300	500×400×55	500×400×65	50×240	50×150×53
			290	325			50×270	
			290	330	500×400×65	500×400×80	50×270	50×160×63
			320	360			50×300	
630			260	300	630×400×55	630×400×65	50×240	50×150×53
			290	325			50×270	
			290	330	630×400×65	630×400×80	50×270	50×160×63
			320	360			50×300	

四、冷冲模模架技术条件

1. 主题内容与适用范围

本标准规定了冲模模架技术条件。

本标准适用于冲模滑动导向模架和冲模滚动导向模架。

2. 引用标准

GB/T 1184—1996《形状和位置公差未注公差的规定》

GB/T 2828. 1—2003《逐批检查计数抽样程序和抽样表》

JB/T 8071—2008《冲模模架精度检查》

3. 技术要求

1）组成模架的零件，必须符合相应的标准要求和技术条件规定。

2）滑动导向模架的精度分为Ⅰ级和Ⅱ级；滚动导向模架的精度分为0Ⅰ级和0Ⅱ级。各级精度的模架必须达到表5-6所规定的各项技术指标。

3）装入模架的每对导柱和导套（包括可卸导柱和导套）的配合间隙值（或过盈量）应符合表5-12的规定。

①Ⅰ级精度的模架必须符合导套、导柱的配合精度为H6/h5，才能选用表5-7给定的配合间隙值。

②Ⅱ级精度的模架必须符合导套、导柱的配合精度为H7/h6，才能按表5-7给定的配合间隙值。

4）装配后的模架，其上模座沿导柱上、下移动时应平稳和无滞住现象。

5）装配后的导柱，其固定端面与下模座下平面应保留1～2mm的距离，选用B型导套时，装配后其固定端面应低于上模座上平面1～2mm。

表 5-6　模架分级技术指标

项	检查项目	被测尺寸 /mm	模架精度等级	
			0Ⅰ、Ⅰ级	0Ⅱ、Ⅱ级
			公差等级	
A	上模座上平面对下模座下平面的平行度	≤400	5	6
		>400	6	7
B	导柱轴心线对下模座下平面的垂直度	≤160	4	5
		>160	5	6

注：公差等级按 GB/T 1184—1996《形状和位置公差未注公差的规定》。

表 5-7　导柱导套配合间隙（或过盈量）　　（单位：mm）

配合形式	导柱直径	模架精度等级		配合后的过盈量
		Ⅰ级	Ⅱ级	
		配合后的间隙值		
滑动配合	≤18	≤0.010	≤0.015	
	18～30	≤0.011	≤0.017	
	30～50	≤0.014	≤0.021	
	50～80	≤0.016	≤0.025	
滚动配合	18～35	—	—	0.01～0.02

6）模架的各零件工作表面不允许有裂纹和影响使用的砂眼、缩孔、机械损伤等缺陷。

7）在保证本标准规定质量的情况下，允许用其他工艺方法（如环氧树脂、厌氧胶、低熔点合金浇注等）固定导柱、导套，其零件结构尺寸允许做相应改动。

8）成套模架一般不装配模柄。

9）上述规定以外的技术要求由供需双方协定。

4. 验收规则（略）

5. 标记、包装、运输及贮存（略）

注：本技术条件摘自 JB/T 8050—2008。

五、冷冲模模架零件标准

冷冲模滑动导向中的对角导柱模架上模座见表 5-8，下模座见表 5-9；后侧导柱模架上模座见表 5-10，下模座见表 5-11；中间导柱圆形模架上模座见表 5-12，下模座见表 5-13；四导柱上模座见表 5-14，下模座见表 5-15；导向装置中的导柱、导套见表 5-16～表 5-18。

表 5-8　滑动导向对角导柱模架上模座　　（单位：mm）

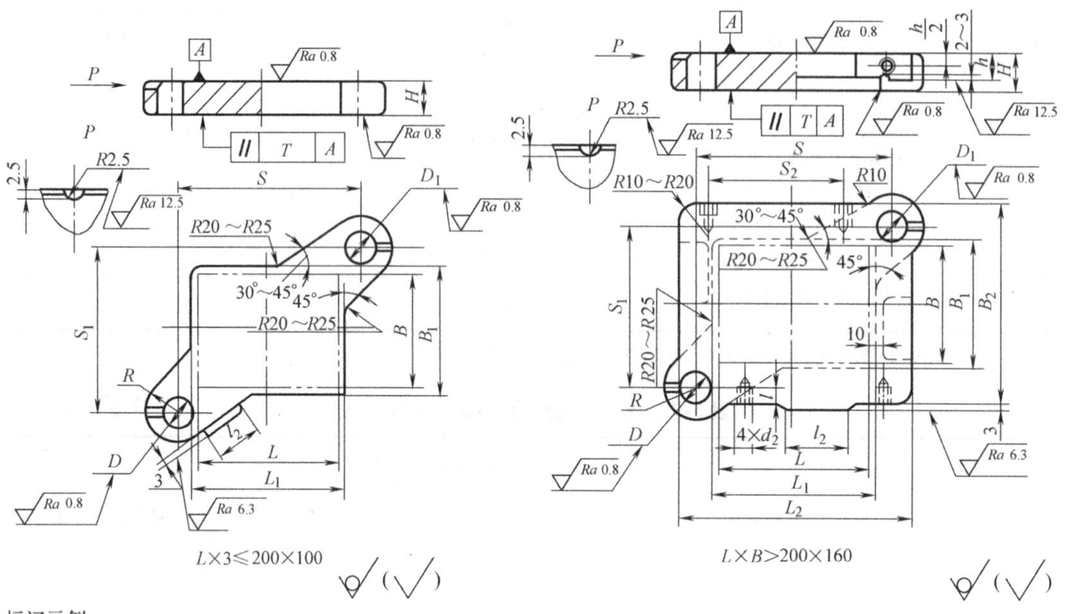

标记示例：

凹模周界　$L=200$mm、$B=160$mm、厚度 $H=45$mm 的对角导柱上模座：

上模座　200×160×45　GB/T 2855.1—2008

材料　HT200

凹模周界		H	h	L_1	B_1	L_2	B_2	S	S_1	R	l_2	D(H7)		D_1(H7)		d_2	l	S_2
L	B											公称尺寸	极限偏差	公称尺寸	极限偏差			
63	50	20	—	70	60	—	—	100	85	28	40	25	+0.021 0	28	+0.021 0	—	—	—
		25																
63	63	20		70	70				95									
		25																
80		25		90				120	105	32	60	23		32	+0.025 0			
		30																
100		25		110				140										
		30																
80	80	25		90	90			125	125	35		32	+0.025 0	35				
		30																
100		25		110				145										
		30																
125		25		130				170										
		30																
100	100	25		110	110			145	145									
		30																
125		30		130				170		38		35		38				
		35																
160		35		170				210	150	42	80	38		42				
		40																
200		35		210				250										
		40																

（续）

<table>
<tr><th colspan="2">凹模周界</th><th rowspan="2">H</th><th rowspan="2">h</th><th rowspan="2">L_1</th><th rowspan="2">B_1</th><th rowspan="2">L_2</th><th rowspan="2">B_2</th><th rowspan="2">S</th><th rowspan="2">S_1</th><th rowspan="2">R</th><th rowspan="2">l_2</th><th colspan="2">D(H7)</th><th colspan="2">D_1(H7)</th><th rowspan="2">d_2</th><th rowspan="2">l</th><th rowspan="2">S_2</th></tr>
<tr><th>L</th><th>B</th><th>公称尺寸</th><th>极限偏差</th><th>公称尺寸</th><th>极限偏差</th></tr>
<tr><td rowspan="2">125</td><td rowspan="8">125</td><td>30</td><td rowspan="10">—</td><td rowspan="2">130</td><td rowspan="8">130</td><td rowspan="12">—</td><td rowspan="12">—</td><td rowspan="2">170</td><td rowspan="6">175</td><td rowspan="2">38</td><td rowspan="2">60</td><td rowspan="2">35</td><td rowspan="22">+0.025
0</td><td rowspan="2">38</td><td rowspan="22">+0.025
0</td><td rowspan="12">—</td><td rowspan="12">—</td><td rowspan="12">—</td></tr>
<tr><td>35</td></tr>
<tr><td rowspan="2">160</td><td>35</td><td rowspan="2">170</td><td rowspan="2">210</td><td rowspan="4">42</td><td rowspan="4">80</td><td rowspan="4">38</td><td rowspan="4">42</td></tr>
<tr><td>40</td></tr>
<tr><td rowspan="2">200</td><td>35</td><td rowspan="2">210</td><td rowspan="2">250</td></tr>
<tr><td>40</td></tr>
<tr><td rowspan="2">250</td><td>40</td><td rowspan="2">260</td><td rowspan="2">305</td><td rowspan="2">180</td><td rowspan="6">45</td><td rowspan="2">100</td><td rowspan="6">42</td><td rowspan="6">45</td></tr>
<tr><td>45</td></tr>
<tr><td rowspan="2">160</td><td rowspan="6">160</td><td>40</td><td rowspan="2">170</td><td rowspan="6">170</td><td rowspan="2">215</td><td rowspan="4">215</td><td rowspan="4">80</td></tr>
<tr><td>45</td></tr>
<tr><td rowspan="2">200</td><td>40</td><td rowspan="13">30</td><td rowspan="2">210</td><td rowspan="2">255</td></tr>
<tr><td>45</td></tr>
<tr><td rowspan="2">250</td><td>45</td><td rowspan="2">260</td><td rowspan="2">360</td><td rowspan="2">230</td><td rowspan="2">310</td><td rowspan="2">220</td><td rowspan="6">50</td><td rowspan="2">100</td><td rowspan="6">45</td><td rowspan="6">50</td><td rowspan="8">M14-6H</td><td rowspan="8">28</td><td rowspan="2">210</td></tr>
<tr><td>50</td></tr>
<tr><td rowspan="2">200</td><td rowspan="6">200</td><td>45</td><td rowspan="2">210</td><td rowspan="6">210</td><td rowspan="2">320</td><td rowspan="6">270</td><td rowspan="2">260</td><td rowspan="4">260</td><td rowspan="2">80</td><td rowspan="2">180</td></tr>
<tr><td>50</td></tr>
<tr><td rowspan="2">250</td><td>45</td><td rowspan="2">260</td><td rowspan="2">370</td><td rowspan="2">310</td><td rowspan="22">100</td><td rowspan="2">220</td></tr>
<tr><td>50</td></tr>
<tr><td rowspan="2">315</td><td>45</td><td rowspan="2">325</td><td rowspan="2">435</td><td rowspan="2">380</td><td rowspan="2">265</td><td rowspan="4">55</td><td rowspan="4">50</td><td rowspan="4">55</td><td rowspan="2">280</td></tr>
<tr><td>50</td></tr>
<tr><td rowspan="2">250</td><td rowspan="6">250</td><td>45</td><td rowspan="2">260</td><td rowspan="6">260</td><td rowspan="2">380</td><td rowspan="6">330</td><td rowspan="2">315</td><td rowspan="2">315</td><td rowspan="6">M16-6H</td><td rowspan="6">32</td><td rowspan="2">210</td></tr>
<tr><td>50</td></tr>
<tr><td rowspan="2">315</td><td>50</td><td rowspan="2">325</td><td rowspan="2">445</td><td rowspan="2">385</td><td rowspan="4">320</td><td rowspan="4">60</td><td rowspan="4">55</td><td rowspan="16">+0.030
0</td><td rowspan="4">60</td><td rowspan="16">+0.030
0</td><td rowspan="2">290</td></tr>
<tr><td>55</td><td rowspan="5">35</td></tr>
<tr><td rowspan="2">400</td><td>50</td><td rowspan="2">410</td><td rowspan="2">540</td><td rowspan="2">470</td><td rowspan="2">350</td></tr>
<tr><td>55</td></tr>
<tr><td rowspan="2">315</td><td rowspan="6">315</td><td>50</td><td rowspan="2">325</td><td rowspan="6">325</td><td rowspan="2">460</td><td rowspan="6">400</td><td rowspan="2">390</td><td rowspan="6">390</td><td rowspan="8">65</td><td rowspan="8">60</td><td rowspan="8">65</td><td rowspan="12">M20-6H</td><td rowspan="12">40</td><td rowspan="2">280</td></tr>
<tr><td>55</td></tr>
<tr><td rowspan="2">400</td><td>55</td><td rowspan="10">40</td><td rowspan="2">410</td><td rowspan="2">550</td><td rowspan="2">475</td><td rowspan="2">340</td></tr>
<tr><td>60</td></tr>
<tr><td rowspan="2">500</td><td>55</td><td rowspan="2">510</td><td rowspan="2">655</td><td rowspan="2">575</td><td rowspan="2">460</td></tr>
<tr><td>60</td></tr>
<tr><td rowspan="2">400</td><td rowspan="4">400</td><td>55</td><td rowspan="2">410</td><td rowspan="4">410</td><td rowspan="2">560</td><td rowspan="4">490</td><td rowspan="2">475</td><td rowspan="2">475</td><td rowspan="2">370</td></tr>
<tr><td>60</td></tr>
<tr><td rowspan="2">630</td><td>55</td><td rowspan="2">640</td><td rowspan="2">780</td><td rowspan="2">710</td><td rowspan="2">480</td><td rowspan="4">70</td><td rowspan="4">65</td><td rowspan="4">70</td><td rowspan="2">580</td></tr>
<tr><td>65</td></tr>
<tr><td rowspan="2">500</td><td rowspan="2">500</td><td>55</td><td rowspan="2">510</td><td rowspan="2">510</td><td rowspan="2">650</td><td rowspan="2">590</td><td rowspan="2">580</td><td rowspan="2">580</td><td rowspan="2">460</td></tr>
<tr><td>65</td></tr>
</table>

注：压板台的形状和平面尺寸由制造厂决定。

表 5-9　滑动导向对角导柱模架下模座　　(单位：mm)

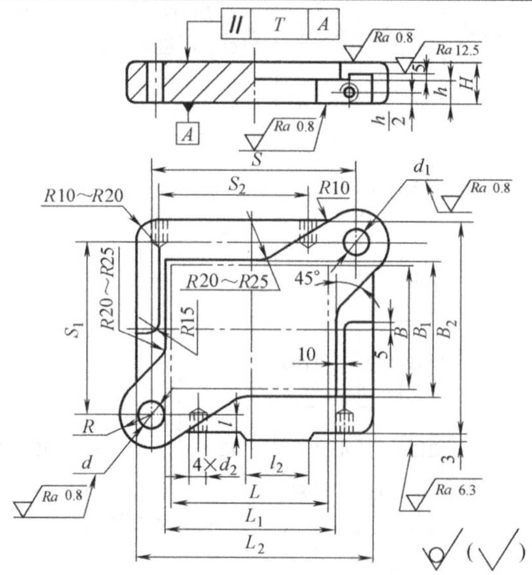

标记示例：

凹模周界　L = 250mm、B = 200mm、厚度 H = 60mm 的对角导柱下模座：

下模座　250×200×60　GB/T 2855.2—2008

材料　HT200

凹模周界		H	h	L_1	B_1	L_2	B_2	S	S_1	R	l_2	D(H7)		D_1(H7)		d_2	l	S_2
L	B											公称尺寸	极限偏差	公称尺寸	极限偏差			
63	50	25	20	70	60	125	100	100	85	28	40	16	-0.016 -0.034	18	-0.016 -0.034	—	—	—
		30																
63	63	25		70	70	130	110		95									
		30																
80		30		90		150	120	120	105	32	60	18		20	-0.020 -0.041			
		40																
100		30		110		170		140										
		40																
80	83	30		90	90	150	140	125	125	35		20	-0.020 -0.041	22				
		40																
100		30		110		170		145										
		40	25															
125		30		130		200		170										
		40																
100	100	30		110	110	180	160	145	145									
		40																
125		35		130		200		170		38		22		25				
		45																
160		40	30	170		240		210	150	42	80	25		28				
		50																
200		45		210		280		250										
		50																

（续）

凹模周界 L	凹模周界 B	H	h	L_1	B_1	L_2	B_2	S	S_1	R	l_2	D(H7) 公称尺寸	D(H7) 极限偏差	D_1(H7) 公称尺寸	D_1(H7) 极限偏差	d_2	l	S_2
125	125	35	25	130	130	200	190	170	175	38	60	22	-0.020 -0.041	25	-0.020 -0.041	—	—	—
		45																
160		40	30	170		250		210		42	80	25		28				
		50																
200		40		210		290		250										
		50																
250		45	35	260		340		305	180	45	100	28		32				
		55																
160	160	45		170	170	270	230	215	215		80							
		55																
200		45		210	170	310	230	255	215						-0.025 -0.050			
		50																
250		50	40	260		360	230	310	220	50	100	32	-0.025 -0.050	35		M14-6H	28	210
		60																
200	200	50		210		320		260	260		80							180
		60																
250		50		260	210	370	270	310			100							220
		60																
315		55		325		435		380	265	55		35		40				280
		65																
250	250	55	45	260		380		315	315							M16-6H	32	210
		65																
315		60		325	260	445	330	385	320	60		40		45				290
		70																
400		60		410		540		470										350
		70																
315	315	60		325		460		390		65		45		50		M20-6H	40	280
		70																
400		65		410	325	550	400	475	390									340
		75																
500		65		510		655		575										460
		75																
400	400	65		410	410	560	490	475	475									370
		75																
630		65		640		780		710	480	70		50		55	-0.030 -0.060			580
		80																
500	500	65		510	510	650	590	580	580									460
		80																

注：1. 压板台的形状和平面尺寸由制造厂决定。

2. 安装 B 型导柱时，d（R7）、d_1（R7）改为 d（H7）、d_1（H7）。

表 5-10 滑动导向后侧导柱模加上模座 （单位：mm）

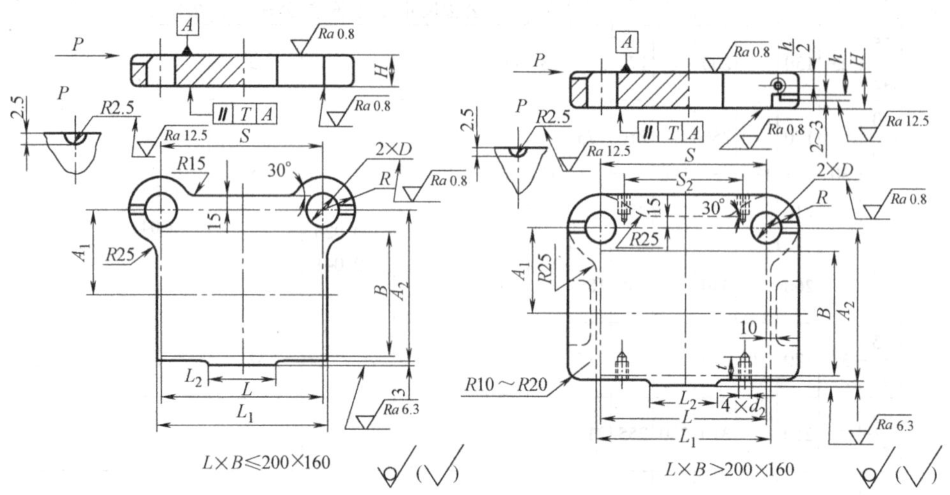

标记示例：

凹模周界 $L=200$mm、$B=160$mm、厚度 $H=45$mm 的后侧导柱上模座：

上模座 200×160×45 GB/T 2855.1—2008

材料 HT200 GB/T 9439—1988

<table>
<tr><th colspan="2">凹模周界</th><th rowspan="2">H</th><th rowspan="2">h</th><th rowspan="2">L1</th><th rowspan="2">S</th><th rowspan="2">A1</th><th rowspan="2">A2</th><th rowspan="2">R</th><th rowspan="2">L2</th><th colspan="2">D(H7)</th><th rowspan="2">d2</th><th rowspan="2">t</th><th rowspan="2">S2</th></tr>
<tr><th>L</th><th>B</th><th>公称尺寸</th><th>极限偏差</th></tr>
<tr><td rowspan="2">63</td><td rowspan="2">50</td><td>20</td><td rowspan="18">—</td><td rowspan="2">70</td><td rowspan="2">70</td><td rowspan="2">45</td><td rowspan="2">75</td><td rowspan="4">25</td><td rowspan="4">40</td><td rowspan="4">25</td><td rowspan="8">+0.021
0</td><td rowspan="18">—</td><td rowspan="18">—</td><td rowspan="18">—</td></tr>
<tr><td>25</td></tr>
<tr><td rowspan="2">63</td><td rowspan="6">63</td><td>20</td><td rowspan="2">70</td><td rowspan="2">70</td><td rowspan="6">50</td><td rowspan="6">85</td></tr>
<tr><td>25</td></tr>
<tr><td rowspan="2">80</td><td>25</td><td rowspan="2">90</td><td rowspan="2">94</td><td rowspan="4">28</td><td rowspan="14">60</td><td rowspan="4">28</td></tr>
<tr><td>30</td></tr>
<tr><td rowspan="2">100</td><td>25</td><td rowspan="2">110</td><td rowspan="2">116</td></tr>
<tr><td>30</td></tr>
<tr><td rowspan="2">80</td><td rowspan="6">80</td><td>25</td><td rowspan="2">90</td><td rowspan="2">94</td><td rowspan="6">65</td><td rowspan="6">110</td><td rowspan="8">32</td><td rowspan="8">32</td><td rowspan="10">+0.025
0</td></tr>
<tr><td>30</td></tr>
<tr><td rowspan="2">100</td><td>25</td><td rowspan="2">110</td><td rowspan="2">116</td></tr>
<tr><td>30</td></tr>
<tr><td rowspan="2">125</td><td>25</td><td rowspan="2">130</td><td rowspan="2">130</td></tr>
<tr><td>30</td></tr>
<tr><td rowspan="2">100</td><td rowspan="4">100</td><td>25</td><td rowspan="2">110</td><td rowspan="2">116</td><td rowspan="4">75</td><td rowspan="4">130</td></tr>
<tr><td>30</td></tr>
<tr><td rowspan="2">125</td><td>30</td><td rowspan="2">130</td><td rowspan="2">130</td><td rowspan="2">35</td><td rowspan="2">35</td></tr>
<tr><td>35</td></tr>
</table>

（续）

凹模周界		H	h	L_1	S	A_1	A_2	R	L_2	D(H7)		d_2	t	S_2
L	B									公称尺寸	极限偏差			
160	100	35	—	170	170	75	130	38	80	38	+0.025 0	—	—	—
		40												
200		35		210	210									
		40												
125	125	30		130	130	85	150	35	60	35				
		35												
160		35		170	170			38	80	38				
		40												
200		35		210	210									
		40												
250		40		260	250			42	100	42				
		45												
160	160	40		170	170	110	195		80					
		45												
200		40		210	210									
		45												
250		45	30	260	250			45	100	45		M14-6H	28	150
		50												
200	200	45		210	210	130	235		80					120
		50												
250		45		260	250									150
		50												
315		45		325	305			50		50				200
		50												
250	250	45		260	250	160	290					M16-6H	32	140
		50												
315		50	35	325	305			55		55	+0.030 0			200
		55												
400		50		410	390									280
		55												

注：压板台的形状和平面尺寸由制造厂决定。

表 5-11 滑动导向后侧导柱模架下模座 （单位：mm）

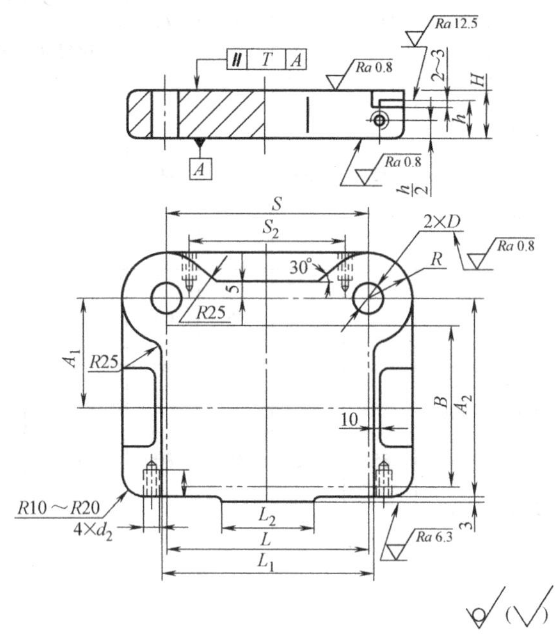

标记示例：

凹模周界 L=250mm、B=200mm、厚度 H=50mm 的后侧导柱下模座：

下模座 250×200×50 GB/T 2855.2—2008

材料 HT200 GB/T 9439—1988

凹模周界		H	h	L_1	S	A_1	A_2	R	L_2	D(H7)		d_2	t	S_2
L	B									公称尺寸	极限偏差			
63	50	25	20	70	70	45	75	25	40	16	-0.016 -0.034	—	—	—
		30												
63	63	25		70	70	50	58							
		30												
80		30		90	94			28	60	18				
		40												
100		30		110	116									
		40												
80	80	30		90	94	65	110	32		20	-0.020 -0.041			
		40												
100		30		110	116									
		40												
125		30	25	130	130									
		40												

（续）

凹模周界		H	h	L_1	S	A_1	A_2	R	L_2	D(H7)		d_2	t	S_2
L	B									公称尺寸	极限偏差			
100	100	30	25	110	116	75	130	32	60	20	-0.020 -0.041	—	—	—
		40												
125		35		130	130			35		22				
		40												
160		40	30	170	170			38	80	25				
		50												
200		40		210	210									
		50												
125	125	35	25	130	130	85	150	35	60	22				
		45												
160		40	30	170	170			38	80	25				
		50												
200		40		210	210									
		50												
250		45	35	260	250			42	100	28				
		55												
160	160	45		170	170	110	195		80					
		55												
200		45		210	210									
		55												
250		50	40	260	250			45	100	32	-0.025 -0.050	M14-6H	28	150
		60												
200	200	50		210	210	130	235		80					120
		60												
250		50		260	250				100					150
		60												
315		55		325	305			50		35				200
		65												
250	250	55		260	250	160	290					M16-6H	32	140
		65												
315		60	45	325	305			55		40				200
		70												
400		60		410	390									280
		70												

注：1. 压板台的形状和平面尺寸由制造厂决定。
2. 安装 B 型导柱时，d（R7）改为 d（H7）。

表 5-12　滑动导向中间导柱圆形模架上模座　　　　（单位：mm）

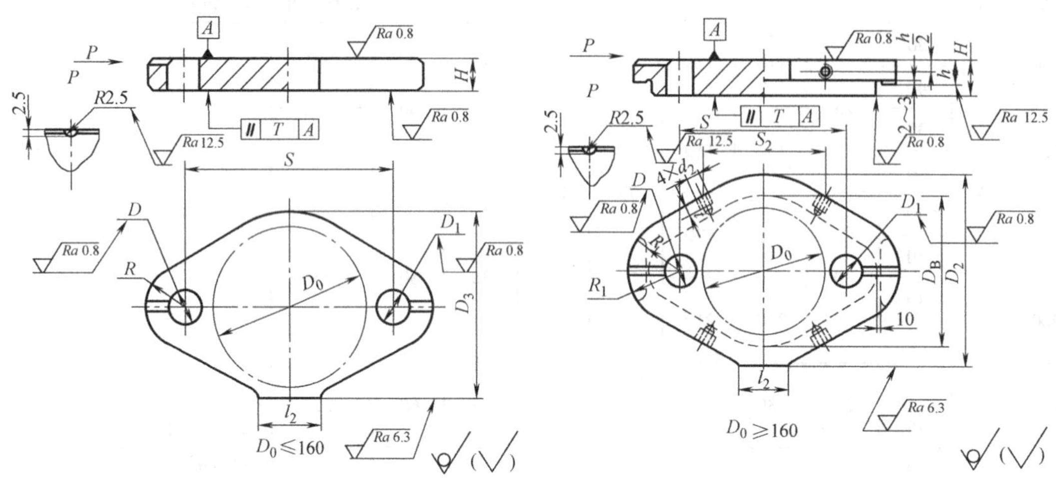

标记示例：

凹模周界　D_0 = 160mm、厚度 H = 45mm 的中间导柱圆形上模座：

上模座　160 × 45　GB/T 2855.1—2008

材料　HT200　GB/T 9439—1988

凹模周界 D_0	H	h	D_B	D_2	S	R	R_1	l_2	D(H7) 公称尺寸	D(H7) 极限偏差	D_1(H7) 公称尺寸	D_1(H7) 极限偏差	d_2	t	S_2
63	20	—	70	—	100	28	—	50	25	+0.021 0	28	+0.021 0	—	—	—
	25														
80	25		90		125	35		60	32	+0.025 0	35	+0.025 0			
	30														
100	25		110		145										
	30														
125	30		130		170	38		80	35		38				
	35														
160	40		170		215	45			42		45				
	45														
200	45	30	210	280	260	50	85	100	45		50		M14-6H	28	180
	50														
250	45		260	340	315	55	95		50		55		M16-6H	32	220
	50														
315	50	35	325	425	390	65	115		60	+0.030 0	65	+0.030 0	M20-6H	40	280
	55														

（续）

凹模周界 D_0	H	h	D_B	D_2	S	R	R_1	l_2	D(H7) 公称尺寸	D(H7) 极限偏差	D_1(H7) 公称尺寸	D_1(H7) 极限偏差	d_2	t	S_2
400	55	35	410	510	475	65	115	100	60	+0.030 0	65	+0.030 0	M20-6H	40	380
	60														
500	55	40	510	620	580	70	125		65		70				480
	65														
630	60		640	758	720	76	135		70		76				600
	75														

注：压板台的形状和平面尺寸由制造厂决定。

表 5-13　滑动导向中间导柱圆形下模座　（单位：mm）

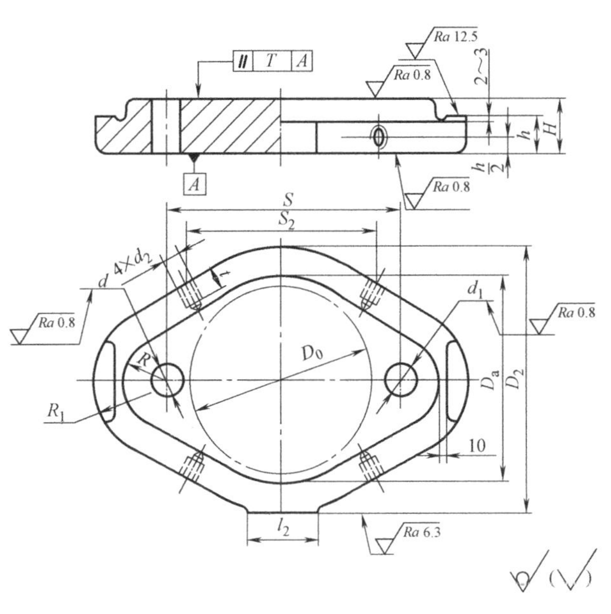

标记示例：

凹模周界　$D_0=200$mm、厚度 $H=60$mm 的中间导柱圆形下模座：

下模座　200×60　GB/T 2855.2—2008

材料　HT200　GB/T 9439—1988

凹模周界 D_0	H	h	D_a	D_2	S	R	R_1	l_2	D(R7) 公称尺寸	D(R7) 极限偏差	D_1(R7) 公称尺寸	D_1(R7) 极限偏差	d_2	t	S_2
63	25	20	70	102	100	28	44	50	16	−0.016 −0.034	18	−0.016 −0.034	—	—	—
	30														
80	30		90	136	125	35	58	60	20	−0.020 −0.041	22	+0.020 −0.041			
	40														
100	30		110	160	145		60								
	40														
125	35	25	130	190	170	38	68	80	22		25				
	40														

（续）

凹模周界 D_0	H	h	D_a	D_2	S	R	R_1	l_2	D(R7) 公称尺寸	D(R7) 极限偏差	D_1(R7) 公称尺寸	D_1(R7) 极限偏差	d_2	t	S_2
160	45 55	35	170	240	215	45	80	80	28	+0.020 -0.041	32	-0.025 0.050		—	—
200	50 60	40	210	280	260	50	85	100	32	-0.025 -0.050	32				180
250	55 65		260	340	315	55	95		35		40		M14-6H	28	220
315	60 70	45	325	425	390	65	115		45		50		M16-6H	32	280
400	65 75		410	510	475	65							M20-6H	40	380
500	65 80		510	620	580	70	125		50		55				480
630	70 90		640	758	720	76	135		55	-0.030 -0.060	76	-0.030 -0.060			600

注：1. 压板台的形状和平面尺寸由制造厂决定。

2. 安装 B 型导柱时，d（R7）、d_1、（R7）改为 d（H7）、d_1（H7）。

表 5-14　滑动导向四导柱上模座　（单位：mm）

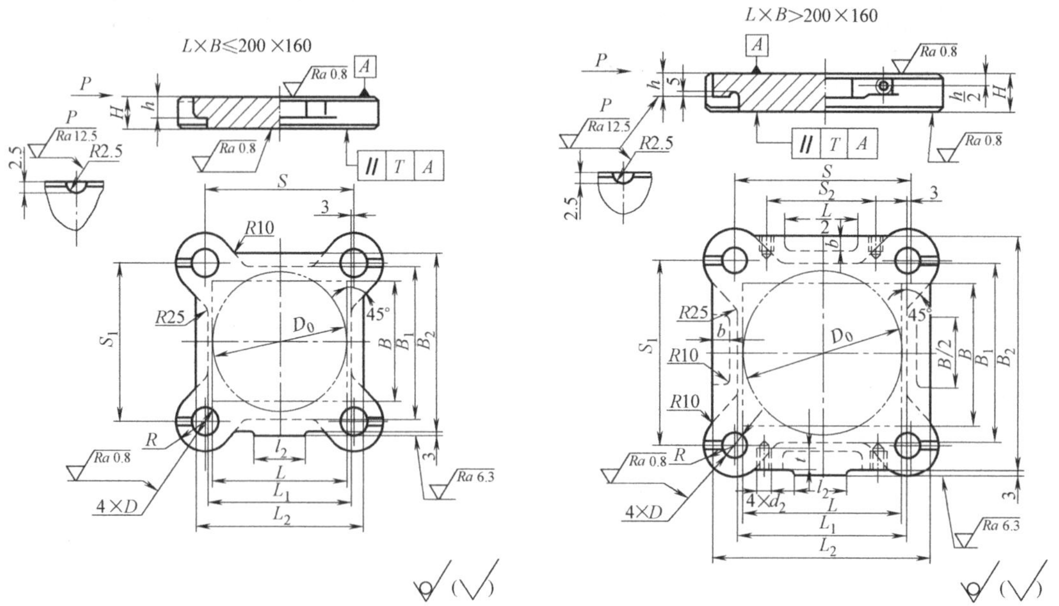

标记示例：

凹模周界　$L=200$mm、$B=160$mm、厚度 $H=45$mm 的四导柱上模座；

上模座　200×160×45　GB/T 2855.1—2008

材料　HT200　GB/T 9439—1988

（续）

凹模周界			H	h	L_1	B_1	L_2	B_2	S	S_1	R	l_2	D(H7)		d_2	t	S_2
L	B	D_0											公称尺寸	极限偏差			
160	125	160	35	20	170	160	240	230	175	190	38	80	38	+0.025 0	—	—	—
			40														
200	160	200	40	25	210	200	290	280	220	215	42		42				
			45														
250		—	45	30	260		340		265		45		45		M14-6H	28	170
			50														
250	200	250	45		260	250	340	330	265	260							170
			50														
315		—	45		325		425		340		50		50		M16-6H	32	200
			50														
315	250	—	50	35	325	300	425	400	340	315	55	100	55	+0.030 0			230
			55														
400			50		410		500		410								290
			55														
400	315	—	55	40	410	375	510	495	410	390	60		60		M20-6H	40	300
			60														
500			55		510		610		510								380
			60														
630			55		640		750		640		65		65				500
			65														
500	400		55	40	510	460	620	590	510	480	65	100	65	+0.030 0	M20-6H	40	380
			65														
630			55		640		750		640								500
			65														
800			60	45	810		930		810		70		70		M24-6H	46	650
			75														
630	500	—	60		640	580	760	710	640	590							500
			75														
800			70		810		940		810		76		76				650
			85														
1000	500		70	45	1010	580	1140	710	1010								800
			85														
800	630		70		810	700	940	840	810	720							650
			85														
1000			70		1010		1140		1010								800
			85														

注：压板台的形状和平面尺寸由制造厂决定。

表 5-15　滑动导向四导柱下模座　（单位：mm）

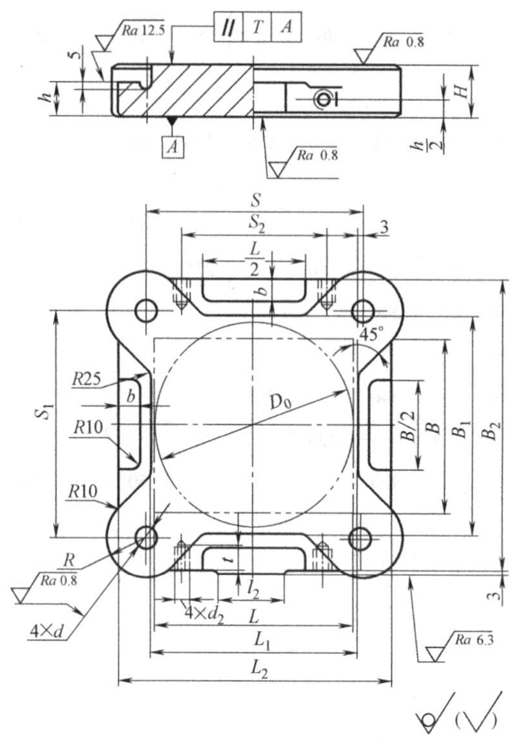

标记示例：

凹模周界　$L=200$mm、$B=160$mm、厚度 $H=55$mm 的四导柱下模座：

下模座　200×160×55　GB/T 2855.2—2008

材料　HT200　GB/T 9439—1988

<table>
<tr><th colspan="3">凹模周界</th><th rowspan="2">H</th><th rowspan="2">h</th><th rowspan="2">L1</th><th rowspan="2">B1</th><th rowspan="2">L2</th><th rowspan="2">B2</th><th rowspan="2">S</th><th rowspan="2">S1</th><th rowspan="2">R</th><th rowspan="2">l2</th><th colspan="2">D(R7)</th><th rowspan="2">d2</th><th rowspan="2">t</th><th rowspan="2">S2</th></tr>
<tr><th>L</th><th>B</th><th>D0</th><th>公称尺寸</th><th>极限偏差</th></tr>
<tr><td rowspan="2">160</td><td rowspan="2">125</td><td rowspan="2">160</td><td>40</td><td rowspan="2">30</td><td rowspan="2">170</td><td rowspan="2">160</td><td rowspan="2">240</td><td rowspan="2">230</td><td rowspan="2">175</td><td rowspan="2">190</td><td rowspan="2">38</td><td rowspan="10">80</td><td rowspan="2">25</td><td rowspan="4">-0.020
-0.040</td><td rowspan="4">—</td><td rowspan="4">—</td><td rowspan="4">—</td></tr>
<tr><td>50</td></tr>
<tr><td rowspan="2">200</td><td rowspan="4">160</td><td rowspan="2">200</td><td>45</td><td rowspan="2">35</td><td rowspan="2">210</td><td rowspan="4">200</td><td rowspan="2">290</td><td rowspan="4">280</td><td rowspan="2">220</td><td rowspan="4">215</td><td rowspan="2">42</td><td rowspan="2">28</td></tr>
<tr><td>55</td></tr>
<tr><td rowspan="2">250</td><td rowspan="2">—</td><td>50</td><td rowspan="6">40</td><td rowspan="2">260</td><td rowspan="2">340</td><td rowspan="2">265</td><td rowspan="4">45</td><td rowspan="4">32</td><td rowspan="6">-0.025
-0.050</td><td rowspan="4">M14-6H</td><td rowspan="4">28</td><td rowspan="2">170</td></tr>
<tr><td>60</td></tr>
<tr><td rowspan="2">250</td><td rowspan="4">200</td><td rowspan="2">250</td><td>50</td><td rowspan="2">260</td><td rowspan="4">250</td><td rowspan="2">340</td><td rowspan="4">330</td><td rowspan="2">265</td><td rowspan="4">260</td><td rowspan="2">170</td></tr>
<tr><td>60</td></tr>
<tr><td rowspan="2">315</td><td rowspan="2">—</td><td>55</td><td rowspan="2">325</td><td rowspan="2">425</td><td rowspan="2">340</td><td rowspan="2">50</td><td rowspan="2">35</td><td rowspan="2">M16-6H</td><td rowspan="2">32</td><td rowspan="2">200</td></tr>
<tr><td>65</td></tr>
</table>

（续）

凹模周界			H	h	L_1	B_1	L_2	B_2	S	S_1	R	l_2	D(R7)		d_2	t	S_2
L	B	D_0											公称尺寸	极限偏差			
315	250	—	60	35	325	300	425	400	340	315	55	100	40	-0.025 -0.050	M16-6H	32	230
			70														
400			60		410		500		410								290
			70														
400	315	—	65	45	410	375	510	495	410	390	60		45		M20-6H	40	300
			75														
500			65		510		610		510								380
			75														
630			65		640		750		640		65		50				500
			80														
500	400	—	65		510	460	620	590	510	480							380
			80														
630			65		640		750		640								500
			80														
800			70	50	810		930		810		70		55	-0.030 -0.060	M24-6H	46	650
			90														
630	500	—	70		640	580	760	710	640	590							500
			90														
800			80		810		940		810		76		60				650
			100														
1000	500	—	80	50	1010		1140	710	1010								800
			100														
800	630		80		810	700	940	840	810	720							650
			100														
1000			80		1010		1140		1010								800
			100														

注：1. 压板台的形状和平面尺寸由制造厂决定。

2. 安装 B 型导柱时，d（R7）改为 d（H7）。

表 5-16　A 型滑动导柱　（单位：mm）

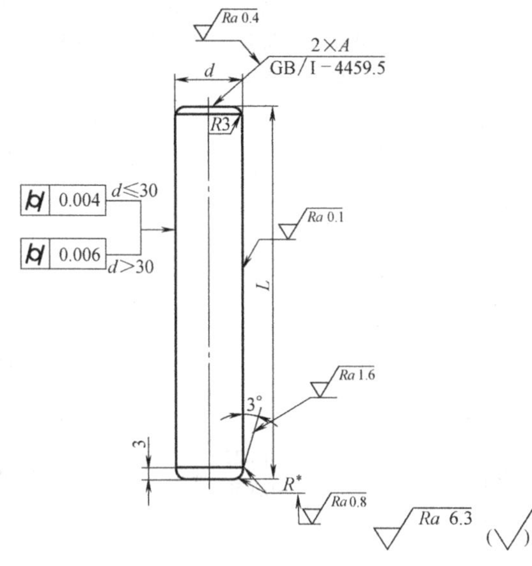

标记示例：

直径　d = 20mm、极限偏差为 h5，长度 L = 120mm 的 A 型导柱：

导柱　A　20h5 × 120　GB/T 2861. 1—2008

材料　20 钢　GB/T 699—1999

d 公称尺寸	d 极限偏差 (h5)	d 极限偏差 (h6)	L	d 公称尺寸	d 极限偏差 (h5)	d 极限偏差 (h6)	L
16	0 −0.008	0 −0.011	90	35	0 −0.011	0 −0.016	190
			100				200
			110				210
18			90				230
			100	40			180
			110				190
			120				200
			130				210
20	0 −0.009	0 −0.013	100				230
			110				260
			120	45			200
			130				230
22			100				260
			110				290
			120	50			200
			130				220
			150				230
25			110				240
			130				250
			150				260

（续）

d			L	d			L
公称尺寸	极限偏差			公称尺寸	极限偏差		
	（h5）	（h6）			（h5）	（h6）	
25	0 -0.009	0 -0.013	160	50	0 -0.011	0 -0.016	270
			180				280
28	0 -0.009	0 -0.013	130	50	0 -0.011	0 -0.016	290
			150				300
			160				
			170	55	0 -0.013	0 -0.019	220
			180				240
			200				250
32	0 -0.011	0 -0.016	150				270
			160				280
			170				290
			180				300
			190				320
			200	60			250
			210				280
35			160				290
			180				320

注：1. 热处理：渗碳深度 0.8 ~ 1.2mm，硬度 58 ~ 62HRC。

2. 技术条件。按 JB/T 8070—2008 的规定。

3. R^* 由制造厂决定。

表 5-17　B 型滑动导柱　　（单位：mm）

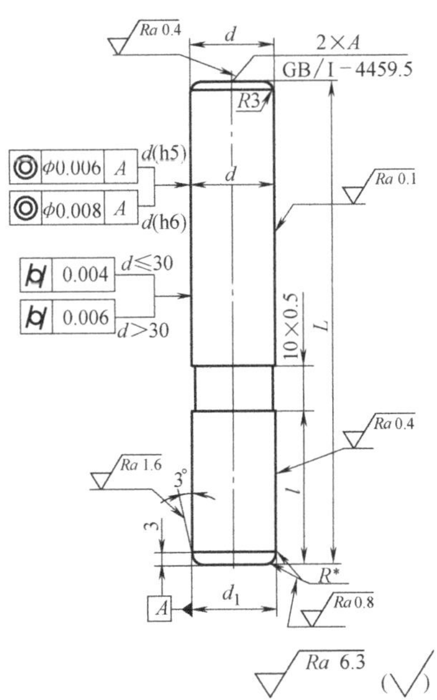

标记示例：

直径 d = 20mm、极限偏差 h5，长度 L = 120mm、l = 30mm 的 B 型导柱：

导柱 B　20h5 × 120 × 30　GB/T 2861.1—2008

材料　20 钢　GB/T 699—1988

（续）

d			d_1		L	l
公称尺寸	偏差		公称尺寸	偏差		
	h5	h6		r6		
16	0 -0.008	0 -0.011	16	+0.034 +0.023	90	25
					100	
					100	30
					110	
18			18		90	25
					100	
					100	30
					110	
					120	
					110	40
					130	
20	0 -0.009	0 -0.013	20	+0.041 +0.028	100	30
					120	
					120	35
					110	40
					130	
22			22		100	30
					120	
					110	35
					120	
					130	
					110	40
					130	
					130	45
					150	
25			25		110	35
					130	
					130	40
					150	
					130	45
					150	
					150	50
					160	
					180	

（续）

d			d₁		L	l
公称尺寸	偏差		公称尺寸	偏差		
	h5	h6		r6		
28	0 −0.009	0 −0.013	28	+0.041 +0.028	130	40
					150	
					150	45
					170	
					150	50
					160	
					180	
					180	55
					200	
32	0 −0.011	0 −0.016	32	+0.050 +0.034	150	45
					170	
					160	50
					190	
					180	55
					210	
					190	60
					210	
35			35		160	50
					190	
					180	55
					190	
					210	
					190	60
					210	
					200	65
					230	
40			40		180	55
					210	
					190	60
					200	
					210	
					230	
					200	65
					230	

（续）

<table>
<tr><th colspan="3">d</th><th colspan="2">d_1</th><th rowspan="3">L</th><th rowspan="3">l</th></tr>
<tr><th rowspan="2">公称尺寸</th><th colspan="2">偏差</th><th rowspan="2">公称尺寸</th><th>偏差</th></tr>
<tr><th>h5</th><th>h6</th><th>r6</th></tr>
<tr><td rowspan="2">40</td><td rowspan="27">0
-0.011</td><td rowspan="27">0
-0.016</td><td rowspan="2">40</td><td rowspan="27">+0.050
+0.034</td><td>230</td><td rowspan="2">70</td></tr>
<tr><td>260</td></tr>
<tr><td rowspan="9">45</td><td rowspan="9">45</td><td>200</td><td rowspan="2">60</td></tr>
<tr><td>230</td></tr>
<tr><td>200</td><td rowspan="3">65</td></tr>
<tr><td>230</td></tr>
<tr><td>260</td></tr>
<tr><td>230</td><td rowspan="2">70</td></tr>
<tr><td>260</td></tr>
<tr><td>260</td><td rowspan="2">75</td></tr>
<tr><td>290</td></tr>
<tr><td rowspan="16">50</td><td rowspan="16">50</td><td>200</td><td rowspan="2">60</td></tr>
<tr><td>230</td></tr>
<tr><td>220</td><td rowspan="6">65</td></tr>
<tr><td>230</td></tr>
<tr><td>240</td></tr>
<tr><td>250</td></tr>
<tr><td>260</td></tr>
<tr><td>270</td></tr>
<tr><td>230</td><td rowspan="2">70</td></tr>
<tr><td>260</td></tr>
<tr><td>260</td><td rowspan="2">75</td></tr>
<tr><td>290</td></tr>
<tr><td>250</td><td rowspan="4">80</td></tr>
<tr><td>270</td></tr>
<tr><td>280</td></tr>
<tr><td>300</td></tr>
<tr><td rowspan="7">55</td><td rowspan="7">0
-0.013</td><td rowspan="7">0
-0.019</td><td rowspan="7">55</td><td rowspan="7">+0.060
+0.041</td><td>220</td><td rowspan="4">65</td></tr>
<tr><td>240</td></tr>
<tr><td>250</td></tr>
<tr><td>270</td></tr>
<tr><td>250</td><td rowspan="2">70</td></tr>
<tr><td>280</td></tr>
<tr><td>250</td><td>75</td></tr>
</table>

（续）

d			d_1		L	l
公称尺寸	偏差		公称尺寸	偏差		
	h5	h6		r6		
55	0 -0.013	0 -0.019	55	+0.060 +0.041	280	75
					250	80
					270	
					280	
					300	
					290	90
					320	
60			60		250	70
					280	
					290	90
					320	

注：1. 热处理：渗碳深度 0.8～1.2mm；硬度 58～62HRC。
2. 技术条件：按 JB/T 8070—2008 的规定。
3. 使用这种形式的导柱时，下模座的安装孔极限偏差为 H7。
4. R^* 由制造厂家决定。

表 5-18　A 型滑动导套　（单位：mm）

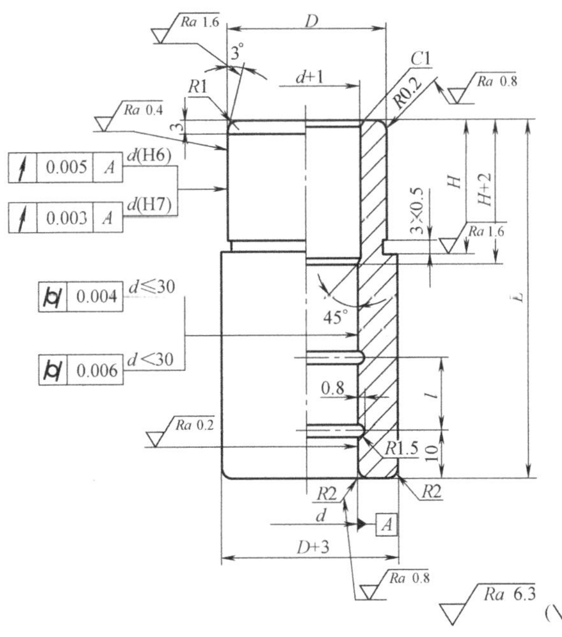

标记示例：

直径 d=20mm、极限偏差 H6、长度 L=70mm、H=28mm 的 A 型导套：

导套　A　20H6×70×28　GB/T 2861.3—2008

材料　20 钢　GB/T 699—1988

（续）

d			D(r6)		L	H	l	油槽数
公称尺寸	偏差 H6	偏差 H7	公称尺寸	偏差				
16	+0.011 0	+0.018 0	25	+0.041 +0.028	60	18	15	2
					65	23		
18			28		60	18		
					65	23		
					70	28		
20	+0.013 0	+0.021 0	32	+0.050 +0.034	65	23		
					70	28		
22			35		65	23		
					70	28		
					80			
					80	33		
					85	38		
25			38		80	28		
					80	33		
					85		20	
					90	38		
					95			
28			42		85	33		
					90	38		
					95		25	
					100			
					110	43		
32	+0.016 0	+0.025 0	45		100	38		
					105	43		
					110			
					115	48		
35			50		105	43		
					115			
					115	48		
					125			
40			55	+0.060 +0.041	115	43		
					125	48		
					140	53	20	3
45			60		125	48	25	2

（续）

d			D(r6)		L	H	l	油槽数
公称尺寸	偏差		公称尺寸	偏差				
	H6	H7						
45	+0.016 0	+0.025 0	60	+0.060 +0.041	140	53	20	3
					150	58		
50			65		125	48		
					140	53		
					150			
					150	58		
					160	63		
55	+0.019 0	+0.030 0	70	+0.062 +0.043	150	53		
					160	58		
					160	63		
60			76		160	58		
					170	73		

注：1. 热处理：渗碳深度0.8～1.2mm；硬度58～62HRC。
2. 技术条件：按JB/T 8070—2008的规定。

六、冷冲模模架零件技术条件

1. 适用范围

本标准适用于冲模滑动与滚动导向的模架。

2. 引用标准

GB/T 196—2003《普通螺纹基本尺寸（直径1～600mm)》

GB/T 197—2003《普通螺纹公差与配合（直径1～355mm)》

GB/T 2828.1—2003《逐批检查计数抽样程序及抽样表》

JB/T 8071—2008《冲模模架精度检查》

JB 2854《铸铁件机械加工余量，尺寸公差重量偏差》

3. 技术要求

1）零件的尺寸、精度、表面粗糙度值和热处理等应符合有关零件标准的技术要求和本技术条件的规定。

2）零件的材料除按有关零件标准的规定使用材料外，允许代料，但代用材料的力学性能不得低于原定材料。

3）零件图上未注公差尺寸的极限偏差按GB 1804规定的IT14级尺寸公差等级：孔尺寸为H14、轴尺寸为h14、长度尺寸为js14。

4）零件图上未注明倒角尺寸，所有锐边、锐角均应倒角或倒圆，视零件大小，倒角尺寸为$C0.5\sim C2$，倒圆尺寸为$R0.5\sim R1$mm。

5）零件图上未注明的铸造圆角半径为$R3\sim R5$mm。

6）铸件的非加工表面需清砂处理，表面应光滑平整，无明显凸凹缺陷。

7）铸件的尺寸公差按 JB2854 的规定。

8）铸造模座加工前应进行时效处理，要求高的铸造模座在粗加工后再进行一次消除内应力的时效处理。

9）加工后的零件表面，不允许有裂纹和影响使用的砂眼、缩孔、机械损伤等缺陷。

10）经热处理后的零件表面，不允许有裂纹和影响使用的软点、脱碳区，要求清除氧化皮、脏物和油污。

11）表面渗碳、淬火的零件，其要求渗碳层为成品加工后的渗碳厚度。

12）钢制零件的非工作表面及非配合表面视使用要求应进行发蓝处理。

13）各级精度模架用的模座，其平行度（T）必须达到表 5-19 的规定。

表 5-19 模座平行度 （单位：mm）

公称尺寸	模架尺寸公差等级	
	0Ⅰ、Ⅰ级	0Ⅱ、Ⅱ级
	平行度	
40 ~ 63	0.008	0.012
63 ~ 100	0.010	0.015
100 ~ 160	0.012	0.020
160 ~ 250	0.015	0.025
250 ~ 400	0.020	0.030
400 ~ 630	0.025	0.040
630 ~ 1000	0.030	0.050
1000 ~ 1600	0.04	0.060

14）模座上的起重孔为螺孔，螺孔的基本尺寸按 GB/T 196—2003 的规定，公差按GB/T 197—2003，经供需双方协议可改为钻孔。

15）组成Ⅰ级精度的滑动导向模架和滚动导向模架的铸造模座的非加工表面清理后涂漆。一般的铸造模座的非加工表面清理后需不需要涂漆，由供需双方协商处理。

16）导套的导入端孔允许有扩大的锥度，孔直径小于或等于 ϕ55mm 时，锥度范围不大于 3mm，且在 3mm 长度内扩大值不大于 0.02mm；孔直径大于 ϕ55mm 时，锥度范围不大于 5mm，且在 5mm 长度内扩大值不大于 0.04mm。

17）滑动和滚动的可卸导柱与衬套的锥度配合面，其吻合长度和吻合面积均应在 80%以上。

18）铆合在钢球保护圈上的钢球，应在孔内自由转动而不脱落。

19）直径小于或等于 ϕ55mm 的导柱（可卸式导柱除外）允许按表 5-20 规定加工艺孔。

20）当铸造质量能满足模座搭压板处的平整要求并确保安全时，模座的压板台可由制造厂决定取消。

4. 验收规则（略）

5. 标记、包装、运输及保管（略）

表 5-20 工艺孔尺寸及位置 （单位：mm）

	D	d	L
	≤18	3	10
	≤30	4	15
	≤40	5	20
	≤55	6	20

注：本技术条件摘自 JB/T 8070—2008。

七、部分冷冲模零件标准

1. 冷冲模圆凸模、圆凹模

快换圆凸模尺寸见表 5-21。圆凸模形式和尺寸见表 5-22。圆凹模形式和尺寸见表 5-23。带肩圆凹模形式和尺寸见表 5-24。

表 5-21 快换圆凸模尺寸 （单位：mm）

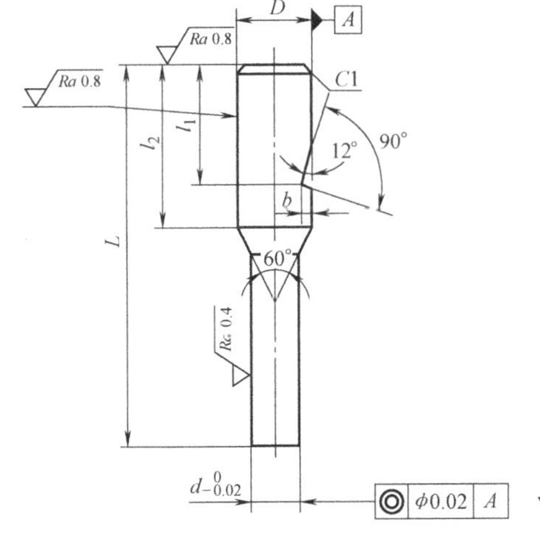

标记示例：
圆凸模(d)×(L) JB/T 5829—2008

d		5～9	9～14	14～19	19～24	24～29
D (h6)	公称尺寸	10	15	20	25	30
	极限偏差	0 -0.009	0 -0.011	0 -0.013		

（续）

L	65	70	75	80	85
l_1	18	22	26	30	35
l_2	25	30	35	40	45
b	1.5	2	2.5	3	4

注：1. 材料：T10A　GB/T 1298—2008。

2. 热处理：淬火 56～60HRC。

3. 技术条件：按 JB/T 7653—2008 的规定。

表 5-22　圆凸模形式和尺寸　（单位：mm）

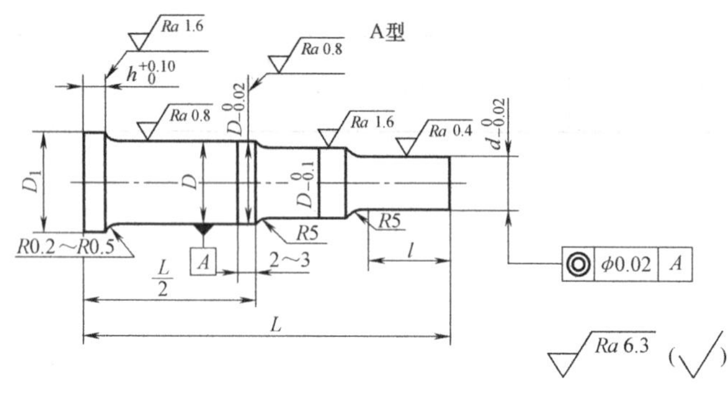

标记示例：

直径 d=10.2mm、高度 L=60mm、材料为 T10A、h 为Ⅱ型的 A 型圆凸模：

圆凸模　AⅡ 10.2 × 60　JB/T 5825—2008　T10A

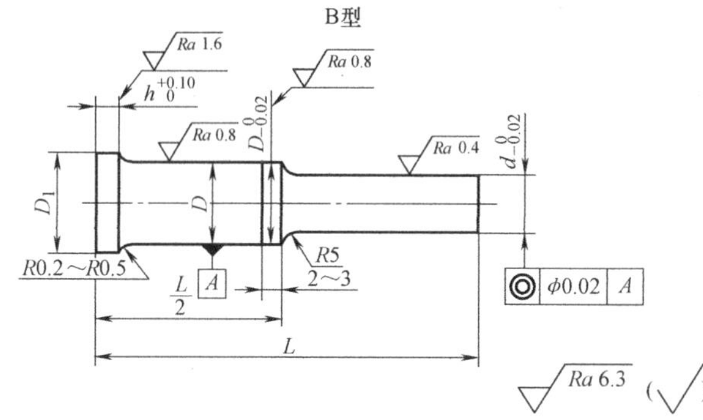

	d		1～2	2～3	3～4	4～6	6～8	8～9	9～11
A 型	D (m6)	基本尺寸	4	5	6	8	10	12	14
		极限偏差	+0.012 +0.004			+0.015 +0.006		+0.018 +0.007	
	D_1		7	8	9	11	13	15	17
	l		5～6	8	10～12	12(L≤50)、15(L>50)			
	h	Ⅰ	3						
		Ⅱ	—			5			
	L		30～50	30～58	36～60	40～70			45～80

（续）

型式	项目								
A型	d		11~13	13~15	15~18	18~20	20~24	24~26	26~30
	D（m6）	基本尺寸	16	18	20	22	25	30	32
		极限偏差	+0.018 +0.007			+0.021 +0.008		+0.025 +0.009	
	D_1		19	22	24	26	30	35	38
	l			14（$L \leq 55$）、18（$L > 55$）		15（$L \leq 55$）、20（$L \leq 80$）、30（$L > 80$）			
	h	Ⅰ	3						
		Ⅱ	6						
	L		45~80	45~90		52~100			

型式	项目							
B型	d		3~4	4~6	6~8	8~9	9~11	11~13
	D（m6）	基本尺寸	6	8	10	12	14	16
		极限偏差	+0.012 +0.004	+0.015 +0.006		+0.018 +0.007		
	D_1		9	11	13	15	17	19
	h	Ⅰ	3					
		Ⅱ	—	5				6
	L		36~50	40~55				

型式	项目							
B型	d		13~15	15~18	18~20	20~24	24~26	26~30
	D（m6）	基本尺寸	18	20	22	25	30	32
		极限偏差	+0.018 +0.007	+0.021 +0.008				+0.025 +0.009
	D_1		22	24	26	30	35	38
	h	Ⅰ	3					
		Ⅱ	6					
	L		40~70		50~70			

注：1. 材料：T10A GB/T 1298—2008、9Mn2V、Cr12MoV、Cr12、Cr6WV GB/T 1299—2000。

2. 热处理：9Mn25V、Cr12MoV、Cr12 硬度 58~62HRC，尾部回火 40~50HRC；T10A、Cr6WV 硬度 56~60HRC，尾部回火 40~50HRC。

3. 技术条件：按 JB/T 7653—2008 的规定。

表 5-23　圆凹模形式和尺寸　　　　(单位：mm)

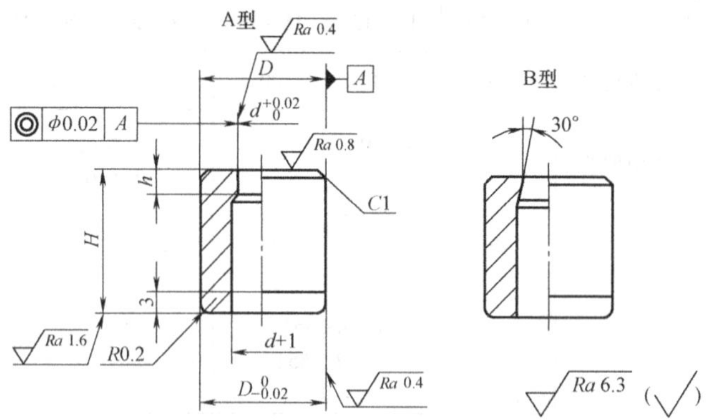

标记示例：

孔径 $d=8.6\text{mm}$、刃壁高度 $h=4\text{mm}$、高度 $H=22\text{mm}$、材料为 T10A 的 A 型圆凹模：

凹模　A　8.6×4×22　JB/T 5825—2008　T10A

d		1~2	2~4	4~6	6~8	8~10	10~12	12~15	15~18	18~22	22~28
D (m6)	基本尺寸	8	12	14	16	20	22	25	30	35	40
	极限偏差	+0.015 +0.006	+0.018 +0.007			+0.021 +0.008			+0.025 +0.009		
h	Ⅰ	3			4		6		8		
	Ⅱ	5			6		8		10		
H 范围		14、16	14~22	14~28	16~35	20~35		22~35	25~35	28~35	
H 系列		14、16、18、20、22、25、28、30、35									

注：1. 材料：T10A　GB/T 1298—2008，Cr12、9Mn2V、Cr6WV　GB/T 1299—2000。

2. 热处理：淬火 58~62HRC。

3. 技术条件：按 JB/T 7653—2008 的规定。

表 5-24　带肩圆凹模形式和尺寸　　　　(单位：mm)

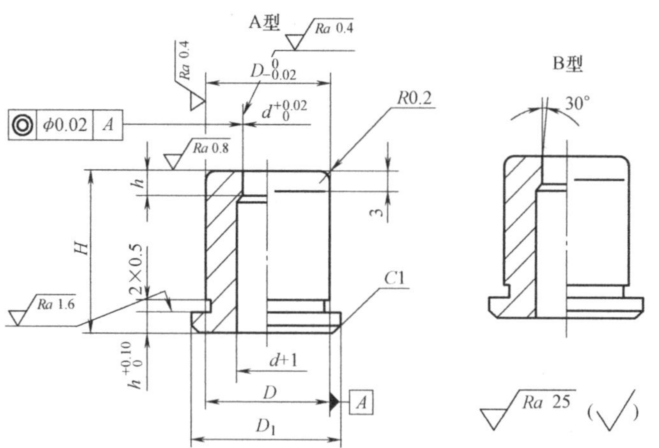

标记示例：

孔径 $d=8.6\text{mm}$、刃壁高度 $h=6\text{mm}$、高度 $H=22\text{mm}$、材料为 T10A 的 A 型带肩圆凹模：

圆凹模　A　8.6×6×22　JB/T 5825—2008　T10A

（续）

d		1~2	2~4	4~6	6~8	8~10	10~12	12~15	15~18	18~22	22~28
D（m6）	基本尺寸	8	12	14	16	20	22	25	30	35	40
	极限偏差	+0.015 +0.006	+0.018 +0.007			+0.021 +0.008			+0.025 +0.009		
D_1		11	16	18	20	25	27	30	35	40	45
Ⅰ	*h*	3			4		6		8		
	h_1	3									
Ⅱ	*h*	5			6		8		10		
	h_1	5			6						
H 范围		14~18	16~22	16~28	18~35	20~35			28~35		
H 系列		14、16、18、20、22、25、28、30、35									

注：1. 材料：T10A　GB/T 1298—2008，Cr12、9Mn2V　GB/T 1299—2000。

2. 热处理：淬火 58~62HRC。

3. 技术条件：按 JB/T 7653—2008 的规定。

2. 定位（定距）零件

导料板尺寸见表 5-25。承料板尺寸见表 5-26。侧刃尺寸见表 5-27。始用挡料块尺寸见表 5-28。弹簧弹顶挡料销尺寸见表 5-29。扭簧弹顶挡料销尺寸见表 5-30。扭簧尺寸见表 5-31。固定挡料销尺寸见表 5-32。橡胶弹顶挡料销见表 5-33。导正销尺寸见表 5-34。

表 5-25　导料板尺寸　（单位：mm）

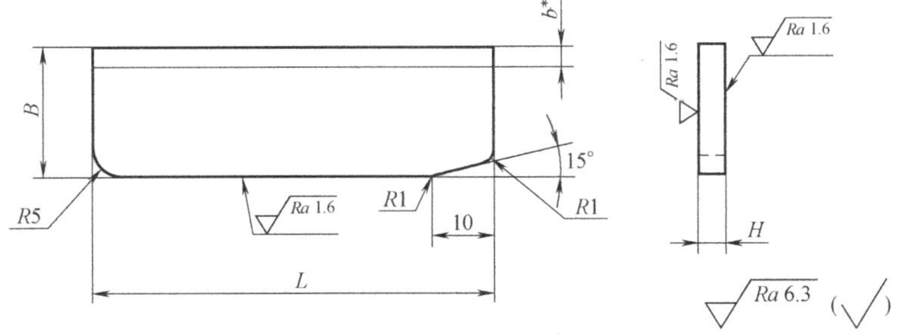

标记示例：

长度 $L=100$mm，宽度 $B=30$mm，厚度 $H=8$mm，材料为 Q235 的导料板

导料板　100×30×8　JB/T 7648.8—2008，Q235

（续）

L	B	H	L	B	H	L	B	H	L	B	H
50	15	4	83	20	4	100	45	10	125	20	6
		6			6			12		25	6
	20	4		25	6	120	20	4			8
		6			8			6		30	6
63	15	4		30	6		25	6			8
		6			8			8		35	6
	20	4		35	6		30	6			8
		6			8			8		40	6
70	15	4	100	20	4		35	6			8
		6			6			8			10
	20	4		25	6		40	6		45	8
		6			8			8			10
80	20	4		30	6			10			12
		6			8		45	8		50	8
	25	6		35	6			10			10
		8			8			12			12
	30	6		40	6		50	8	140	20	4
		8			8			10			6
	35	6			10			12		25	6
		8		45	8	125	20	4			8
140	30	6	160		12	200	35	6	240	45	8
		8		50	8			8			10
	35	6			10			10			12
		8			12		40	6		50	8
	40	6	165	25	6			8			10
		8			8			10			12
		10		30	6		45	8		55	10
	45	8			8			10			12
		10			10			12			15
		12		35	6		50	8		60	10
	50	8			8			10			12
		10			10			12			15
		12		40	6		55	10		65	12

注：1. 材料：Q235　GB/T 700—2006，45 钢　GB/T 699—1999。

2. 热处理：45 钢，调质 28 ~ 32HRC。

3. 技术条件：按 JB/T 7653—2008 的规定。

4. b^* 系设计修正量。

表 5-26 承料板尺寸 （单位：mm）

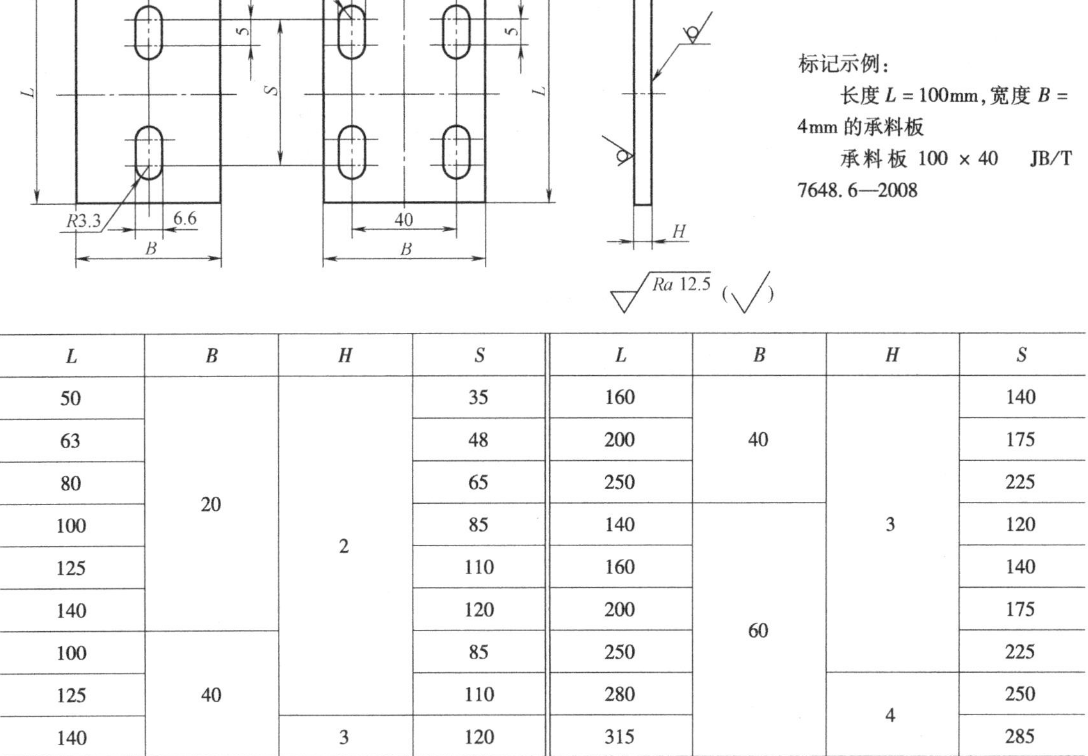

标记示例：

长度 L = 100mm，宽度 B = 4mm 的承料板

承料板 100 × 40 JB/T 7648.6—2008

L	B	H	S	L	B	H	S
50	20	2	35	160	40	3	140
63			48	200			175
80			65	250			225
100			85	140	60		120
125			110	160			140
140			120	200			175
100	40		85	250			225
125			110	280		4	250
140		3	120	315			285

注：1. 材料：Q235 GB/T 700—2006。

2. 技术条件：按 JB/T 7653—2008 的规定。

表 5-27 侧刃尺寸 （单位：mm）

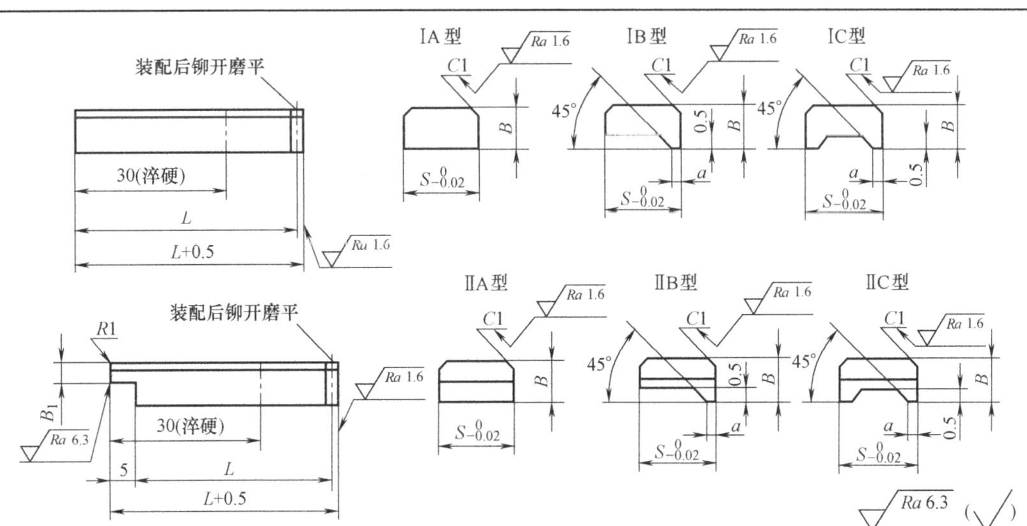

标记示例：

侧刃步距 S = 15.2mm、宽度 B = 8mm、高度 L = 50mm、材料为 T10A 的ⅡA 型侧刃：

侧刃 ⅡA15.2 × 8 × 50 JB/T 7648.6—2008 T10A

（续）

S	5～10		10～15	15～30	30～40
B	4	6	8	10	12
B_1		3	4	5	6
a	1.2～1.5		2		2.5
L	45、50		50、55	50、55、60、65	55、60、65、70

注：1. 材料：T10A GB/T 1298—2008，9Mn2V、Cr6WV、Cr12 GB/T 1299—2000。
2. 热处理：9Mn2V、Cr12 硬度 58～62HRC。
T10A、Cr6WV 硬度 56～60HRC。
3. 技术条件：按 JB/T 7653—2008 的规定。

表 5-28 始用挡料块尺寸 （单位：mm）

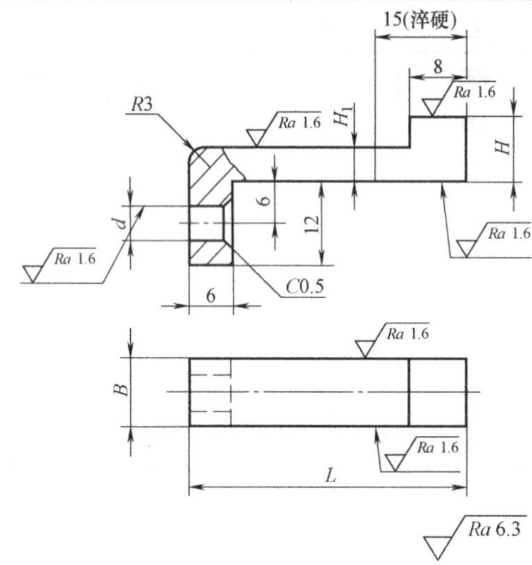

标记示例：
长度 $L=45$mm，厚度 $H=8$mm 的始用挡料块：
挡料块 45×8 JB/T 7649.1—2008

L	B(f9)		H(c12、c13)		H_1(f9)		d(H7)	
	基本尺寸	极限偏差	基本尺寸	极限偏差	基本尺寸	极限偏差	基本尺寸	极限偏差
35	6	−0.010 −0.040	6	−0.070 −0.190	2	−0.006 −0.031	3	+0.010 0
40								
45								
50	8	−0.013 −0.049	8	−0.080 −0.300	4	−0.010 −0.040	4	+0.012 0
55								
60	10		10		5			
65								
70	12	−0.016 −0.059	12	−0.095 −0.365	6		6	
75								
80								
85								

注：1. 材料：45 钢 GB/T 699—1999。
2. 热处理：硬度 43～48HRC。
3. 技术条件：按 JB/T 7653—2008 的规定。

表 5-29　弹簧弹顶挡料销尺寸　　（单位：mm）

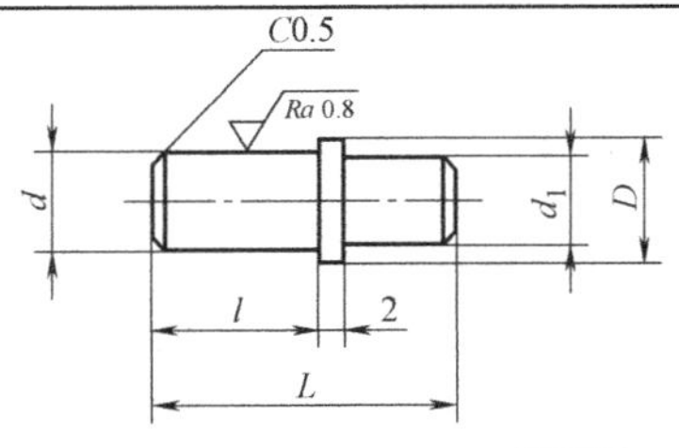

标记示例：

挡料销（d）×（L）　JB/T 7649.5—2008

d(d9) 基本尺寸	d(d9) 极限偏差	D	d_1	l	L	d(d9) 基本尺寸	d(d9) 极限偏差	D	d_1	l	L
4	−0.030 −0.060	6	3.5	10	18	10	−0.040 −0.076	12	8	18	30
				12	20					20	32
6		8	5.5	10	20	12	−0.050 −0.093	14	10	22	34
				12	22					24	36
				14	24					28	40
				16	26	16		18	14	24	36
8	−0.040 −0.076	10	7	12	24					28	40
				14	26					35	50
				16	28	20	−0.065 −0.117	23	15	35	50
				18	30					40	55
10		12	8	14	26					45	60
				16	28						

注：1. 材料：45 钢　GB/T 699—1999。

2. 热处理：硬度 43～48HRC。

3. 技术条件：按 JB/T 7653—2008 的规定。

表 5-30　扭簧弹顶挡料销尺寸　　（单位：mm）

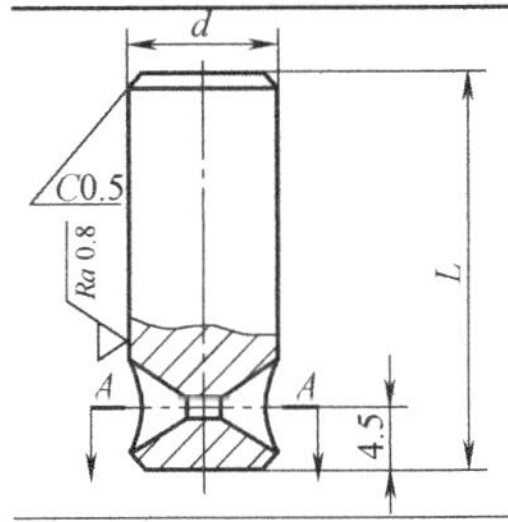

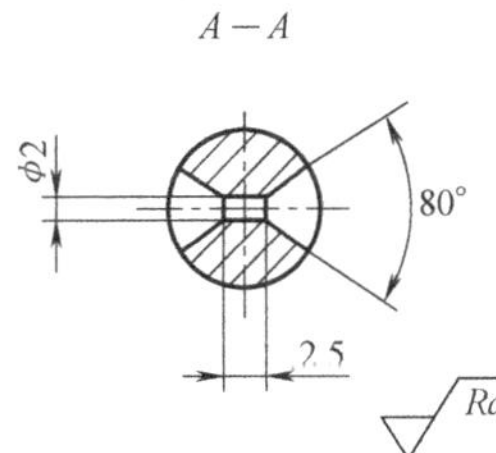

标记示例：

挡料销（d）×（L）　JB/T 7649.6—2008

d(d11) 基本尺寸	d(d11) 极限偏差	L
4	−0.030 −0.105	18
6		18
		20
		22
8	−0.040 −0.130	22
		24
		28
10		28
		30

注：1. 材料：45 钢　GB/T 699—1999。

2. 热处理：硬度 43～48HRC。

3. 技术条件：按 JB/T 7653—2008 的规定。

表 5-31 扭簧尺寸 (单位：mm)

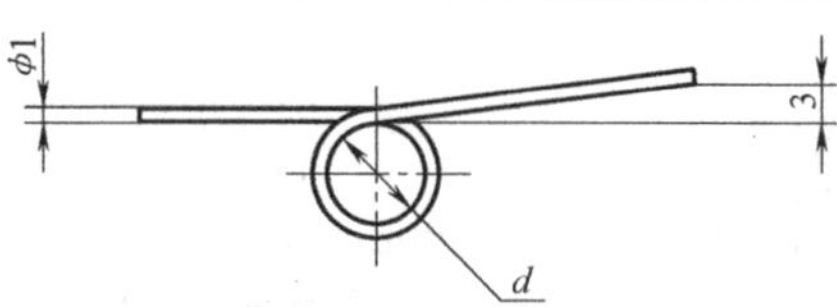

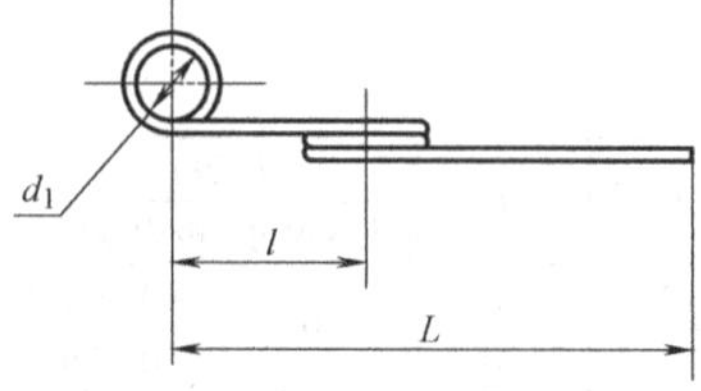

标记示例：

直径 $d=6$mm，长度 $L=35$mm 的弹顶挡料装置的扭簧：

扭簧 6×35 JB/T 7649.6—2008

d	d_1	L	l
6	4.5	30	10
	6.5	35	
8		35	15
		40	20

注：1. 材料：65Mn 弹簧钢丝 GB/T 1222—2007。

2. 热处理：硬度 42～46HRC。

表 5-32 固定挡料销 (单位：mm)

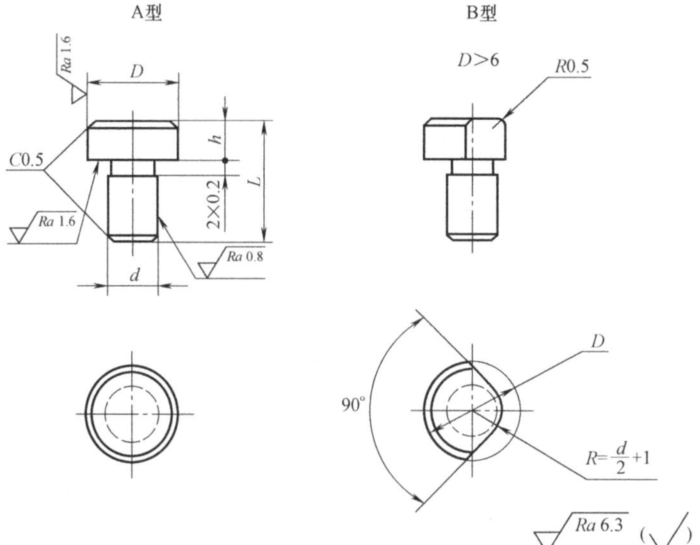

标记示例：

直径 $D=15$mm，$d=8$mm，高度 $h=3$mm 的 A 型固定挡料销：

挡料销 A15×8×3 JB/T 7649.10—2008

（续）

D(h11) 基本尺寸	D(h11) 极限偏差	d(m6) 基本尺寸	d(m6) 极限偏差	h	L
4	0 -0.075	3	+0.008 +0.002	2	8
6		4	+0.012 +0.004		10
8	0 -0.090			3	
10		6		2	
				3	14
12	0 -0.110			5	
		8	+0.015 +0.006	3	
				5	

D(h11) 基本尺寸	D(h11) 极限偏差	d(m6) 基本尺寸	d(m6) 极限偏差	h	L
15	0 -0.110	8	+0.015 +0.006	3	18
				6	
		10		3	
18		12	+0.018 +0.007	6	
20	0 -0.130	10	+0.015 +0.006	8	20
		14	+0.018 +0.007		
25		12			22
		18			

注：1. 材料：45 钢 GB/T 699—1999。
2. 热处理：硬度 42 ~ 46HRC。
3. 技术条件：按 JB/T 7653—2008 的规定。

表 5-33 橡胶弹顶挡料销 （单位：mm）

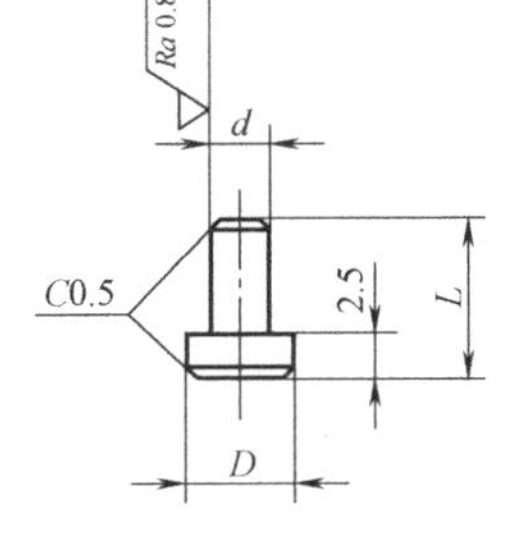

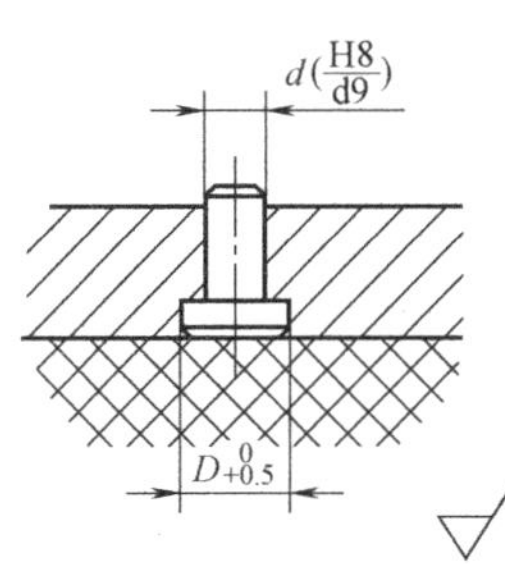

Ra 6.3 (√)

标记示例：

直径 $d=6$mm、长度 $L=14$mm 的橡胶弹顶挡料销：

挡料销 6×14JB/T 7649.9—2008

d(d9) 基本尺寸	d(d9) 极限偏差	D	L
3	-0.020 -0.045	5	8
			10
			12
			14
			16
4	-0.030 -0.060	6	8
			10
			12
			14
			16
			18
6		8	8
			12

d(d9) 基本尺寸	d(d9) 极限偏差	D	L
6	-0.030 -0.060	8	14
			16
			18
			20
8	-0.040 -0.076	10	10
			16
			18
			20
			22
			24
10		13	16
			20

注：1. 材料：45 钢 GB/T 699—1999。
2. 热处理：硬度 43 ~ 48HRC。
3. 技术条件：按 JB/T 7653—2008 的规定。

表 5-34　A 型导正销尺寸　　（单位：mm）

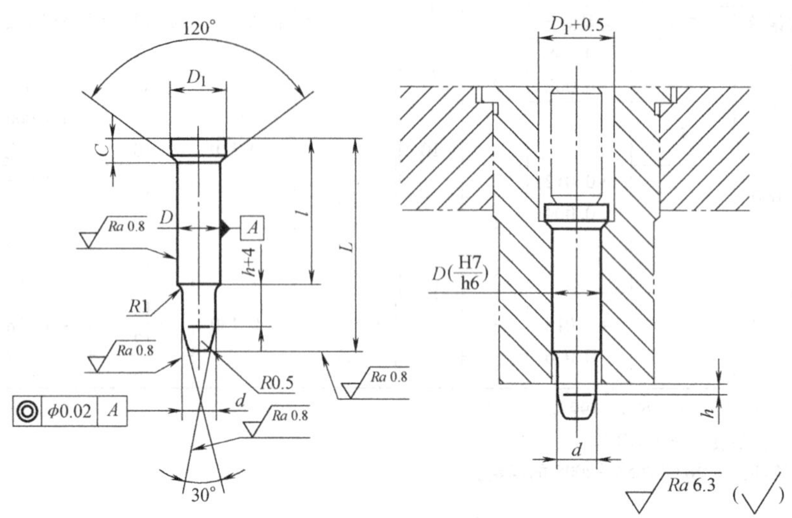

标记示例：

直径 d＝6mm、长度 L＝28mm 的 A 型导正销：

导正销　A6×28　JB/T 7647.1—2008

d(h6)		D(h6)		D_1	L	l	C
基本尺寸	极限偏差	基本尺寸	极限偏差				
<3	0 −0.006	5	0 −0.008	8	24	14	2
>3～6	0 −0.008	7	0 −0.009	10	28	18	
>6～8	0 −0.009	9		12	32	20	3
>8～10		11	0 −0.011	14	34	22	
>10～12	0 −0.011	13		16	36	24	

注. 1. h 尺寸设计时确定。

2. 材料：T8A　GB/T 1298—2008。

3. 热处理：硬度 50～54HRC。

4. 技术条件：按 JB/T 7653—2008 的规定。

3. 卸料及压料零件

顶板尺寸见表 5-35，顶杆尺寸见表 5-36，带肩推杆尺寸见表 5-37。

表 5-35 顶板尺寸 （单位：mm）

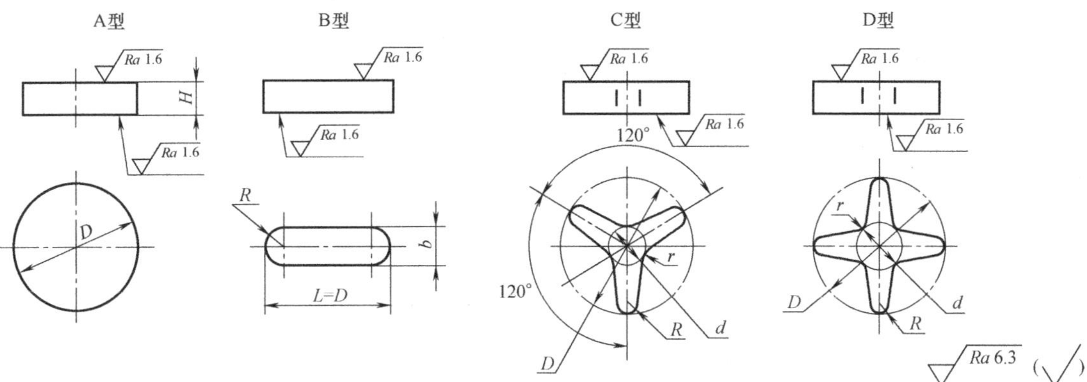

标记示例：

直径 D = 40mm 的 A 型顶板：

顶板 A40 JB/T 7650.4—2008

<table>
<tr><th>D</th><th>d</th><th>R</th><th>r</th><th>H</th><th>b</th></tr>
<tr><td>20</td><td>—</td><td>—</td><td>—</td><td rowspan="2">4</td><td rowspan="4">8</td></tr>
<tr><td>25</td><td>15</td><td rowspan="3">4</td><td rowspan="3">3</td></tr>
<tr><td>30</td><td>16</td><td rowspan="2">5</td></tr>
<tr><td>35</td><td>18</td></tr>
<tr><td>40</td><td>20</td><td rowspan="2">5</td><td rowspan="2">4</td><td rowspan="2">6</td><td rowspan="2">10</td></tr>
<tr><td>50</td><td rowspan="2">25</td></tr>
<tr><td>60</td><td rowspan="3">6</td><td rowspan="3">5</td><td rowspan="2">7</td><td rowspan="3">12</td></tr>
<tr><td>70</td><td rowspan="2">30</td></tr>
<tr><td>80</td><td rowspan="2">9</td></tr>
<tr><td>95</td><td>32</td><td rowspan="2">8</td><td rowspan="2">6</td><td rowspan="2">16</td></tr>
<tr><td>110</td><td>35</td><td rowspan="2">12</td></tr>
<tr><td>120</td><td>42</td><td rowspan="2">9</td><td rowspan="2">7</td><td rowspan="2">18</td></tr>
<tr><td>140</td><td>45</td><td rowspan="2">14</td></tr>
<tr><td>160</td><td rowspan="2">55</td><td rowspan="2">11</td><td rowspan="2">8</td><td rowspan="2">22</td></tr>
<tr><td>180</td><td rowspan="2">18</td></tr>
<tr><td>210</td><td>70</td><td>12</td><td>9</td><td>24</td></tr>
</table>

注：1. 材料：45 钢 GB/T 699—1999。
2. 热处理：硬度 43 ~ 48HRC。
3. 技术条件：按 JB/T 7653—2008 的规定。

表 5-36　顶杆尺寸　　(单位：mm)

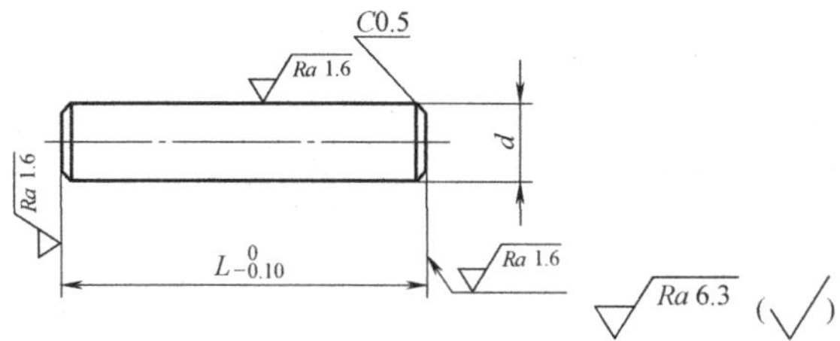

标记示例：

直径 $d=8$mm，长度 $L=40$mm 的顶杆：

顶杆　8×40　JB/T 7650—2008

d(c11　b11)		L	d(b11)		L
基本尺寸	极限偏差		基本尺寸	极限偏差	
4 6	-0.070 -0.0145	15　20　25	16	-0.150 -0.260	85
		30　35　40			90
		45			95
8 10	-0.080 -0.170	25　30　35			100
		40　45　50			105
		55　60　65			110
12 16	-0.150 -0.260	35　40　45			115
		50　55　60			120
		65　70　75			125
		80			130

注：1. 材料：45 钢 GB/T 699—1999。

2. 热处理：硬度 43～48HRC。

3. 技术条件：按 JB/T 7653—2008 的规定。

表 5-37　带肩推杆尺寸　　(单位：mm)

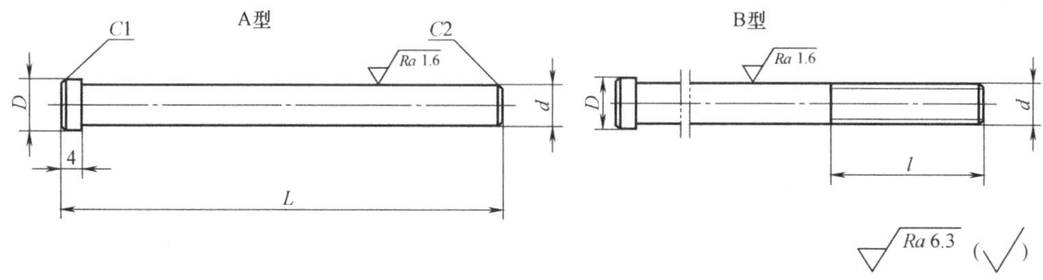

标记示例：

直径 $d=8$mm，长度 $L=90$mm 的 A 型带肩推杆：

推杆　A8×90　JB/T 7650—2008

（续）

d A型	d B型	L	D	l
6	M6	40	8	—
		45		
		50		
		55		
		60		
		70		
		80		20
		90		
		100		
		110		
		120		
		130		
8	M8	50	10	—
		55		
		60		
		65		
		70		
		80		
		90		25
		100		
		110		
		120		
		130		
		140		
		150		
10	M10	60	13	—
		65		
		70		
		75		
		80		
		90		

d A型	d B型	L	D	l
10	M10	100	13	30
		110		
		120		
		130		
		140		
		150		
		160		
		170		
12	M12	70	15	—
		75		
		80		
		85		
		90		
		100		
		110		35
		120		
		130		
		140		
		150		
		160		
		170		
		180		
		190		
16	M16	80	20	—
		90		
		100		
		110		
		120		40
		130		
		140		
		150		

d A型	d B型	L	D	l
16	M16	160	20	40
		180		
		200		
		220		
20	M20	90	24	—
		100		
		110		
		120		
		130		45
		140		
		150		
		160		
		180		
		200		
		220		
		240		
		260		
25	M25	100	30	—
		110		
		120		
		130		
		140		50
		150		
		160		
		180		
		200		
		220		
		240		
		260		
		280		

注：1. 材料：45 钢　GB/T 699—1999。
　　2. 热处理：硬度 43～48HRC。
　　3. 技术条件：按 JB/T 7653—2008 的规定。

4. 模板

矩形凹模板尺寸见表 5-38，矩形模板尺寸见表 5-39，圆形凹模板尺寸见表 5-40，圆形模板尺寸见表 5-41，圆形垫板尺寸见表 5-42，矩形垫板尺寸见表 5-43。

表 5-38 矩形凹模板尺寸 （单位：mm）

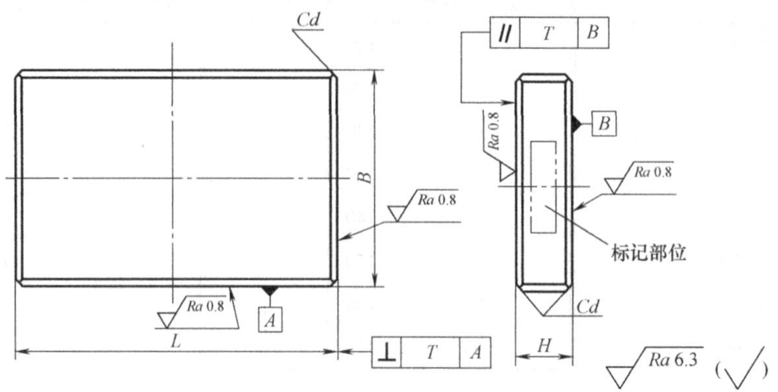

标记示例：长度 $L=125$mm，宽度 $B=100$mm，厚度 $H=20$mm，材料为 T10A 的矩形凹模板：

凹模板 125×100×20 JB/T 7643.1—2008 T10A

L	B	H	d	L	B	H	d	L	B	H	d
63	63	12		125	125	14	1.5	200	160	16	1.5
		14				16				20	
		16				18				22	
		18				20				25	
		20				22				28	
						25				32	
80	80	14		(140)		14		250	200	16	
		16				18				20	
		18				20				22	
		20				22				25	
		22				25				28	
						28				32	
100	80	12		160	(140)	14		(280)	250	20	2
		14				18				25	
		16				20				28	
		18				22				32	
		20				25				35	
		22				28				40	
125	100	14		200		14		315		20	
		16				18				28	
		18				20				32	
		20				22				35	
		22				25				40	
		25				28				45	

注：1. 材料：T10A GB/T 1298—2008，Cr12、Cr6WV、9Mn2V、Cr12MoV GB/T 1299—2000。

2. 热处理：硬度自定。

3. 技术条件：按 JB/T 7653—2008 的规定。

表 5-39　矩形模板尺寸　　　　（单位：mm）

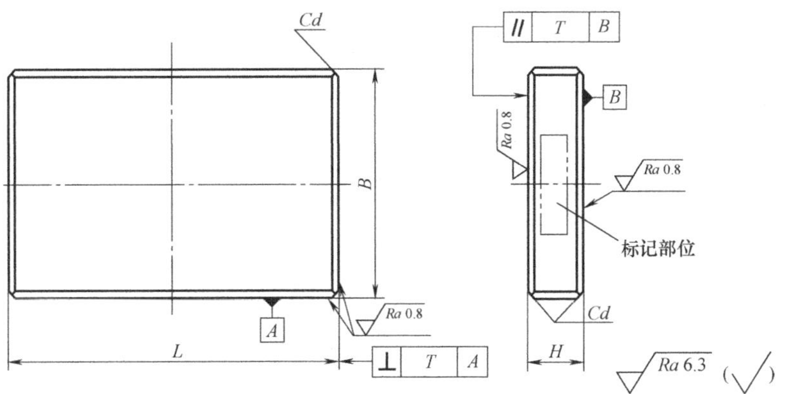

标记示例：长度 $L=125$mm，宽度 $B=100$mm，厚度 $H=16$mm，材料为 Q235 的矩形模板：

模板　125×100×16　JB/T 7643. 2—2008

L	B	H	d	L	B	H	d	L	B	H	d
63 80	63 80	6	1	125 （140）	125 （140）	10	1. 5	200 250	160 200	14	1. 5
		8				12				16	
		10				14				18	
		12				16				20	
		14				18				22	
		16				20				25	
		18				22				28	
100 125	80 100	8	1	160 200	125 160	12	1. 5	（280） 315	250	18	2
		10				14				20	
		12				16				22	
		14				18				25	
		16				20				28	
		18				22				32	
		20				25				35	

注：1. 材料：Q235　GB/T 700—2006，45 钢　GB/T 699—1999。

2. 热处理：硬度自定。

3. 技术条件：按 JB/T 7653—2008 的规定。

表 5-40　圆形凹模板尺寸　　（单位：mm）

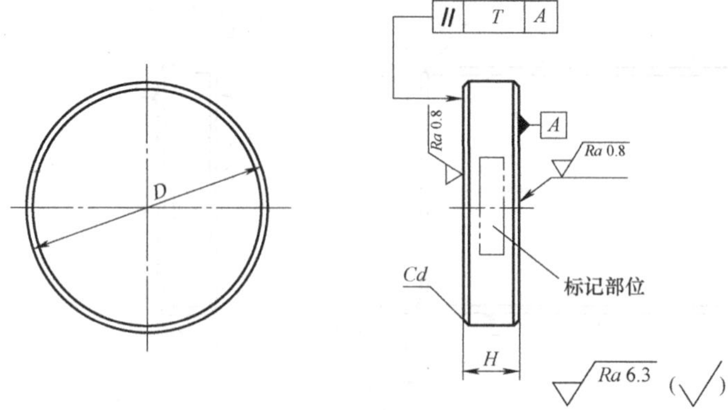

标记示例：直径 $D=100\text{mm}$，厚度 $H=16\text{mm}$，材料为 T10A 的圆形凹模板：

凹模板　100×16　JB/T 7643.4—2008　T10A

D	H	c	D	H	c	D	H	c	D	H	c
63	12	1	(140)	18	1.5	250	28	2	(280)	40	2
	14			22			32			45	
80	16		160	25			35		315	20	
	18			28			40			28	
100	20		200	32		(280)	20			32	
	25			35			28			35	
125	28		250	20	2		32			40	
	32			25			35			45	

注：1. 材料：T10A　GB/T 1298—2008，9Mn2V、Cr12MoV、Cr12、Cr6WV　GB/T 1299—2000。

2. 热处理：硬度自定。

3. 技术条件：按 JB/T 7653—2008 的规定。

表 5-41　圆形固定板尺寸　　（单位：mm）

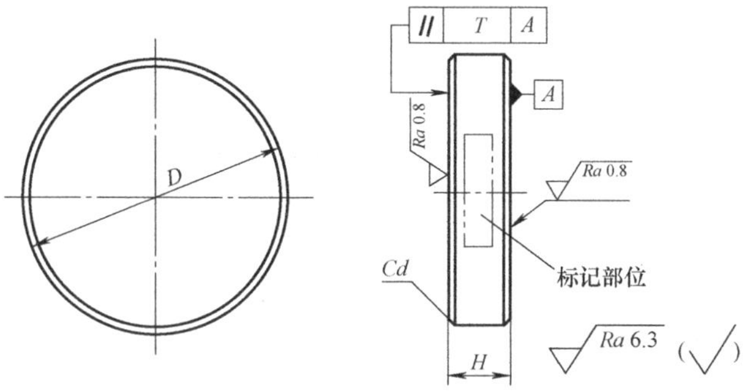

标记示例：直径 $D=100\text{mm}$，厚度 $H=20\text{mm}$，材料为 45 钢的圆形固定板：

圆形固定板　100×20　JB/T 7643.5—2008

（续）

D	H	d	D	H	d	D	H	d
63	10	1	(140)	12	1.5	200	20	2
	12			14			22	
80	14		160	16		250	25	
	16			18			28	
100	18		200	20		(280)	32	
125	20		250	22		315	35	
	22			25			40	

注：1. 材料：Q235　GB/T 700—2006，45 钢　GB/T 699—2000。

2. 热处理：硬度自定。

3. 技术条件：按 JB/T 7653—2008 的规定。

4. 括号内尺寸尽可能不用。

表 5-42　圆形垫板尺寸　（单位：mm）

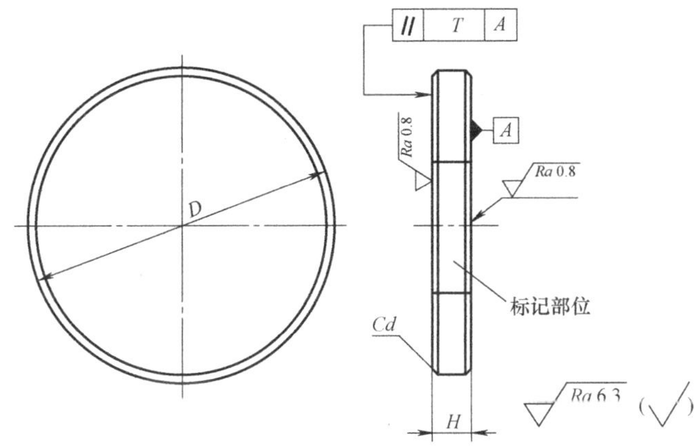

标记示例：直径 $D=100$mm，厚度 $H=6$mm，材料为 45 钢的圆形垫板：

垫板　100×6　JB/T 7643.6—2008

D	63		80		100		125		160		200		250		315	
d	1								1.5				2			
H	4	6	4	6	4	6	6	8	8	10	8	10	10	12	10	12

注：1. 材料：45 钢　GB/T 699—1999，T7A　GB/T 1298—2008。

2. 热处理：硬度自定。

3. 技术条件：按 JB/T 7653—2008 的规定。

表 5-43　矩形垫板尺寸　　　　（单位：mm）

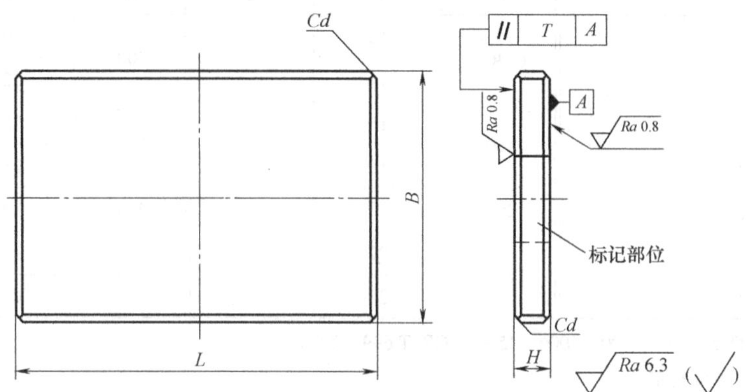

标记示例：长度 $L=100$mm，宽度 $B=80$mm，厚度 $H=6$mm，材料为 T7A 的矩形垫板：

垫板　100×80×6　JB/T 7643.3—2008

L	B	H	d	L	B	H	d	L	B	H	d
63	63	4	1	250	(140)	8	1.5	250	200	8	1.5
		6				10				10	
80	63	4		160	160	8		(280)		10	
		6				10				12	
100	80	4		200		8		315		10	
		6				10				12	
(140)	100	6		250		8		250	250	10	2
		8				10				12	
160	125	6		(280)		8		(280)		10	
		8				10				12	
200	(140)	6		200	200	8		315		10	
		8				10				12	

注：1. 材料：45 钢　GB/T 699—1999，T7A　GB/T 1298—2008。

2. 热处理：硬度自定。

3. 技术条件：按 JB/T 7653—2008 的规定。

5. 固定零件

通用钢板模座尺寸见表 5-44，压入式模柄尺寸见表 5-45，凸缘模柄尺寸见表 5-46，槽形模柄尺寸见表 5-47，旋入式模柄尺寸见表 5-48。

表 5-44　通用钢板模座尺寸　　　　（单位：mm）

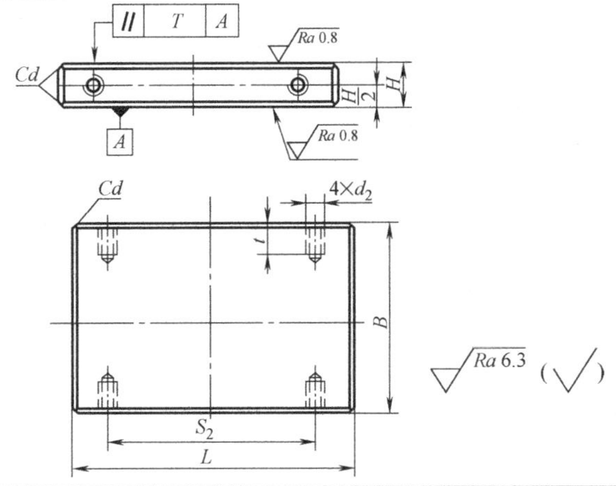

标记示例：长度 $L=125$mm，宽度 $B=80$mm，厚度 $H=20$mm，材料为 Q235 的矩形上模座：

上模座　125×80×20 Q235

L	B	H	d	d_2	t	S_2
63	50	16	1	—	—	—
63	63	20	1	—	—	—
80	63	20	1	—	—	—
100	63	20	1	—	—	—
80	80	20	1	—	—	—
100	80	20	1	—	—	—
125	80	20	1	—	—	—
(140)	80	25	1	—	—	—
160	80	25	1	—	—	—
100	100	25	1	—	—	—
125	100	25	1	—	—	—
(140)	100	25	1	—	—	—
160	100	25	1	—	—	—
200	100	25	1	—	—	—
250	100	25 30	1	—	—	—
(280)	100	30	1	—	—	—
125	125	25	1.5	—	—	—
(140)	125	25	1.5	—	—	—
160	125	30	1.5	—	—	—
200	125	30	1.5	—	—	—
250	125	30	1.5	—	—	—
(280)	125	30	1.5	—	—	—
315	125	30 35	1.5	—	—	—
(140)	(140)	25	1.5	—	—	—
160	(140)	25 30	1.5	—	—	—
200	(140)	25 30	1.5	—	—	—
250	(140)	30	1.5	—	—	—
(280)	(140)	30	1.5	—	—	—
315	(140)	30 35	1.5	—	—	—
355	(140)	30 35	1.5	—	—	—
160	160	30	1.5	—	—	—
200	160	35	1.5	—	—	—

L	B	H	d	d_2	t	S_2
250	160	30 35	1.5	—	—	—
(280)	160	30	1.5	—	—	—
315	160	30 35	1.5	—	—	—
355	160	30 35	1.5	—	—	—
400	160	35 40	1.5	—	—	—
200	200	30	1.5	M14	28	120
250	200	30 35	1.5	M14	28	160
(280)	200	30 35	1.5	M14	28	200
315	200	35 40	1.5	M16	32	220
355	200	35 40	1.5	M16	32	240
400	200	35 40	1.5	M16	32	300
250	250	35	2	M16	32	160
(280)	250	35 40	2	M16	32	200
315	250	35 40	2	M16	32	220
400	250	40	2	M16	32	300
(280)	(280)	40	2	M20	40	20
315	(280)	40	2	M20	40	20
400	(280)	50	2	M20	40	220
500	(280)	50	2	M20	40	300
315	315	50	2	M20	40	400
400	315	50	2	M20	40	220
500	315	60	2	M20	40	300
630	315	60	2	M20	40	400
400	400	60	2	M20	40	500
500	400	60	2	M20	40	300
630	400	60	2	M20	40	400 500
500	500	60	2	M20	40	400

注：1. 材料：Q235　GB/T 700—2006。

2. 技术条件：按 JB/T 7653—2008 的规定。

表 5-45　压入式模柄尺寸　　（单位：mm）

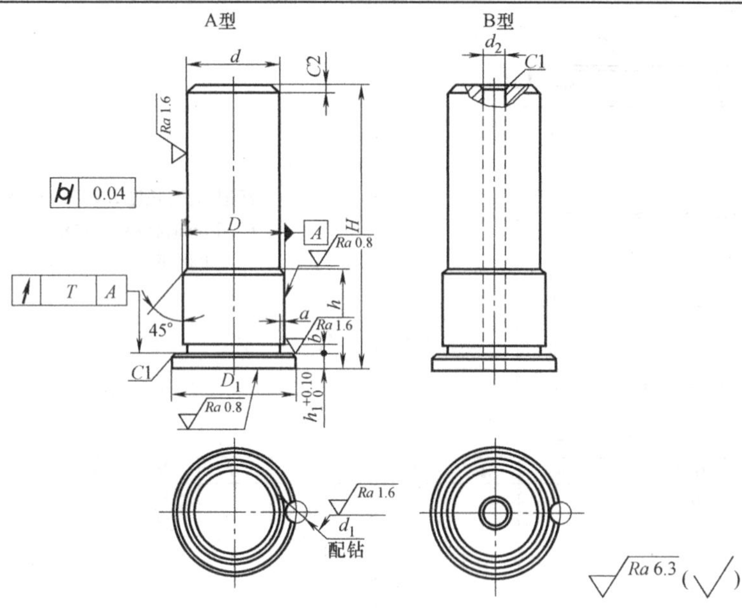

标记示例：

直径 $d=30$mm，高度 $H=73$mm、材料为 Q235 的 A 型压入式模柄：

模柄　A30 ×73　JB/T 7646.1—2008　Q235

<table>
<tr><th colspan="2">d(d11)</th><th colspan="2">D(m6)</th><th rowspan="2">DD_1</th><th rowspan="2">H</th><th rowspan="2">h</th><th rowspan="2">h_1</th><th rowspan="2">b</th><th rowspan="2">a</th><th colspan="2">d_1(H7)</th><th rowspan="2">d_2</th></tr>
<tr><th>公称尺寸</th><th>极限偏差</th><th>公称尺寸</th><th>极限偏差</th><th>公称尺寸</th><th>极限偏差</th></tr>
<tr><td rowspan="3">20</td><td rowspan="11">-0.065
-0.195</td><td rowspan="3">22</td><td rowspan="7">+0.021
+0.008</td><td rowspan="3">29</td><td>68</td><td>20</td><td rowspan="7">4</td><td rowspan="11">2</td><td rowspan="11">0.5</td><td rowspan="18">6</td><td rowspan="18">+0.012
0</td><td rowspan="7">7</td></tr>
<tr><td>73</td><td>25</td></tr>
<tr><td>78</td><td>30</td></tr>
<tr><td rowspan="4">25</td><td rowspan="4">26</td><td rowspan="4">33</td><td>68</td><td>20</td></tr>
<tr><td>73</td><td>25</td></tr>
<tr><td>78</td><td>30</td></tr>
<tr><td>83</td><td>35</td></tr>
<tr><td rowspan="4">*30</td><td rowspan="4">32</td><td rowspan="11">+0.025
+0.009</td><td rowspan="4">39</td><td>73</td><td>25</td><td rowspan="8">5</td><td rowspan="8">11</td></tr>
<tr><td>78</td><td>30</td></tr>
<tr><td>83</td><td>35</td></tr>
<tr><td>88</td><td>40</td></tr>
<tr><td rowspan="4">32</td><td rowspan="7">-0.080
-0.240</td><td rowspan="4">34</td><td rowspan="4">42</td><td>73</td><td>25</td><td rowspan="7">3</td><td rowspan="7">1</td></tr>
<tr><td>78</td><td>30</td></tr>
<tr><td>83</td><td>35</td></tr>
<tr><td>88</td><td>40</td></tr>
<tr><td rowspan="3">35</td><td rowspan="3">38</td><td rowspan="3">46</td><td>85</td><td>25</td><td rowspan="3">6</td><td rowspan="3">13</td></tr>
<tr><td>90</td><td>30</td></tr>
<tr><td>95</td><td>35</td></tr>
</table>

（续）

<table>
<tr><th colspan="2">d(d11)</th><th colspan="2">D(m6)</th><th rowspan="2">D_1</th><th rowspan="2">H</th><th rowspan="2">h</th><th rowspan="2">h_1</th><th rowspan="2">b</th><th rowspan="2">a</th><th colspan="2">d_1(H7)</th><th rowspan="2">d_2</th></tr>
<tr><th>公称尺寸</th><th>极限偏差</th><th>公称尺寸</th><th>极限偏差</th><th>公称尺寸</th><th>极限偏差</th></tr>
<tr><td rowspan="2">35</td><td rowspan="18">-0.080
-0.240</td><td rowspan="2">38</td><td rowspan="18">+0.025
+0.009</td><td rowspan="2">46</td><td>100</td><td>40</td><td rowspan="12">6</td><td rowspan="18">3</td><td rowspan="33">1</td><td rowspan="12">6</td><td rowspan="12">+0.012
0</td><td rowspan="12">13</td></tr>
<tr><td>105</td><td>45</td></tr>
<tr><td rowspan="5">38</td><td rowspan="5">40</td><td rowspan="5">48</td><td>90</td><td>30</td></tr>
<tr><td>95</td><td>35</td></tr>
<tr><td>100</td><td>40</td></tr>
<tr><td>105</td><td>45</td></tr>
<tr><td>110</td><td>50</td></tr>
<tr><td rowspan="5">*40</td><td rowspan="5">42</td><td rowspan="5">50</td><td>90</td><td>30</td></tr>
<tr><td>95</td><td>35</td></tr>
<tr><td>100</td><td>40</td></tr>
<tr><td>105</td><td>45</td></tr>
<tr><td>110</td><td>50</td></tr>
<tr><td rowspan="6">*50</td><td rowspan="6">52</td><td rowspan="6">61</td><td>95</td><td>35</td><td rowspan="13">8</td><td rowspan="13">8</td><td rowspan="21">+0.015
0</td><td rowspan="13">17</td></tr>
<tr><td>100</td><td>40</td></tr>
<tr><td>105</td><td>45</td></tr>
<tr><td>110</td><td>50</td></tr>
<tr><td>115</td><td>55</td></tr>
<tr><td>120</td><td>60</td></tr>
<tr><td rowspan="7">*60</td><td rowspan="15">-0.100
-0.290</td><td rowspan="7">62</td><td rowspan="15">+0.030
+0.011</td><td rowspan="7">71</td><td>110</td><td>40</td><td rowspan="15">4</td></tr>
<tr><td>115</td><td>45</td></tr>
<tr><td>120</td><td>50</td></tr>
<tr><td>125</td><td>55</td></tr>
<tr><td>130</td><td>60</td></tr>
<tr><td>135</td><td>65</td></tr>
<tr><td>140</td><td>70</td></tr>
<tr><td rowspan="8">*76</td><td rowspan="8">78</td><td rowspan="8">89</td><td>123</td><td>45</td><td rowspan="8">10</td><td rowspan="8">10</td><td rowspan="8">21</td></tr>
<tr><td>128</td><td>50</td></tr>
<tr><td>133</td><td>55</td></tr>
<tr><td>138</td><td>60</td></tr>
<tr><td>143</td><td>65</td></tr>
<tr><td>148</td><td>70</td></tr>
<tr><td>153</td><td>75</td></tr>
<tr><td>158</td><td>80</td></tr>
</table>

注：1. 材料：Q235、Q275 GB/T 700—2006。
2. 带“*”号的规格优先选用。
3. 技术条件：按 JB/T 7653—2008 的规定。

表 5-46　凸缘模柄尺寸　　（单位：mm）

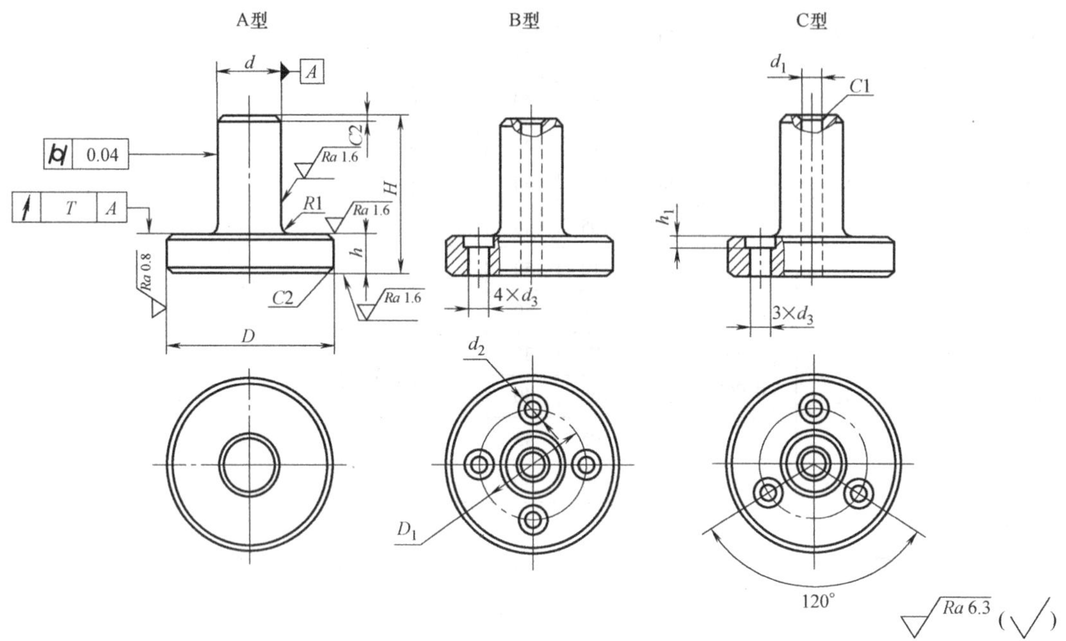

标记示例：

直径 $d=40$mm，$D=85$mm、材料为 Q235 的 A 型凸缘模柄：

模柄　A40×85　JB/T 7646.3—2008　Q235

<table>
<tr><th colspan="2">d(d11)</th><th colspan="2">D(h6)</th><th rowspan="2">H</th><th rowspan="2">h</th><th rowspan="2">d_1</th><th rowspan="2">D_1</th><th rowspan="2">d_2</th><th rowspan="2">d_3</th><th rowspan="2">h_1</th></tr>
<tr><th>公称尺寸</th><th>极限偏差</th><th>公称尺寸</th><th>极限偏差</th></tr>
<tr><td>30</td><td>-0.065
-0.195</td><td>70</td><td>0
-0.019</td><td>64</td><td>16</td><td>11</td><td>52</td><td>15</td><td>9</td><td>9</td></tr>
<tr><td>40</td><td rowspan="2">-0.080
-0.240</td><td>85</td><td rowspan="2">0
-0.022</td><td rowspan="2">78</td><td rowspan="2">18</td><td>13</td><td>62</td><td rowspan="2">18</td><td rowspan="2">11</td><td rowspan="2">11</td></tr>
<tr><td>50</td><td>100</td><td rowspan="2">17</td><td>72</td></tr>
<tr><td>60</td><td rowspan="2">-0.100
-0.290</td><td>115</td><td rowspan="2">0
-0.025</td><td>90</td><td>29</td><td>87</td><td rowspan="2">22</td><td rowspan="2">13</td><td rowspan="2">13</td></tr>
<tr><td>76</td><td>136</td><td>98</td><td>22</td><td>21</td><td>102</td></tr>
</table>

注：1. 材料：Q235、Q275　GB/T 700—2006。

2. 技术条件：按 JB/T 7653—2008 的规定。

表 5-47　槽形模柄尺寸　　　　（单位：mm）

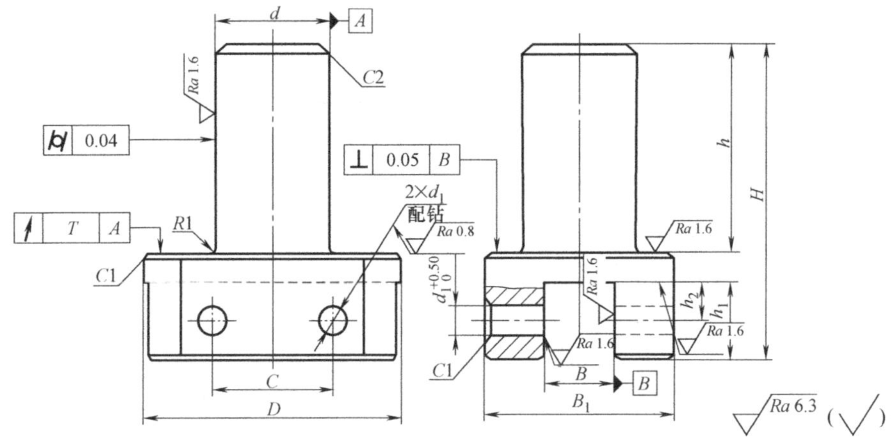

标记示例：

直径 d = 25mm、宽度 B = 10mm、材料为 Q235 的槽形模柄：

模柄　25 × 10　JB/T 7646.4—2008　Q235

<table>
<tr><th colspan="2">d(d11)</th><th rowspan="2">D</th><th rowspan="2">H</th><th rowspan="2">h</th><th rowspan="2">hh_1</th><th rowspan="2">h_2</th><th colspan="2">B(H7)</th><th rowspan="2">B_1</th><th colspan="2">d_1(H7)</th><th rowspan="2">C</th></tr>
<tr><th>公称尺寸</th><th>极限偏差</th><th>公称尺寸</th><th>极限偏差</th><th>公称尺寸</th><th>极限偏差</th></tr>
<tr><td rowspan="2">20</td><td rowspan="6">-0.065
-0.195</td><td rowspan="2">45</td><td rowspan="2">70</td><td rowspan="6">48</td><td rowspan="2">14</td><td rowspan="2">7</td><td>6</td><td>+0.012
0</td><td rowspan="2">30</td><td rowspan="4">6</td><td rowspan="4">+0.012
0</td><td rowspan="2">20</td></tr>
<tr><td rowspan="2">10</td><td rowspan="2">+0.015
0</td></tr>
<tr><td rowspan="2">25</td><td rowspan="2">55</td><td rowspan="2">75</td><td rowspan="2">16</td><td rowspan="2">8</td><td rowspan="2">40</td><td rowspan="2">25</td></tr>
<tr><td rowspan="2">15</td><td rowspan="2">+0.018
0</td></tr>
<tr><td rowspan="2">30</td><td rowspan="2">70</td><td rowspan="2">85</td><td rowspan="2">20</td><td rowspan="2">10</td><td rowspan="2">50</td><td rowspan="2">8</td><td rowspan="8">+0.015
0</td><td rowspan="2">30</td></tr>
<tr><td rowspan="2">20</td><td rowspan="6">+0.021
0</td></tr>
<tr><td rowspan="2">40</td><td rowspan="4">-0.080
-0.240</td><td rowspan="2">90</td><td rowspan="2">100</td><td rowspan="4">60</td><td rowspan="2">22</td><td rowspan="2">11</td><td rowspan="2">60</td><td rowspan="6">10</td><td rowspan="2">35</td></tr>
<tr><td rowspan="2">25</td></tr>
<tr><td rowspan="2">50</td><td rowspan="2">110</td><td rowspan="2">115</td><td rowspan="2">25</td><td rowspan="2">12</td><td rowspan="2">70</td><td rowspan="2">45</td></tr>
<tr><td rowspan="2">30</td></tr>
<tr><td rowspan="2">60</td><td rowspan="2">-0.100
-0.290</td><td rowspan="2">120</td><td rowspan="2">130</td><td rowspan="2">70</td><td rowspan="2">30</td><td rowspan="2">15</td><td rowspan="2">80</td><td rowspan="2">50</td></tr>
<tr><td>35</td><td>+0.025
0</td></tr>
</table>

注：1. 材料：Q235、Q275　GB/T 700—2006。

2. 技术条件：按 JB/T 7653—2008 的规定。

表 5-48 旋入式模柄尺寸 （单位：mm）

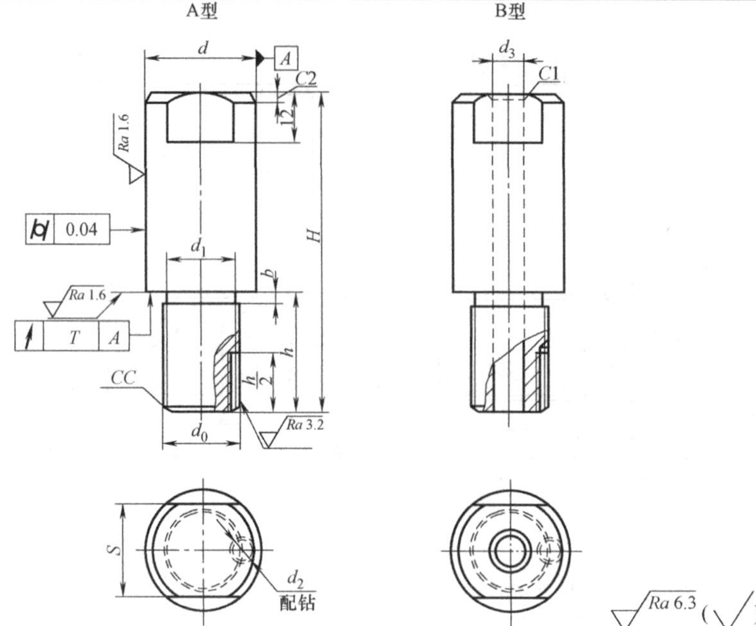

标记示例：

直径 $d=30\text{mm}$、高度 $H=78\text{mm}$、材料为 Q235 的 A 型旋入式模柄：

模柄 A30×78 JB/T 7646.2—2008 Q235

<table>
<tr><td rowspan="2">d(d11)</td><td>公称尺寸</td><td colspan="3">20</td><td colspan="3">25</td><td colspan="3">30</td><td colspan="3">32</td><td colspan="4">35</td><td>38</td></tr>
<tr><td>极限偏差</td><td colspan="9">-0.065
-0.195</td><td colspan="8">-0.080
-0.240</td></tr>
<tr><td colspan="2">d_0</td><td colspan="3">M18×1.5</td><td colspan="6">M20×1.5</td><td colspan="7">M24×2</td><td></td></tr>
<tr><td colspan="2">H</td><td>64</td><td>68</td><td>73</td><td>68</td><td>73</td><td>78</td><td>73</td><td>78</td><td>83</td><td>73</td><td>78</td><td>83</td><td>85</td><td>90</td><td>95</td><td>100</td><td>90</td></tr>
<tr><td colspan="2">h</td><td>16</td><td>20</td><td>25</td><td>20</td><td>25</td><td>30</td><td>25</td><td>30</td><td>35</td><td>25</td><td>30</td><td>35</td><td>25</td><td>30</td><td>35</td><td>40</td><td>30</td></tr>
<tr><td rowspan="2">s(h13)</td><td>公称尺寸</td><td colspan="3">17</td><td colspan="3">19</td><td colspan="3">24</td><td colspan="3">27</td><td colspan="4">30</td><td></td></tr>
<tr><td>极限偏差</td><td colspan="3">0
-0.270</td><td colspan="13">0
-0.330</td><td></td></tr>
<tr><td colspan="2">d_1</td><td colspan="3">16.5</td><td colspan="6">18.5</td><td colspan="7">21.5</td><td></td></tr>
<tr><td colspan="2">d_3</td><td colspan="6">7</td><td colspan="6">11</td><td colspan="5">13</td></tr>
<tr><td colspan="2">d_2</td><td colspan="17">M6</td></tr>
<tr><td colspan="2">b</td><td colspan="9">2.5</td><td colspan="8">3.5</td></tr>
<tr><td colspan="2">d'</td><td colspan="9">1</td><td colspan="8">1.5</td></tr>
</table>

<table>
<tr><td rowspan="2">d(d11)</td><td>公称尺寸</td><td colspan="3">38</td><td colspan="4">40</td><td colspan="4">50</td><td colspan="5">60</td></tr>
<tr><td>极限偏差</td><td colspan="11">-0.080
-0.240</td><td colspan="5">-0.100
-0.290</td></tr>
<tr><td colspan="2">d_0</td><td colspan="7">M30×2</td><td colspan="9">M42×3</td></tr>
<tr><td colspan="2">H</td><td>95</td><td>100</td><td>105</td><td>90</td><td>95</td><td>100</td><td>105</td><td>95</td><td>100</td><td>105</td><td>110</td><td>110</td><td>115</td><td>120</td><td>125</td><td>130</td></tr>
<tr><td colspan="2">h</td><td>35</td><td>40</td><td>45</td><td>30</td><td>35</td><td>40</td><td>45</td><td>35</td><td>40</td><td>45</td><td>50</td><td>40</td><td>45</td><td>50</td><td>55</td><td>60</td></tr>
<tr><td rowspan="2">s(h13)</td><td>公称尺寸</td><td colspan="7">32</td><td colspan="4">41</td><td colspan="5">50</td></tr>
<tr><td>极限偏差</td><td colspan="16">0
-0.390</td></tr>
<tr><td colspan="2">d_1</td><td colspan="7">27.5</td><td colspan="9">38.5</td></tr>
<tr><td colspan="2">d_3</td><td colspan="7">13</td><td colspan="9">17</td></tr>
</table>

（续）

s(h13)	公称尺寸	32	41	50
	极限偏差	0 -0.390		
d_2		M6	M8	
b		3.5	4.5	
C		1.5	2	

注：1. 螺纹基本尺寸按 GB/T 196—2003《普通螺纹基本尺寸》，公差按 GB/T 197—2003《普通螺纹公差》Ⅱ级精度。

2. 材料：Q235、Q275　GB/T 700—2006。

3. 技术条件：按 JB/T 7653—2008 的规定。

6. 其他零件

小导套尺寸见表 5-49，A 型小导柱尺寸见表 5-50，限位柱尺寸见表 5-51。

表 5-49　小导套尺寸　（单位：mm）

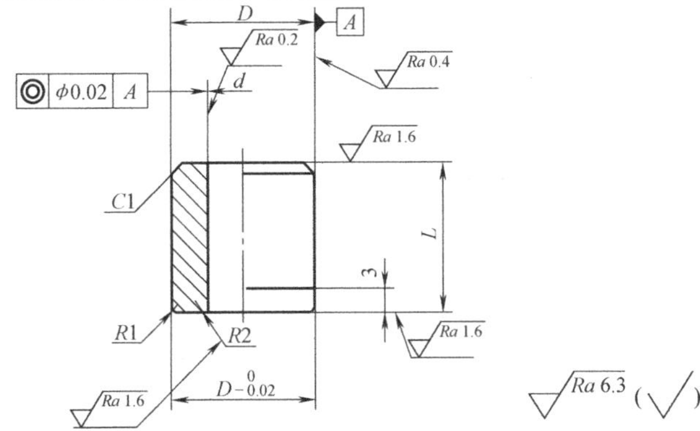

标记示例：直径 d = 12mm，长度 L = 16mm 的小导套：

小导套　12×16　JB/T 7645.3—2008

d(H7) 公称尺寸	d(H7) 极限偏差	D(r6) 公称尺寸	D(r6) 极限偏差	L	d(H7) 公称尺寸	d(H7) 极限偏差	D(r6) 公称尺寸	D(r6) 极限偏差	L
10	+0.015 0	16	+0.034 +0.023	8	16	+0.018 0	22	+0.041 +0.028	14
				10					16
				12					18
				14					20
12	+0.018 0	18		10	18		26		16
				12					18
				14					20
				16					22
14		20	+0.041 +0.028	12	20	+0.021 0	28		18
				14					20
				16					22
				18					25

注：1. 材料：20 钢　GB/T 699—1999。

2. 热处理：渗碳深度 0.8 ~ 1.2mm，硬度 58 ~ 62HRC。

3. 技术条件：按 JB/T 7653—2008 的规定。

表 5-50　A 型小导柱尺寸　　（单位：mm）

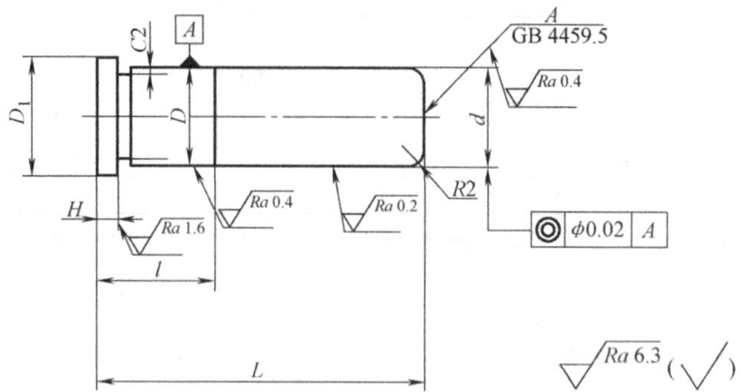

标记示例：直径 $d=14$mm，长度 $L=50$mm 的 A 型小导柱：

小导柱　A14×50　JB/T 7645.1—2008

d(h6) 公称尺寸	d(h6) 极限偏差	D(m6) 公称尺寸	D(m6) 极限偏差	D_1	L	l	H
10	0 -0.009	10	+0.015 +0.006	13	35	14	3
					40		
					45		
					50		
12	0 -0.011	12	+0.018 +0.007	15	40	16	
					45		
					50		
					55		
14		14		17	45	18	
					50		
					55		
					60		

d(h6) 公称尺寸	d(h6) 极限偏差	D(m6) 公称尺寸	D(m6) 极限偏差	D_1	L	l	H
16	0 -0.011	16	+0.018 +0.007	19	50	20	3
					55		
					60		
					70		
18		18		22	55	22	5
					60		
					65		
					70		
20	0 -0.013	20	+0.021 +0.008	24	60	25	
					65		
					70		
					80		

注：1. 材料：20 钢　GB/T 699—1999。

2. 热处理：渗碳深度 0.8～1.2mm，硬度 58～62HRC。

3. 技术条件：按 JB/T 7653—2008 的规定。

表 5-51　限位柱尺寸　　（单位：mm）

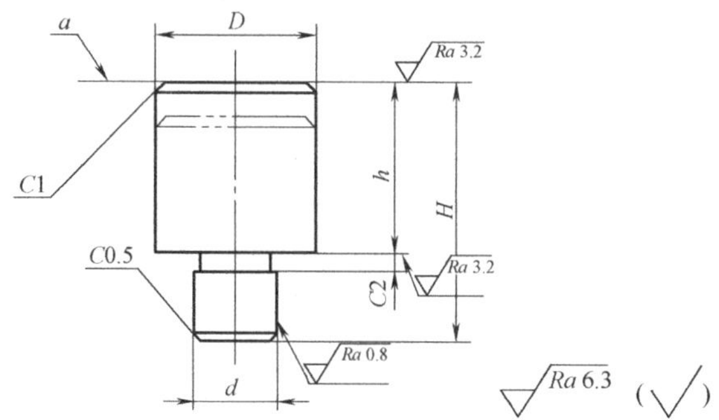

标记示例：

直径 $D=16$mm、高度 $h=15$mm 的限位柱：

限位柱　16×15　JB/T 7652.2—2008

（续）

D	d(r6)		h	H	D	d(r6)		h	H
	公称尺寸	极限偏差				公称尺寸	极限偏差		
12	6	+0.023 +0.015	10	18	25	12	+0.034 +0.023	20	32
			15	23				25	37
			20	28				30	42
			25	33				35	47
			30	38				45	57
16	8	+0.028 +0.019	15	25				55	67
			20	30	30	14		30	46
			25	35				40	56
			30	40				50	66
			35	45				60	76
20	10		20	30	40	18		65	85
			25	35				75	95
			30	40				85	105
			35	45				95	115
			40	50				105	125
			50	60				115	135

注：1. 材料：45 钢　GB/T 699—1999。

2. 热处理：硬度 43 ~ 48HRC。

3. *a* 面按实际需要修磨。

4. 技术条件：按 JB/T 7653—2008 的规定。

八、冷冲模零件技术条件

1. 技术要求

1）零件的尺寸、精度、表面粗糙度和热处理等应符合有关零件标准的技术要求和本技术条件的规定。

2）零件的材料除按有关零件标准规定的使用材料外，允许代料，但代用材料的力学性能不得低于原定材料。

3）零件图上未注公差尺寸的极限偏差按 GB 1804《公差与配合未注公差尺寸的极限偏差》规定的 IT14 级尺寸公差等级。孔尺寸为 H14、轴尺寸为 h14、长度尺寸为 Js14。

4）零件图上未注明倒角尺寸，除刃口外所有锐边和锐角均应倒角或倒圆，视零件大小，倒角尺寸为 *C*0.5 ~ *C*2，倒圆尺寸为 *R*0.5 ~ *R*1mm。

5）零件图上未注明的铸造圆角半径为 *R*3 ~ *R*5mm。

6）铸件的非加工表面需清砂处理，表面应光滑平整，无明显凸、凹缺陷。

7）铸件的尺寸公差：灰铸铁、球墨铸铁按 JB 2854《铸铁件机械加工余量、尺寸公差和重量偏差》规定；铸钢件按 JB 2580《铸钢件机械加工余量、尺寸偏差和重量偏差》的规定。

8）锻件不应有过热、过烧的内部组织和机械加工不能去除的裂纹、夹层及凹坑。

9）铸造模座加工前应进行时效处理，要求高的铸造模座在粗加工后应再进行一次消除内应力的时效处理。

10）加工后的零件表面，不允许有裂纹和影响使用的砂眼、缩孔、机械损伤等缺陷。

11）经热处理后的零件，硬度应均匀，不允许有影响使用的裂纹、软点和脱碳区，并清除氧化皮、脏物和油污。

12）表面渗碳、淬火的零件，其要求渗碳层为成品加工后的渗碳厚度。

13）钢制零件的非工作表面及非配合表面视使用要求应进行发蓝处理。

14）所有模座、凹模板、模板、垫板及单凸模固定板和单凸模垫板等零件图上标明的平行度符号 T 的值达到表 5-52 的规定。

15）矩形凹模板、矩形模板等零件图上标明的垂直度公差符号 T 值达到表 5-53 的规定。在保证垂直度 T 值要求下其粗糙度值 Ra 允许降为 1.6μm。

表 5-52　模板平面度公差值（单位：mm）

公称尺寸	公差等级	
	4	5
	公差值 T	
40～63	0.008	0.012
63～100	0.010	0.015
100～160	0.012	0.020
160～250	0.015	0.025
250～400	0.020	0.030
400～630	0.025	0.040
630～1000	0.030	0.050
1000～1600	0.040	0.060

注：1. 公称尺寸是指被测表面的最大长度尺寸或最大宽度尺寸。
2. 公差等级：按 GB/T 1184—1996《形状和位置未注公差的规定》。
3. 滚动导向模架的模座平行度公差采用公差等级 4 级。
4. 其他模座和板的平行度公差采用公差等级 5 级。

表 5-53　模板垂直度公差值（单位：mm）

公称尺寸	公差等级
	5
	公差值 T
40～63	0.012
63～100	0.015
100～160	0.020
160～250	0.025

注：1. 公称尺寸是指被测零件的短边长度。
2. 垂直度误差是指以长边为基准时短边的垂直度最大允许值。
3. 公差等级：按 GB/T 1184—1996《形状和位置公差未注公差的规定》。

16）各种模柄（包括带柄上模座）等零件图上标明的圆跳动符号 T 的值达到表 5-54 的规定。

17）上、下模座的导柱、导套安装孔的轴心线应与基准面垂直，其垂直度公差按如下规定：

① 安装滑动导柱或导套的模座为 100: 0.01；

② 安装滚动导柱或导套的模座为 100: 0.005。

表 5-54　模柄圆跳动公差值　　（单位：mm）

公称尺寸	公差等级
	8
	公差值 T
>18～30	0.025
>30～50	0.030
>50～120	0.040
>120～250	0.050

注：1. 公称尺寸是指模柄（包括带柄上模座）零件图上标明的可测部位的最大尺寸。

2. 公差等级：按 GB/T 1184—1996《形状和位置公差未注公差的规定》。

18）各种模座（包括通用模座）在保证平行度要求下，其上、下二平面的表面粗糙度值允许降低为 $Ra1.6\mu m$。

19）～26）略。

2. 验收规则（略）。

3. 标记、包装、运输及保管（略）。

注：本技术条件摘自 JB/T 7653—2008。

九、冷冲模技术条件

1. 主题内容与适用范围

本标准规定了冲模的零件技术要求、装配技术要求、检验和验收技术条件、标记、包装、运输、贮存及使用规定。

本标准适用于单工序、复合、级进等冲模。

2. 引用标准（略）

3. 零件技术要求（略）

4. 装配技术要求

1）装配时应保证凸、凹模之间的间隙均匀一致，配合间隙符合设计要求，不允许采用使凸、凹模变形的方法来修正间隙。

2）推料、卸料机构必须灵活，卸料板或推件器在冲模开启状态时，一般应突出凸、凹模表面 0.5～1.0mm。

3）当采用机械方法联接硬质合金零件时，连接表面的表面粗糙度值为 $Ra0.8\mu m$。

4）各接合面保证密合。

5）落料、冲孔的凹模刃口高度，按设计要求制造。其漏料孔应保证畅通，一般应比刃口大 0.2～2mm。

6）冲模所有活动部分的移动应平稳灵活，无滞止现象，滑块、楔块在固定滑动面上移动时，其最小接触面积不少于其面积的3/4。

7）各紧固用的螺钉、销不得松动，并保证螺钉和销的端面不突出上下模座平面。

8）各卸料螺钉沉孔深度应保证一致。

9）各卸料螺钉、顶杆的长度应保证一致。

10）凸模的垂直度必须在凸、凹模间隙的允许范围内，推荐采用表5-55的数据。

表5-55　凸模垂直度公差值

间隙值/mm	垂直度公差等级	
	单凸模	多凸模
薄料、无间隙（≤0.02）	5	6
>0.02～0.06	6	7
>0.06	7	8

11）冲模的装配必须符合模具装配图、明细栏及技术条件的规定。

12）凸模、凹模等与固定板的配合一般按H7/n6或H7/m6，保证工作稳定可靠。

13）在保证使用可靠的前提下，凸模、凹模、导柱、导套等零件的固定可采用性能良好并稳定的粘结材料浇注固定。

5. 检验和验收技术条件

（1）冲模需进行下列验收工作

1）冲模设计的审核。

2）外观检查。

3）尺寸检查。

4）试模和冲件检查。

5）质量稳定性检查。

6）冲模材料和热处理要求检查。

（2）冲模设计审核参照如下项目进行

1）冲模各零件的材质、硬度、精度、结构是否能符合用户的要求；模具的压力中心是否与压力机的压力中心相重合；卸料机构能否正确工作；冲件能否卸出。

2）是否对影响冲件质量的各因素进行了研究；是否注意到在不妨碍使用和冲压工艺等前提下尽量简化加工；冲压工艺参数的选择是否正确，冲件是否会产生变形（如翘曲、回弹等）。

3）冲压力（包括冲裁力、卸料力、推件力、顶件力、弯曲力、压料力、拉深力等）是否超过压力机的负荷能力；冲模的安装方法是否正确。

4）有关基本结构的审核，包括的内容为：①冲压工艺的分析和设计、排样图是否合理；②定位、导正机构（系统）的设计；③卸料系统的设计；④凸、凹模等工作零件的设计；⑤压料、卸料和出料的方式和防废料上冒的措施；⑥送料系统的设计；⑦安全防护措施的设计。

5）设计图的审核，包括内容为：①在装配图上的各零件排列是否适当，装配位置是否明确，零件是否已全部标出，必要的说明是否明确；②零件号、名称、加工数量是否确切标注，是否注明是本厂加工还是外购，是否遗漏配合精度、配合符号，是否考虑了冲件的高精度部位能进行修整，有无超精要求，是否采用适于零件性能的材料，是否标注了热处理、表面处理、表面加工的要求；③是否符合制图的有关规定，加工者是否容易理解；④加工者是否可以不进行计算，数字是否在适当的位置上明确无误地标注；⑤设计是否符合有关标准。

6）加工工艺的审核，包括的内容为：对于加工方式是否进行了研究；零件的加工工艺是否与现有的加工设备相适应，现有的加工设备是否能满足要求；与其他零件配合的部位是明确做了标注；是否考虑了调整余量；有无便于装配、分解的橇杠槽、装卸孔、牵引螺钉等标注；是否标注了在装配时应注意的事项；是否把热处理或其他原因所造成的变形控制在最小限度。

以下各条规定从略。

注：本技术条件摘自 GB/T 14662—2006。

第六章 塑料模设计资料

一、常用塑料的使用性能及加工性能

常用塑料主要有两大类：热塑性塑料和热固性材料。表6-1为常用热塑性材料的主要特性和用途。表6-2～表6-4分别详细地列出了聚丙烯（PP）、高密度聚乙烯（HDPE）、丙烯腈—丁二烯—苯乙烯共聚物（ABS）详细的性能参数。表6-5列出了热固性塑料的主要特性和用途，表6-6为常用塑料注射工艺参数表，主要参数有注射压力、保压压力。

表6-1　常用热塑性材料的主要特性和用途

材料名称	优　点	缺点
聚丙烯（PP）	1. 具有优良的力学性能，其强度、弹性都比HDPE高，抗弯曲疲劳性好 2. 具有良好的耐热性，熔点在164～170℃，制品能在100℃以上进行消毒灭菌，热变形温度通常能达到110℃，脆化温度为－35℃ 3. 化学稳定性很好，除能被浓硫酸、浓硝酸侵蚀外，对其他化学试剂都比较稳定 4. 聚丙烯的高频绝缘性能优良，由于它几乎不吸水，故绝缘性能不受温度影响	1. 收缩率大，厚壁制品易凹陷 2. 在低温下，冲击强度较差 3. 静电感度高，与铜接触易老化 4. 对紫外线很敏感
高密度聚乙烯（HDPE）	1. 抗冲击性以及耐寒性好，抗环境应力开裂 2. 化学稳定性极佳，耐油性好 3. 吸水极其微小，透水率低，有机蒸汽的透过率较大 4. 电绝缘性好，在一切频率范围内，介电性能都极其优异	1. HDPE的使用温度不高，一般在110℃以下使用 2. HDPE的耐老化性差，在大气、阳光、氧的作用下，逐渐变脆，导致力学性能和电性能下降 3. 在成型温度下会因氧化作用引起黏度下降，出现变色，产生条纹
丙烯腈—丁二烯—苯乙烯共聚物（ABS）	1. 刚性好，冲击强度高，且在低温时也不会快速下降 2. 耐热性和耐低温性好，耐磨性很高，耐化学药品性良好，电器性能优良 3. 易于加工，加工尺寸稳定性 4. 表面光泽好，容易涂装、着色，还可以进行喷涂金属、电镀、焊接和粘接等二次加工性能	1. ABS在空气中的吸湿性较强，在注射成型前必须先进行干燥，需将树脂在70～80℃预干燥4h以上 2. 耐候性差

表 6-2 聚丙烯（PP）性能表

项目	全新 PP	添加回料的 PP	添加碳酸钙的 PP	抗冲击改性 PP
悬臂梁缺口冲击强度/(kJ/m^2)	10.5	7.3	36	51.8
简支梁缺口冲击强度/(kJ/m^2)	16.9	11	17	23.9
-30℃悬臂梁缺口冲击强度/(kJ/m^2)	2.5	1.6	2.3	4.8
拉伸强度/MPa	36.8	28	33	34.6
断裂伸长率(%)	138	121	428	526
弯曲强度/ MPa	33.1	27	32	33
弯曲模量/ GPa	1.3	1.1	1.36	1.4
密度 g/cm^3	0.91	0.9	1.06	1.06
熔体流动速率(230℃,2.16kg)/(g/10min)	2.0	2.7	2.3	2.3

注：PP 性能参数以扬子石化的 J340 为依据。抗冲击改性 PP 与纯 PP 对比，其优点在于：

1. 冲击强度、韧性和力学性能显著提高，由性能表可以看出，改性后 PP 的拉伸强度、弯曲强度和硬度都比纯 PP 高，而代表韧性的冲击强度也提高了，尤其提高了其低温脆性。
2. 降低了收缩率，有效改善制品的翘曲变形和表面缩陷现象。
3. 提高 PP 的抗老化性，大大延长了制品的使用寿命。

表 6-3 高密度聚乙烯（HDPE）性能表

悬臂梁缺口冲击强度/(kJ/m^2)	拉伸屈服强度/MPa	断裂伸长率(%)	洛氏硬度(HRC)	密度(g/cm^3)	熔体流动速率/(g/10min)
>49	>27	>800	>61	0.955~0.962	6.1~8.0

注：HDPE 性能参数以盘锦石化的 5070EA 为依据。

表 6-4 丙烯腈—丁二烯—苯乙烯共聚物（ABS）性能表

悬臂梁缺口冲击强度/ (kJ/m^2)	拉伸强度/MPa	断裂伸长率(%)	弯曲强度(MPa)	洛氏硬度(HRC)	密度(g/cm^3)	熔体流动速率(200℃,5kg)/(g/10min)
18	48	20	79	116	1.05	1.8

注：ABS 性能参数以镇江奇美的 PA757 为依据。

表 6-5 热固性塑料的主要特性和用途

名称	特性	用途
PF	机械强度大，绝缘性、耐燃烧性、耐水性、耐酸性、耐油性、安定性良好，暗色、不耐碱，易变色，染色性有限	各种电器零件、机械零件、无声齿轮、制动装置、接着剂、食器、容器、安全帽、涂料、烹调器握柄、烟斗、麻将等
VF	无色、着色自由，与 PE 性质类似而稍劣，耐水性和耐候性不好	电器零件、配电器具、电话筒、汽车零件、合板接着剂、涂料、按钮、容器、麻将牌、时针盘、筷子、衣扣、瓶盖等

（续）

名称	特性	用途
MF	与UP同,耐水性佳,表面硬度大,具有耐燃性,无色、易于着色	配电盘、机械零件、汽配零件、涂料、接着剂、容器、食器、纸、布的树脂加工
UP	绝缘性佳、机械强度大、耐热、耐药品性、可低压成形、耐水	构造材料、建筑材料、汽配零件、船体、屋顶材料、椅子、钮扣、装饰品、安全帽、药筒等
SPorSI	耐高、低温,绝缘性佳、特有的表面、物理性、脱模性、消泡性、耐磨性优,耐日光、耐化学药品、无毒	沉水马达、无油液压器、脱模剂、润滑剂、防水剂、消泡剂、塑材、接着剂
EP	金属的接着性大、耐药品性、机械强度大、绝缘性好	绝缘材料、金属涂料、金属接着剂、工具、积层板等
PDAPorDAP	强度大、绝缘性好、耐药品性、耐热性、尺寸安定性良好,瞬时耐磨耗性良好、可低压成形	电晶体抵抗器、计算机、壁面材料、屋顶材料、绝缘胶带
PUorPUR	有弹性、强韧、耐磨耗性、耐热性、耐油性,耐老化性良好,稍不耐酸、碱及热水	缓冲材、断热材、合成皮革、接着剂、涂料、寝具、座垫、浴用海棉

二、塑料制件尺寸公差等级、公差及表面质量

塑料制件尺寸公差可依据表6-7（SJ/T 10628—1995）中的公差数值进行设计。塑料制件尺寸公差等级分八个等级，其中1、2级属于精密技术级，只有在特殊条件下使用。对于受模具活动部分影响很大的尺寸，其公差值取表中数值与附加值之和，2级的精度附加值为0.05mm，3～5级的精度附加值为0.10mm，6～8级的精度附加值为0.20mm。

塑料制件的精度与塑料品种有关，根据塑料收缩率不同，塑料的公差等级按表6-8选用。

塑料表面粗糙度主要根据塑料制品的使用要求和美观要求设计的，塑料制品的表面粗糙度主要取决于模具型腔表面粗糙度，同时还与塑料品种及成型工艺有关，其影响参见表6-9。

三、浇注系统设计

对于大型或薄壁塑料制件的塑料熔体有可能因其流动距离过长或流动阻力太大而无法充满整个型腔。为此，在模具设计过程中，除了采用短的流程外还要对其注射成型时的流动距离比进行校核。

在生产中影响流动距离比的因素较多，其中主要影响因素是塑料的品种和注射压力，表6-10所列出的数值可供设计模具时参考。

各种塑料因其性能的差异而对不同形式的浇道会有不同的适应性，设计模具时可参考表6-11所列部分塑料所适应的浇道形式。

表 6-6 常用塑料注射工艺参数表

塑料名称 / 注射工艺条件	PMMA/PC	软 PVC	硬 PVC	氯化聚醚	均聚 POM	共聚 POM	PET	PBT	玻纤增强 PBT	PA6	玻纤增强 PA6	PA11	玻纤增强 PA11	PA12	PA66	玻纤增强 PA66
1. 注射机类型	螺杆—线式	螺杆—线式	螺杆—线式	螺杆—线式	螺杆—线式	螺杆—线式	螺杆—线式	螺杆—线式	螺杆—线式	螺杆—线式	螺杆—线式	螺杆—线式	螺杆—线式	螺杆—线式	螺杆—线式	螺杆—线式
2. 螺杆形式							突变	突变	突变	突变	突变	突变	突变	突变	突变	突变
转速/(r/min)	20~30		20~30	20~40	20~40	20~40	20~40	20~40	20~40	20~50	20~40	20~50	20~40	20~50	20~50	20~40
3. 喷嘴形式	直通式		直通式	直通式	直通式	直通式	直通式	直通式	直通式	直通式	直通式	直通式	直通式	直通式	直通式	直通式
喷嘴温度/℃	220~240		150~170	170~180	170~180	170~180	250~260	200~220	210~230	200~210	200~210	180~190	190~200	170~180	250~260	250~260
4. 料筒温度前/℃	230~250		170~190	180~200	170~190	170~190	260~270	230~240	230~240	220~230	220~240	185~200	200~220	255~265	260~270	
料筒温度中/℃	240~250		165~180	180~200	170~190	180~200	260~280	230~250	240~360	230~240	230~250	190~220	220~250	190~240	260~280	260~890
料筒温度后/℃	210~230		150~170	180~190	170~180	170~190	240~260	200~220	210~220	200~210	200~210	170~180	180~190	160~170	240~250	250~260
5. 模具温度/℃	60~80		30~60	80~110	90~120	90~100	85~120	65~80	70~110	60~100	80~120	60~90	60~90	70~110	70~120	100~120
6. 注射压力/MPa	80~130		80~130	80~110	80~130	80~120	80~120	60~90	80~100	80~110	90~130	90~120	90~130	90~130	90~130	80~130
7. 保压压力/MPa	10~60		40~60	30~40	30~50	30~50	30~50	30~40	40~50	30~50	30~50	30~50	40~50	50~60	40~50	40~50
8. 注射时间/s	2~5		2~5	2~5	2~5	2~5	2~5	1~3	2~5	2~4	2~5	2~4	2~5	2~5	2~5	2~5
9. 保压时间/s	20~40		15~40	10~50	20~80	20~90	20~50	10~30	10~20	15~50	15~40	15~50	15~40	20~60	20~50	20~50
10. 冷却时间/s	20~40		15~40	20~50	20~60	20~60	20~30	15~30	15~30	20~40	20~40	20~40	20~40	20~40	20~40	20~40
11. 总周期/s	50~90		40~90	40~110	50~150	50~160	50~90	30~70	30~60	40~100	40~100	40~100	40~90	50~110	50~100	50~100
12. 干燥设备	卧式沸腾	卧式沸腾	卧式沸腾	卧式沸腾	卧式沸腾	卧式沸腾	卧式沸腾	卧式沸腾	卧式沸腾	卧式沸腾	卧式沸腾	卧式沸腾	卧式沸腾	卧式沸腾	卧式沸腾	卧式沸腾
干燥温度/℃	100~120	60~70	70~80		110~120	110~120	150~170	120~135	120~135	120~130	120~130	100~120	100~120	100~120	120~130	120~130
干燥时间/h	1.0	<0.5	<0.5		0.5~1.0	0.5~1.0	2.0	2.0	2.0	0.5~1.0	0.5~1.0	0.5~1.0	0.5~1.0	0.5~1.0	0.5~1.0	0.5~1.0

表 6-7 塑料制件公差数值表 （单位：mm）

公差尺寸	尺寸公差等级							
	IT1	IT2	IT3	IT4	IT5	IT6	IT7	IT8
	公差数值							
~3	0.04	0.06	0.08	0.12	0.16	0.24	0.32	0.48
3~6	0.05	0.07	0.08	0.14	0.18	0.28	0.36	0.56
6~10	0.06	0.08	0.10	0.16	0.20	0.32	0.40	0.61
10~14	0.07	0.09	0.12	0.18	0.22	0.36	0.44	0.72
14~18	0.08	0.10	0.12	0.20	0.24	0.40	0.48	0.80
18~24	0.09	0.11	0.14	0.22	0.28	0.44	0.56	0.88
24~30	0.10	0.12	0.16	0.24	0.32	0.48	0.64	0.96
30~40	0.11	0.13	0.18	0.26	0.36	0.52	0.72	1.04
40~50	0.12	0.14	0.20	0.28	0.40	0.56	0.80	1.20
50~65	0.13	0.16	0.22	0.32	0.46	0.64	0.92	1.40
65~80	0.14	0.19	0.26	0.38	0.52	0.76	1.04	1.60
80~100	0.16	0.22	0.30	0.44	0.60	0.88	1.20	1.80
100~120	0.18	0.25	0.34	0.50	0.68	1.00	1.36	2.00
120~140	—	0.28	0.38	0.56	0.76	1.12	1.52	2.20
140~160	—	0.31	0.42	0.62	0.84	1.24	1.68	2.40
160~180	—	0.34	0.46	0.68	0.92	1.36	1.84	2.70
180~200	—	0.37	0.50	0.74	1.00	1.50	2.00	3.00
200~225	—	0.41	0.56	0.82	1.10	1.64	2.20	3.30
225~250	—	0.45	0.62	0.90	1.20	1.80	2.40	3.60
250~280	—	0.50	0.68	1.00	1.30	2.00	2.60	4.00
280~315	—	0.55	0.74	1.10	1.40	2.20	2.80	4.40
315~355	—	0.60	0.82	1.20	1.60	2.40	3.20	4.80
355~400	—	0.65	0.90	1.30	1.80	2.60	3.60	5.20
400~450	—	0.70	1.00	1.40	2.00	2.80	4.00	5.60
450~500	—	0.80	1.1	1.60	2.20	3.20	4.40	6.40

注：表中规定的数值以塑件成型后或经必要的后处理，在相对湿度65%、温度20℃环境放置24h后，以塑件和量具温度为20℃时测量为准。

表 6-8 尺寸公差等级的选用

类别	塑料品种	建议采用的尺寸公差等级			
		高精度	一般精度	低精度	未注公差
1	聚苯乙烯、ABS、聚甲基丙烯酸甲酯、聚碳酸酯、聚砜、聚苯醚、分醛塑料、氨基塑料、30%玻璃纤维增强塑料	IT3	IT4	IT5	IT6
2	聚酰胺6、66、610、9、1010，氯化聚醚、聚氯乙烯、(硬)	4	5	6	6
3	聚甲醛、聚丙烯、聚乙烯(高密度)	5	6	7	7
4	聚氯乙烯(软)、聚乙烯(低密度)	6	7	8	8

注：1. 其他材料可按加工尺寸稳定性，参照上表选择尺寸公差等级。
2. 选用尺寸公差等级时应考虑脱模斜度对尺寸公差的影响。

表 6-9 模具表面粗糙度对塑料成型制品表面粗糙度的影响 （单位：μm）

注射模工作表面			注射制品表面粗糙度值				
加工方法	梳状物方向	表面粗糙度值 *Ra*	SB①	ISP	LDPE	HDPE	PP
精磨	顺	0.1	0.024	0.13	0.18	0.25	0.20
	横	0.2	0.05	0.17	0.22	0.26	0.26
磨或抛光	顺	0.2	0.02	0.29	0.28	0.20	0.26
	横	0.4	0.26	0.36	0.34	0.26	0.55
铣	顺	*Rz*②3.4	1.2	1.6	0.4	0.72	1.9
	横	*Rz*4.6	*Rz*3.7	1.9	*Rz*4.1	*Rz*3.0	*Rz*3.5
刨	顺	*Rz*4.2	1.5	0.85	1.1	1.6	1.35
	横	*Rz*8.0	*Rz*6.2	*Rz*7.2	*Rz*5.0	*Rz*7.4	*Rz*7.4

① SB、ISP 依次为苯乙烯与丁二烯的共聚物，抗冲击聚苯乙烯。

② *Rz* 为十点断面不平整高度，即在标准长度范围内，五个点最大断面凸起部和五个点最大断面凹陷处的平均算术绝对值的总值。

表 6-10 部分塑料的流动比允许值

塑料品种	注射压力/MPa	流动距离比	塑料品种	注射压力/MPa	流动距离比
聚乙烯(PE)	49 68.6 147	140～100 240～200 280～250	聚苯乙烯(PS)	88.2	300～260
			聚甲醛(POM)	98	210～110
聚丙烯(PP)	49 68.6 117.6	140～100 240～200 280～240	尼龙 6	88.2	320～200
			尼龙 66	88.2 127.4	130～90 160～130
聚碳酸酯(PC)	88.2 117.6 127.4	130～90 150～120 160～120	硬聚氯乙烯(HPVC)	68.6 88.2 117.6 127.4	110～70 140～100 160～120 170～130
软聚氯乙烯(SPVC)	88.2 68.8	280～200 240～160			

表 6-11 常用塑料所适应的浇道形式

塑料种类＼浇道形式	直浇道	侧浇道	平缝浇道	点浇道	潜伏式浇道	环形浇道
硬聚氯乙烯(PVC)	○	○				
聚乙烯(PE)	○	○		○		
聚丙烯(PP)	○	○		○		
聚碳酸酯(PC)	○	○		○		
聚苯乙烯(PS)	○	○		○	○	
橡胶改性聚苯乙烯					○	
聚酰胺(PA)	○	○		○	○	
聚甲醛(POM)	○	○	○	○	○	○
丙烯腈—苯乙烯	○	○		○		
ABS	○	○	○	○	○	○
丙烯酸酯	○	○				

注：“○”表示塑料适用的浇道形式。

四、注射模成型零部件及侧向分型抽芯机构

在一般情况下，收缩率的波动、模具制造公差和成型零件的磨损是影响塑件尺寸精度的主要原因。型腔、型芯的制造公差通常采用塑件公差的1/4～1/3；螺纹型芯和螺纹型环的直径制造公差及螺距的制造公差按表6-12、表6-13选择。

表6-12 螺纹型环和螺纹型芯直径制造公差 （单位：mm）

粗牙螺纹	螺纹直径	M3～M12	M14～M33	M36～145	M46～M68
	中径制造公差	0.02	0.03	0.04	0.05
	大、小径制造公差	0.03	0.04	0.05	0.06
细牙螺纹	螺纹直径	M4～M22	M24～M52	M56～M68	—
	中径制造公差	0.02	0.03	0.04	—
	大、小径制造公差	0.03	0.04	0.05	—

表6-13 螺纹型环和螺纹型芯螺距制造公差 （单位：mm）

螺纹直径	配合长度 L	制造公差
3～10	～12	0.01～0.03
12～22	12～20	0.02～0.04
24～68	>20	0.03～0.05

塑件成型过程中不产生溢料时，模具型腔的某些配合面间隙允许的最大值［δ］见表6-14。

表6-14 不发生溢料的间隙值 （单位：mm）

黏度特性	塑料品种举例	允许变形值[δ]
低黏度塑料	尼龙、聚乙烯、聚丙烯、聚甲醛	≤0.025～0.04
中等黏度	聚苯乙烯、ABS、聚甲基丙烯酸甲酯	≤0.05
高黏度塑料	聚碳酸酯、聚砜、聚苯醚	≤0.06～0.08

保证塑件的尺寸精度，就要求模具型腔具有较好的刚性，以保证塑料熔体注入型腔时不产生大的弹性变形。此时，型腔的允许变形量［δ］可由塑件尺寸和公差来确定，参照表6-15所示计算公式进行计算。

表6-15 保证塑件尺寸精度的［δ］值 （单位：mm）

塑件尺寸	经验公式[δ]
<10	$\Delta i/3$
10～50	$\Delta i/[3(1+\Delta i)]$
50～200	$\Delta i/[5(1+\Delta i)]$
200～500	$\Delta i/[10(1+\Delta i)]$
500～1000	$\Delta i/[15(1+\Delta i)]$
1000～2000	$\Delta i/[20(1+\Delta i)]$

注：i为塑件尺寸公差等级，Δi为塑件尺寸公差值。

由于型腔壁厚计算比较麻烦，设计时可参考表6-16与表6-17推荐的经验数据。

表 6-16　矩形型腔壁厚尺寸　（单位：mm）

矩形型腔内壁短边 b	整体式型腔侧壁厚 s	镶拼式型腔	
		凹模壁厚 s_1	模套壁厚 s_2
40	25	9	22
40～50	25～30	9～10	22～25
50～60	30～25	10～11	25～28
60～70	35～42	11～12	28～35
70～80	42～48	12～13	35～40
80～90	48～55	13～14	40～45
90～100	55～60	14～15	45～50
100～120	60～72	15～17	50～60
120～140	72～85	17～19	60～70
140～160	85～95	19～21	70～80

表 6-17　圆形型腔壁厚尺寸　（单位：mm）

圆形型腔内壁直径 $2r$	整体式型腔壁厚 $s=R-r$	组合式型腔	
		型腔壁厚 $s_1=R-r$	模套壁厚 s_2
40	20	8	18
40～50	25	9	22
50～60	30	10	25
60～70	35	11	28
70～80	40	12	32
80～90	45	13	35
90～100	50	14	40
100～120	55	15	45
120～140	60	16	48
140～160	65	17	52
160～180	70	19	55
180～200	75	21	58

注：以上型腔壁厚系淬硬钢数据，如用未淬硬钢，应乘以系数 1.2～1.5。

侧抽芯机构的斜导柱的直径计算比较复杂，可用查表的方法来确定。根据表 6-18 查出最大弯曲力 F_w，然后根据 F_w 和斜导柱倾斜角 α 及侧型芯滑块受到脱模力 F_t 的作用线与斜导柱中心线交点到斜导柱固定板的距离 H_w 在表 6-19 中查出斜导柱直径 d。

表 6-18　最大弯曲力与抽拔力和斜导柱倾斜角

最大弯曲力 F_w/(kN)	斜导柱顷角 α					
	8°	10°	12°	15°	18°	20°
	脱模力(抽芯力) F_t/kN					
1.00	0.99	0.99	0.97	0.96	0.95	0.94
2.00	1.98	1.98	1.95	1.93	1.90	1.88
3.00	2.97	2.95	2.93	2.89	2.85	2.82
4.00	3.96	3.94	3.91	3.86	3.80	3.76
5.00	4.95	4.92	4.89	4.82	4.75	4.70
6.00	5.94	5.91	5.86	5.79	5.70	5.64

（续）

最大弯曲力 F_w/kN	斜导柱倾角 α					
	8°	10°	12°	15°	18°	20°
	脱模力（抽芯力）F_t/kN					
7.00	6.93	6.89	6.84	6.75	6.65	6.58
8.00	7.92	7.88	7.82	7.72	7.60	7.52
9.00	8.91	8.86	8.80	8.68	8.55	8.46
10.00	9.90	9.85	9.78	9.65	9.50	9.40
11.00	10.89	10.83	10.75	10.61	10.45	10.34
12.00	11.88	11.82	11.73	11.58	11.40	11.28
13.00	12.87	12.80	12.71	12.54	12.35	12.22
14.00	13.86	13.79	13.69	13.51	13.30	13.16
15.00	14.85	14.77	14.67	14.47	14.25	14.10
16.00	15.84	15.76	15.64	15.44	15.20	15.04
17.00	16.83	16.74	16.62	16.40	16.15	15.93
18.00	17.82	17.73	17.60	17.37	17.10	16.92
19.00	18.81	18.71	18.58	18.33	18.05	17.80
20.00	19.80	19.70	19.56	19.30	19.00	18.80
21.00	20.79	20.68	20.53	20.26	19.95	19.74
22.00	21.78	21.67	21.51	21.23	20.90	20.68
23.00	22.77	22.65	22.49	22.19	21.85	21.62
24.00	23.76	23.64	23.47	23.16	22.80	22.56
25.00	24.75	24.62	24.45	24.12	23.75	23.50
26.00	25.74	25.61	25.42	25.09	24.70	24.44
27.00	26.73	26.59	26.40	26.05	25.65	25.38
28.00	27.72	27.58	27.38	27.02	26.60	26.32
29.00	28.71	28.56	28.36	27.98	27.55	27.26
30.00	29.70	29.55	29.34	28.95	28.50	28.20
31.00	30.69	30.53	30.31	29.91	29.45	29.14
32.00	31.68	31.52	31.29	30.88	30.40	30.08
33.00	32.67	32.50	32.27	31.84	31.35	31.02
34.00	33.66	33.49	33.25	32.81	32.30	31.96
35.00	34.65	34.47	34.23	33.77	33.25	32.00
36.00	35.64	35.46	35.20	34.74	34.20	33.81
37.00	36.63	36.44	36.18	35.70	35.15	34.78
38.00	37.62	37.43	37.16	36.67	36.10	35.72
39.00	38.61	38.41	38.14	37.63	37.05	36.66
40.00	39.60	39.40	39.12	38.60	38.00	37.60

表 6-19　斜导柱倾角、高度 H_w 最大弯曲力、斜导柱直径之间的关系

斜导柱直径 α	H'_w/mm	最大弯曲力/kN														
		1	2	3	4	5	6	7	8	9	10	11	12	13	14	15
		斜导柱直径/mm														
8°	10	8	10	10	12	14	14	14	14	15	15	16	16	18	18	18
	15	8	10	12	14	15	15	16	16	18	18	18	20	20	20	20
	20	10	12	14	14	16	16	18	18	20	20	20	20	22	22	22
	25	10	12	14	15	18	18	18	20	20	22	22	22	24	24	24
	30	10	14	15	16	18	18	20	20	22	22	24	24	24	24	25
	35	12	14	16	18	18	20	20	20	22	24	24	25	25	26	26
	40	12	14	16	18	20	20	22	22	24	24	25	26	26	28	28
10°	10	8	10	12	12	12	14	14	14	15	15	16	18	18	18	18
	15	8	12	12	14	14	15	16	16	18	18	18	20	20	20	20
	20	10	12	14	14	15	16	18	18	20	20	20	22	22	22	22
	25	10	12	14	15	18	18	18	20	20	22	22	22	24	24	24
	30	12	14	15	16	18	20	20	22	22	22	24	24	24	25	25
	35	12	14	16	18	20	20	20	22	22	24	24	25	25	26	26
	40	12	14	18	18	20	22	22	24	24	24	25	26	26	28	28
12°	10	8	10	12	12	12	14	14	14	15	16	16	16	18	18	18
	15	8	12	12	14	14	15	16	16	18	18	18	20	20	20	20
	20	10	12	14	14	16	16	18	18	20	20	20	22	22	22	22
	25	10	12	15	16	18	18	20	20	20	22	22	22	24	24	24
	30	12	14	15	16	18	20	20	22	22	22	24	24	24	25	25
	35	12	14	16	18	20	20	22	22	24	24	24	25	25	25	28
	40	12	14	16	18	20	22	22	24	24	24	25	26	26	28	28
15°	10	8	10	12	12	12	14	14	14	15	16	16	16	18	18	18
	15	10	12	12	14	14	15	16	16	18	18	20	20	20	20	20
	20	10	12	14	14	16	16	18	18	20	20	20	22	22	22	22
	25	10	12	14	16	18	18	20	20	20	22	22	22	24	24	24
	30	12	14	15	16	18	20	20	22	22	22	24	24	24	25	25
	35	12	14	16	18	20	20	22	22	24	24	24	24	25	26	28
	40	12	15	16	18	20	22	22	24	24	24	25	26	28	28	28
18°	10	8	10	12	12	14	14	14	16	15	16	16	18	18	18	18
	15	10	12	12	14	14	14	16	18	18	18	18	20	20	20	20
	20	10	12	14	15	16	18	18	20	20	20	20	22	22	22	22
	25	10	14	14	16	18	18	20	20	20	22	22	22	24	24	24
	30	12	14	15	18	18	20	20	22	24	22	24	24	24	25	25
	35	12	14	16	18	20	20	22	24	24	24	24	24	26	26	28
	40	12	15	18	18	20	22	22	24	24	25	25	26	28	28	28
20°	10	8	10	12	12	14	14	14	14	15	16	16	18	18	18	18
	15	10	12	12	14	14	15	16	18	18	18	18	20	20	20	20
	20	10	12	14	14	16	18	18	18	20	20	20	22	22	22	22
	25	10	14	14	16	18	18	20	20	20	22	22	22	24	24	24
	30	12	14	15	18	18	20	20	22	22	22	24	24	24	25	25
	35	12	14	16	18	20	20	22	22	24	24	24	24	26	26	28
	40	12	14	18	18	20	22	22	24	24	25	25	26	28	28	28
8°	10	18	18	20	20	20	20	20	20	20	22	22	22	22	22	22
	15	20	22	22	22	22	24	24	24	24	24	24	24	25	25	25
	20	24	24	24	24	24	25	25	25	26	26	26	28	28	28	28

（续）

斜导柱直径 α	H'_w/mm	最大弯曲力/kN														
		16	17	18	19	20	21	22	23	24	25	26	27	28	29	30
		斜导柱直径/mm														
8°	25	24	25	25	26	26	26	28	28	28	28	28	30	30	30	30
	30	26	26	28	28	28	28	28	30	30	30	30	32	32	32	32
	35	28	28	28	30	30	30	30	30	32	32	32	34	34	34	34
	40	28	30	30	30	30	32	32	32	32	34	34	34	34	34	35
10°	10	18	18	20	20	20	20	20	20	22	22	22	22	22	22	22
	15	22	22	22	22	22	22	24	24	24	24	24	24	25	25	25
	20	24	24	24	24	24	25	25	25	26	26	28	28	28	28	28
	25	24	25	25	26	26	28	28	28	28	28	30	20	30	30	30
	30	26	26	28	28	28	28	30	30	30	30	30	32	32	32	32
	35	28	28	28	30	30	30	30	32	32	32	32	32	34	34	34
	40	28	30	30	32	30	32	32	32	32	34	34	34	34	34	36
12°	10	18	18	20	20	20	20	20	20	22	22	22	22	22	22	22
	15	22	22	22	22	22	22	24	24	24	24	24	25	25	25	25
	20	24	24	24	24	26	26	26	25	26	26	26	28	28	28	28
	25	24	25	25	26	26	26	28	28	28	28	30	30	30	30	30
	30	25	26	28	28	28	28	30	30	30	30	30	32	32	32	32
	35	28	28	28	30	30	30	30	32	32	32	32	32	34	34	34
	40	28	30	30	30	32	32	32	32	32	34	34	34	34	34	35
15°	10	18	18	20	20	20	20	20	20	22	22	22	22	22	22	22
	15	22	22	22	22	22	24	24	24	24	24	24	25	25	25	25
	20	24	22	24	24	24	25	25	26	26	26	28	28	28	28	28
	25	25	25	25	26	26	28	28	28	28	28	30	30	30	30	30
	30	26	26	28	28	28	28	30	30	30	30	30	32	32	32	32
	35	28	28	28	28	30	30	30	32	32	32	32	34	34	34	34
	40	30	30	30	30	32	32	32	32	34	34	34	34	34	35	36
18°	10	18	20	20	20	20	20	20	22	22	22	22	22	22	22	22
	15	22	22	22	22	22	24	24	24	24	24	24	25	25	25	25
	20	24	24	24	24	25	25	25	26	26	26	28	28	28	28	28
	25	25	25	26	26	26	28	28	28	28	28	30	30	30	30	30
	30	26	26	28	28	28	30	30	30	30	30	32	32	32	32	32
	35	28	28	30	30	30	30	30	32	32	32	32	34	34	34	34
	40	30	30	30	30	32	32	32	32	34	34	34	34	34	34	35
20°	10	18	20	20	20	20	20	20	22	22	22	22	22	22	22	22
	15	22	22	22	22	22	24	24	24	24	24	25	25	25	25	25
	20	24	24	24	24	25	25	25	26	26	28	28	28	28	28	28
	25	25	25	26	26	26	28	28	28	28	30	30	30	30	30	30
	30	26	28	28	28	28	30	30	30	30	30	32	32	32	32	32
	35	28	28	28	30	30	32	32	32	32	32	32	34	34	34	34
	40	30	30	30	30	32	32	32	32	34	34	34	34	35	35	35

五、模具加热与冷却装置

为了便于塑料模具的加热与冷却装置的设计，表6-20列出了部分树脂的成型温度与模具温度。

表 6-20　部分树脂的成型温度与模具温度　（单位：℃）

树脂名称	成型温度	模具温度	树脂名称	成型温度	模具温度
LDPE	190～240	20～60	PS	170～280	20～70
HDPE	210～270	20～60	AS	220～280	40～80
PP	200～270	20～60	ABS	200～270	40～80
PA6	230～290	40～60	PMMA	170～270	20～90
PA66	280～300	40～80	硬 PVC	190～215	20～60
PA610	230～290	36～60	软 PVC	170～190	20～40
POM	180～220	60～120	PC	250～290	90～110

确定冷却回路尺寸，关键要确定冷却回路所需总的表面积，总的表面积要依据树脂在模具内释放的热量来确定。单位质量树脂在模具内释放的热量 q 见表 6-21；与冷却水有关的物理系数 Φ 值见表 6-22。

表 6-21　树脂成型时放出的热量　（单位：10^5J/kg）

树脂名称	q 值	树脂名称	q 值	树脂名称	q 值
ABS	3～4	CA	2.9	PP	5.9
AS	3.35	CAB	2.7	PA6	56
POM	4.2	PA66	6.5～7.5	PS	2.7
PAVC	2.9	LDPE	5.9～6.9	PTFE	5.0
丙烯酸类	2.9	HDPE	6.9～8.2	PVC	1.7～3.6
PMMA	2.1	PC	2.9	SAN	2.7～3.6

表 6-22　水的 Φ 值与其温度的关系

平均水温/℃	5	10	15	20	25	30	35	40	45	56
Φ 值	6.16	6.60	7.06	7.50	7.95	8.40	8.84	9.28	9.66	10.05

注射成型工艺要求模具温度在 80℃ 以上，大型模具需要进行预热或者采用热流道模具时，模具中必须设置加热装置。设计模具时，如果采用电加热装置，就要先计算所需总的电功率，可根据经验查表 6-23 取得单位质量模具所需的电功率 q，然后乘以模具质量即可得到所需的电功率。

表 6-23　单位质量模具加热所需的电功率　（单位：W/kg）

模具类型	q 值	
	电加热棒	电热圈加热
大型（>100kg）	35	60
中型（40～100kg）	30	50
小型（<40kg）	25	40

六、常用塑料的鉴别方法

鉴别塑料最常见的方法：①燃烧法：点燃塑料，一是闻气味，二是观察火焰是否有浓烟，燃烧结果是滴落还是碳化；②密度法：制备密度介于两种塑料密度之间的盐水，轻的浮起来，重的沉下去；③气味法：闻其燃烧后的气味，见表 6-24。

表 6-24 常用塑料的鉴别表

<table>
<tr><th>塑料名称</th><th>燃烧难易</th><th>离火后是否熄灭</th><th colspan="2">火焰状态</th><th>塑料变化状态</th><th>气味</th></tr>
<tr><td>硝化纤维素</td><td>极易</td><td>继续燃</td><td rowspan="5">黄色</td><td>—</td><td>迅速燃烧完</td><td>—</td></tr>
<tr><td>聚脂树脂</td><td rowspan="14">容易</td><td>燃烧</td><td>黑烟</td><td>微微膨胀，有时开裂</td><td>苯乙烯气味</td></tr>
<tr><td>ABS</td><td rowspan="13">继续燃烧</td><td></td><td>软化，烧焦</td><td>特殊</td></tr>
<tr><td>SAN(AS)</td><td>浓黑烟</td><td>软化，起泡，比聚苯乙烯易燃</td><td>特殊聚丙烯氰味</td></tr>
<tr><td>乙基纤维素</td><td>上端蓝色</td><td rowspan="6">熔融滴落</td><td>特殊气味</td></tr>
<tr><td>PE</td><td rowspan="3">上端黄色，下端蓝色</td><td rowspan="2">—</td><td>石蜡燃烧味</td></tr>
<tr><td>POM</td><td>强烈刺激甲醛、鱼腥味</td></tr>
<tr><td>PP</td><td rowspan="4">有少量黑烟</td><td>石油味</td></tr>
<tr><td>醋酸纤维素</td><td rowspan="4">暗黄色</td><td>醋酸味</td></tr>
<tr><td>醋酸丁酸纤维素</td><td>丁酸味</td></tr>
<tr><td>醋酸丙酸纤维素</td><td>熔融滴落燃烧</td><td>丙酸味</td></tr>
<tr><td>聚醋酸乙烯</td><td>黑烟</td><td>软化</td><td>醋酸味</td></tr>
<tr><td>聚乙烯醇缩丁醛</td><td colspan="2">黑烟</td><td>熔融滴落</td><td>特殊气味</td></tr>
<tr><td>PMMA</td><td colspan="2">浅蓝色，顶端白色</td><td>熔化起泡</td><td>强烈腐烂花果、蔬菜臭味</td></tr>
<tr><td>PS</td><td colspan="2">橙黄色，浓黑烟呈炭飞扬</td><td>软化，起泡</td><td>特殊苯乙烯单体味</td></tr>
<tr><td>酚醛(木粉)</td><td rowspan="5">缓慢燃烧</td><td>自熄</td><td rowspan="4">黄色</td><td>—</td><td rowspan="3">膨胀，开裂</td><td>木材和苯酚味</td></tr>
<tr><td>酚醛(布基)</td><td>继续燃烧</td><td rowspan="2">少量黑烟</td><td>布和苯酚味</td></tr>
<tr><td>酚醛(纸基)</td><td rowspan="3">缓慢自熄</td><td>纸和苯酚味</td></tr>
<tr><td>PC</td><td>黑烟炭飞扬</td><td>熔融起泡</td><td>强烈花果臭味</td></tr>
<tr><td>尼龙 NYLON(PA)</td><td colspan="2">蓝色，上端黄色</td><td>熔融滴落，起泡</td><td>羊毛、指甲烧焦味</td></tr>
<tr><td>脲甲醛树脂</td><td rowspan="7">难</td><td rowspan="2">自熄</td><td colspan="2">黄色，顶端淡蓝色</td><td rowspan="2">膨胀，开裂，燃烧处变白色</td><td rowspan="2">特殊气味，甲醛味</td></tr>
<tr><td>三聚氰氨树脂</td><td colspan="2">淡黄色</td></tr>
<tr><td>氯化聚醚</td><td rowspan="3">熄灭</td><td colspan="2">飞溅，上端黄色，底端蓝色，浓黑烟</td><td>熔融，不增长</td><td>特殊</td></tr>
<tr><td>聚苯醚</td><td colspan="2">浓黑烟</td><td rowspan="2">熔融</td><td>花果臭味</td></tr>
<tr><td>聚砜</td><td colspan="2">黄褐色烟</td><td>略有橡胶燃烧味</td></tr>
<tr><td>聚氯乙烯</td><td rowspan="3">离火即灭</td><td colspan="2">黄色，下端绿色白烟</td><td rowspan="3">软化</td><td>刺激性酸味</td></tr>
<tr><td>氯乙烯—醋酸乙烯共聚物</td><td colspan="2">暗褐色</td><td rowspan="2">特殊气味</td></tr>
<tr><td>聚偏氯乙烯</td><td>很难</td><td colspan="2">黄色，端部绿色</td></tr>
</table>

七、改性常用工程塑料成型率

改性常用工程塑料主要是成型收缩率的变化，这是对产品尺寸、精度影响最大的因素之一。表 6-25 为改性常用工程塑料成型率，主要介绍了成型收缩率的变化。

表 6-25　改性常用工程塑料成型率

PA6 系列成型收缩率		
名称及描述	成型收缩率(%)	备注
15% 玻纤增强 PA6	0.5～0.8	PA6G15
20% 玻纤增强 PA6	0.4～0.6	PA6G20
30% 玻纤增强 PA6	0.3～0.5	PA6G30
40% 玻纤增强 PA6	0.1～0.3	PA6G40
50% 玻纤增强 PA6	0.1～0.3	PA6G50
25% 玻纤增强阻燃 PA6	0.2～0.4	Z-PA6G25
30% 玻纤增强阻燃 PA6	0.2～0.4	Z-PA6G30
30% 玻纤增强无卤阻燃 PA6	0.2～0.4	Z-PA6G30
无卤阻燃 PA6	0.8～1.2	Z-PA6
30% 矿物填充无卤阻燃 PA6	0.5～0.8	Z-PA6M30
30% 玻璃微珠填充 PA6	0.8～1.2	PA6M30
30% 玻纤矿物复合填充 PA6	0.3～0.5	PA6M30
40% 玻纤矿物复合填充 PA6	0.2～0.5	PA6M40
30% 矿物填充 PA6	0.6～0.9	PA6M30
40% 矿物填充 PA6	0.4～0.7	PA6M40
PA6 一般注射级	1.4～1.8	PA6
PA6 快速成型	1.2～1.6	PA6
PA6 一般增韧	1.0～1.5	PA6
PA6 中等增韧	0.9～1.3	PA6
PA6 超增韧	0.9～1.3	PA6
MoS_2 填充耐磨 PA6	1.0～1.4	PA6
溴系阻燃级 PP	1.5～1.8	PP
无卤阻燃级 PP	1.3～1.6	PP
高流动高钢性 PP	1.5～2.0	PP
一般增韧 PP	1.5～2.0	PP
中等增韧 PP	1.4～1.9	PP

PA66 系列成型收缩率		
名称及描述	成型收缩率(%)	备注
15% 玻纤增强 PA66	0.6～0.9	PA66G15
20% 玻纤增强 PA66	0.5～0.8	PA66G20
25% 玻纤增强耐热油 PA66	0.4～0.7	PA66G25
30% 玻纤增强 PA66	0.4～0.7	PA66G30
30% 玻纤增强耐水解 PA66	0.3～0.6	PA66G30
40% 玻纤增强 PA66	0.2～0.5	PA66G40
50% 玻纤增强 PA66	0.1～0.3	PA66G50
25% 玻纤增强阻燃 PA66	0.2～0.4	Z-PA66G25
30% 玻纤增强阻燃 PA66	0.2～0.4	Z-PA66G30
30% 矿物填充无卤阻燃 PA66	0.2～0.4	PA66M30
无卤阻燃 PA66	0.8～1.2	Z-PA66
30% 矿物填充无卤阻燃 PA66	0.4～0.7	Z-PA66M30
30% 玻璃微珠填充 PA66	0.8～1.2	PA66M30
30% 玻纤矿物复合填充 PA66	0.2～0.5	PA66M30
30% 矿物填充 PA66	0.6～0.9	PA66M30
40% 矿物填充 PA66	0.4～0.7	PA66M40
一般注射级 PA66	1.5～1.8	PA66
快速成型 PA66	1.5～1.8	PA66
一般增韧 PA66	1.2～1.7	PA66
中等增韧 PA66	1.2～1.6	PA66
超增韧 PA66	1.2～1.6	PA66
MoS_2 填充耐磨 PA66	1.2～1.6	PA66
25% 玻纤增强阻燃 PC	0.2～0.4	Z-PCG25
30% 玻纤增强阻燃 PC	0.2～0.4	Z-PCG30
20% 玻纤增强无卤阻燃 PC	0.2～0.4	Z-PCG20
30% 玻纤增强无卤阻燃 PC	0.1-0.3	Z-PCG30
20% 玻璃微珠填充 PC	0.3～0.6	PCM20

PA/ABS 系列成型收缩率		
名称及描述	成型收缩率(%)	备注
10% 玻纤增强 PA/ABS	0.3～0.6	PA/ABSG10
20% 玻纤增强 PA/ABS	0.2～0.5	PA/ABSG20
30% 玻纤增强 PA/ABS	0.1～0.3	PA/ABSG30
20% 玻纤增强阻燃 PA/ABS	0.2～0.5	Z-PA/ABSG20
耐冲击 PA/ABS	0.5～0.8	PA/ABS
高冲击 PA/ABS	0.8～1.0	PA/ABS

PP 系列成型收缩率		
名称及描述	成型收缩率(%)	备注
20% 滑石粉填充 PP	1.0～1.5	PPM20
30% 滑石粉填充 PP	0.8～1.2	PPM30
40% 滑石粉填充 PP	0.8～1.0	PPM40
20% 滑石粉填充增韧 PP	1.0～1.2	PPM20
20% 碳酸钙填充 PP	1.2～1.6	PPM20
10% 玻纤增强 PP	0.7～1.0	PPG10
20% 玻纤增强 PP	0.5～0.8	PPG20
30% 玻纤增强 PP	0.4～0.7	PPG30
40% 玻纤增强 PP	0.3～0.5	PPG40
20% 玻璃微珠填充 PP	1.2～1.6	PPM20
30% 玻璃微珠填充 PP	1.0～1.2	PPM20
15% 玻纤增强阻燃 PP	0.5～0.7	Z-PPG15
20% 玻纤增强阻燃 PP	0.3～0.5	Z-PPG20
30% 玻纤增强阻燃 PP	0.2～0.4	Z-PPG30

PC/PBT 系列成型收缩率		
名称及描述	成型收缩率(%)	备注
10% 玻纤增强 PC/PBT	0.5～0.8	PC/PBTG10
20% 玻纤增强 PC/PBT	0.4～0.6	PC/PBTG20
30% 玻纤增强 PC/PBT	0.3～0.5	PC/PBTG30
30% 玻纤增强阻燃高耐热 PC/PBT	0.3～0.5	Z-PC/PBTG30

（续）

PA6系列成型收缩率			PA66系列成型收缩率			PA/ABS系列成型收缩率		
超增韧PP	1.3~1.8	PP	ABS系列成型收缩率			高冲击高耐热PC/PBT	0.6~1.0	PC/PBT
耐热老化PP1	1.5~2.0	PP1	名称及描述	成型收缩率(%)	备注	PBT/ABS系列成型收缩率		
耐热老化PP2	1.5~2.0	PP2	20%玻纤增强ABS	0.2~0.4	ABSG20	名称及描述	成型收缩率(%)	备注
耐热老化PP3	1.5~2.0	PP3	25%玻纤增强ABS	0.2~0.4	ABSG25	20%玻纤增强PBT/ABS	0.3~0.5	PBT/ABSG20
抗冲击耐侯PP4	1.5~2.0	PP4	30%玻纤增强ABS	0.1~0.3	ABSG30	30%玻纤增强PBT/ABS	0.2~0.4	PBT/ABSG30
高抗冲耐侯PP5	1.5~1.8	PP5	20%玻纤增强阻燃ABS	0.1~0.3	Z-ABSG20	20%玻纤增强阻燃PBT/ABS	0.2~0.4	Z-PBT/ABSG20
20%滑石粉填充PP6	1.0~1.2	PP6	一般阻燃级ABS	0.4~0.7	Z-ABS	30%玻纤增强阻燃PBT/ABS	0.2~0.4	Z-PBT/ABSG30
30%滑石粉填充PP7	0.9~1.1	PP7	一般注射级ABS	0.4~0.7	ABS	通用注射级PBT/ABS	0.8~1.2	PBT/ABS
40%滑石粉填充PP8	0.8~1.0	PP8	耐侯级ABS	0.4~0.7	ABS	通用阻燃级PBT/ABS	0.7~1.1	PBT/ABS
20%玻纤增强PP9	0.5~0.8	PP9	PC/ABS系列成型收缩率			PBT系列成型收缩率		
30%玻纤增强高耐热PP	0.4~0.7	PP10	名称及描述	成型收缩率(%)	备注	名称及描述	成型收缩率(%)	备注
PC系列成型收缩率			20%玻纤增强PC/ABS	0.2~0.4	PC/ABSG20	10%玻纤增强PBT	0.8~1.2	PBTG10
名称及描述	成型收缩率(%)	备注	溴系阻燃PC/ABS	0.3~0.6	Z-PC/ABS	15%玻纤增强PBT	0.7~1.0	PBTG15
10%玻纤增强PC	0.3~0.5	PCG10	无卤阻燃PC/ABS	0.4~0.7	Z-PC/ABS	20%玻纤增强PBT	0.4~0.7	PBTG20
20%玻纤增强PC	0.3~0.5	PCG20	耐侯级PC/ABS	0.4~0.7	PC/ABS	25%玻纤增强PBT	0.3~0.6	PBTG25
25%玻纤增强PC	0.2~0.4	PCG25	35%PC	0.4~0.6	PC/ABS	一般增韧PBT	1.4~1.8	PBT
30%玻纤增强PC	0.2~0.4	PCG30	65%PC	0.4~0.7	PC/ABS	超增韧PBT	1.0~1.5	PBT
20%玻纤增强阻燃PC	0.2~0.4	Z-PCG20	85%PC	0.4~0.7	PC/ABS	阻燃级PBT	1.2~1.7	Z-PBT

八、部分热塑性塑料和热固性塑料物性

1. 热固性塑料

热固性塑料是在受热或其他条件下能固化具有不溶（熔）特性的塑料，再次加热，不再软化，不再具有可塑性。主要用于隔热、耐磨、绝缘、耐高压电等恶劣环境中，最常用的是炒锅锅把手和高低压电器是用热固性塑料制成的。

2. 热塑性塑料

热塑性塑料是具有加热软化、冷却硬化特性的塑料。我们日常生活中使用的大部分塑料都属于这个范畴。加热时变软以至流动，冷却变硬，这种过程是可逆的，可以反复进行。聚乙烯、聚丙烯、聚氯乙烯、聚苯乙烯、聚甲醛、聚碳酸酯、聚酰胺、丙烯酸类塑料、其他聚烯烃及其共聚物、聚砜、聚苯醚、氯化聚醚等都是热塑性塑料。热塑性塑料中树脂分子链都是线型或带支链的结构，分子链之间无化学键产生，加热时软化流动，冷动变硬的过程是物理变化。

表6-26为部分热塑性塑料和热固性塑料物性表，主要介绍塑料特性、流动性、黏模度、主要用途、干燥工艺参数、密度、加工温度、模具温度、收缩率等参数。

表 6-26 部分热塑性（固性）塑料物性表

	塑料类别	俗称	中文学名	英文学名	英文简称	塑料特性	流动性	黏模度	主要用途	干燥工艺参数	密度/(g/cm³)	加工温度/℃	模具温度/℃	收缩率/(%)
热塑性塑料	聚苯乙烯类	硬胶	通用聚苯乙烯	General Purpose Polystyrene	PS	透明料，有一定的力学性能，易注射，但脆性大，耐冲击和耐热性差	好	一般	灯罩、仪器壳罩、玩具等		1.05	180～280	10	0.3～0.6
		不脆胶	高冲击聚苯乙烯	High Impact Polystyrene	HIPS	乳白色不透明珠粒，刚性好，易加工成型，耐化学性和电性能优良，吸水率低	比PS差一些	一般	日用品、电器零件、玩具等	85℃ 3h	1.05	190～240	5～75	0.5～0.6
	改性聚苯乙烯类	ABS料	丙烯腈—丁二烯—苯乙烯	Acrylonitrile Butadiene Styrene	ABS	ABS具有良好的光泽，质硬，坚韧，有刚性，力学性能适中，是一种良好的壳体材料，低温冲击性能也比较好，尺寸稳定	中	一般	电器用品外壳、日用品、高级玩具、运动用品	80～90℃ 2h，对有特殊要求的（如电镀）70～80℃ 10～18h	1.06	210～280（245）	25～70	0.4～0.7
		AS料（SAN料）	丙烯腈—苯乙烯	Acrylonitrile Styrene	AS（SAN）	无色透明的热塑性树脂，具有耐高温性、出色的光泽度和耐化学介质性，还有优良的硬度、刚性、尺寸稳定性和较高的承载能力			日用透明器皿、透明的家庭电器用品等					
		BS(BDS) K料	丁二烯—苯乙烯	Butadiene Styrene	BS（BDS）				特种包装、食品容器、笔杆等					
		ASA料	丙烯酸—苯乙烯—丙烯腈	Acrylonitrile Styrene acrylate copolymer	ASA	耐候性比ABS高出10倍，其他性能与ABS相似，具有防静电性	中	一般	适于一般建筑领域、户外家具，汽车外侧视镜壳体	75～95℃ 3～4h	1.07	230～260	40～90	0.4～0.6
	聚丙烯类	PP（百折胶）	聚丙烯	Polypropylene	PP	较低的热扭曲温度、低透明度、低光泽、低刚性、很强的抗冲击性、半结晶性材料	好	一般	包装袋、拉丝、包装物、日用品、玩具等	60～90℃ 1h	0.915	250～270	50～75	1.0～2.5
		PPC	氯化聚丙烯	Chlorinated Polypropylene	PPC				日用品，电器等					

（续）

塑料类别		俗称	中文学名	英文学名	英文简称	塑料特性	流动性	黏模度	主要用途	干燥工艺参数	密度/(g/cm^3)	加工温度/℃	模具温度/℃	收缩率/(%)
热塑性塑料	聚乙烯类	LDPE(花料,筒料)	低密度聚乙烯	Low Density Polyethylene	LDPE	透明、对气体和水蒸气具有渗透性,易于成型加工,不适用于加工长期使用的制品,芳香烃和氯化烃溶剂可使其膨胀	好	一般	包装胶袋、胶花、胶瓶电线、包装物等	一般不需要干燥	0.954	160~260	20~40	1.5~5.0
		HDPE(孖力士)	高密度聚乙烯	High Density Polyethylene	HDPE	高结晶度导致了它的高密度、抗张力强、高温扭曲温度、黏性以及化学稳定性,当温度高于60℃时很容易在烃类溶剂中溶解	很好	易	包装、建材、水桶、玩具等	如果存储恰当无需干燥	0.92	260~300	50~95	1.5~3.0
	改性聚乙烯类	EVA(橡皮胶)	乙烯—醋酸乙烯脂	Ethylene-Vinyl Acetate	EVA				鞋底、薄膜、板片、通管、日用品等					
		CPE	氯化聚乙烯	Chlorinated Polyethylene	CPE				建材、管材、电缆绝缘层、重包装材料					
	聚酰胺	尼龙单6	聚酰胺6	Polyamide6	PA6	PA6的化学物理特性和PA66很相似,然而,它的熔点较低,而且工艺温度范围很宽。它的抗冲击性和抗溶解性比PA66要好,但吸湿性也更强	非常好	易	轴承、齿轮、油管、容器、日用品	80℃ 16h 或105℃ 8h 真空烘干	1.14	240~260	70~120	0.5~2.2
		尼龙孖6	聚酰胺66	Polyamide66	PA66	同PA6相比,PA66更广泛应用于汽车工业、仪器壳体以及其他需要有抗冲击性和高强度要求的产品			机械、汽车、化工、电器装置等		1.15	260~290	70~120	0.5~2.5
		尼龙9	聚酰胺9	Polyamide9	PA9				机械零件、泵、电缆护套					
		尼龙9T	聚酰胺9T		PA9T									
		尼龙1010	聚酰胺1010	Polyamide1010	PA1010				绳缆、管材、齿轮、机械零件		1.05			
		尼龙11	聚酰胺11		PA11									

（续）

	塑料类别	俗称	中文学名	英文学名	英文简称	塑料特性	流动性	黏模度	主要用途	干燥工艺参数	密度/(g/cm^3)	加工温度/℃	模具温度/℃	收缩率/(%)
热塑性塑料	硅树脂	Silicone	硅氧烷		SI				橡胶制品、脱模剂、乳液弹性体、清漆涂料等					
	不饱和聚脂		醇酸树脂	Alkyd Resin	AK				涂料、玻璃钢、装饰件、地板、钮扣等					
			烯丙基树脂	Allyl Resin	DAP									
		尼龙 12	聚酰胺 12		PA12	PA12 是半结晶—结晶热塑性材料，有很好的抗冲击性和化学稳定性，电气绝缘体，并且和其他聚酰胺一样不会因潮湿影响其绝缘性能，具有非常高的回潮率			水量表和其他商业设备、电缆套、机械凸轮、滑动机构及轴承等	85℃ 4～5h	1.01～1.04	210～250	40～80	0.5～1.5
	丙烯酸脂类	亚加力	聚甲基丙烯酸甲脂	Polymethyl Methacrylate	PMMA	俗称有机玻璃，有较好的电气绝缘性能，化学性能稳定，有优良的光学特性及耐候性，表面硬度低			透明装饰材料、灯罩、挡风玻璃、仪器表壳	90℃ 2～4h	1.18	210～240	50～70	0.1～0.8
	丙烯酸脂共聚物	改性有机玻璃 372#, 373#	甲基丙烯酸甲脂—苯乙烯	Polymethyl Methacrylate-Styrene	MMS				高抗冲要求的透明制品					
			甲基丙烯酸甲脂—乙二烯	Methyl Methacrylate-Butadiene	MMB				机器架壳、框及日用品等					
	聚碳酸脂	防弹胶	聚碳酸脂	Polycarbonate	PC	非晶体工程材料，有高抗冲击强度、热稳定性、光泽度、抑制细菌特性、阻燃特性以及抗污染性	较差	一般	高抗冲的透明件，作为高强度及耐冲击的零部件	100～200℃ 3～4h	1.2	280～320	80～100	0.8
	聚甲醛	赛钢	聚甲醛	Polyoxymethylene(Polyformaldehyde)	POM	一种坚韧、有弹性的材料，呈淡黄或白色，是一种高结晶度的材料	中	不易	耐磨性好，可以作为机械的齿轮、轴承等	通常不需要干燥	1.42	200～210	80～150	1.9～2.3
	纤维素类	赛璐璐	硝酸纤维素	Cellulose Nitrate	CN				眼镜架、玩具等					
		酸性胶	醋酸纤维素	Cellulose Acetate	CA				家用器具、工具手柄、容器等					
			乙基纤维素	Ethyl Cellulose	EC				工具手柄、体育用品等					

（续）

	塑料类别	俗称	中文学名	英文学名	英文简称	塑料特性	流动性	黏模度	主要用途	干燥工艺参数	密度/(g/cm^3)	加工温度/℃	模具温度/℃	收缩率/(%)
热塑性塑料	饱和聚脂	涤纶	聚对苯二甲酸乙二醇脂	Poly(Ethylene Terephthalare)	PET	在高温下有很强的吸湿性，用PET加工的透明制品具有光泽度和热扭曲温度			轴承、链条、齿轮、录音带等	120～165℃ 4h	1.37	260～290	140	1.2～2.0
			聚对苯二甲酸丁二醇脂	Poly(Butylene Terephthalare)	PBT	最坚韧的工程热塑材料之一，它是半结晶材料，有非常好的化学稳定性、机械强度、电绝缘特性和热稳定性			家用器具（食品加工刀片、真空吸尘器元件、电风扇、头发干燥机壳体、咖啡器皿等），电器元件（开关、电机壳、熔体盒、计算机键盘按键等），汽车工业（散热器格窗、车身嵌板、车轮盖、门窗部件等）	120℃ 6～8h或150℃2～4h	1.3	240～260	60～80	1.5～2.5
	聚氯乙烯类	PVC	聚氯乙烯	Poly(Vinyl Chloride)	PVC	白色或者是浅黄色粉末，分为硬的和软的，热稳定性差，应用温度范围较窄	中	一般	制造棒、管、板材、输油管、电线绝缘层、密封件等	通常不需要干燥	1.38	170～200	15～50	>0.5
	氟塑料类PVF	F4氟料	聚四氟乙烯	Polytetrafluoroethylene	PTFE	1. 长期使用温度－200～260℃，有卓越的耐化学腐蚀性，对所有化学品都耐腐蚀，摩擦因数在塑料中最低，还有很好的电性能，其电绝缘性不受温度影响，有“塑料王”之称 2. 呈透明或半透明状态，结晶度越高，透明性越差。原料多为粉状树脂或浓缩分散液，具有极高的分子量，为高结晶度的热塑性聚合物	差		适于制作耐蚀件，耐磨件、密封件、绝缘件和医疗器械零件		2.1～2.2	330～380		3.1～7.7
		F46氟料	聚全氟代乙丙烯	Perfluorinated Ethylene-Propylene-Copolymer	FFP，F46				高频电子仪器、雷达绝缘部件					

（续）

	塑料类别	俗称	中文学名	英文学名	英文简称	塑料特性	流动性	黏模度	主要用途	干燥工艺参数	密度/(g/cm³)	加工温度/℃	模具温度/℃	收缩率/(%)
热塑性塑料	氟塑料类 PVF	F3 氟料	聚三氟氯乙烯	Polychlorotri fluoroethylene	PCTFE				透明视镜、阀管件等					
		注射、挤出成型	可溶性聚四氟乙烯		Tefl on, PFA	耐化学药品性与聚四氯乙烯相似，比聚氟乙烯好。其抗蠕变性和压缩强度均比聚四氟乙烯好，拉伸强度高，介电性好，耐辐射性能优异	差		化工配件、机械零件、电线保护膜、可塑性成型		2.13 ~ 2.167	350 ~ 400	150 ~ 200	3.1 ~ 7.7
		注射、挤出成型	四氟乙烯—乙烯共聚		ETFE	有卓越的耐化学腐蚀性、拉伸强度高、介电性好，耐辐射性能优异	差	易	化工配件、机械零件、电线保护膜		1.7	300 ~ 330		3.1 ~ 7.7
			四氟乙烯—六氯丙烯共聚	Fluorinated Ethylene-propylene	FEP				电线被覆、薄膜（绝缘膜、板材保护膜、胶模膜）、衬里					
			三氟氯乙烯—乙烯共聚		ECTFE				电缆					
			聚偏氟乙烯		PVdF				化工配件、机械零件、电线保护膜，电缆电容器薄膜，建筑涂料可塑性成型					
			聚氟乙烯		PVF				主要制作薄膜和涂料，用于建筑、交通和包装等					
	聚砜		聚砜	polysulfone	PSU（PSF）				电器零件、结构件、飞机及汽车零件等					
			聚醚砜	polyethersulf one	PES				电器零件、结构件、飞机及汽车零件等					
	聚砜		聚芳砜	polyarylsulfone	PAS				可用作 C 级绝缘材料制造电子电器零件，代替金属、陶瓷等材料制造机械零件					

（续）

	塑料类别	俗称	中文学名	英文学名	英文简称	塑料特性	流动性	黏模度	主要用途	干燥工艺参数	密度/(g/cm^3)	加工温度/℃	模具温度/℃	收缩率/(%)
热塑性塑料	氯化聚醚		氯化聚醚	Chlorinated Polyethers	PENTON(C)				代替不锈钢、氯塑料等材料					
	聚苯醚		聚苯醚	Poly(phenylene oxide)	PPO				较高温度下工作的齿轮、轴承、化工设备及零部件					
	聚芳脂		聚芳脂		PAR	为透明、无定形、热塑性工程塑料，具有优良的耐热性、阻燃性和无毒性，具有优异的热性能			汽车电器，医疗器械	100～120℃	1.2～1.26	300～350		0.8
	聚苯硫醚		聚苯硫醚	Poly(phenylene sulfone)	PPS	聚苯硫醚是一种半结晶材料，具有极好的耐高温、耐化学品、流动性、尺寸稳定性和电性能的综合性能	好	一般	耐热性优良，用于电器零件、汽车零件、化学设备的制造	150～160℃ 2～3h	1.64	370	140～170	0.2
	聚醚酮		聚醚醚砜		PEEK				耐化学品、电线被覆、高温接线柱、凸轮					
	聚亚胺		结晶型聚酰亚胺	Polyimides	PAI				耐高温、自润滑、耐磨太空电子器件，飞机零件、汽车零件					
			非结晶型聚醚亚胺	Polyimides	PEI	具有很强的高温稳定性、很好的韧性和强度、良好的阻燃性、抗化学反应以及电绝缘特性			耐高温、自润滑、耐磨太空电子器件，飞机零件、汽车零件	150℃ 4h		340～415	107～175 (140	
			热固性双马来酰亚胺	Polyimides	BMI				耐高温、自润滑、耐磨太空电子器件，飞机零件、汽车零件					
	液晶聚合物		自增强聚合物	Selfreinforced polymer	LCP				微波炉灶容器、电子电器和汽车机械零件					

（续）

	塑料类别	俗称	中文学名	英文学名	英文简称	塑料特性	流动性	黏模度	主要用途	干燥工艺参数	密度/(g/cm^3)	加工温度/℃	模具温度/℃	收缩率/(%)
热塑性塑料	聚4-甲-1基-戊烯		聚4-甲基-1-戊烯		TPX				一次性注射器、奶瓶、汽车灯罩					
	酚醛塑料	电木粉	苯酚-甲醛树脂	Phenol-Formaldehyde	PF	酚醛塑料是一种硬而脆的热固性塑料，俗称电木粉。它机械强度高，坚韧耐磨，尺寸稳定，耐腐蚀，电绝缘性能优异			无声齿轮、轴承、钢盔、电动机、通信器材配件等		1.5～2.0	150～170		0.5～1.0
	氯基塑料	电玉尿素	脲-甲醛树脂	Urea-Formaldehyde	UF	耐电弧性和电绝缘性良好，耐水，耐热性较好，适于压缩成型	好		生活用品、电机壳、木材粘接剂等		1.5	160～180		0.6～1.0
		科学瓷，美腊密	三聚氰氨甲醛树脂	Melamine-Formaldehyde Resin	MF				食品、日用品、开关零件等					
			苯氨-甲醛树脂	Aniline-Formal dehyde Resin	AF									
	环氧树脂	冷凝胶	环氧树脂	Epoxide Resin	EP	力学性能、电绝缘性、化学稳定性好，对许多材料的粘结力强，但性能受填料品种和含量的影响。脂环簇环氧塑料的耐热性较高	好	易	汽车、拖拉机零件，船身涂料		1.9	140～170		0.5
	聚氨脂	PU	聚氨脂树脂	Polyurethane Resin	PU				鞋底、椅垫床垫、人造皮革、油漆					
	硅树脂	Silicone	硅氧烷		SI				橡胶制品、脱模剂、乳液弹性体、清漆涂料等					
	不饱和聚脂		醇酸树脂	Alkyd Resin	AK				涂料、玻璃钢、装饰件、地板、钮扣等					
			烯丙基树脂	Allyl Resin	DAP									

九、国产注射成型机规格型号

注射机分类和特点及适用范围见有6-27。

表6-27 注射机分类和特点及适用范围

<table>
<tr><td rowspan="3">形式</td><td>立式</td><td colspan="3">卧式</td><td>直角式</td></tr>
<tr><td rowspan="2">容量一般为30～60g</td><td colspan="2">热塑性塑料注射机</td><td>热固性塑料注射机</td><td rowspan="2">容量一般为20～45g</td></tr>
<tr><td>柱塞式30～60g</td><td>螺杆式60cm^3 以上</td><td>100～500g</td></tr>
<tr><td>结构特点</td><td>注射装置一般为柱塞式，液压机械式锁模机构，顶出系统为机械顶出</td><td colspan="2">注射装置以螺杆式为主，液压机械式锁模，顶出系统采用机械、液压或二者兼备</td><td>除塑化加热系统外，其他与热塑性塑料用螺杆式注射机相似</td><td>注射装置与合模装置的轴线互相成垂直排列，优点介于立、卧两种注射机之间</td></tr>
<tr><td>优点</td><td>1. 装拆方便
2. 安装嵌件、活动型芯方便</td><td colspan="3">1. 开模后，塑件自动落下便于实现自动化操作
2. 塑化能力大、均匀，注射压力大，注射压力损失小，塑件内应力、定向性小，可减少变形、开裂倾向
3. 螺杆式可采和不同的螺杆，调节螺杆转数、背压等用来加工不同的塑料及不同要求的塑件</td><td>1. 开模后塑件可自动落下
2. 使用双模，可减少循环周期，提高生产力</td></tr>
<tr><td>缺点</td><td>1. 人工取件
2. 注射压力损失大，加工高黏度塑料、薄壁塑件时要求成型压力高，塑件内应力大，注射速度不均匀，塑化不均匀</td><td colspan="3">1. 装模麻烦，安放嵌件及活动型芯不便，易倾斜落下
2. 螺杆式加工低黏度塑料，薄壁、形状复杂塑件时易发生回流，螺杆不易清洗，贮料清洗不净(尤其对热敏性塑料)易发生分解
3. 柱塞式结构也有立式结构所具有的特点</td><td>1. 嵌件、活动型芯安放不便，易倾斜落下
2. 有柱塞式结构的缺点</td></tr>
<tr><td>适用范围</td><td>1. 宜加工小、中型及分两次进行双色注射加工的塑件
2. 柱塞式不宜加工流动性差，热敏性、对应力敏感的塑料及大面积、薄壁塑件，宜加工流动性好的中小性塑件</td><td colspan="3">1. 螺杆式适应加工各种塑料，小型设备易加工薄壁、精密塑件
2. 螺杆式适应于搀和料、有填料，干着色料的直接加工
3. 柱塞式也具有立式注射机中柱塞式结构具有的加工特点</td><td>1. 适应加工小型塑件，并装有侧浇口的模具
2. 适用加工塑件中心部件不允许有浇口痕迹的平面塑件</td></tr>
</table>

在设计注射模时必须熟悉所选用的注射机技术参数，以便设计的模具与所选的注射机相适应。表6-28是常用国产注射机的规格和性能，供设计模具时参考。表6-29是常用国产注射机定位圈尺寸。

表6-28 常用国产注射机的规格和性能

项目 \ 型号	XS-ZS-22	XS-ZS-30	XS-ZS-60	XS-ZY-125	G54-S200/400
额定注射量/cm^3	30、20	30	60	125	200～400
螺杆(柱塞)直径/mm	25、20	28	38	42	55
注射压力/MPa	75、115	119	122	120	109
注射行程/mm	130	130	170	115	160
注射方式	双柱塞(双色)	柱塞式	柱塞式	螺杆式	螺杆式
锁模力/kN	250	250	500	900	2540
最大成型面积/cm^3	90	90	130	320	645
模板最大行程/mm	160	160	180	300	260

（续）

项目 \ 型号		XS-ZS-22	XS-ZS-30	XS-ZS-60	XS-ZY-125	G54-S200/400
模具最大厚度/mm		180	180	200	300	406
模具最小厚度/mm		60	60	70	200	165
喷嘴圆弧半径/mm		12	12	12	12	18
喷嘴孔直径/mm		2	2	4	4	4
顶出形式		四侧设有顶杆，机械顶出，中心距 170mm	四侧设有顶杆，机械顶出，中心距 170mm	中心设在顶杆，机械顶出	两侧设有顶杆，机械顶出，中心距 203mm	动模板设有顶板，开模时模具顶杆固定板上的顶杆通过动模板与顶板相碰，机械顶出
动、定模固定尺寸/(mm×mm)		250×280	250×280	330×440	428×458	532×637
拉杆空间/mm		235	235	190×300	260×290	290×368
合模方式		液压—机械	液压—机械	液压—机械	液压—机械	液压—机械
液压泵	流量/(L/min)	50	50	70、12	100、12	170、12
	压力/MPa	6.5	6.5	6.5	6.5	6.5
电动机功率/kW		5.5	5.5	11	11	18.5
螺杆驱动功率/kW					4	5.5
加热功率/kW		1.75		2.7	5	10
机器外形尺寸/(mm×mm×mm)		2340×800×1460	2340×850×1460	3160×850×1500	3340×750×1500	4700×1400×1800

项目 \ 型号	S2Y-300	XS-ZY-500	S2Y-1000	S2Y-2000	XS-2Y4000
额定注射量/cm³	320	500	1000	2000	4000
螺杆(柱塞)直径/mm	60	65	85	110	130
注射压力/MPa	77.5	145	121	90	106
注射行程/mm	150	200	260	280	370
注射方式	螺杆式	螺杆式	螺杆式	螺杆式	螺杆式
锁模力/kN	1500	3500	4500	6000	10000
最大成型面积/cm³		1000	1800	2600	3800
模板最大行程/mm	340	500	700	750	1100
模具最大厚度/mm	355	450	700	800	1000
模具最小厚度/mm	285	300	300	500	700
喷嘴圆弧半径/mm	12	18	18	18	
喷嘴孔直径/mm		3、5、6、8	7.5	10	
顶出形式	中心液压及上下两侧设有顶杆，机械顶出	中心液压顶出，顶出距 100mm，两侧顶杆机械顶出，中心距 350mm	中心液压顶出，两侧顶杆机械顶出，中心距 850mm	中心液压顶出，顶出距 125mm，两侧顶杆机械顶出	中心液压顶出，两侧机械顶出，中心距 1200mm
动、定模固定板尺寸/(mm×mm)	620×520	700×850	900×1000	1180×1180	
拉杆空间/mm	400×300	540×440	650×550	760×700	1050×950

（续）

项目 \ 型号		S2Y-300	XS-ZY-500	S2Y-1000	S2Y-2000	XS-2Y4000
合模方式		液压—机械	液压—机械	两次动作液压方式	液压—机械	两次动作液压式
液压泵	流量/(L/min)	103.9、12.1	200、25	200、18、1.8	175.8×2、14.2	50、50
	压力/MPa	7.0	6.5	14	14	20
电动机功率/kW		17	22	40、55、5.5	40、40	17、17
螺杆驱动功率/kW		7.8	7.5	13	23.5	30
加热功率/kW		6.5	14	16.5	21	37
机器外形尺寸/(mm×mm×mm)		5300×940×1815	6500×1300×2000	7670×1740×2380	10908×1900×3430	11500×3000×4500

表6-29　常用国产注射机定位圈尺寸　　（单位：mm）

注射机型号	XS-ZS-22	XS-ZS-30	XS-ZS-60	XS-ZY-125	G54-S200/400	XS-ZY-125	XS-ZY-125	XS-ZY-125
定位圈尺寸	ϕ63.5	ϕ63.5	ϕ55	ϕ100	ϕ125	ϕ150	ϕ150	ϕ300

第七章 部分塑料注射模标准

塑料注射模标准是指在注射模设计和制造模具中必须或应该遵循的技术规范、基准和准则，是提高注射模设计和制造质量，缩短制造周期的需要和基本要求。为了设计时方便查找资料，本章摘录了部分注射模标准，并采用了最新的国家标准。

一、塑料注射模模架的功能及用途

模架是设计和制造塑料注射模的基础部件。在标准中规定中、小模架的周界尺寸范围≤560mm×900mm，并规定其模架结构形式为品种型号，即基本型A1、A2、A3、A4四个品种，如图7-1所示；派生型分P1～P9九个品种，如图7-2所示。模架的组成功能及用途见表7-1。

表7-1 模架的组成、功能及用途

型　号	组成、功能及用途
A1型	定模采用两块模板，动模采用一块模板，无支承板，设置以推杆推出塑料件的机构组成模架。适用于立式与卧式注射机，单分型面上，可设计成多个型腔的注射模
A2型	定模和动模均采用两块模板，有支承板，设置以推杆推出塑料件的机构组成模架。适用于立式与卧式注射机，用于直浇道，采用斜导柱侧向抽芯、单型腔成型，其分型面可在合模面上，也可设置斜滑块垂直分型脱模机构的注射模
A3、A4型	A3型的定模采用两块模板，动模采用一块模板，它们之间设置一块推件板连接推出机构，用以推出塑件，无支承板 A4型的动模和定模均采用两块模板，它们之间设置一块推件板连接推出机构，用以推出塑件，有支承板 A3、A4型均适用于立式与卧式注射机，适用于薄壁壳体形塑件，脱模力大，以及塑件表面不允许留有痕迹的塑件注射成型模具
P1～P4型	P1～P4型由基本型A1～A4对应派生而成，机构形式上的不同在于去掉了A1～A4型定模板上的螺钉，使定模部分增加了一个分型面，多用于点浇口形式注射模。其功能和用途符合A1～A4型的要求
P5型	由两块模板组合而成，主要适用于直浇口、简单整体型腔结构的注射模
P6～P9型	其中P6与P7，P8与P9是互相对应的结构，P7和P9相对于P6与P8只是去掉定模座板上的固定螺钉。这些模架均适用于复杂结构模架，如定距分型自动脱落浇口式注射模等

注：1. 定、动模座可根据使用要求选用有肩或无肩形式。
2. 根据使用要求选用导向零件和它们的安装形式。
3. A1～A4型是以直浇口位置的基本型模架，其功能及通用性强，是国际上模架中具有代表性的结构。
4. 派生型P1～P4模架组合尺寸系列和组合要素均于基本型相同。
5. 其模架结构以点浇口、多分型面为主。

二、中小型注射模模架尺寸组合系列

本部分主要列出了以下几个尺寸系列标准：100×L、160×L、200×L、205×L、315×

L、$355\times L$、$400\times L$、$450\times L$、$500\times L$、$560\times L$。标准中导柱、导套、推杆、螺钉的孔径，孔位尺寸规定为参考尺寸。

标记示例：基本型 A2 型，模板周界尺寸 250mm × 400mm，规格编号 16，导柱正装 Z2A2—250400—16—Z2　GB/T 12555—2006。

派生型组合系我标记法与基本型对应相同。

各系列模架标准见表 7-2 ~ 表 7-11。

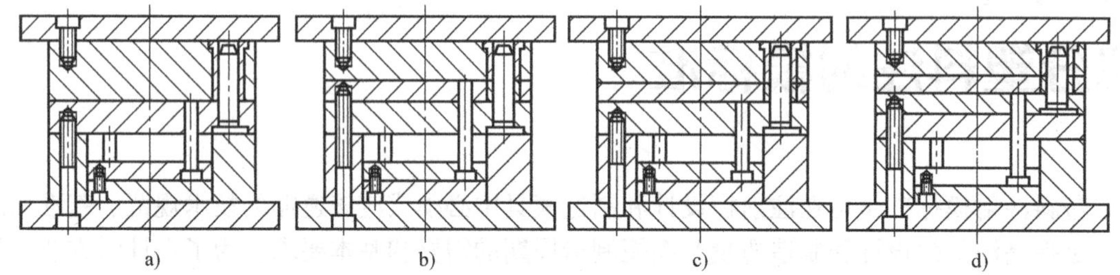

图 7-1　标准型中小模架

a）A1 型　b）A2 型　c）A3 型　d）A4 型

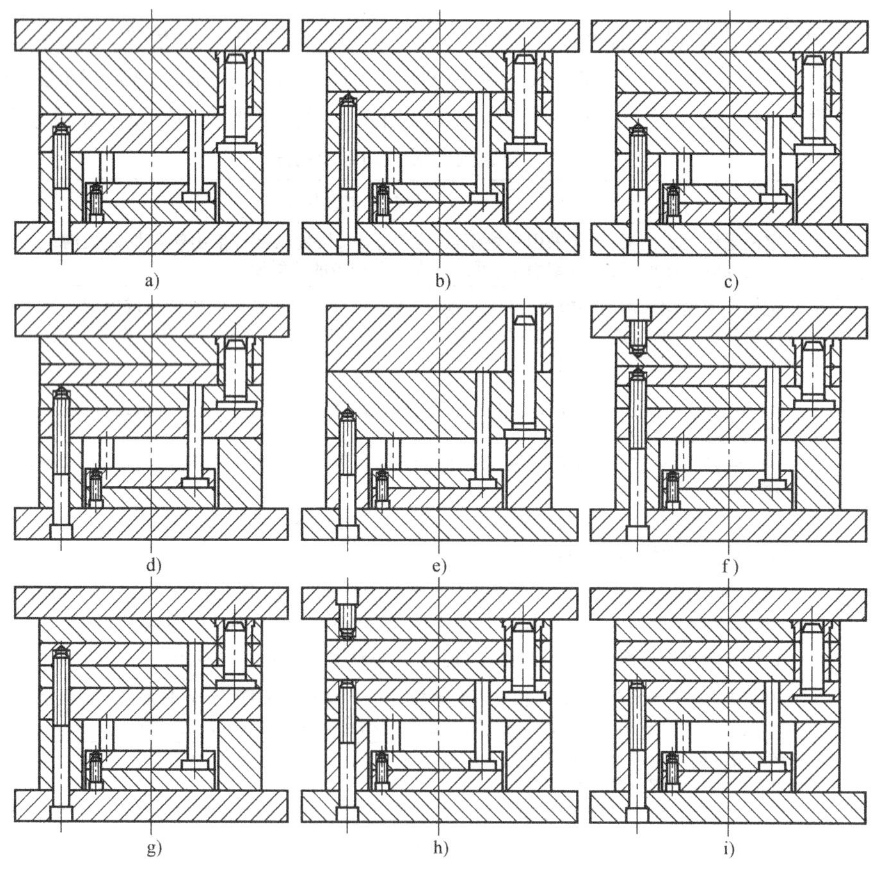

图 7-2　标准型中小模架

a）P1 型　b）P2 型　c）P3 型　d）P4 型　e）P5 型　f）P6 型　g）P7 型　h）P8 型　i）P9 型

表 7-2　100 × L 模架　　（单位：mm）

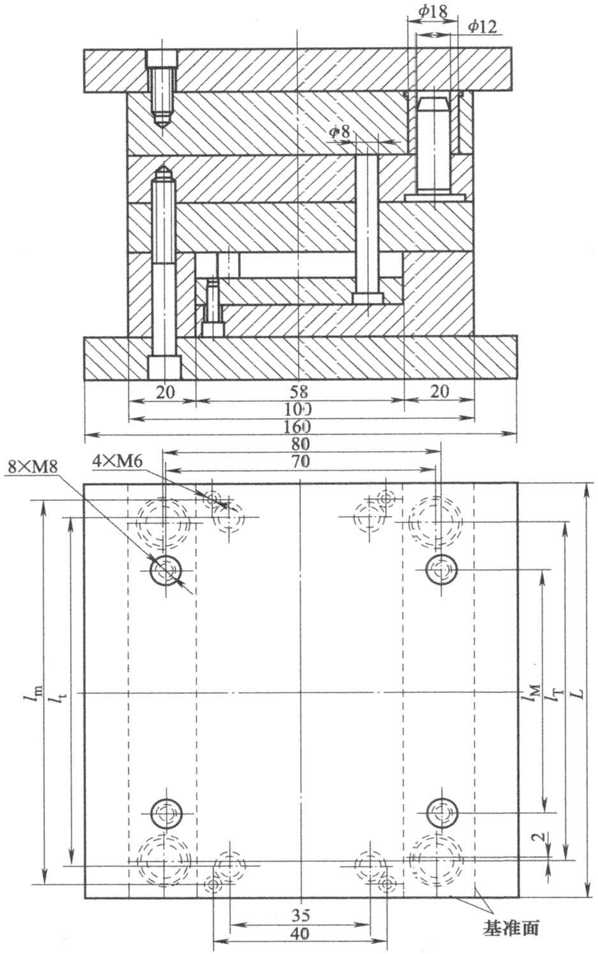

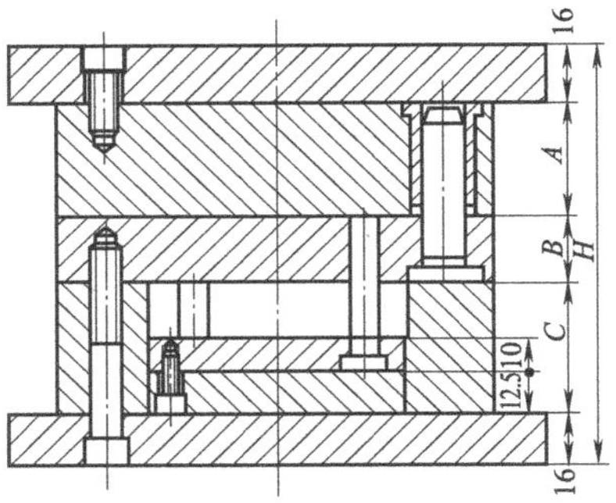

L	l_T	l_t	l_M	l_m
100	70	74	36	87
125	95	99	61	112
160	130	134	96	147

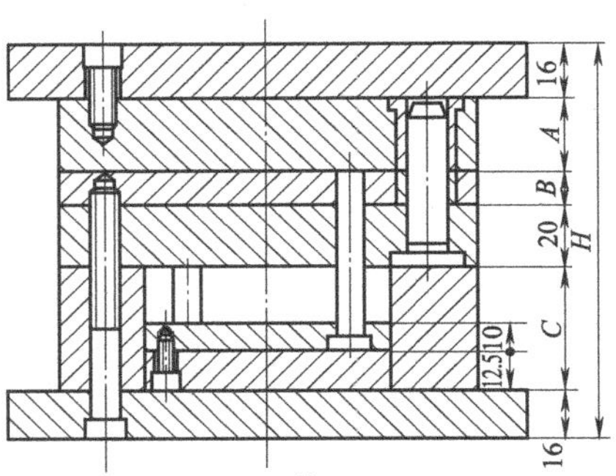

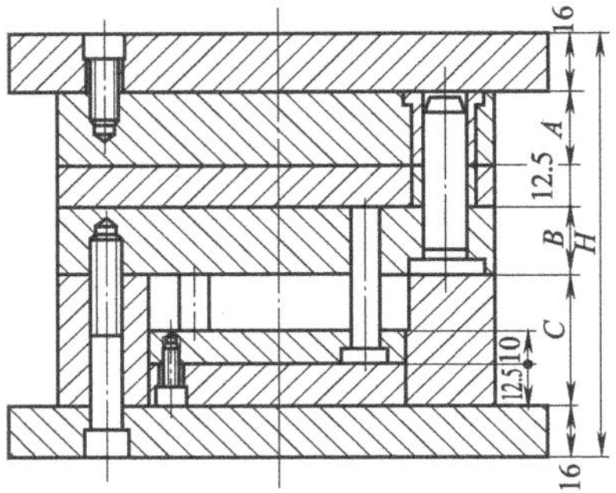

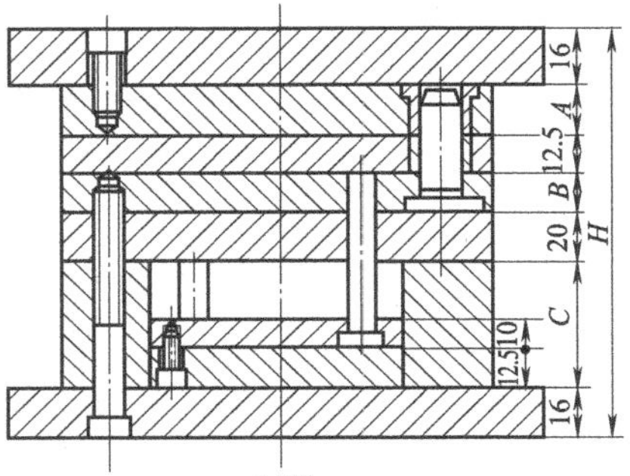

（续）

编号	模板 A	模板 B	垫块 C	H A1	H A2	H A3	H A4
01	12.5	12.5	40	$32+A+B+C$	$52+A+B+C$	$44.5+A+B+C$	$64.5+A+B+C$
02		16					
03		20					
04		25	50				
05		32					
06		40					
07		50	63				
08		63					
09	16	12.5	40				
10		16					
11		20					
12		25	50				
13		32					
14		40					
15		50	63				
16		63					
17	20	12.5	40				
18		16					
19		20					
20		25	50				
21		32					
22		40					
23		50	63				
24		63					
25	25	12.5	40				
26		16					
27		20					
28		25	50				
29		32					
30		40					
31		50	63				
32		63					

编号	模板 A	模板 B	垫块 C	H A1	H A2	H A3	H A4
33	32	12.5	40	$32+A+B+C$	$52+A+B+C$	$44.5+A+B+C$	$64.5+A+B+C$
34		16					
35		20					
36		25	50				
37		32					
38		40					
39		50	63				
40		63					
41	40	12.5	40				
42		16					
43		20					
44		25	50				
45		32					
46		40					
47		50	63				
48		63					
49	50	12.5	40				
50		16					
51		20					
52		25	50				
53		32					
54		40					
55		50	63				
56		63					
57	63	12.5	40				
58		16					
59		20					
60		25	50				
61		32					
62		40					
63		50	63				
64		63					

表 7-3　160 × L 模架

（单位：mm）

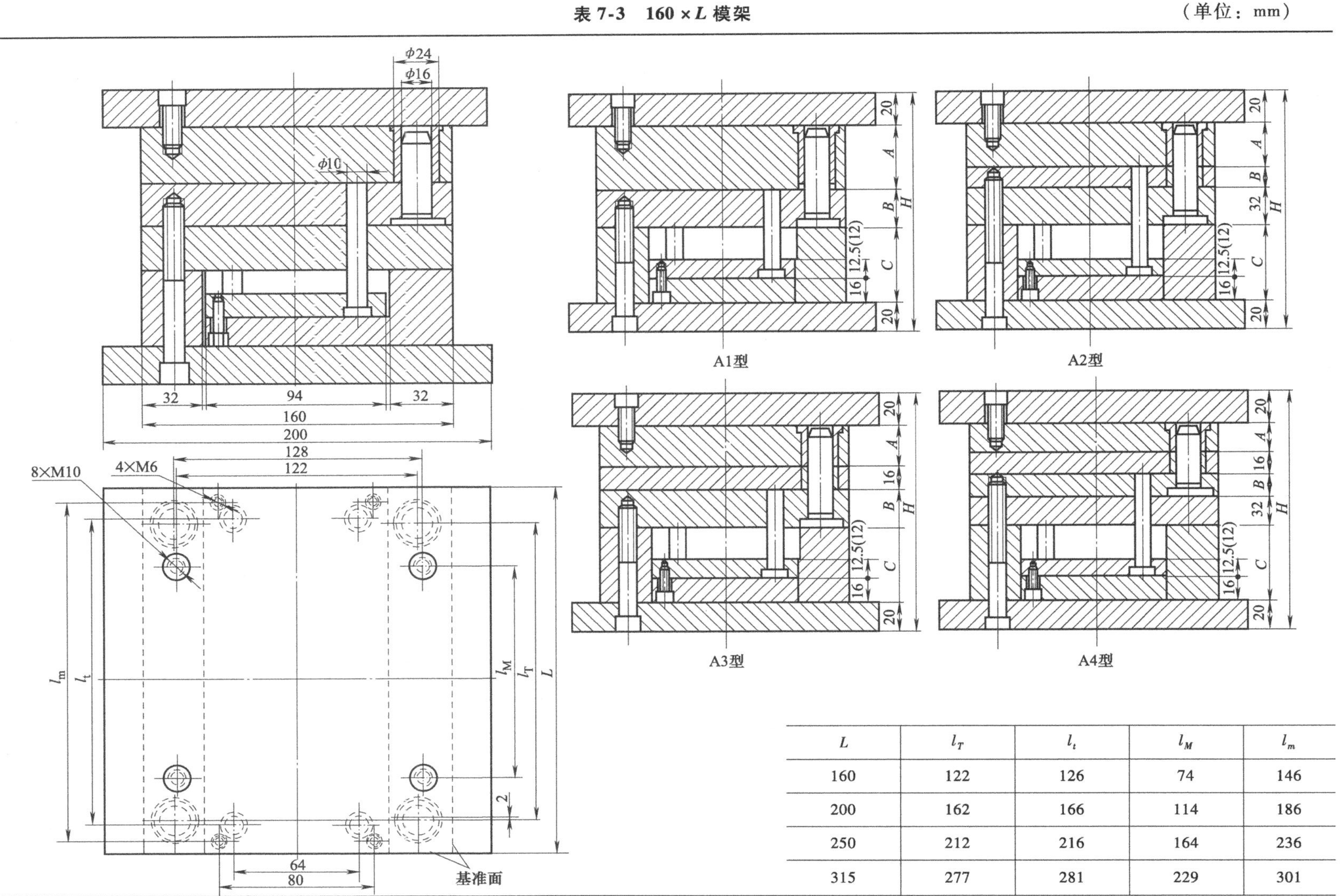

L	l_T	l_t	l_M	l_m
160	122	126	74	146
200	162	166	114	186
250	212	216	164	236
315	277	281	229	301

（续）

编号	模板		垫块	A1	A2	A3	A4
	A	B	C	H			
01	16	16	50	$40+A+B+C$	$72+A+B+C$	$56+A+B+C$	$88+A+B+C$
02		20					
03		25					
04		32	63				
05		40					
06		50					
07		63	80				
08		80					
09	20	16	50				
10		20					
11		25					
12		32	63				
13		40					
14		50					
15		63	80				
16		80					
17	25	16	50				
18		20					
19		25					
20		32	63				
21		40					
22		50					
23		63	80				
24		80					
25	32	16	50				
26		20					
27		25					
28		32	63				
29		40					
30		50					
31		63	80				
32		80					
33	40	16	63	$40+A+B+C$	$72+A+B+C$	$56+A+B+C$	$88+A+B+C$
34		20					
35		25					
36		32					
37		40	80				
38		50					
39		63					
40		80					
41	50	16	63				
42		20					
43		25					
44		32					
45		40	80				
46		50					
47		63					
48		80					
49	63	16	63				
50		20					
51		25					
52		32					
53		40	80				
54		50					
55		63					
56		80					
57	80	16	63				
58		20					
59		25					
60		32					
61		40	80				
62		50					
63		63					
64		80					

表 7-4　200 × L 模架　　（单位：mm）

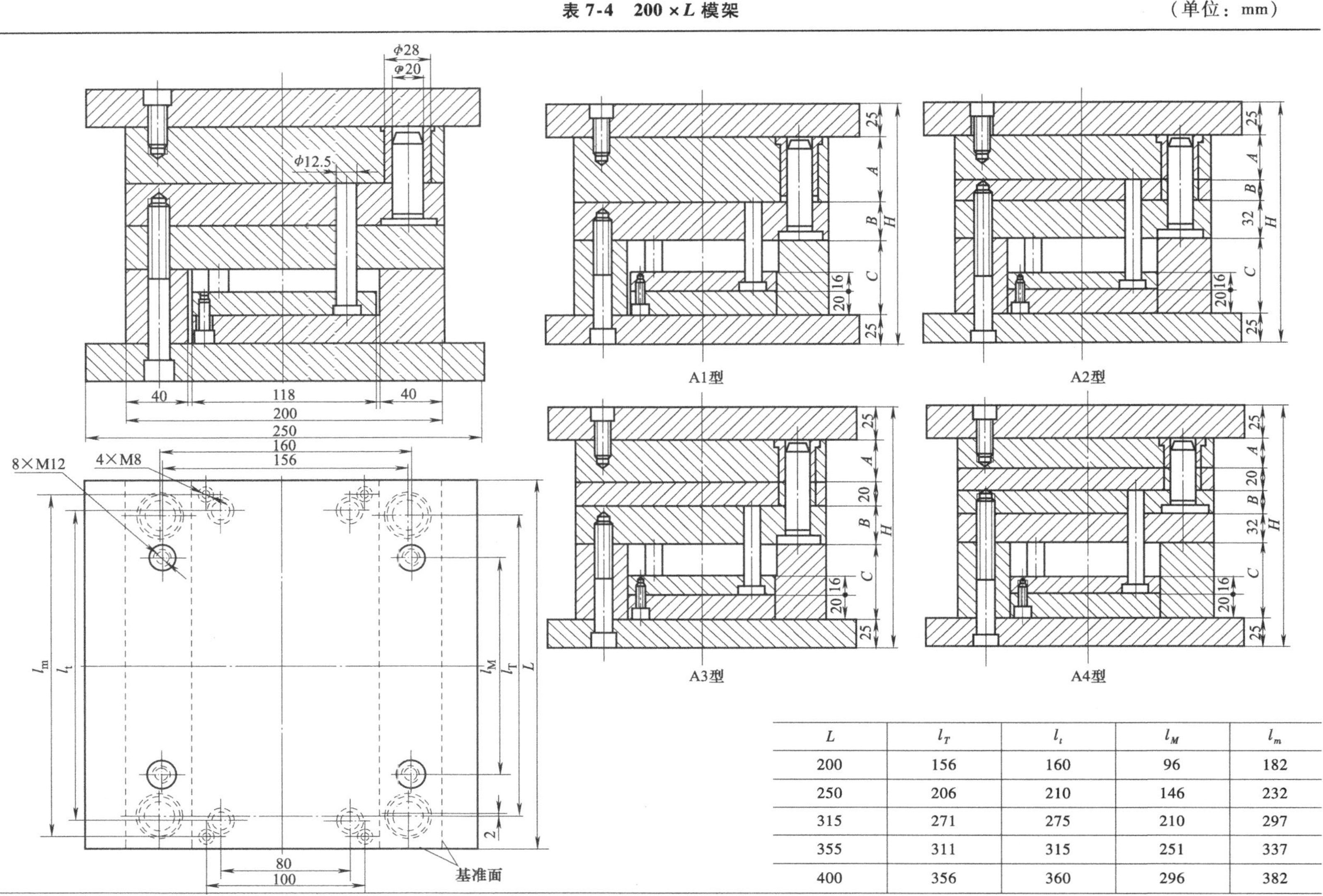

L	l_T	l_t	l_M	l_m
200	156	160	96	182
250	206	210	146	232
315	271	275	210	297
355	311	315	251	337
400	356	360	296	382

（续）

编号	模板 A	模板 B	垫块 C	A1 H	A2 H	A3 H	A4 H
01	20	20	50	50 + *A* + *B* + *C*	82 + *A* + *B* + *C*	70 + *A* + *B* + *C*	102 + *A* + *B* + *C*
02		25					
03		32	63				
04		40					
05		50					
06		63	80				
07		80					
08	25	20	50				
09		25					
10		32	63				
11		40					
12		50					
13		63	80				
14		80					
15	32	20	50				
16		25					
17		32	63				
18		40					
19		50					
20		63	80				
21		80					
22	40	20	50				
23		25					
24		32	63				
25		40					

编号	模板 A	模板 B	垫块 C	A1 H	A2 H	A3 H	A4 H
26	40	50	63	50 + *A* + *B* + *C*	82 + *A* + *B* + *C*	70 + *A* + *B* + *C*	102 + *A* + *B* + *C*
27		63	80				
28		80					
29	50	20	63				
30		25					
31		32					
32		40	80				
33		50					
34		63					
35		80					
36	63	20	63				
37		25					
38		32					
39		40	80				
40		50					
41		63					
42		80					
43	80	20	63				
44		25					
45		32					
46		40	80				
47		50					
48		63					
49		80					

表 7-5　250 × *L* 模架　（单位：mm）

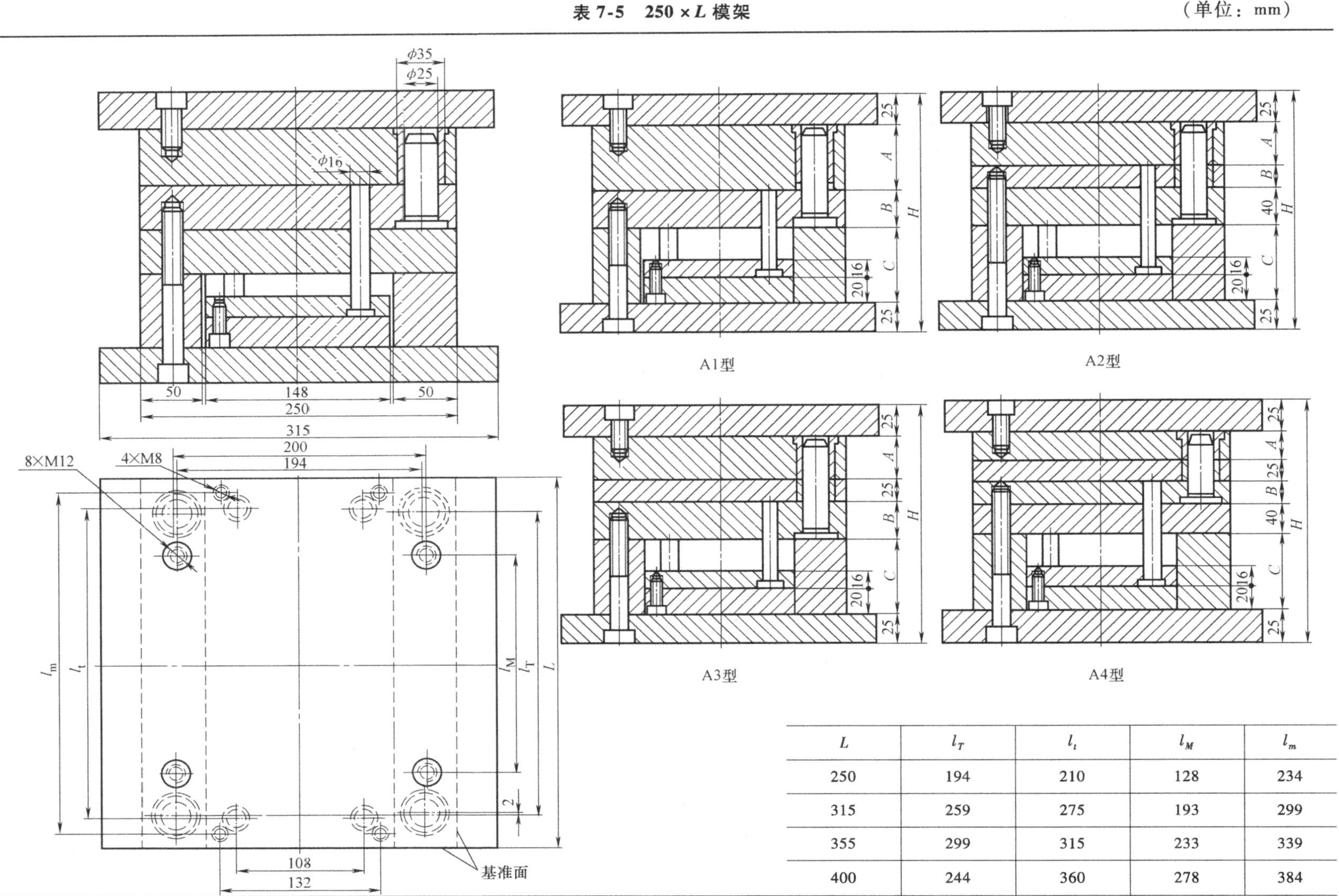

L	l_T	l_t	l_M	l_m
250	194	210	128	234
315	259	275	193	299
355	299	315	233	339
400	244	360	278	384

（续）

编号	模板		垫块	A1	A2	A3	A4
	A	B	C	H			
01	20	20	50	$50+A+B+C$	$90+A+B+C$	$75+A+B+C$	$115+A+B+C$
02		25					
03		32					
04		40	63				
05		50					
06		63					
07		80	80				
08		100					
09	25	20	50				
10		25					
11		32					
12		40	63				
13		50					
14		63					
15		80	80				
16		100					
17	32	20	63				
18		25					
19		32					
20		40					
21		50	80				
22		63					
23		80					
24		100					
25	40	20	63				
26		25					
27		32					
28		40					
29		50	80				
30		63					
31		80					
32		100					

编号	模板		垫块	A1	A2	A3	A4
	A	B	C	H			
33	50	20	63	$50+A+B+C$	$90+A+B+C$	$75+A+B+C$	$115+A+B+C$
34		25					
35		32					
36		40					
37		50	80				
38		63					
39		80					
40		100					
41	63	20	63				
42		25					
43		32					
44		40					
45		50	80				
46		63					
47		80					
48		100					
49	80	20	63				
50		25					
51		32					
52		40					
53		50	80				
54		63					
55		80					
56		100					
57	100	20	63				
58		25					
59		32					
60		40					
61		50	80				
62		63					
63		80					
64		100					

表 7-6 315×L 模架 （单位：mm）

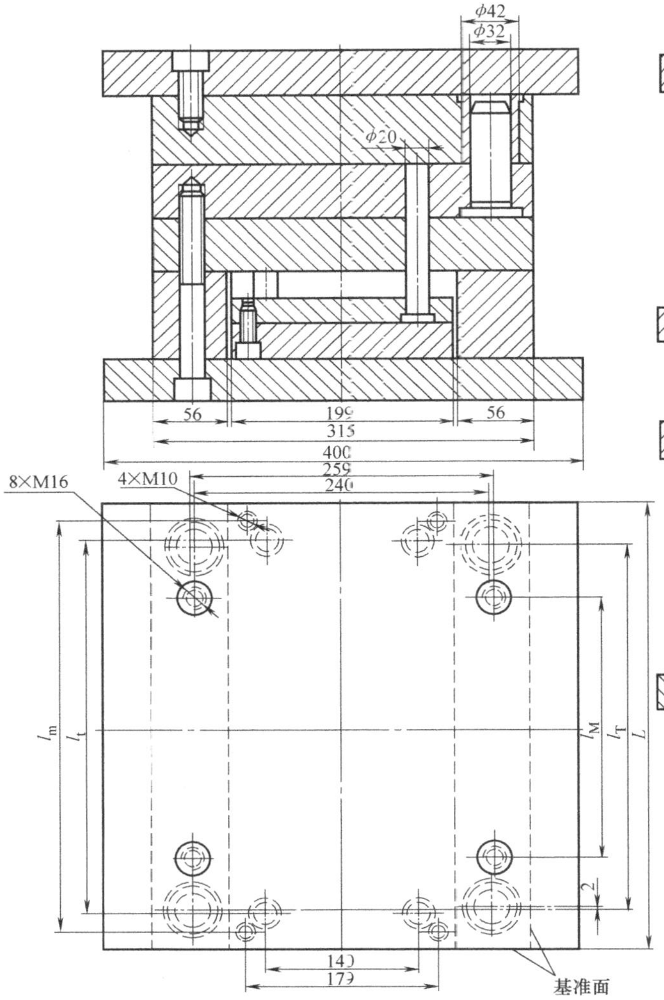

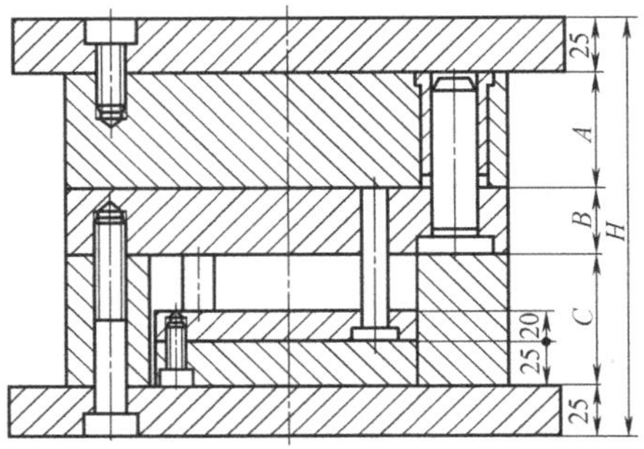

L	l_T	l_t	l_M	l_m
315	240	260	160	295
355	280	300	200	335
400	235	345	245	380
450	375	395	295	430
500	425	445	345	480

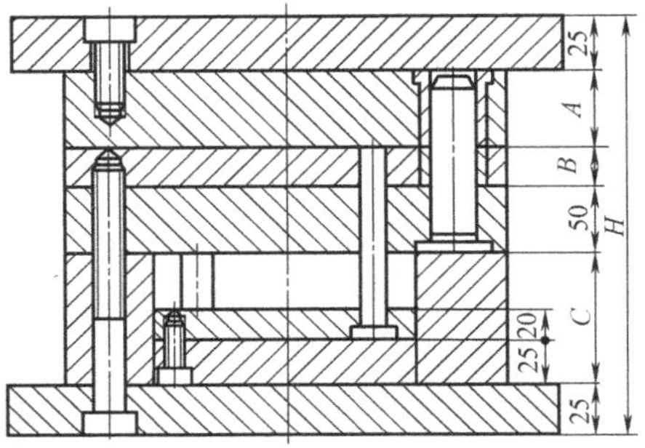

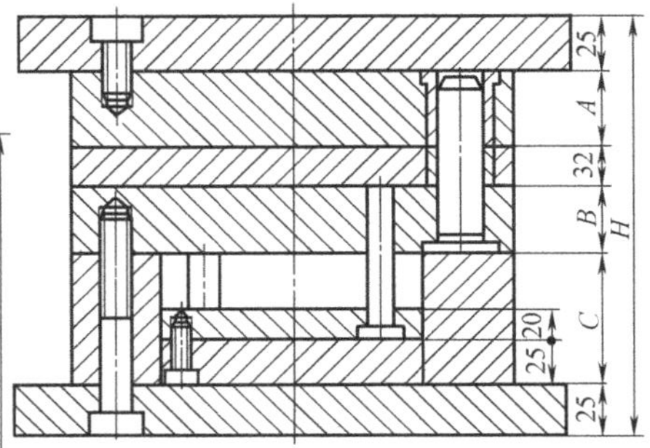

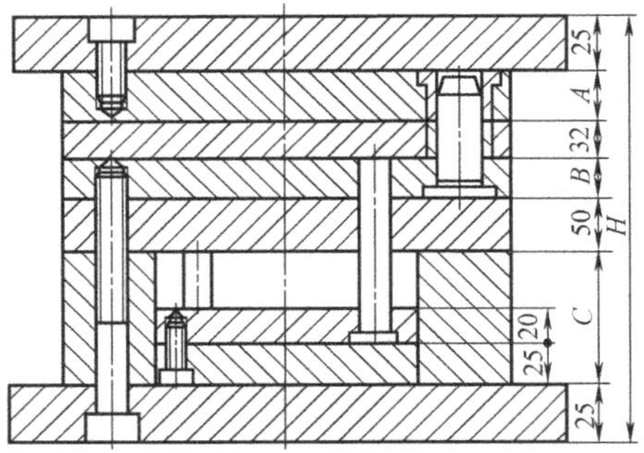

（续）

编号	模板		垫块	A1	A2	A3	A4
	A	B	C	H			
01	25	25	63	$50+A+B+C$	$100+A+B+C$	$81+A+B+C$	$132+A+B+C$
02		32					
03		40	80				
04		50					
05		63					
06		80	100				
07		100					
08	32	25	63				
09		32					
10		40	80				
11		50					
12		63					
13		80	100				
14		100					
15	40	25	63				
16		32					
17		40	80				
18		50					
19		63					
20		80	100				
21		100					
22	50	25	80				
23		32					
24		40	100				
25		50					

编号	模板		垫块	A1	A2	A3	A4
	A	B	C	H			
26	50	63	100	$50+A+B+C$	$100+A+B+C$	$82+A+B+C$	$132+A+B+C$
27		80					
28		100					
29	63	25	80				
30		32					
31		40					
32		50	100				
33		63					
34		80					
35		100					
36	80	25	80				
37		32					
38		40					
39		50	100				
40		63					
41		80					
42		100					
43	100	25	80				
44		32					
45		40					
46		50	100				
47		63					
48		80					
49		100					

表 7-7 355×L 模架 （单位：mm）

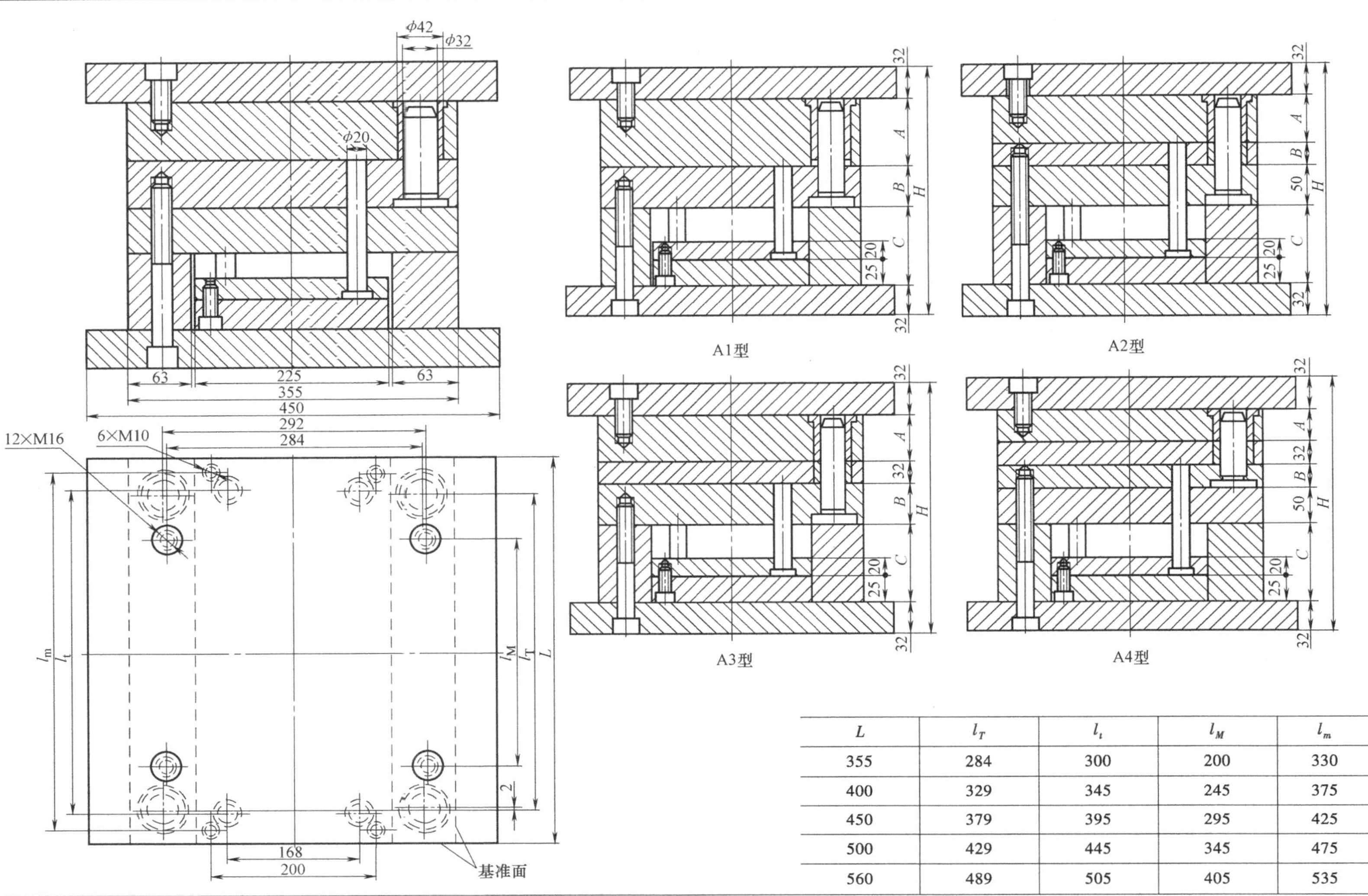

L	l_T	l_t	l_M	l_m
355	284	300	200	330
400	329	345	245	375
450	379	395	295	425
500	429	445	345	475
560	489	505	405	535

（续）

编号	模板		垫块	A1	A2	A3	A4
	A	B	C	H			
01	25	25	80	$64+A+B+C$	$114+A+B+C$	$96+A+B+C$	$146+A+B+C$
02		32					
03		40	100				
04		50					
05		63					
06		80	125				
07		100					
08		125					
09	32	25	80				
10		32					
11		40	100				
12		50					
13		63					
14		80	125				
15		100					
16		125					
17	40	25	80				
18		32					
19		40	100				
20		50					
21		63					
22		80	125				
23		100					
24		125					
25	50	25	100				
26		32					
27		40					
28		50					
29		63					
30		80	125				
31		100					
32		125					

编号	模板		垫块	A1	A2	A3	A4
	A	B	C	H			
33	50	25	100	$64+A+B+C$	$114+A+B+C$	$96+A+B+C$	$146+A+B+C$
34		32					
35		40					
36		50					
37		63	125				
38		80					
39		100					
40		125					
41	63	25	100				
42		32					
43		40					
44		50					
45		63	125				
46		80					
47		100					
48		125					
49	80	25	100				
50		32					
51		40					
52		50					
53		63	125				
54		80					
55		100					
56		125					
57	100	25	100				
58		32					
59		40					
60		50					
61		63	125				
62		80					
63		100					
64		125					

表 7-8　400 × L 模架　　（单位：mm）

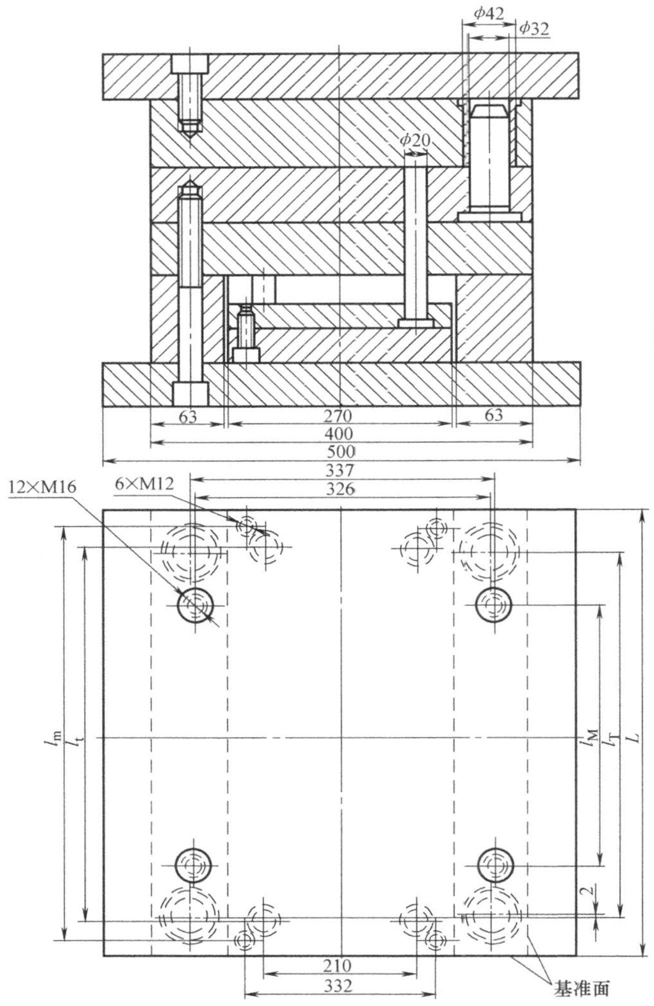

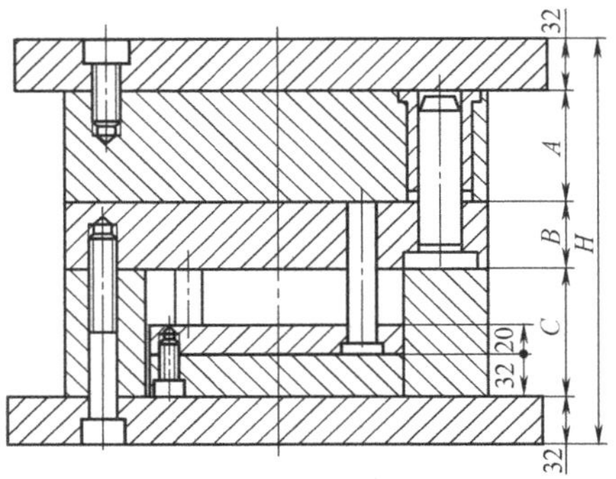

A1型

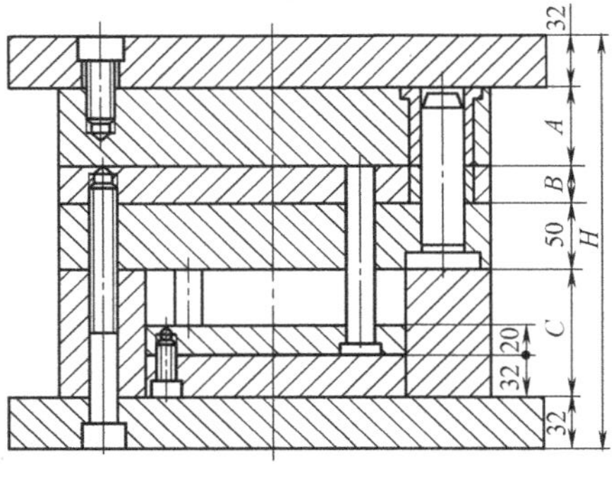

A2型

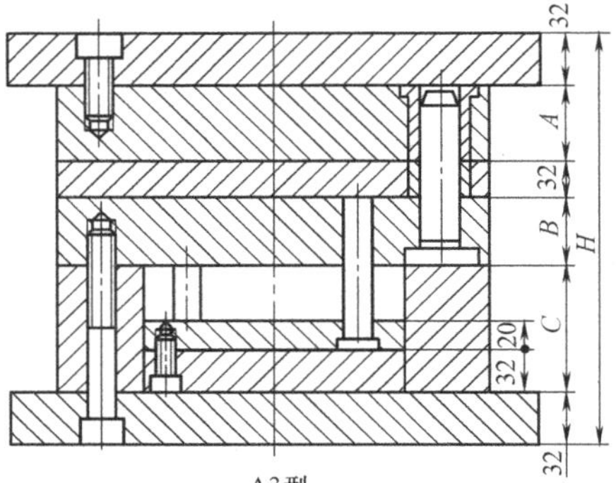

A3型

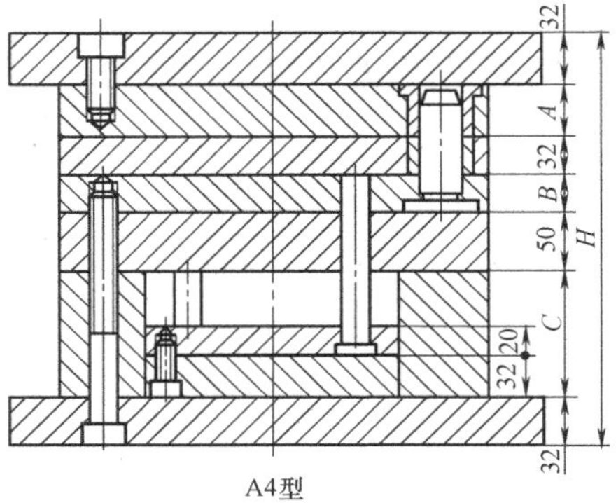

A4型

L	l_T	l_t	l_M	l_m
400	326	340	245	374
450	376	390	295	424
500	426	440	345	474
560	486	500	405	534

（续）

编号	模板 A	模板 B	垫块 C	A1 H	A2 H	A3 H	A4 H
01	32	32	80	64 + *A* + *B* + *C*	114 + *A* + *B* + *C*	96 + *A* + *B* + *C*	146 + *A* + *B* + *C*
02		40					
03		50	100				
04		63					
05		80					
06		100	125				
07		125					
08		160					
09	40	32	80				
10		40					
11		50	100				
12		63					
13		80					
14		100	125				
15		125					
16		160					
17	50	32	80				
18		40					
19		50	100				
20		63					
21		80					
22		100	125				
23		125					
24		160					
25	63	32	100				
26		40					
27		50					
28		63					
29		80	125				
30		100					
31		125					
32		160					
33	80	32	100	64 + *A* + *B* + *C*	114 + *A* + *B* + *C*	96 + *A* + *B* + *C*	146 + *A* + *B* + *C*
34		40					
35		50					
36		63					
37		80	125				
38		100					
39		125					
40		160					
41	100	32	100				
42		40					
43		50					
44		63					
45		80	125				
46		100					
47		125					
48		160					
49	125	32	100				
50		40					
51		50					
52		63					
53		80	125				
54		100					
55		125					
56		160					
57	160	32	100				
58		40					
59		50					
60		63					
61		80	125				
62		100					
63		125					
64		160					

表 7-9　450 × L 模架　　　　（单位：mm）

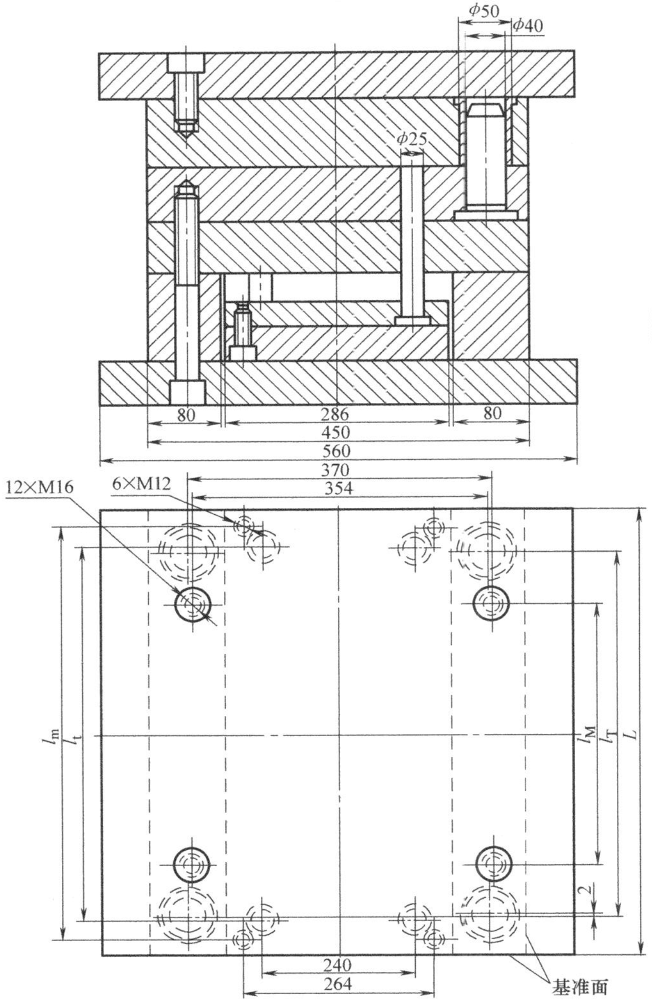

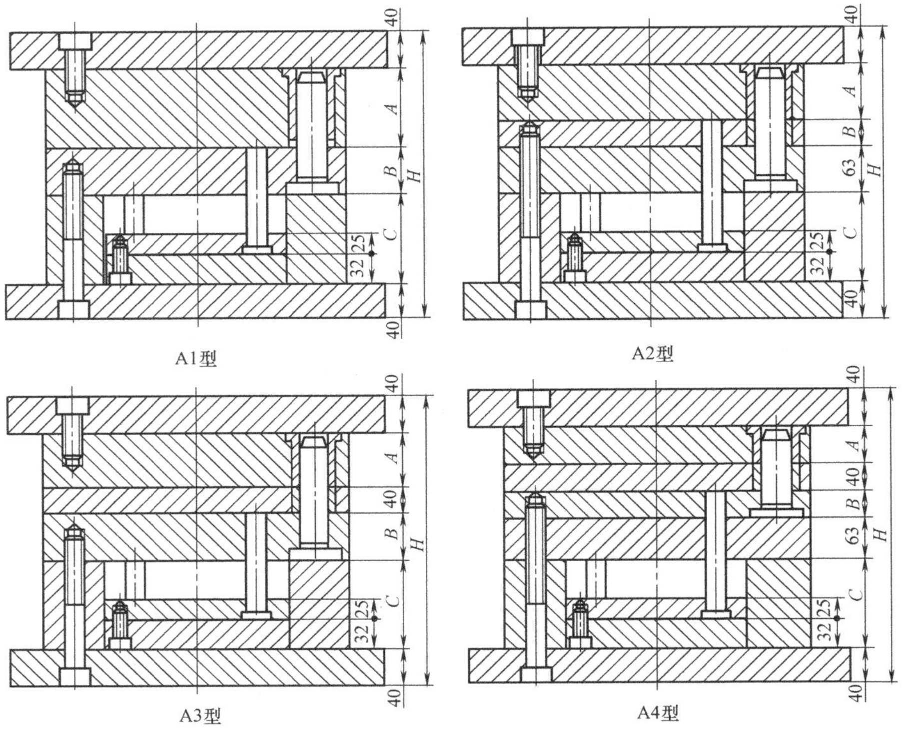

A1型

A2型

A3型

A4型

L	l_T	l_t	l_M	l_m
450	364	380	270	428
500	414	430	320	478
560	474	490	380	538

（续）

编号	模板		垫块	A1	A2	A3	A4
	A	B	C	H			
01	32	32	80	$80+A+B+C$	$143+A+B+C$	$120+A+B+C$	$183+A+B+C$
02		40					
03		50	100				
04		63					
05		80					
06		100	125				
07		125					
08		160					
09	40	32	80				
10		40					
11		50	100				
12		63					
13		80					
14		100	125				
15		125					
16		160					
17	50	32	80				
18		40					
19		50	100				
20		63					
21		80					
22		100	125				
23		125					
24		160					
25	63	32	100				
26		40					
27		50					
28		63	125				
29		80					
30		100					
31		125	160				
32		160					

编号	模板		垫块	A1	A2	A3	A4
	A	B	C	H			
33	80	32	100	$80+A+B+C$	$143+A+B+C$	$120+A+B+C$	$183+A+B+C$
34		40					
35		50					
36		63	125				
37		80					
38		100					
39		125	160				
40		160					
41	100	32	100				
42		40					
43		50					
44		63	125				
45		80					
46		100					
47		125	160				
48		160					
49	125	32	100				
50		40					
51		50	125				
52		63					
53		80					
54		100	160				
55		125					
56		160					
57	160	32	100				
58		40					
59		50					
60		63	125				
61		80					
62		100					
63		125	160				
64		160					

表 7-10　500×L 模架　　（单位：mm）

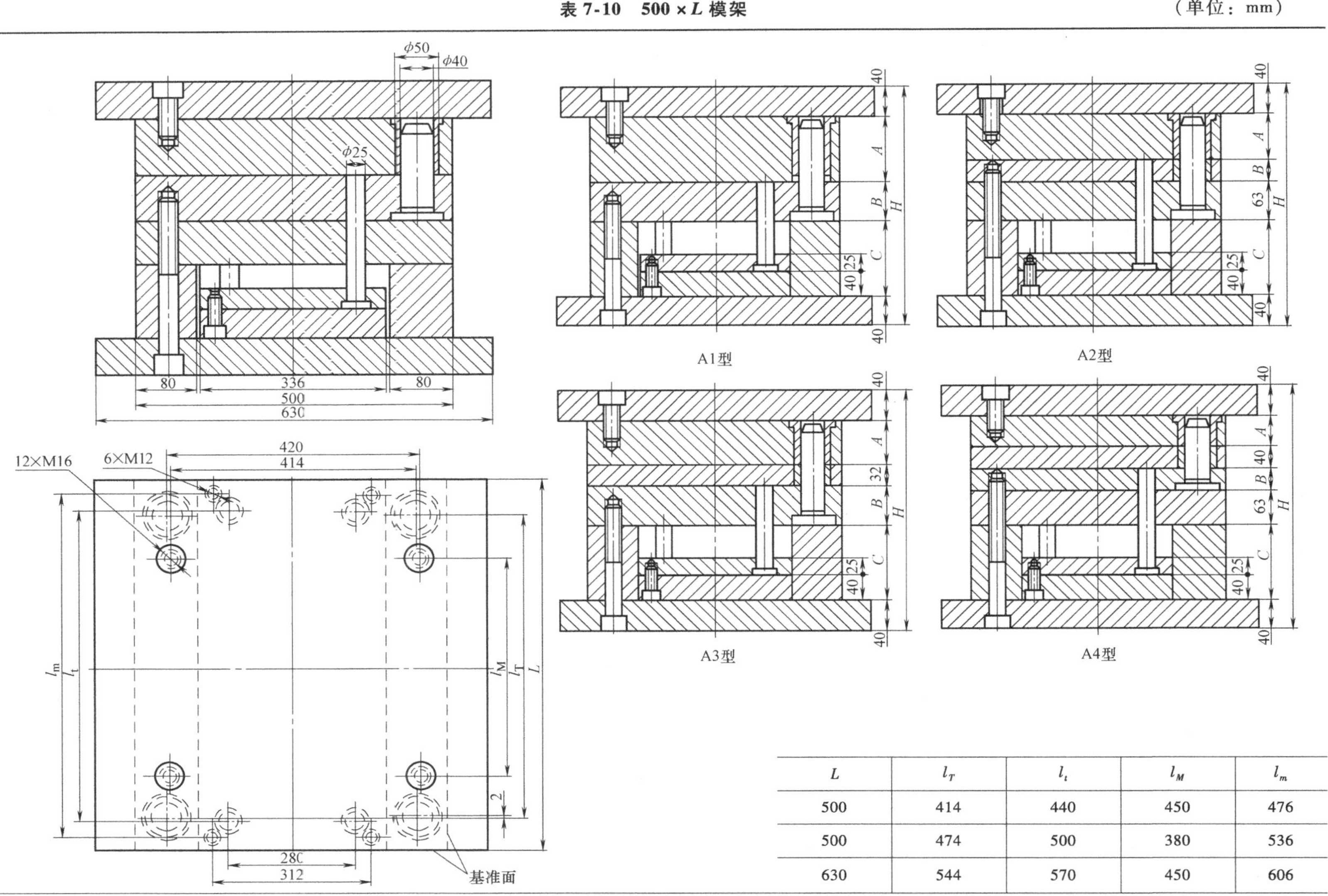

L	l_T	l_t	l_M	l_m
500	414	440	450	476
500	474	500	380	536
630	544	570	450	606

（续）

编号	模板		垫块	A1	A2	A3	A4
	A	*B*	*C*	*H*			
01	32	32	100	$80+A+B+C$	$143+A+B+C$	$120+A+B+C$	$183+A+B+C$
02		40					
03		50	125				
04		63					
05		80					
06		100	160				
07		125					
08		160					
09	40	32	100				
10		40					
11		50					
12		63	125				
13		80					
14		100					
15		125	160				
16		160					
17	50	32	100				
18		40					
19		50	125				
20		63					
21		80					
22		100	160				
23		125					
24		160					
25	63	32	100				
26		40					
27		50	125				
28		63					
29		80					
30		100	160				
31		125					
32		160					
33	80	32	100	$80+A+B+C$	$143+A+B+C$	$120+A+B+C$	$183+A+B+C$
34		40					
35		50	125				
36		63					
37		80					
38		100	160				
39		125					
40		160					
41	100	32	125				
42		40					
43		50					
44		63					
45		80	160				
46		100					
47		125					
48		160					
49	125	32	125				
50		40					
51		50					
52		63					
53		80	160				
54		100					
55		125					
56		160					
57	160	32	125				
58		40					
59		50					
60		63					
61		80	160				
62		100					
63		125					
64		160					

表 7-11　560 × *L* 模架

（单位：mm）

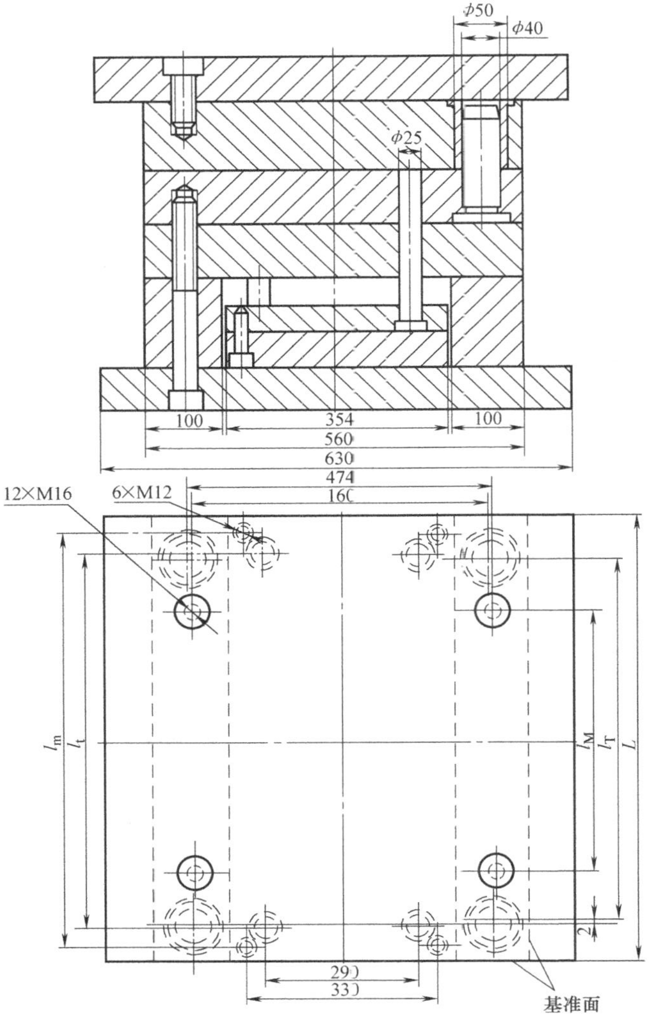

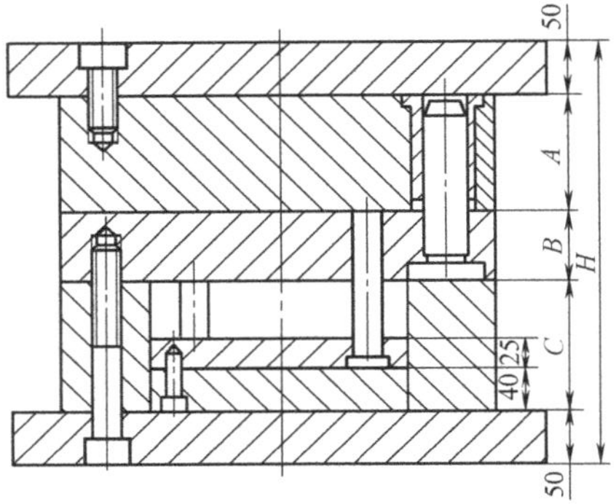

A1型

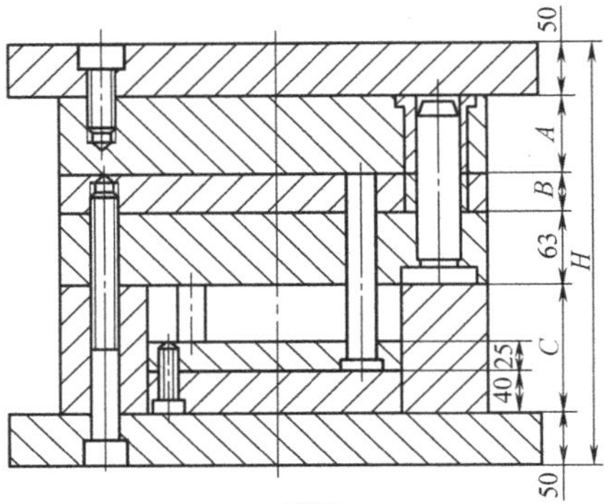

A2型

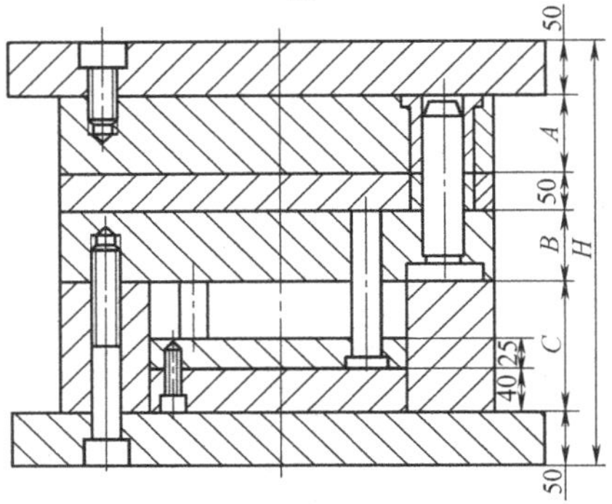

A3型

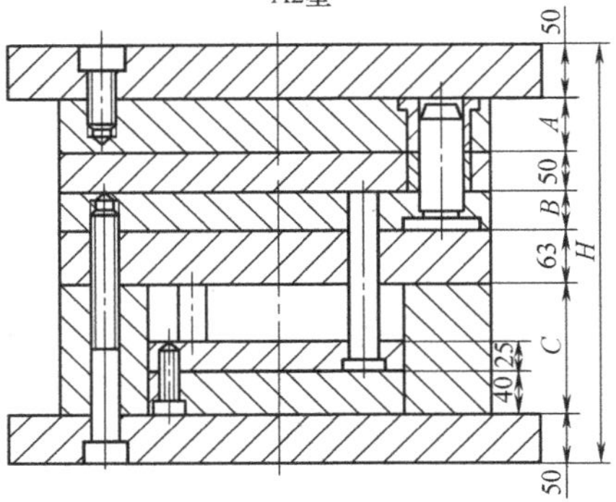

A4型

L	l_T	l_t	l_M	l_m
560	474	500	360	536
630	544	570	430	606
710	624	650	510	686
800	714	740	600	776
900	814	840	700	876

（续）

编号	模板		垫块	A1	A2	A3	A4
	A	B	C	H			
01	40	40	100	$100+A+B+C$	$163+A+B+C$	$150+A+B+C$	$213+A+B+C$
02		50					
03		63	125				
04		80					
05		100	160				
06		125					
07		160	200				
08		200					
09	50	40	100				
10		50					
11		63	125				
12		80					
13		100	160				
14		125					
15		160	200				
16		200					
17	63	40	100				
18		50					
19		63	125				
20		80					
21		100	160				
22		125					
23		160	200				
24		200					
25	80	40	100				
26		50					
27		63	125				
28		80					
29		100	160				
30		125					
31		160	200				
32		200					

编号	模板		垫块	A1	A2	A3	A4
	A	B	C	H			
33	80	40	100	$100+A+B+C$	$143+A+B+C$	$150+A+B+C$	$213+A+B+C$
34		50					
35		63	125				
36		80					
37		100	160				
38		125					
39		160	200				
40		200					
41	100	40	125				
42		50					
43		63					
44		80	160				
45		100					
46		125					
47		160	200				
48		200					
49	125	40	125				
50		50					
51		63					
52		80	160				
53		100					
54		125					
55		160	200				
56		200					
57	160	40					
58		50	125				
59		63					
60		80	160				
61		100					
62		125					
63		160	200				
64		200					

三、塑料注射模中小型模架技术条件

1. 技术要求

1）组成模架的零件必须符合 GB/T 4169.1 ~ GB/T 4169.11—2006 和 GB 4170—2006 的规定。

2）模架的主要模板应进行调质处理，硬度为 243 ~270HBW。

3）模架板类零件的棱边均应倒钝。

4）模架装配精度分为三级，各项精度必须达到表 7-12 所规定的各项指标。

5）模架主要分型面闭合面的贴合间隙值：Ⅰ级为 0.02mm，Ⅱ级为 0.03mm，Ⅲ级 0.04mm。

6）模架主要模板组装后基准面移位偏差值：Ⅰ级为 0.02mm，Ⅱ级为 0.04mm，Ⅲ级 0.06mm。

7）模架的定模、动模沿导柱方向移动和复位杆沿杆孔方向移动应平稳无卡滞现象，紧固部分应牢固。

8）模架在闭合状态时，导柱的导向端面必须凹入它所通过的最终模板孔端面 2mm 以上。

9）组装后的复位杆端面应平齐一致，允许凹入方向面不大于 0.2mm；如果需方要求也允许凸出分型面。

10）凡重量超过 20kg 的模架须设置吊装用螺孔，其数量、位置和尺寸由供需双方协商。

11）推板的导向结构或推板下方设置限位钉时，由需方自行解决。

12）模架各零件的主要部位不允许有擦伤、划痕、敲印等缺陷。

13）上述规定以外的技术要求，由供需双方协商。

表 7-12　模架精度分级精度指标

项目序号	检查项目	主参数/mm		精度分级		
				Ⅰ	Ⅱ	Ⅲ
				公差等级		
1	定模座板的上平面对动模座板下平面的平行度	周界	≤400	5	6	7
			400 ~900	6	7	8
2	模板导柱孔的垂直度	厚度	≤200	4	5	6

2. 验收规则（略）。

3. 标记、包装、运输、储存（略）。

注：本技术条件摘自 GB/T 12556—2006。

四、塑料注射模零件标准

该项标准共有 11 个通用零件标准，这些零件之间具有相互配置关系，可根据使用要求选择配套组装。

1. 推杆（GB/T 4169.1—2006）（表7-13）

表7-13　推杆　　　　（单位：mm）

（1）标记示例

d = 6mm，L = 160mm 的推杆：

推杆 $\phi6\times160$ GB/T 4169.1—2006

（2）材料　T8A　GB/T 1298—2008（直径 d 在6mm以下允许用65Mn GB/T 699—1999）

（3）技术条件

1）工作端棱边不允许倒钝。

2）工作端面不允许有中心孔。

3）其他按GB/T 4170—2006《塑料注射模具零件技术条件》。

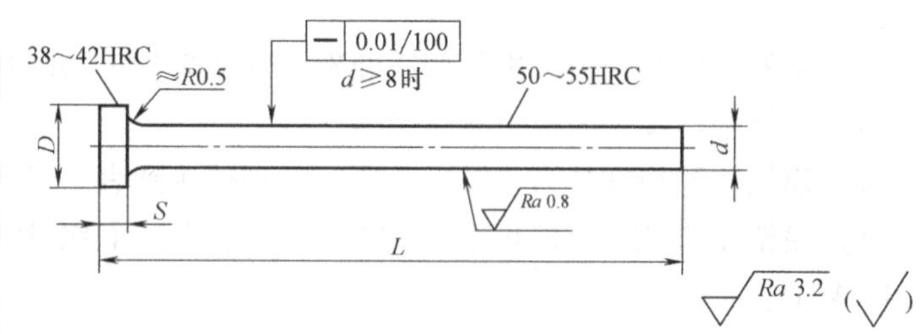

d(f6)		$D_{-0.2}^{\ 0}$	$S_{-0.05}^{\ 0}$	$L_{\ 0}^{+2.0}$										
公称尺寸	极限偏差			100	125	160	200	250	315	400	500	630	800	1000
1.6	−0.006 −0.012	4	2	○	○	○	●							
2				○	○	○	●							
2.5		5		○	○	○	●							
3		6	3	○	○	○	○	●	●					
3.2	−0.010 −0.018					○		○						
4		8		○	○	○	○	○	●	●				
4.2						○		○		●				
5		10		○	○	○	○	○	●	●	●			
5.2						○		○		●				
6		12	5	○	○	○	○	○	●	●	●	●		
6.2	−0.013 −0.022					○		○		●				
8		14		○	○	○	○	○	○	○	●	●	●	
8.2						○		○		○				
10		16		○	○	○	○	○	○	○	●	●	●	●
10.2	−0.016 −0.027					○		○		○				
12.5		18	7		○	○	○	○	○	○	○	●	●	●
16		22				○		○	○	○	○	●	●	●
20	−0.020 −0.033	26	8					○	○	○	○	○	●	●
25		32	10						○	○	○	○	●	●
32	−0.025 −0.041	40									○	○	●	●

注：1. “●”号为非优先选用值。

2. d 为3.2、4.2、5.2、6.2、8.2、10.2的尺寸供修配用。

2. 直导套（GB/T 4169.2—2006）（表 7-14）

表 7-14　直导套

（1）标记示例

d = 12mm，L = 32mm 的直导套：

导套 ϕ12 × 32 GB/T 4169.2—2006

当材料为 20 钢时：

导套 ϕ12 × 32—20 钢 GB/T 4169.2—2006

（2）材料　T8A　GB/T 1298—2008；20 钢 GB/T 699—1999

（3）技术条件

1）热处理 50 ~ 55HRC；20 钢渗碳 0.5 ~ 0.8mm，淬硬 56 ~ 60HRC。

2）图中标注的几何公差值按 GB/T 1184—1996 的附录一，t 为 6 级。

3）d 和 d_1 的尺寸公差根据使用要求可在相同公差等级内变动。

4）图示 45°倒角宽度不大于 0.5mm。

5）其他按 GB/T 4170—2006。

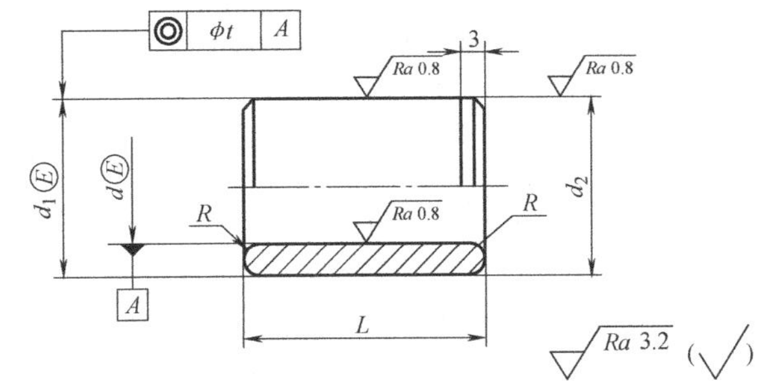

（单位：mm）

d(H7)		d_1(n6)		d_2(e7)		R	$L_{-2.0}^{-1.0}$									
公称尺寸	极限偏差	公称尺寸	极限偏差	公称尺寸	极限偏差		12.5	16	20	25	32	40	50	63	80	100
12	+0.018 0	18	+0.023 +0.012	18	−0.032 −0.050	1	○	○	○	○	○					
16		24	+0.028 0.015	24	−0.040 −0.061			○	○	○	○	○				
20	+0.021 0	28		28					○	○	○	○	○			
25		32	+0.033 +0.017	35	−0.050 −0.075	1.5			○	○	○	○	○			
32	+0.025 0	42		42						○	○	○	○	○		
40		50		50						○	○	○	○	○		
50		63	+0.039 +0.020	63	−0.060 −0.090						○	○	○	○	○	
63	+0.030 0	80		80								○	○	○	○	○

3. 带头导套（GB/T 4169.3—2006）（表 7-15）

表 7-15　带头导套

（1）标记示例

d = 12mm，L = 40mm 的带头导套Ⅰ型：

导套 ϕ12 × 40（Ⅰ）GB/T 4169.3—2006

当材料为 20 钢时：

导套 ϕ12 × 40（Ⅰ）—20 钢 GB/T 4169.3—2006

（2）材料　T8A　GB/T 1298—2008；20 钢；GB/T 699—1999

（3）技术条件

1）热处理 50 ~ 55HRC；20 钢渗碳 0.5 ~ 0.8mm，淬硬 56 ~ 60HRC。

2）图中标注的几何公差值按 GB/T 1184—1996 的附录一，t 为 6 级。

3）图示 45°倒角宽度不大于 0.5mm。

4）其他按 GB/T 4170—2006。

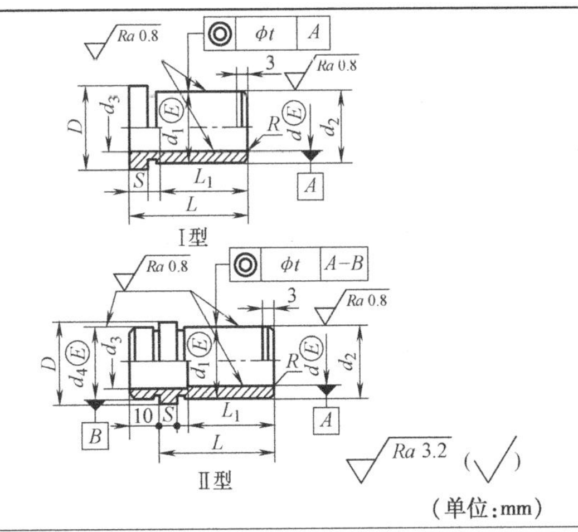

（单位：mm）

（续）

<table>
<tr><td rowspan="2">d(H7)</td><td>公称尺寸</td><td>12</td><td>16</td><td>20</td><td>25</td><td>32</td><td>40</td><td>50</td><td>63</td></tr>
<tr><td>极限偏差</td><td colspan="2">+0.018
0</td><td colspan="2">+0.021
0</td><td colspan="3">+0.025
0</td><td>+0.030
0</td></tr>
<tr><td rowspan="2">d_1(k6)</td><td>公称尺寸</td><td>18</td><td>24</td><td>28</td><td>35</td><td>42</td><td>50</td><td>63</td><td>80</td></tr>
<tr><td>极限偏差</td><td>+0.012
+0.001</td><td colspan="2">+0.015
+0.002</td><td colspan="3">+0.018
+0.002</td><td colspan="2">+0.021
+0.002</td></tr>
<tr><td rowspan="2">d_2(e7)</td><td>公称尺寸</td><td>18</td><td>24</td><td>28</td><td>35</td><td>42</td><td>50</td><td>63</td><td>80</td></tr>
<tr><td>极限偏差</td><td>-0.032
-0.050</td><td colspan="2">-0.040
-0.061</td><td colspan="3">-0.050
-0.075</td><td colspan="2">-0.060
-0.090</td></tr>
<tr><td colspan="2">$D_{-0.20}^{0}$</td><td>22</td><td>28</td><td>32</td><td>40</td><td>48</td><td>56</td><td>71</td><td>90</td></tr>
<tr><td colspan="2">$d_{3}{}_{+0.10}^{+0.20}$</td><td>12</td><td>16</td><td>20</td><td>25</td><td>32</td><td>40</td><td>50</td><td>63</td></tr>
<tr><td rowspan="2">d_4(f7)</td><td>公称尺寸</td><td>18</td><td>24</td><td>28</td><td>35</td><td>42</td><td>50</td><td>63</td><td>80</td></tr>
<tr><td>极限偏差</td><td>-0.016
-0.034</td><td colspan="2">-0.020
-0.041</td><td colspan="2">-0.025
-0.050</td><td colspan="3">-0.030
-0.060</td></tr>
<tr><td colspan="2">$S_{-0.10}^{0}$</td><td>6</td><td colspan="3">6</td><td colspan="3">8</td><td>10</td></tr>
<tr><td colspan="2">R</td><td colspan="3">1</td><td colspan="5">1.5</td></tr>
<tr><td colspan="2">$L_{-2.0}^{-1.0}$</td><td colspan="8">L_1</td></tr>
<tr><td colspan="2">16</td><td colspan="2">16</td><td></td><td></td><td></td><td></td><td></td><td></td></tr>
<tr><td colspan="2">20</td><td colspan="4">20</td><td></td><td></td><td></td><td></td></tr>
<tr><td colspan="2">25</td><td colspan="5">25</td><td></td><td></td><td></td></tr>
<tr><td colspan="2">32</td><td colspan="7">32</td><td></td></tr>
<tr><td colspan="2">40</td><td rowspan="2">32</td><td colspan="7">40</td></tr>
<tr><td colspan="2">50</td><td colspan="7">50</td></tr>
<tr><td colspan="2">63</td><td>40</td><td colspan="7">63</td></tr>
<tr><td colspan="2">80</td><td></td><td>63</td><td colspan="6">80</td></tr>
<tr><td colspan="2">100</td><td></td><td></td><td></td><td>80</td><td colspan="4">100</td></tr>
<tr><td colspan="2">125</td><td></td><td></td><td></td><td></td><td colspan="3">100</td><td rowspan="2">125</td></tr>
<tr><td colspan="2">160</td><td></td><td></td><td></td><td></td><td></td><td colspan="2">100</td></tr>
<tr><td colspan="2">200</td><td></td><td></td><td></td><td></td><td></td><td></td><td colspan="2">125</td></tr>
</table>

4. 带头导柱（GB/T 4169.4—2006）（表 7-16）

表 7-16 带头导柱

（1）标记示例

$d=12$mm，$L=100$mm，$L_1=25$mm 的带头导柱：

导柱 $\phi12\times100\times25$ GB/T 4169.4—2006

当材料为 20 钢时：

导柱 $\phi12\times100\times25$—20 钢 GB/T 4169.4—2006

（2）材料 T8A GB/T 1298—2008；20 钢：GB/T 699—1999

（3）技术条件

1）热处理 50～55HRC；20 钢渗碳 0.5～0.8mm，淬硬 56～60HRC。

2）图中标注的几何公差值按 GB/T 1184—1996 附录一，t 为 6 级。

3）d 的尺寸公差根据使用要求可在相同公差等级内变动。

4）图示 45°倒角宽度不大于 0.5mm。

5）在滑动部位需要设置油槽时，其要求由承制单位自行决定。

6）其他按 GB/T 4170—2006。

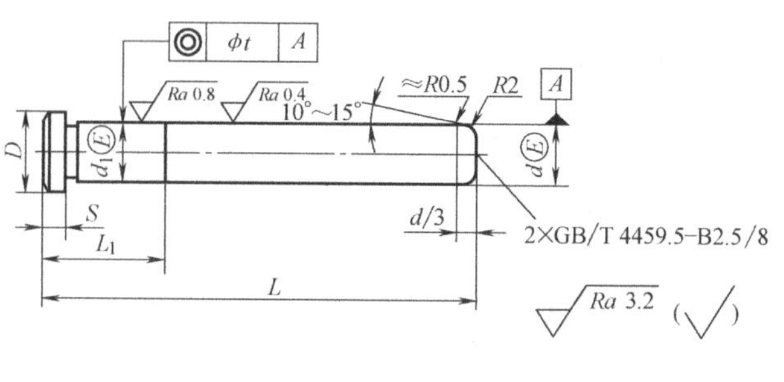

（单位：mm）

（续）

d(f7)	公称尺寸	2	16	20	25	32	40	50	63
	极限偏差	−0.016 −0.034		−0.020 −0.041			−0.025 −0.050		−0.030 −0.060
d_1(k6)	公称尺寸	12	16	20	25	32	40	50	63
	极限偏差	+0.012 +0.001		+0.015 +0.002			+0.018 +0.002		+0.021 +0.002
$D_{-0.2}^{\ 0}$		16	20	25	32	40	48	56	70
$S_{-1.5}^{\ 0}$		4		6			8		10
$L_{-1.5}^{\ 0}$		$L_{1\ -2.0}^{\ -1.0}$							
40									
50		20							
63									
71					25				
80		25	25	25					
90									
100					32	40			
112									
125				32					
140		32	32						
160					40		50		
180				40				63	
200			40			50			
224					50				80
250				50			63	80	
315						63			
355									100
400							80	100	
500									125

5. 有肩导柱（GB/T 4169.5—2006）（表 7-17）

表 7-17 有肩导柱

（1）标记示例

d = 12mm，L = 100mm，L_1 = 25mm 有肩导柱Ⅰ型：

导柱 ϕ12×100×25（Ⅰ）GB/T 4169.5—2006

当材料为 20 钢时：

导柱 ϕ12×100×25（Ⅰ）—20 钢 GB/T 4169.5—2006

（2）材料　T8A　GB/T 1298—2008；20 钢 GB/T 699—1999

（3）技术条件

1）热处理 50～55HRC；20 钢渗碳 0.5～0.8mm，淬硬 56～60HRC。

2）图中标注的几何公差值按 GB/T 1184—1996 的附录一，t 为 6 级。

3）d 的尺寸公差根据使用要求可在相同公差等级内变动。

4）图示 45°倒角宽度不大于 0.5mm。

5）在滑动部位需要设置油槽时，其要求由承制单位自行决定。

6）其他按 GB/T 4170—2006。

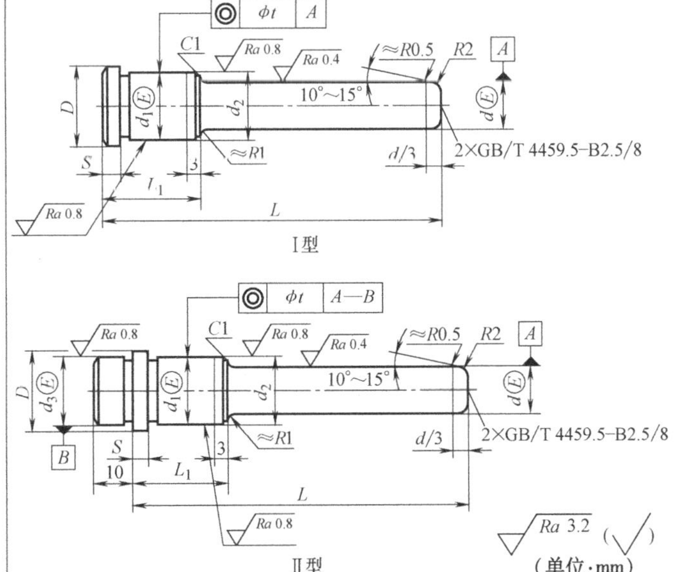

（续）

<table>
<tr><td rowspan="2">$d(\mathrm{f7})$</td><td>公称尺寸</td><td>12</td><td>16</td><td>20</td><td>25</td><td>32</td><td>40</td><td>50</td><td>63</td></tr>
<tr><td>极限偏差</td><td colspan="2">-0.016
-0.034</td><td colspan="2">-0.020
-0.041</td><td colspan="3">-0.025
-0.050</td><td>-0.030
-0.060</td></tr>
<tr><td rowspan="2">$d_1(\mathrm{k6})$</td><td>公称尺寸</td><td>18</td><td>24</td><td>28</td><td>35</td><td>42</td><td>50</td><td>63</td><td>80</td></tr>
<tr><td>极限偏差</td><td colspan="2">+0.012
+0.001</td><td colspan="2">+0.015
+0.002</td><td colspan="3">+0.018
+0.002</td><td>+0.021
+0.002</td></tr>
<tr><td rowspan="2">$d_2(\mathrm{c7})$</td><td>公称尺寸</td><td>18</td><td>24</td><td>28</td><td>35</td><td>42</td><td>50</td><td>63</td><td>80</td></tr>
<tr><td>极限偏差</td><td>-0.032
-0.050</td><td colspan="2">-0.040
-0.061</td><td colspan="3">-0.050
-0.075</td><td colspan="2">-0.060
-0.090</td></tr>
<tr><td colspan="2">$D_{-0.1}^{\ 0}$</td><td>22</td><td>28</td><td>32</td><td>40</td><td>48</td><td>56</td><td>71</td><td>90</td></tr>
<tr><td rowspan="2">$d_3(\mathrm{f7})$</td><td>公称尺寸</td><td>18</td><td>24</td><td>28</td><td>35</td><td>42</td><td>50</td><td>63</td><td>80</td></tr>
<tr><td>极限偏差</td><td>-0.016
-0.034</td><td colspan="2">-0.020
-0.041</td><td colspan="3">-0.025
-0.050</td><td colspan="2">-0.030
-0.060</td></tr>
<tr><td colspan="2">$S_{-0.1}^{\ 0}$</td><td>4</td><td colspan="3">6</td><td colspan="3">8</td><td>10</td></tr>
<tr><td colspan="2">$L_{-1.5}^{\ 0}$</td><td colspan="8">$L_{1\ -2.0}^{\ -1.0}$</td></tr>
<tr><td colspan="2">40</td><td rowspan="3">20</td><td></td><td></td><td></td><td></td><td></td><td></td><td></td></tr>
<tr><td colspan="2">50</td><td rowspan="6">25</td><td rowspan="6">25</td><td rowspan="4">25</td><td></td><td></td><td></td><td></td></tr>
<tr><td colspan="2">63</td><td></td><td></td><td></td><td></td></tr>
<tr><td colspan="2">70</td><td rowspan="4">25</td><td></td><td></td><td></td><td></td></tr>
<tr><td colspan="2">80</td><td></td><td></td><td></td><td></td></tr>
<tr><td colspan="2">90</td><td rowspan="3">32</td><td rowspan="4">40</td><td></td><td></td><td></td></tr>
<tr><td colspan="2">100</td><td></td><td></td><td></td></tr>
<tr><td colspan="2">112</td><td rowspan="4">32</td><td rowspan="4">32</td><td rowspan="2">32</td><td></td><td></td><td></td></tr>
<tr><td colspan="2">125</td><td rowspan="4">40</td><td rowspan="5">50</td><td></td><td></td></tr>
<tr><td colspan="2">140</td><td rowspan="4">40</td><td rowspan="6">50</td><td></td><td></td></tr>
<tr><td colspan="2">160</td><td rowspan="3">63</td><td></td></tr>
<tr><td colspan="2">180</td><td></td><td rowspan="2">40</td><td></td></tr>
<tr><td colspan="2">200</td><td></td><td rowspan="3">50</td><td rowspan="3">80</td></tr>
<tr><td colspan="2">224</td><td></td><td></td><td rowspan="2">50</td><td rowspan="4">63</td><td rowspan="4">80</td></tr>
<tr><td colspan="2">250</td><td></td><td></td></tr>
<tr><td colspan="2">315</td><td></td><td></td><td></td><td></td><td>63</td><td rowspan="3">100</td></tr>
<tr><td colspan="2">355</td><td></td><td></td><td></td><td></td><td></td></tr>
<tr><td colspan="2">400</td><td></td><td></td><td></td><td></td><td></td><td>80</td><td>100</td></tr>
<tr><td colspan="2">500</td><td></td><td></td><td></td><td></td><td></td><td></td><td></td><td>125</td></tr>
</table>

6. 垫块（GB/T 4169.6—2006）（表 7-18）

表 7-18 垫块

(1)标记示例

$B=20\mathrm{mm}, L=100\mathrm{mm}, H=40\mathrm{mm}$ 的垫块

垫块 20×100×40 GB/T 4169.6—2006

(2)材料:Q235A 钢 GB/T 700—2006

(3)技术条件:

1)图中标注的几何公差值按 GB/T 1184—1996 的附录一,t 为 5 级。

2)其他按 GB/T 4170—2006。

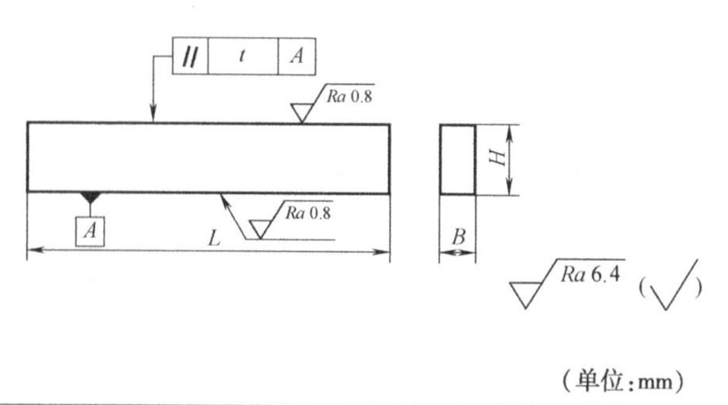

（单位:mm）

（续）

B	L							$H^{+0.10}_{0}$								
								40	50	63	80	100	125	160	200	250
20	100	125	160					○	○	○						
25	125	160	200					○	○	○						
32	160	200	250	315					○	○	○					
40	200	250	315	355	400				○	○	○					
50	250	315	355	400	450	500	560		○	○	○					
56	315	355	400	450	500	560	630			○	○	○				
63	355	400	450	500	560	630	710				○	○	○			
80	450	500	560	630	710	800						○	○	○		
100	560											○	○	○		
	630	710	800	900								○	○	○	○	
125	710												○	○	○	
	800	900	1000										○	○	○	○
	1250													○	○	○
160	900	1000	1250											○	○	○

7. 推板（GB/T 4169.7—2006）（表 7-19）

表 7-19 推板

（1）标记示例

$B=56$mm，$L=100$mm，$H=12.5$mm 的推板：

推板 56×100×12.5 GB/T 4169.7—2006

（2）材料 45 钢 GB/T 699—2000

（3）技术条件

1）图中标注的几何公差值按 6B/T 1184—1996 的附录一，t_1 为 6 级，t_2 为 8 级。

2）以 A 为基准的直角相邻两面，应做出明显标记，标记方法由承制单位自行决定。

3）其他按 GB/T 4170—2006。

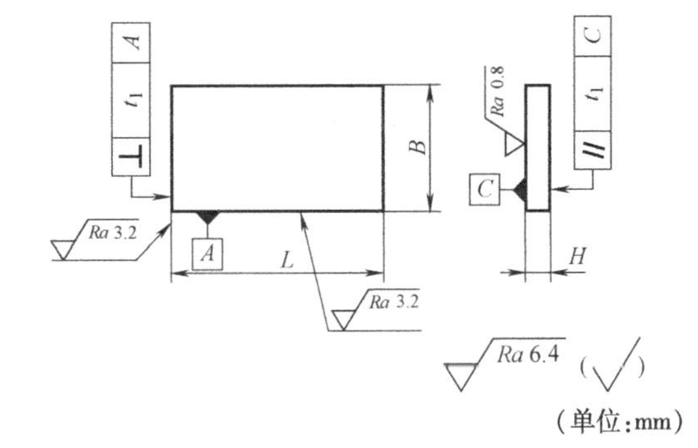

（单位：mm）

$B^{-0.5}_{1.5}$	L							$H^{+0.1}_{0}$								
								10	12.5	16	20	25	32	40	50	63
58	100	125	160					○	○							
73	125	160	200						○	○						
94	160	200	250	315					○	○	○					
114	200	250	315						○	○	○					
118				355	400					○	○	○				
148	250	315	355	400	450	500	560			○	○	○				
199	315	355	400	450	500	560	630			○		○	○			
225	355	400	450	500	560	630	710			○		○	○			

（续）

$B_{-1.5}^{-0.5}$	L							$H_{0}^{+0.1}$								
								10	12.5	16	20	25	32	40	50	63
270	400	450	500	560	630	710					○		○	○		
286	450	500	560	630	710	800					○		○	○		
336	500	560	630	710	800							○		○	○	
354	560	630	710	800	900							○		○	○	
424	630	710	800	900								○		○	○	
454	710	800	900	1000									○	○	○	
542	800	900	1000	1250									○	○	○	
572	900	1000	1250										○		○	○
672	1000												○		○	○

8. 模板（GB/T 4169.8—2006）（表7-20）

表7-20　模板

（1）标记示例

B=100mm，L=160mm，H=40mm 的模板：

模板　100×160×40　GB/T 4169.8—2006

（2）材料　45 钢　GB/T 699—1999

注：当用作定模固定板、动模固定板时允许用 Q235 钢 GB/T 700—2006。

（3）技术条件

1）图中标注的几何公差值按 GB/T 1184—1996 的附录一，t_1 为5级，t_2 为6级，t_3 为8级。

当用作定模固定板、动模固定板时，根据使用要求 t_2、t_3 的等级由承制单位自行决定。

2）以 A 为基准的直角相邻两面，应做出明显标记，标记方法由承制单位自行决定。

3）其他按 GB/T 4170—2006。

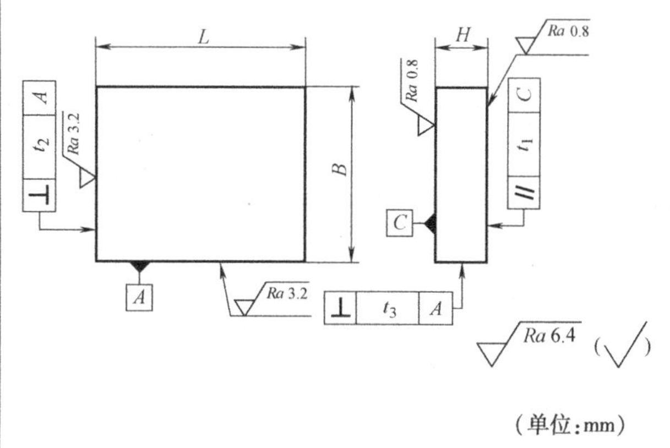

（单位：mm）

B	L					$H_{+0.05}^{+0.20}$													
						12.5	16	20	25	32	40	50	63	80	100	125	160	200	250
100	100	125	160			○	○	○	○	○	○	○	○						
125	125	160	200			○	○	○	○	○	○	○	○						
160	160	200	250	315			○	○	○	○	○	○	○	○					
180	200	250	315					○	○	○	○	○	○	○					
200				355	400			○	○	○	○	○	○	○					
250	250	315	355	400				○	○	○	○	○	○	○	○				
250	450	500	560						○	○	○	○	○	○	○				
315	315	355	400	500					○	○	○	○	○	○	○				
	560	630								○	○	○	○	○	○				
355	355	400	450	500	560				○	○	○	○	○	○	○				
	630	710								○	○	○	○	○	○				

（续）

B	L				$H^{+0.02}_{+0.05}$													
					12.5	16	20	25	32	40	50	63	80	100	125	160	200	250
400	400	450	500	560					○	○	○	○	○	○	○	○		
	630	710								○	○	○	○	○	○	○		
450	450	500	560						○	○	○	○	○	○	○	○		
	630	710	800							○	○	○	○	○	○	○		
500	500	560	630						○	○	○	○	○	○	○	○		
	710	800								○	○	○	○	○	○	○		
560	560	630	710						○	○	○	○	○	○	○	○	○	
	800	900								○	○	○	○	○	○	○	○	
600	630	710	800	900						○	○	○	○	○	○	○	○	
710	710	800	900	1000						○	○	○	○	○	○	○	○	
800	800	900	1000	1250						○	○	○	○	○	○	○	○	
900	900	1000	1250							○	○	○	○	○	○	○	○	
1000	1000										○	○	○	○	○	○	○	○
	1250										○	○	○					

9. 限位钉（GB/T 4169.9—2006）（表 7-21）

表 7-21 限位钉

(1)标记示例

$d=8$mm 的限位钉

限位钉 $\phi8$ GB/T 4169.9—2006

(2)材料 45 钢 GB/T 699—1999

(3)技术条件

1)热处理 40～45HRC。

2)图示 45°倒角宽度不大于 0.5mm。

3)其他按 GB/T 4170—2006。

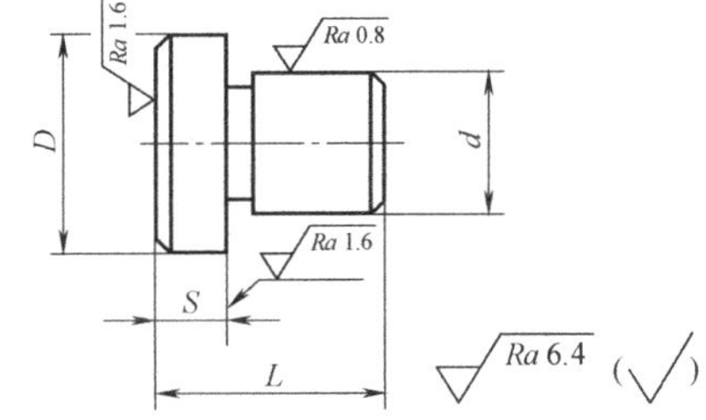

（单位：mm）

d(n6)		D	$S^{+0.1}_{0}$	L
公称尺寸	极限偏差			
8	+0.019 +0.010	16	4	16
12	+0.023 +0.012	20	6	20
16		25	10	25

10. 支撑柱（GB/T 4169.10—2006）（表 7-22）

表 7-22 支撑柱

(1)标记示例

$d=32$mm $L=63$mm 的支撑柱：

支撑柱 $\phi32\times63$ GB/T 4159.10—2006

(2)材料 45 钢 GB/T 699—1999

(3)技术条件

1)图示倒角为 C_1。

2)$\phi10$mm 孔可改制成螺孔或通孔。

3)其他按 GB/T 4170—2006。

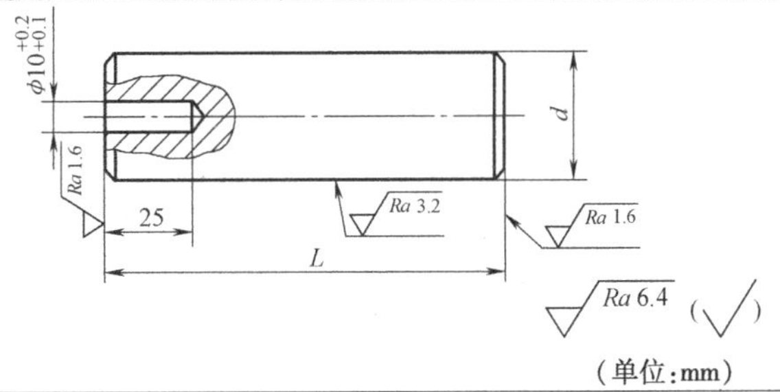

（单位：mm）

（续）

d	$L^{+0.20}_{+0.10}$						
	63	80	100	125	160	200	250
32	○	○	○				
40		○	○	○			
50			○	○	○		
63				○	○	○	
80					○	○	○
100					○	○	○

11. 圆锥定位件（GB/T 4169.11—2006）（表 7-23）

表 7-23 圆锥定位件

(1)标记示例

d = 6mm 的圆锥定位件：

定位件 ϕ6 GB/T 4169.11—2006

(2)材料 T10A GB/T 1298—2008

(3)技术条件：

1)热处理 58～62HRC。

2)锥形部位配偶研配，贴合面不少于80%。

3)图中标注的几何公差值按 GB/T 1184—1996 的附录一，t 为 5 级。

4)图示 45°倒角宽度不大于 0.5mm。

5)其他按 GB/T 4170—2006。

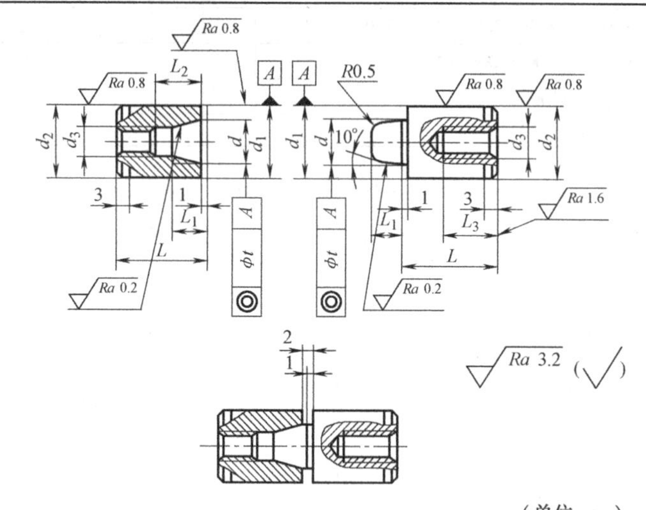

（单位：mm）

d	d_1(n6)		d(e7)		d_3	$L^{+0.2}_{+0.1}$	L_1	L_2	L_3
	公称尺寸	极限偏差	公称尺寸	极限偏差					
6	12	+0.023 +0.012	12	−0.032 −0.050	M4	16	4	8	11
10	16		16		M5	20	6		
12	20	+0.028 +0.015	20	−0.040 −0.075	M8	25	9	13	15
16	25		25			32	10		
20	32	+0.033 +0.017	32	−0.050 −0.075	M10		14	20	18
25	40		40			40	18	25	
32	50		50		M12	50	20	30	20

五、塑料注射模具零件技术条件

1. 技术要求

1）零件图中未注公差尺寸的极限偏差按 GB/T 1804—2000《一般公差 未注公差的线性和角度尺寸的公差》中的 js14。

2）零件图中未注形位公差按 GB/T 1184—1996《形状和位置公差　未注公差的规定》，其中直线度、平面度、同轴度的公差等级均按 C 级。

3）板类零件的棱边均需倒钝。

4）零件图中螺纹的基本尺寸按 GB/T 196—2003《普通螺纹　基本尺寸（直径 1 ~ 600mm)》的规定，其偏差按 GB/T 197—2003《普通螺纹公差与配合》（直径 1 ~ 355mm）中的 3 级。

5）零件图中砂轮越程槽的尺寸按 GB/T 6403. 5—2008《砂轮越程槽》的规定。

6）零件材料允许代用，但代用材料的力学性能不得低于规定材料的要求。

7）零件表面经目测不允许有锈斑、裂纹、夹杂物、凹坑、氧化斑点和影响使用的划痕等缺陷。

8）凡重量超过 25kg 的板类零件均须设置吊装用螺孔，其数量、位置、和尺寸由承制单位自行决定。

9）如对零件有其他技术要求，由供需双方协商决定。

2. 检验规则（略）。

3. 标记、包装、运输、贮存（略）。

注：本技术条件摘自 GB/T 4170—2006，其中引用的相关标准改为新标准。

六、塑料注射模技术条件

本标准技术条件适用于热塑性塑料和热固性塑料注射模的设计、制造和验收。

1. 零件技术要求

1）设计塑料注射模应优先按 GB/T 4169. 1 ~ 11—2006《塑料注射模零件》，GB/T 12555—2006《塑料注射模模架》选用标准模架和标准件。

2）模具成型零件及其材料和热处理硬度，应优先按表 7-24 选用，允许采用质量和性能高于表中规定的其他钢种。

表 7-24　模具成型零件材料及硬度

模具零件名称	模具材料		热处理硬度	
	牌号	标准号	HBW	HRC
型腔、型芯、定动模镶块、活动镶件、螺纹型芯、螺纹型环	45	GB/T 699—1999	216 ~ 260	40 ~ 45
	40Cr	GB/T 3077—1999		
	40CrNiMoA			
	3Cr2Mo	GB/T 1299—2000	—	预硬状态 35 ~ 45
	4Cr5MoSiV1		246 ~ 280	45 ~ 55
	30Cr13	GB 1220—2007		

3）成型对模具易腐蚀的塑料时，其成型工作零件须采用不锈钢制造，否则其成型表面应采取防腐蚀措施。

4）成型对模具易磨损的塑料时，其成型工作零件硬度不低于 50HRC，否则成型表面应进行表面硬化处理，硬度高于 HV600。

5）模具零件的几何形状、尺寸精度、表面粗糙度值等应符合图样要求。

6）模具零件不允许有裂纹，成型表面不允许有划痕、机械损伤、锈蚀等缺陷。

7）采用化学方法进行处理的成型零件，必须彻底清洗，不允许残存化学介质。

8）成型部位未注公差尺寸的极限偏差按 GB/T 1804—2000 规定的未注公差尺寸的极限偏差 Js12 级。

9）成型部位转接圆弧未注公差尺寸的极限偏差按表 7-25 的规定。

表 7-25 圆弧未注公差尺寸的极限偏差 （单位：mm）

基本尺寸		≤6	6~18	18~30	30~120	>120
极限偏差	凸圆弧	0 0.15	0 -0.20	0 0.30	0 -0.45	0 -0.60
	凹圆弧	+0.15 0	+0.20 0	+0.30 0	+0.45 0	+0.60 0

10）成型部位未注角度和锥度公差按表 7-26 的规定。锥度公差按锥体母线长度决定，角度公差按角度短边长度决定。

表 7-26 成型部位未注角度和锥度公差 （单位：mm）

锥度母线和角度短边长度/mm	≤6	6~18	18~50	50~120	>120
极限偏差值	±1°	±30′	±20′	±10′	±5′

11）成型部位未注脱模斜度时，除按ⓐ~ⓔ要求之外，单边脱模斜度按表 7-27 的规定。当图样中未注脱模方向时，按减小注射件壁厚的方向制造。

ⓐ 文字、符号的单边脱模斜度取 10°~15°。

ⓑ 成型部位有装饰纹时，单边脱模斜度允许大于表 7-27 的数值。

ⓒ 注射件上的凸起或加强筋单边脱模斜度允许大于 2°。

ⓓ 注射件上有数个并列圆孔或格状栅孔时，其单边脱模斜度应大于表 7-27 的数值。

ⓔ 对于表 7-27 中所列的塑料若填充玻璃纤维等增强材质后，其脱模斜度需增大。

表 7-27 单边脱模斜度

脱模高度/mm		<6	6~10	10~18	18~30	30~50	50~80	80~120	120~180	180~250
塑料类型	自润性好的塑料，如聚甲醛、聚酰胺等	1°45′	1°30′	1°15′	1°	0°45′	0°30′	0°20′	0°15′	0°10′
	软质塑料，如聚乙烯、聚丙烯等	2°	1°45′	1°30′	1°25′	1°	0°45′	0°30′	0°20′	0°15′
	硬质塑料如聚苯乙烯、聚甲基丙烯酸甲脂、ABS 酸酯、注射型酚醛塑等	2°30′	2°15′	2°	1°45′	1°30′	1°15′	1°	0°45′	0°30′

12）非成型部位未注公差的极限偏差按照 GB/T 1804—2000 规定的未注公差尺寸的极限偏差，孔按 H14 级，轴按 h14 级，长度按 Js14 级。

13）成型零件表面避免有焊接熔痕。

14）螺钉安装孔、推杆孔、复位杆孔等孔距的未注公差的极限偏差按 GB/T 1804—2000 规定的未注公差尺寸的极限偏差 Js12 级。

15）零件图中螺纹（螺纹型芯、螺纹型环除外）的基本尺寸应符合 GB/T 196—2003 的规定。选用公差与配合应符合 GB/T 197—2003 的规定。

16）模具的零件图未注形状公差按 GB/T 1184—2006 规定的未注公差 C 级。

17）模具零件非工作部位棱边均应倒角或倒圆。成型部位未注明圆角半径按 *R*0. 5mm 制造型面与型芯，推杆；分型面与型芯、推杆的交接边缘不到允许倒角或倒圆。

2. 总装技术要求

1）定模（或定模座板）与动模（或动模座板）安装平面的平行度按 GB/T 12556—2006 规定。

2）导柱、导套对定、动模安装面（或定、动模座板安装面）的垂直度按 GB/T 1256——2006 的规定。

3）模具所有活动部分应保证位置准确，动作可靠，不得有歪斜和卡滞现象。要求固定的零件不得相对窜动。

4）注射件的嵌件或机外脱模的成型零件在模具上安装位置定位准确、安放可靠，具有防止错位措施。

5）流道转接处应光滑圆弧连接，镶拼处应密合，浇注系统表面粗糙度值 *Ra* 最大允许值为 0. 8μm。

6）热流道模具，其浇注系统不允许有树脂泄漏现象。

7）滑块运动平稳，合模后滑块与楔紧块应压紧，接触面积不少于 3/4，开模后定位准确可靠。

8）合模后分型面应紧密贴合，成型部位的固定镶件配合处应紧密贴合，如有局部间隙，其间隙应小于塑料的溢料间隙。

9）冷却或加热（不含电加热）系统应畅通，不应有泄漏现象。

10）气动或液压系统应畅通，不应有泄漏现象。

11）电气系统应绝缘可靠，不允许有漏电或短路现象。

12）在模具上有吊环螺钉时，应符合 GB 825—1988 的规定。

13）分型面上应尽可能避免有螺钉或销的穿孔，以免积存溢料。

3. 验收规则（略）

4. 标注、包装、运输、储存（略）

注：本技术条件摘自 CB/T 12554—2006，其中引用的相关标准改为新标准。

附　录

课程设计题目

一、冷冲模课程设计题目

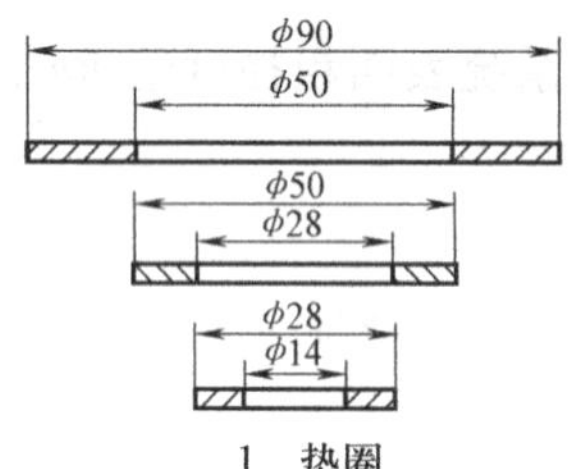

1　垫圈

t =2mm 材料：Q235

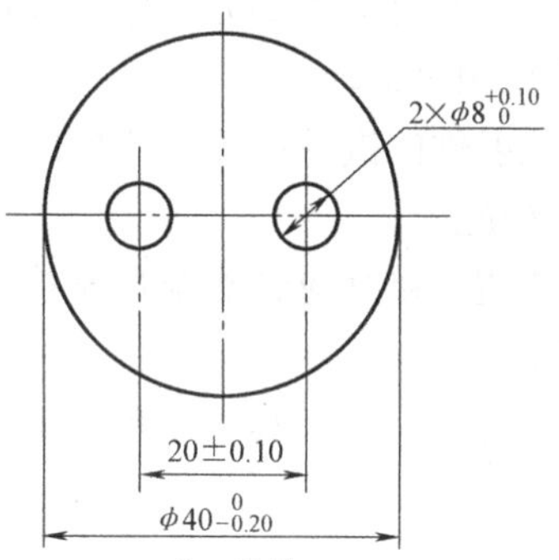

2　垫片

t = 2mm
材料：10钢
生产纲领：30万件/年

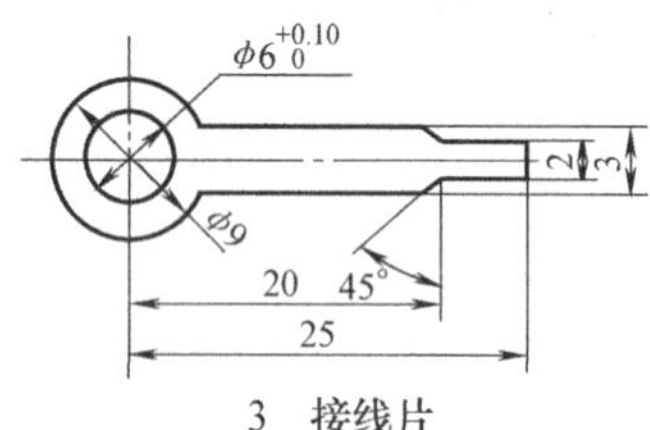

3　接线片

t =0.5mm
材料：H62
生产纲领：100万件/年

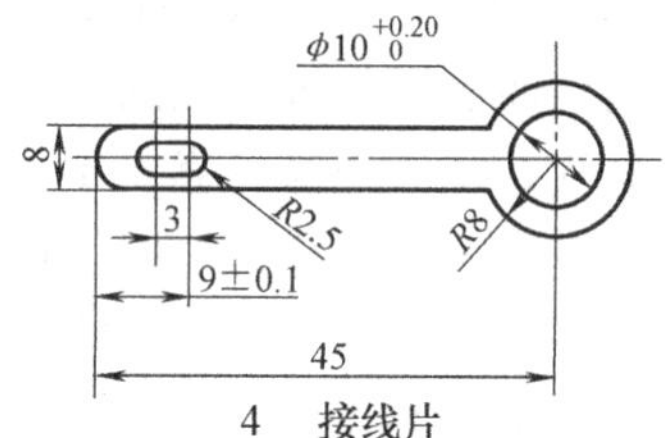

4　接线片

t = 1mm
材料：H62
生产纲领：1000万件/年

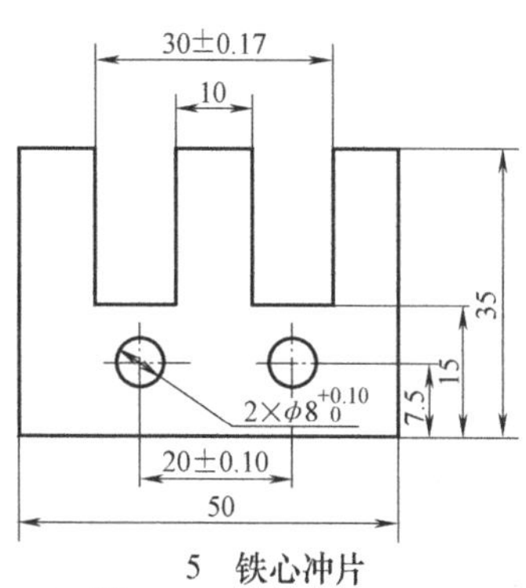

5　铁心冲片

t = 0.5mm
材料：D21硅钢板

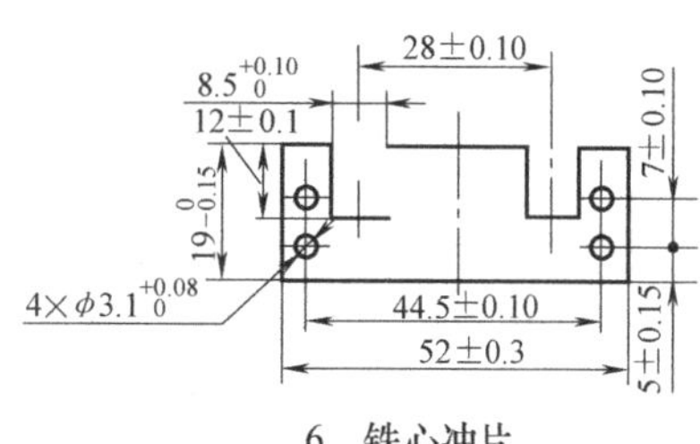

6　铁心冲片

t = 0.5mm
材料：硅钢片

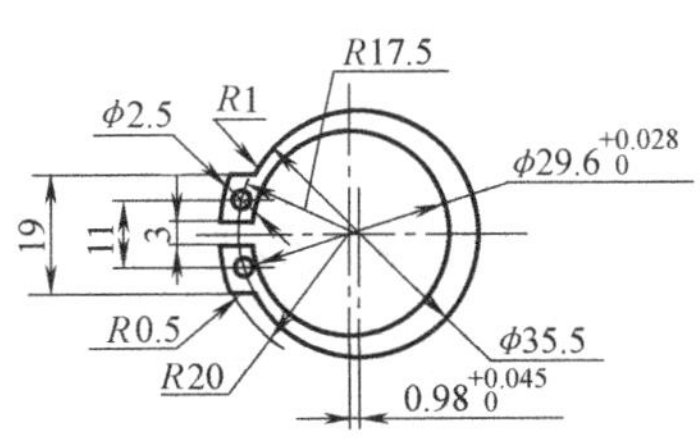

7　轴用弹性挡圈

$t=1.2_{-0.06}^{0}$mm

材料：65Mn — Q — H带钢

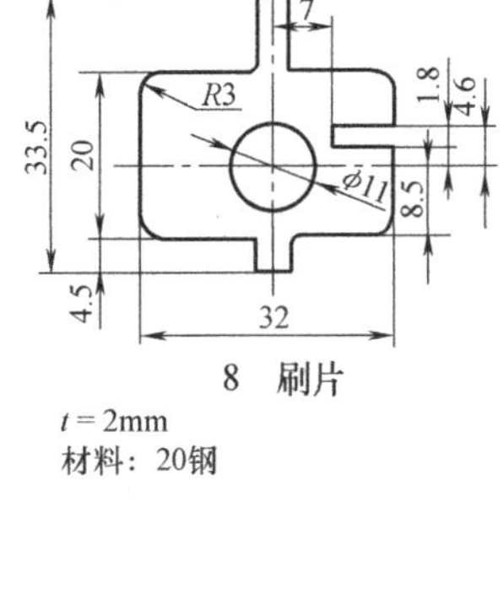

8　刷片

$t=2$mm

材料：20钢

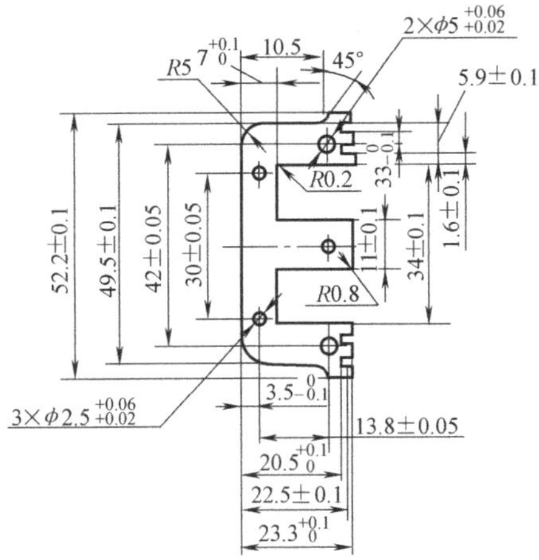

9　铁心冲片

$t=0.5$mm

材料：D21

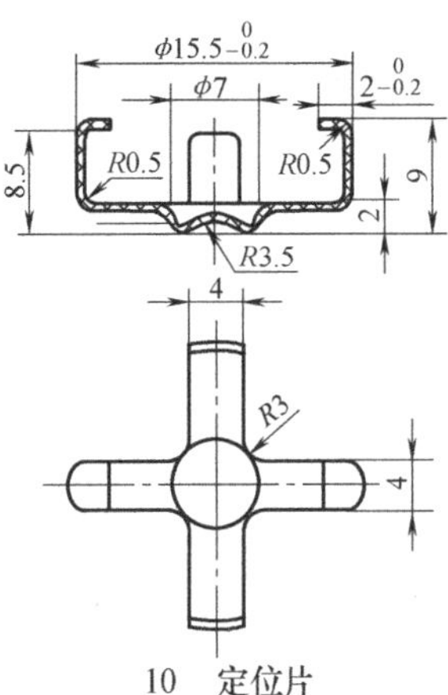

10　定位片

未注明圆角$R1$mm

$t=0.6$mm

材料：08钢

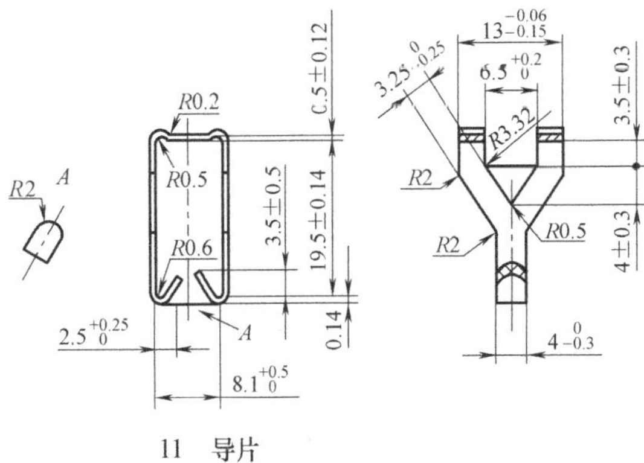

11　导片

$t=0.6$mm

材料：青铜

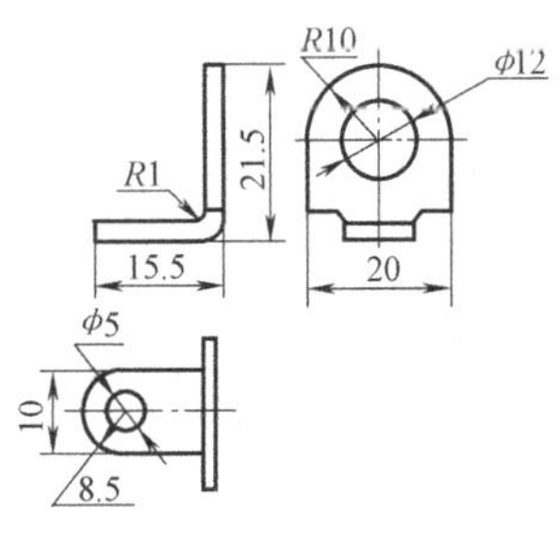

12　接触片

$t=1.5$mm

材料：10钢

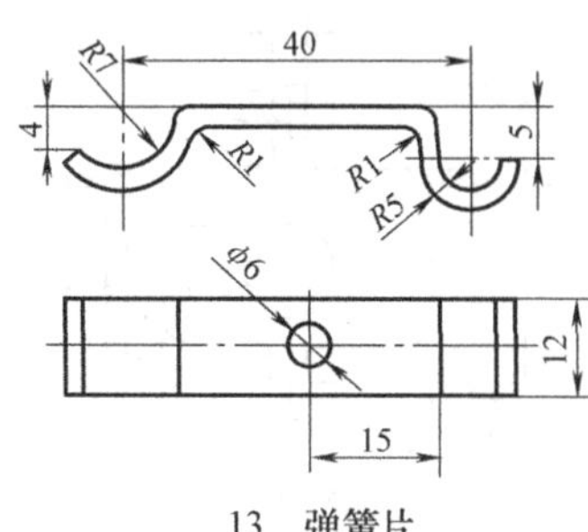

13　弹簧片

$t = 1.5$mm
材料：45钢

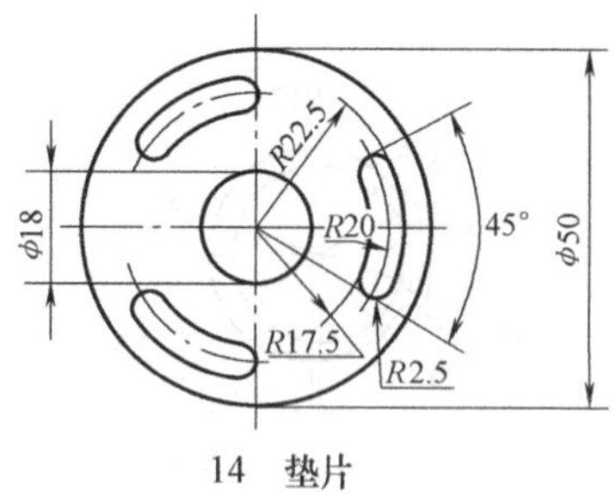

14　垫片

$t = 2$mm
材料：10钢
生产纲领：1万件/年

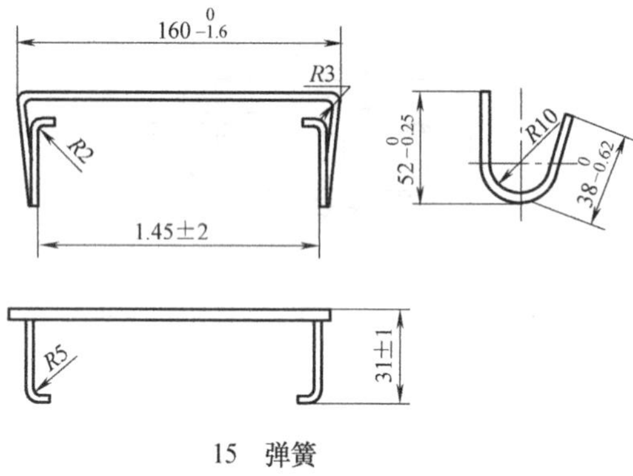

15　弹簧

$\phi = 2$mm
材料：65Mn

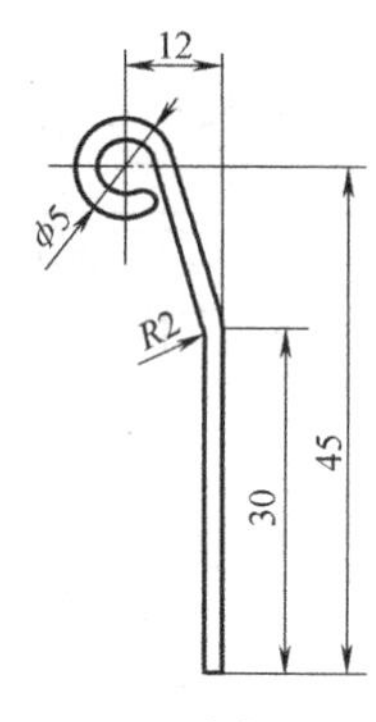

16　支架

宽35mm　$t = 2$mm
材料：08钢

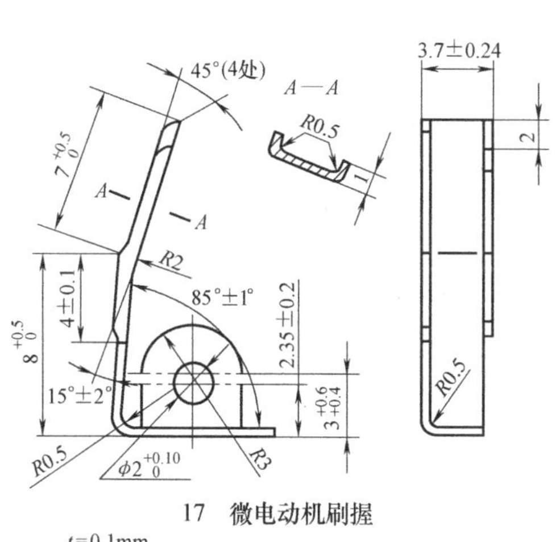

17　微电动机刷握

t=0.1mm
材料：铍青铜

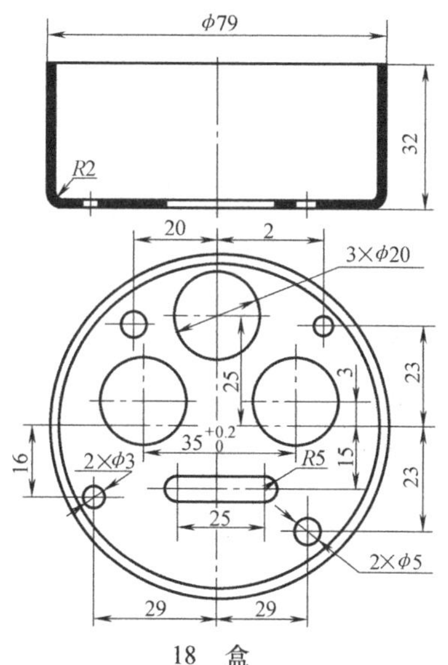

18　盒

$t = 1$mm
材料：08钢

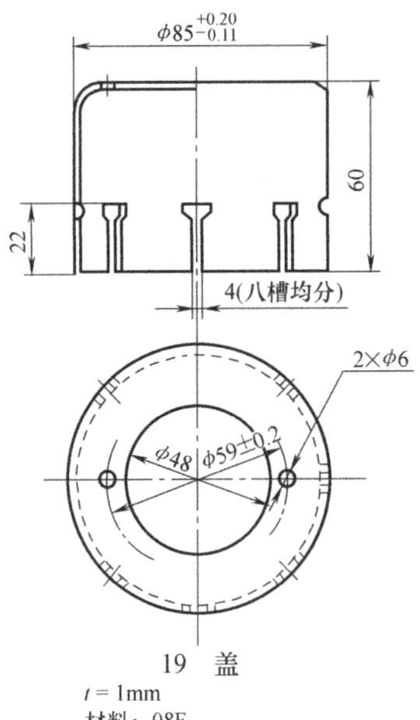

19 盖

t = 1mm
材料：08F

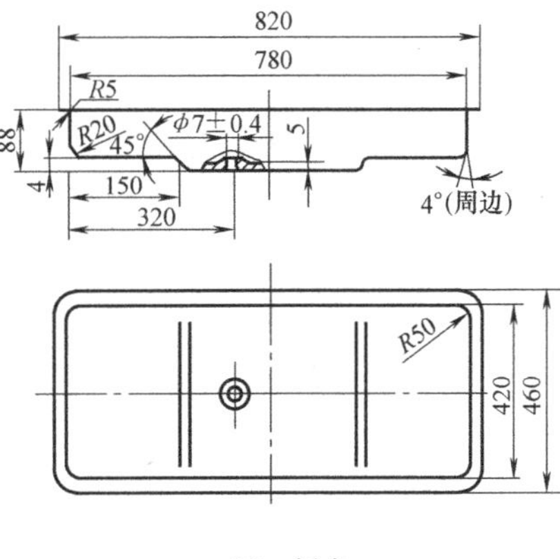

20 托盘

t =1.5mm
材料：08F

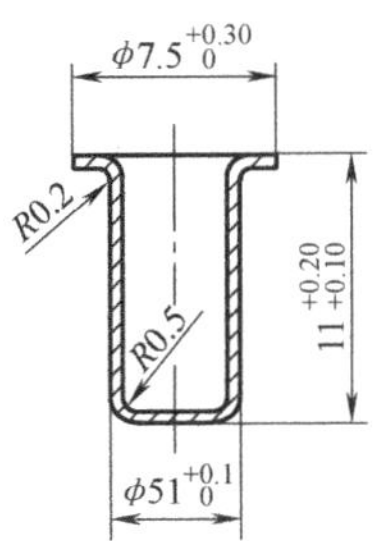

21 空心铆钉

t = 0.4mm
材料：纯铜
生产纲领：1亿件/年

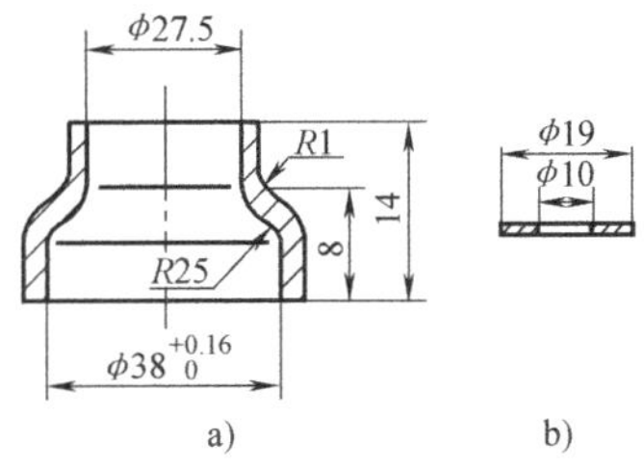

22 a) 管接头 b)垫圈

t = 2mm
材料：08F

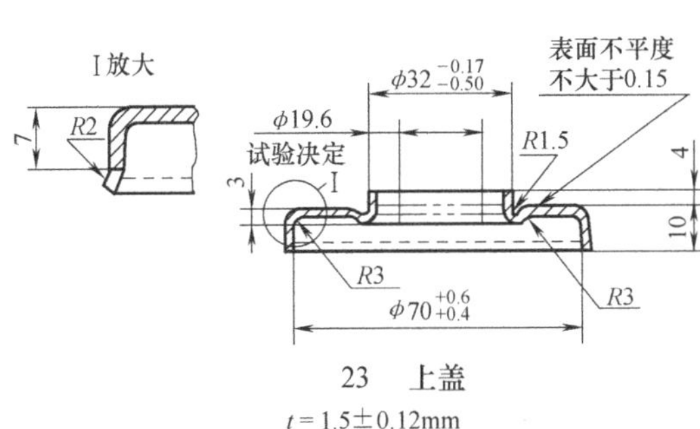

23 上盖

t = 1.5±0.12mm
材料：08F

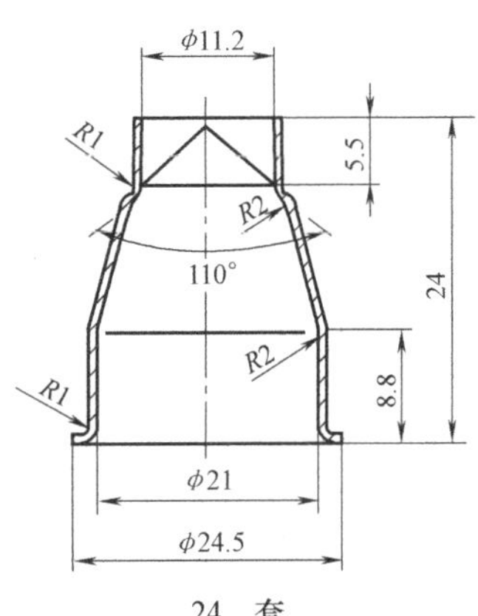

24 套

t =1.2mm
材料：H68

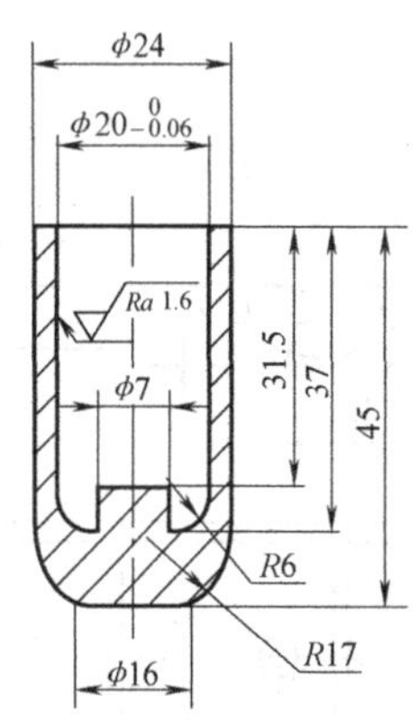

25　梭芯壳

材料：15钢

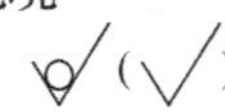

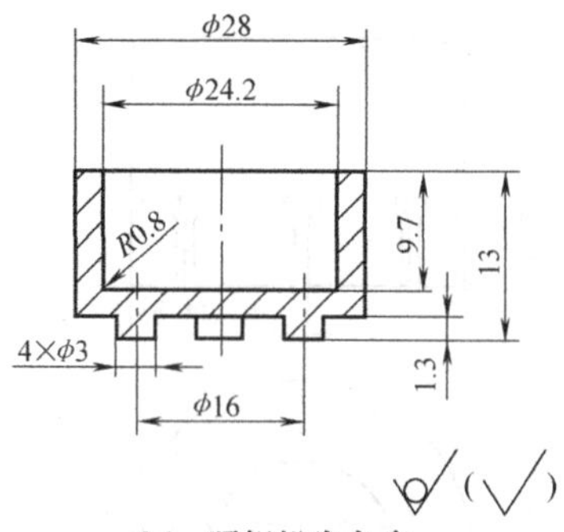

26　照相机发条壳

未注明圆角R1mm
材料：20钢

27　焊枪嘴

材料：纯铜

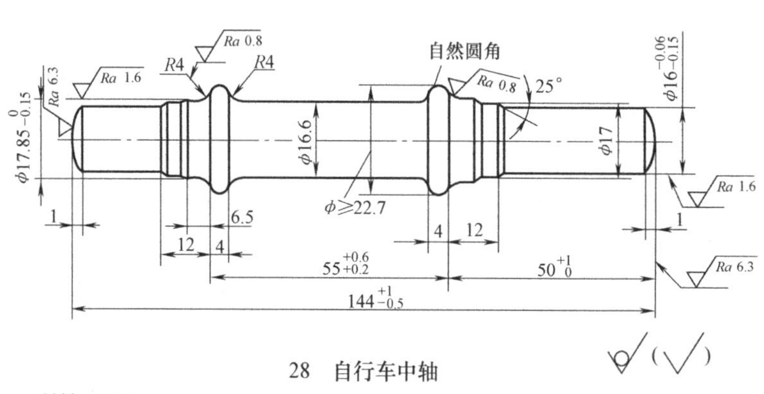

28　自行车中轴

材料：Q215

二、塑料模课程设计题目

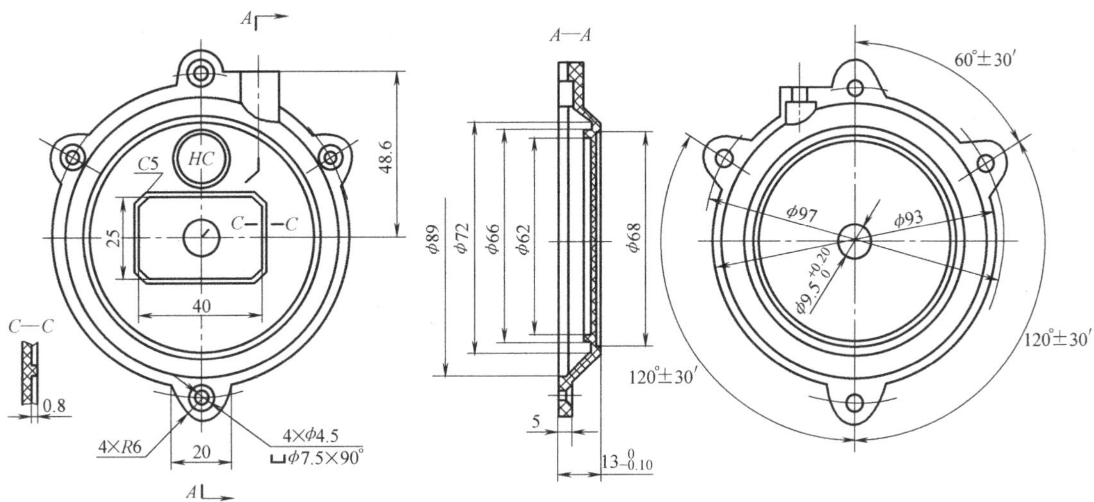

29　上盖

材料: ABS

技术要求

表面光亮无划伤痕迹。

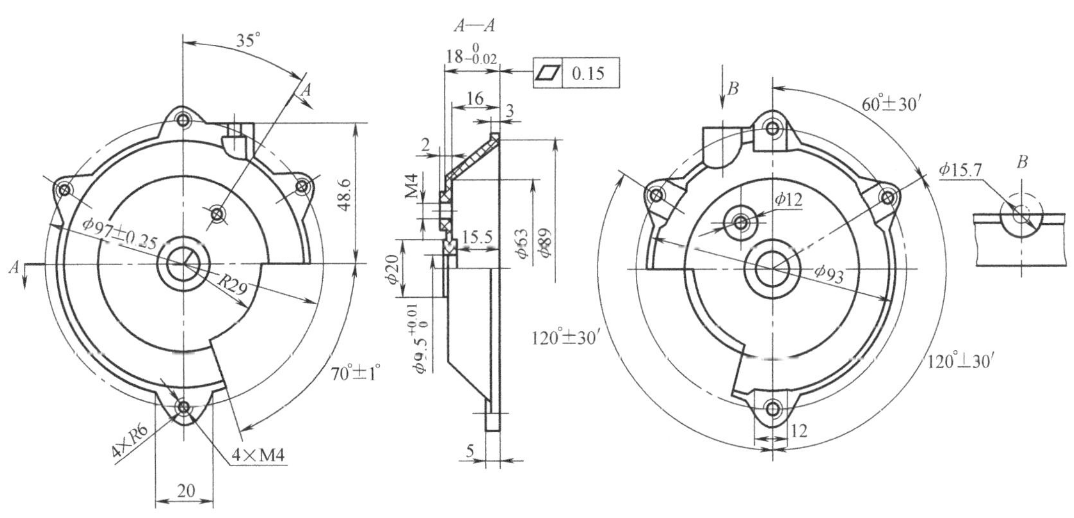

30　下盖(编号11—25)

材料: ABS

技术要求

表面光亮无划伤痕迹。

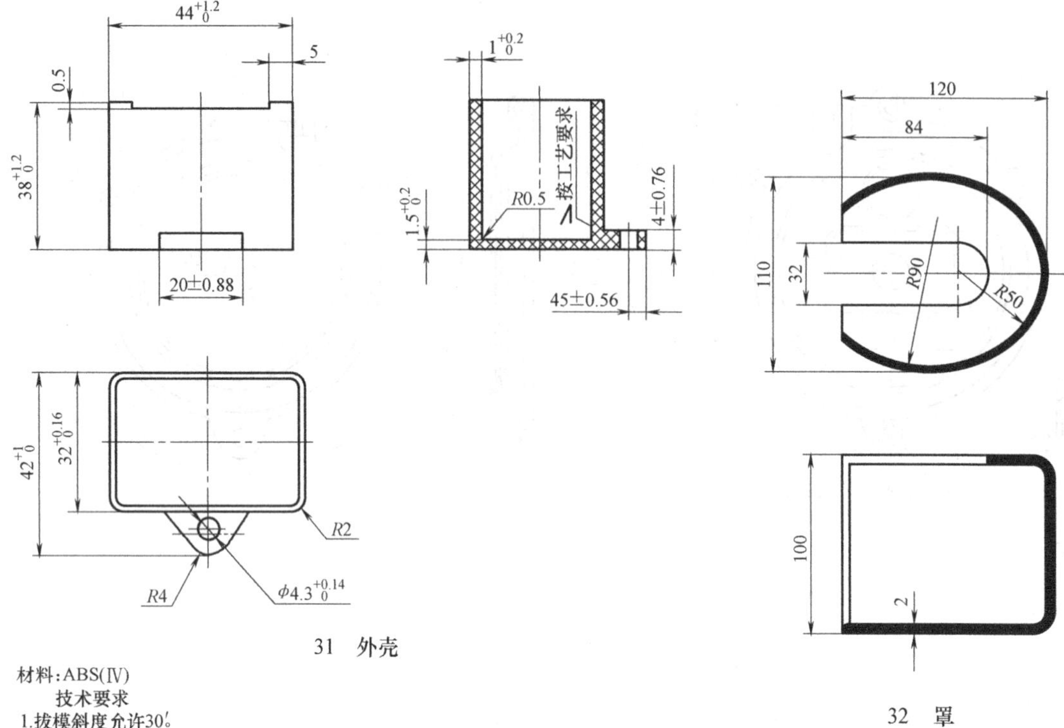

31　外壳

材料：ABS(Ⅳ)

技术要求

1.拔模斜度允许30′。

2.制件允许有收缩凹痕。

32　罩

材料　PVC

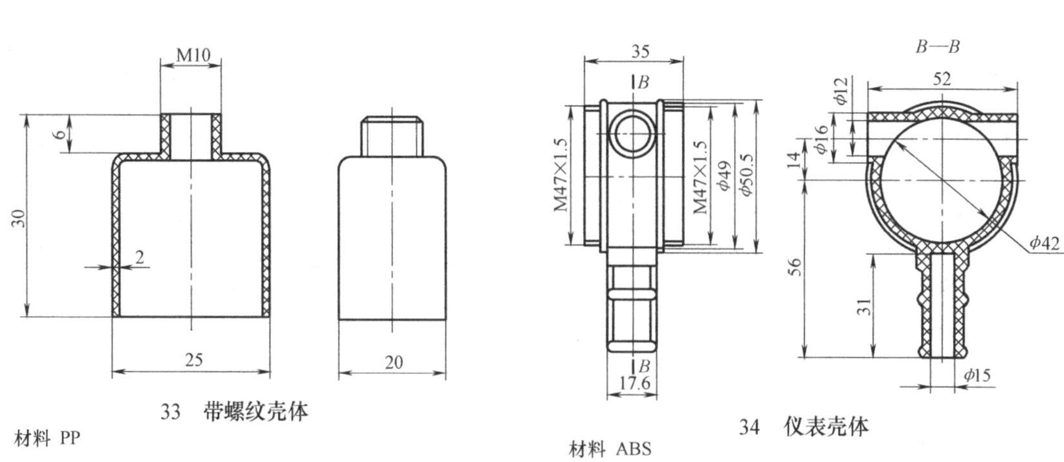

33　带螺纹壳体

材料　PP

34　仪表壳体

材料　ABS

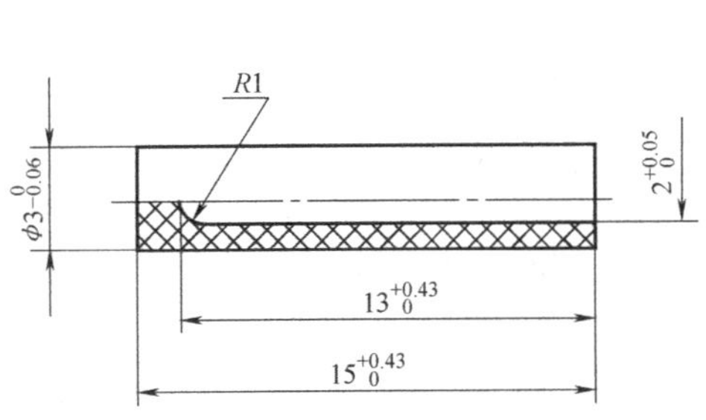

35 绝缘套

材料 ABS

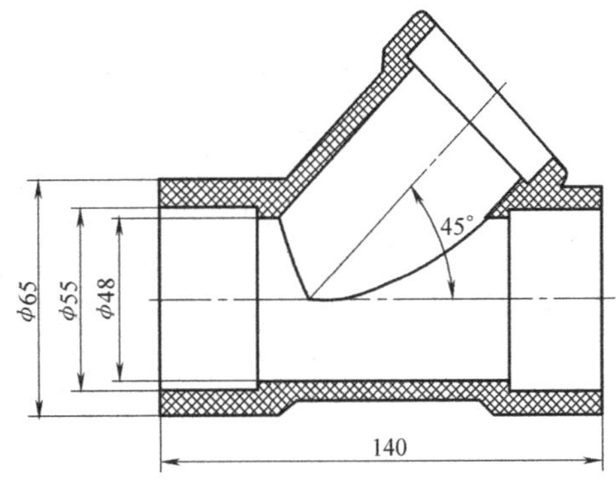

36 三通接头

材料 PP

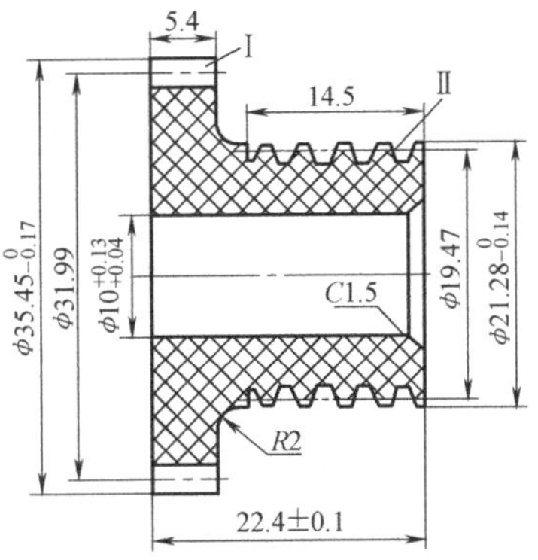

37 双联塑料斜齿轮

材料:增强尼龙1010

(含30%玻璃纤维)

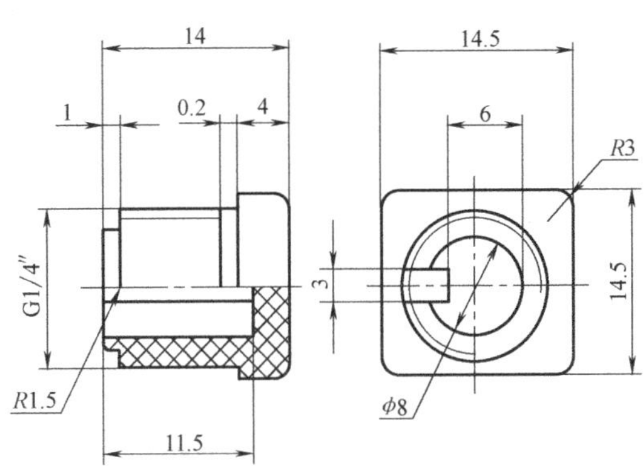

38 闷头

材料:尼龙1010

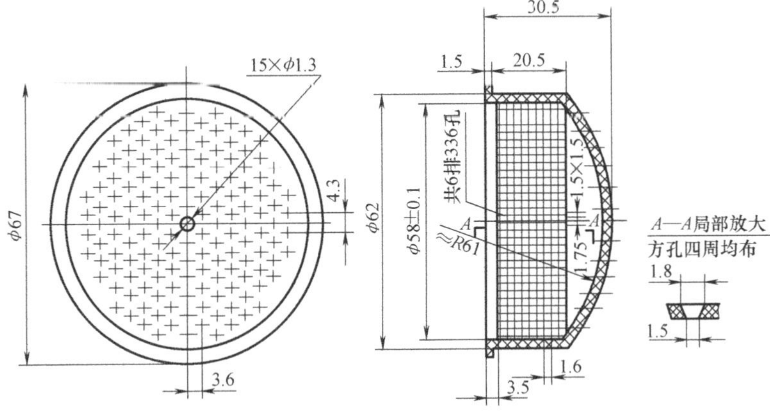

39 过滤罩

材料 PA1010

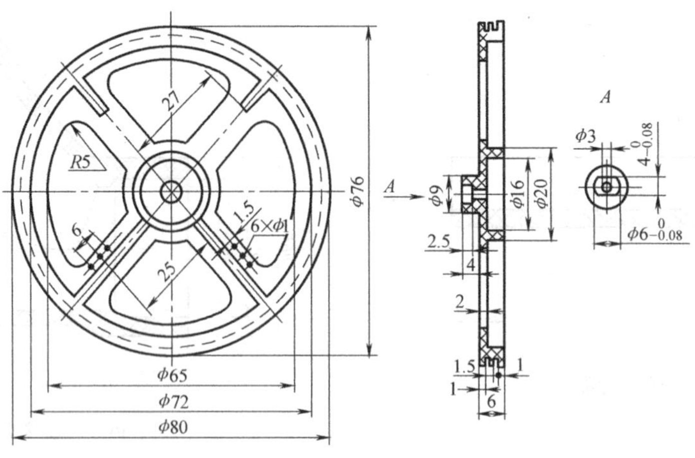

40 拉线盘

材料 ABS

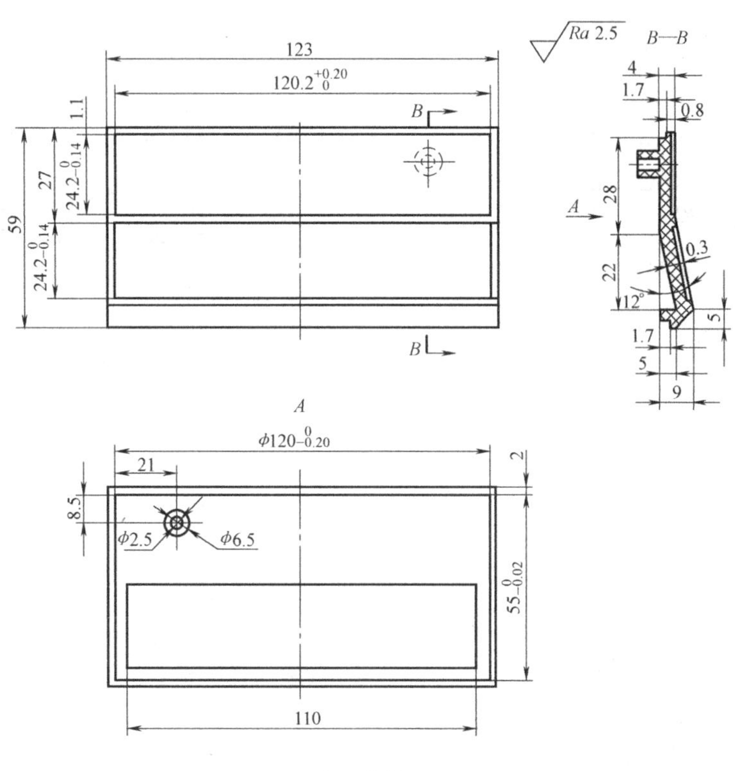

材料 ABS浅灰色

41 盖板

技术要求

1.零件无凹坑溢料。

2.未注拔模斜度1°。

3.未注公差尺寸按SJ/T 10628—1995级。

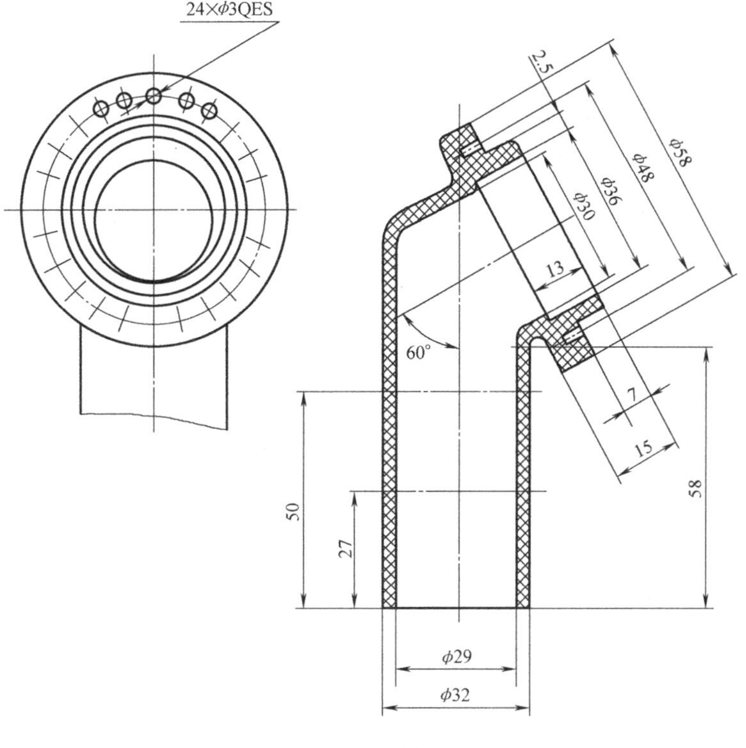

42 刷座

材料 硬PVC

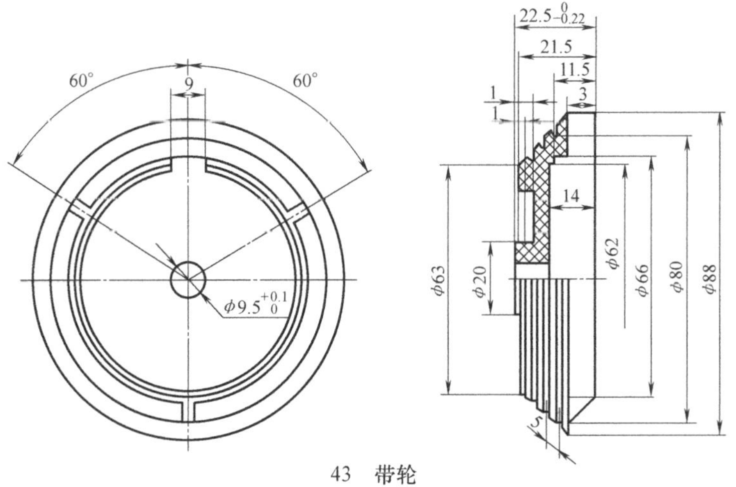

43 带轮

材料 ABS100(奶油色)

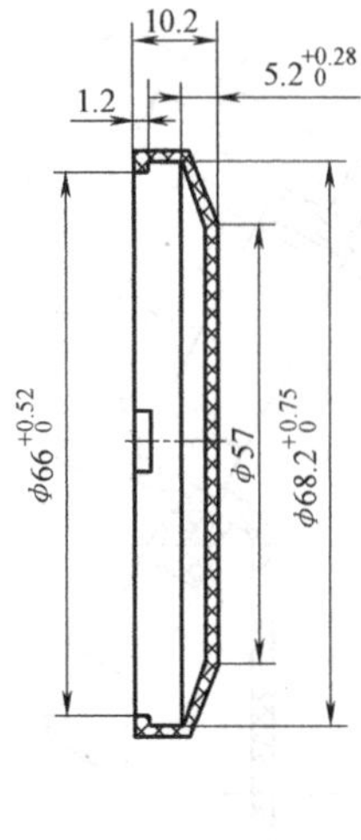

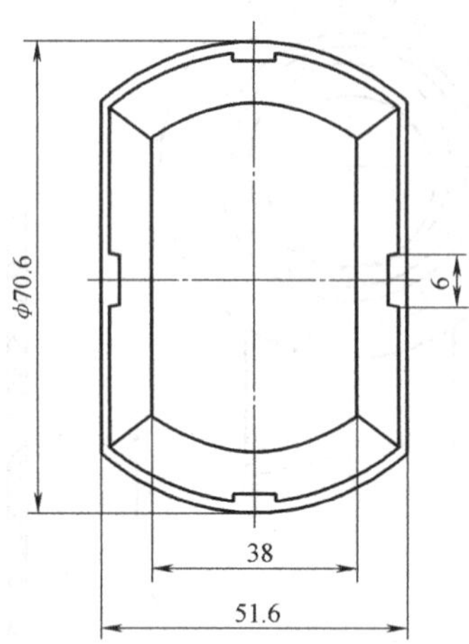

材料 PE乳白色　　　　44　盒盖

技术要求
塑件表面无凹痕。

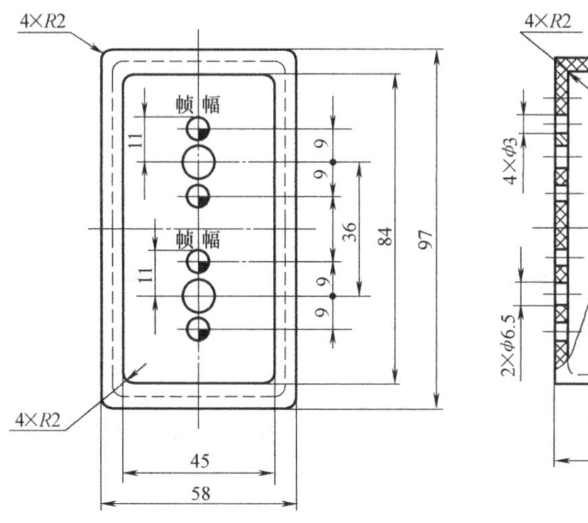

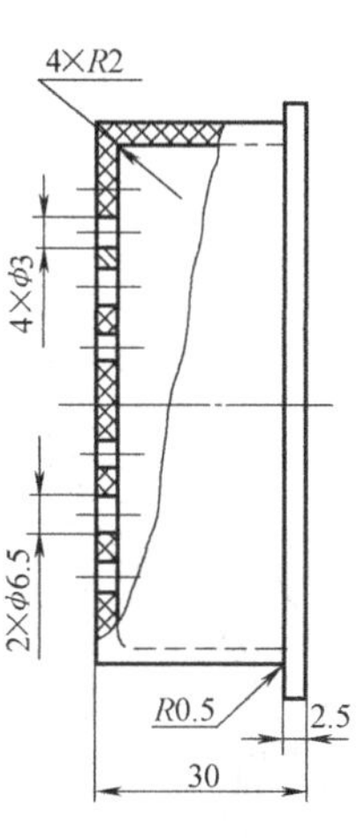

材料 改性PS(黑色)　　　　45　电位器盒

技术要求
1.未注公差尺寸按SJ/T 10628—1995级。
2.字体按仿宋体，字长6mm，笔画凸出0.4mm，并在字体上涂白色硝基磁漆Q04—3。

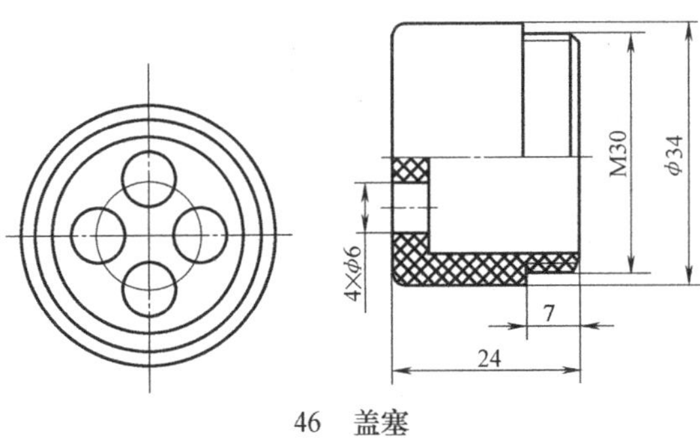

46 盖塞

材料 PS

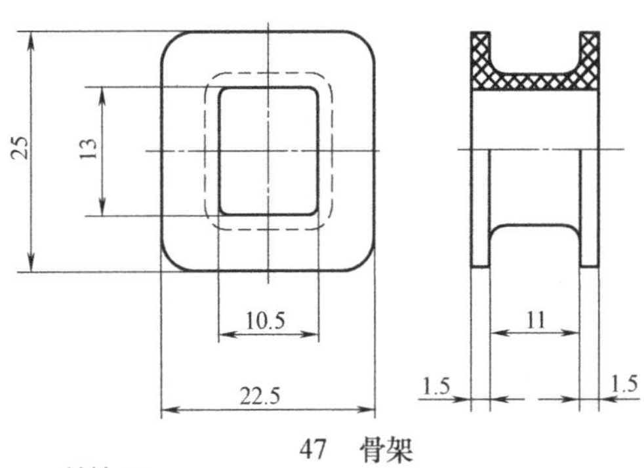

47 骨架

材料 PP

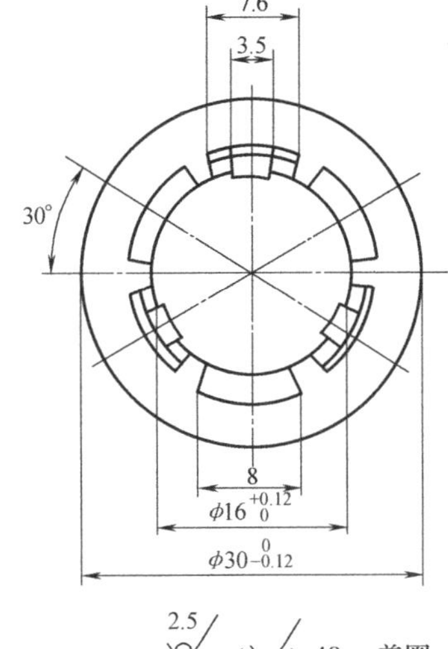

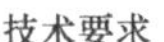

（√） 48 盖圈

材料 本色透明 PC

技术要求

1. 工艺圆角 $R0.5$。
2. 未注公差尺寸按 SJ/T 10628—1995级。

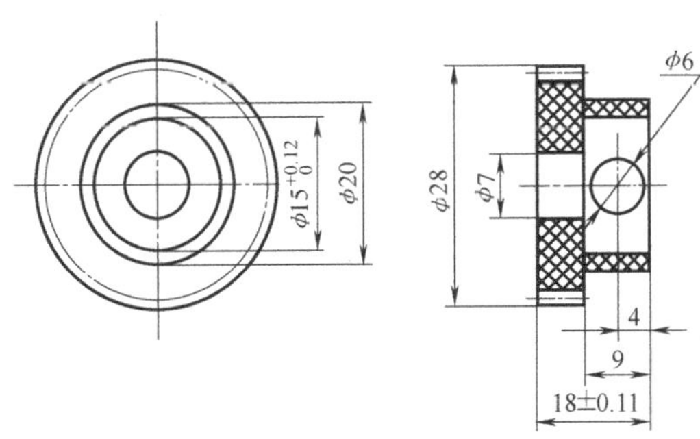

49 斜齿轮

材料：POM

技术要求

未注公差尺寸按 SJ/T 10628—1995级

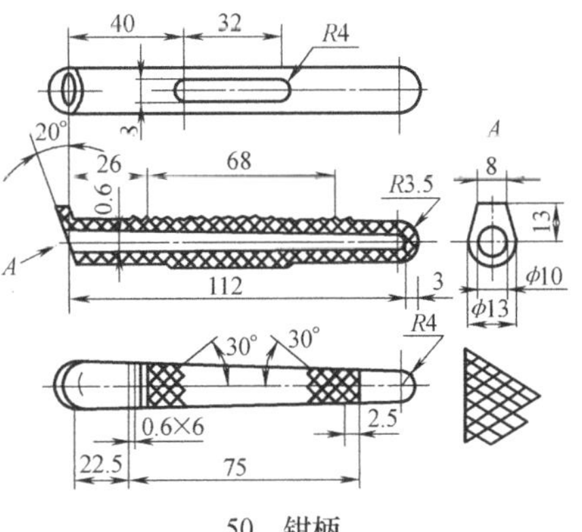

50 钳柄

花纹放大图

材料：PVC

技术要求

未注公差尺寸按 SJ/T 10628—1995级。

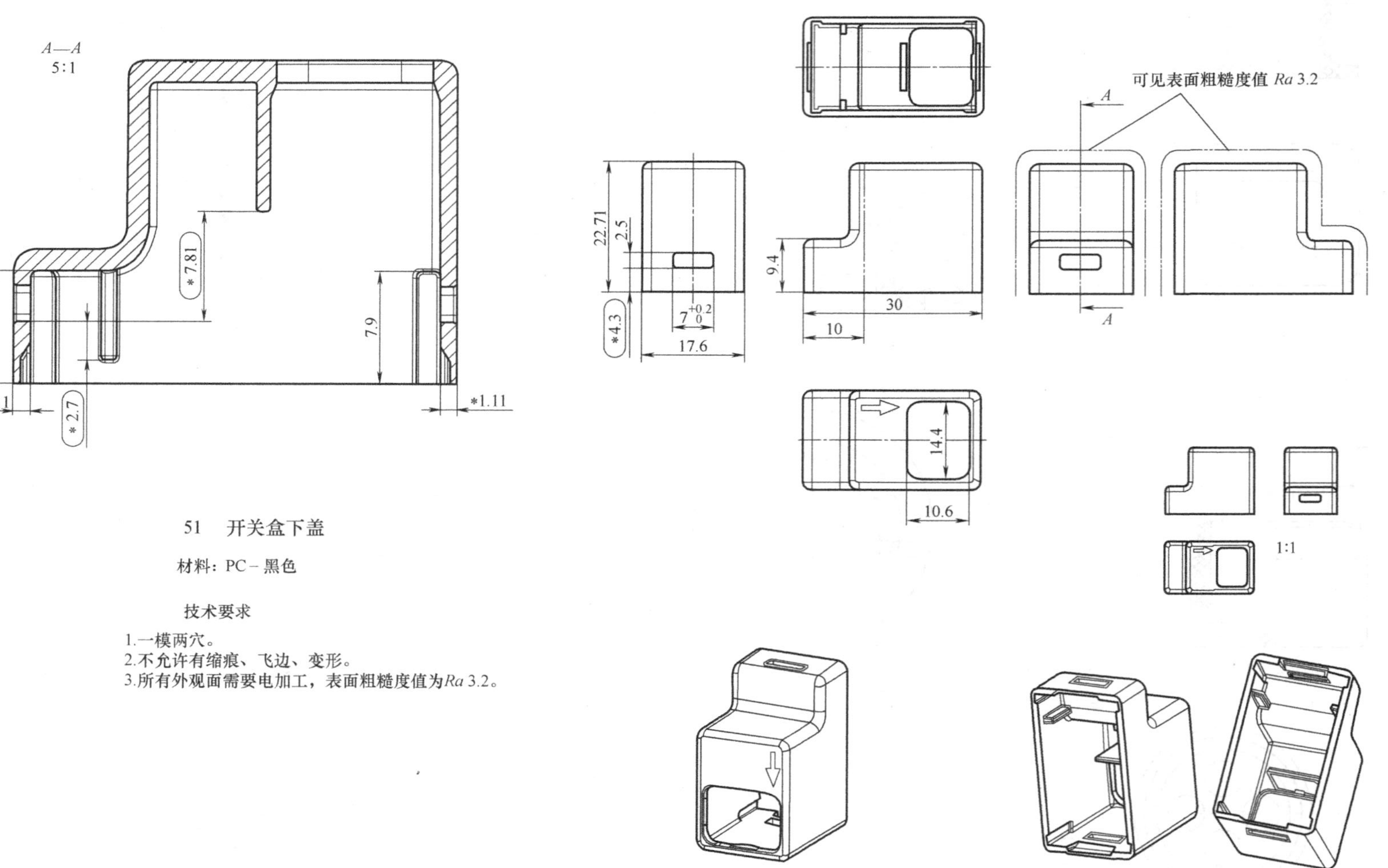

51　开关盒下盖

材料：PC－黑色

技术要求

1. 一模两穴。
2. 不允许有缩痕、飞边、变形。
3. 所有外观面需要电加工，表面粗糙度值为 Ra 3.2。

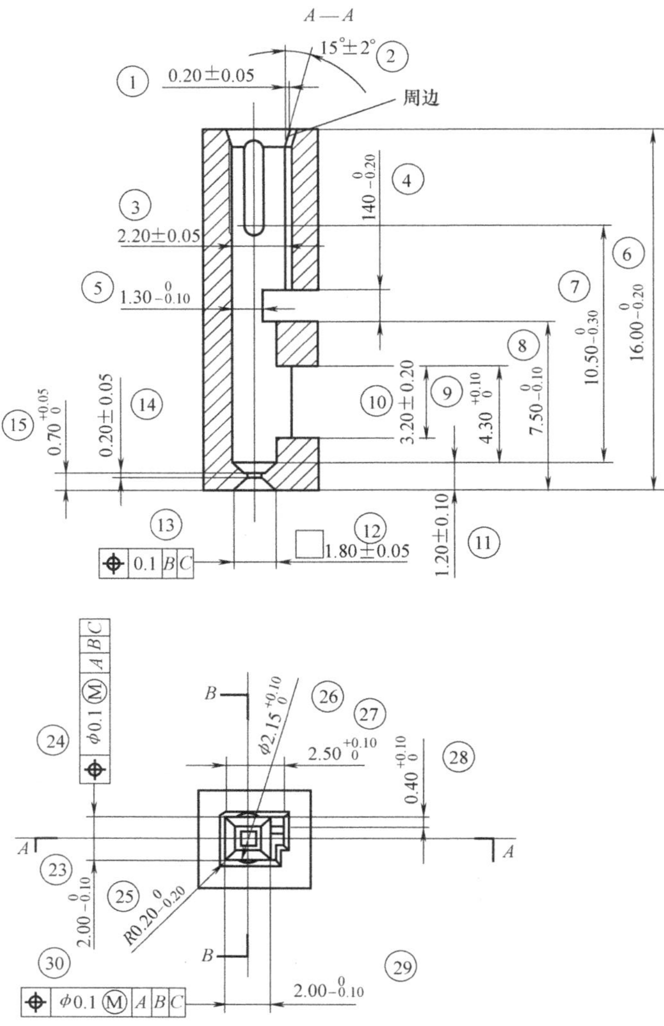

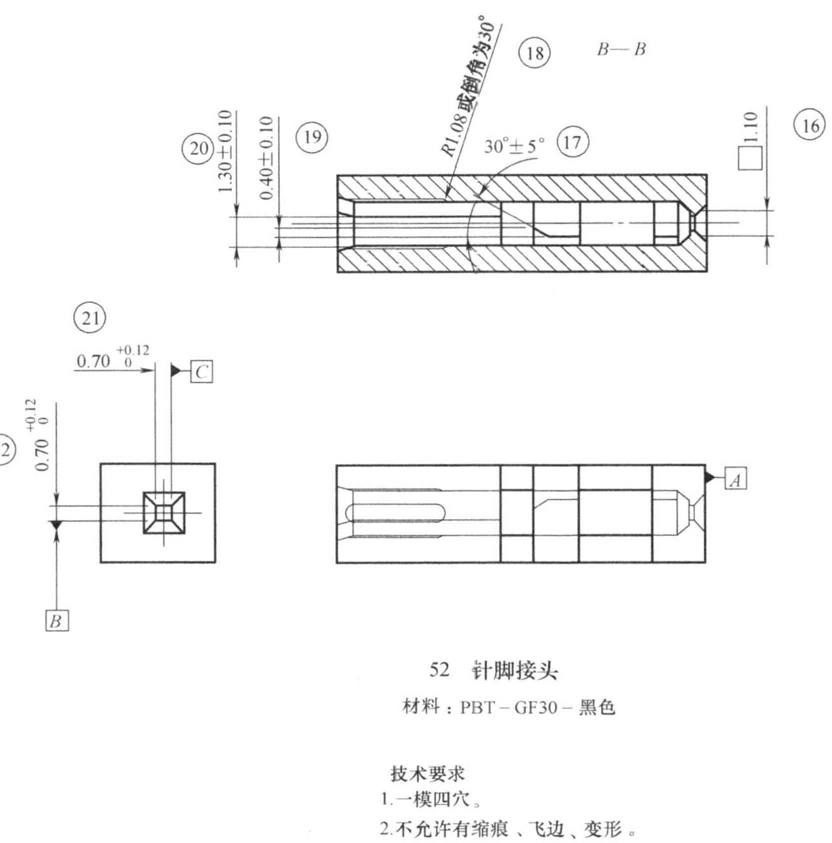

52　针脚接头

材料：PBT－GF30－黑色

技术要求

1.一模四穴。

2.不允许有缩痕、飞边、变形。

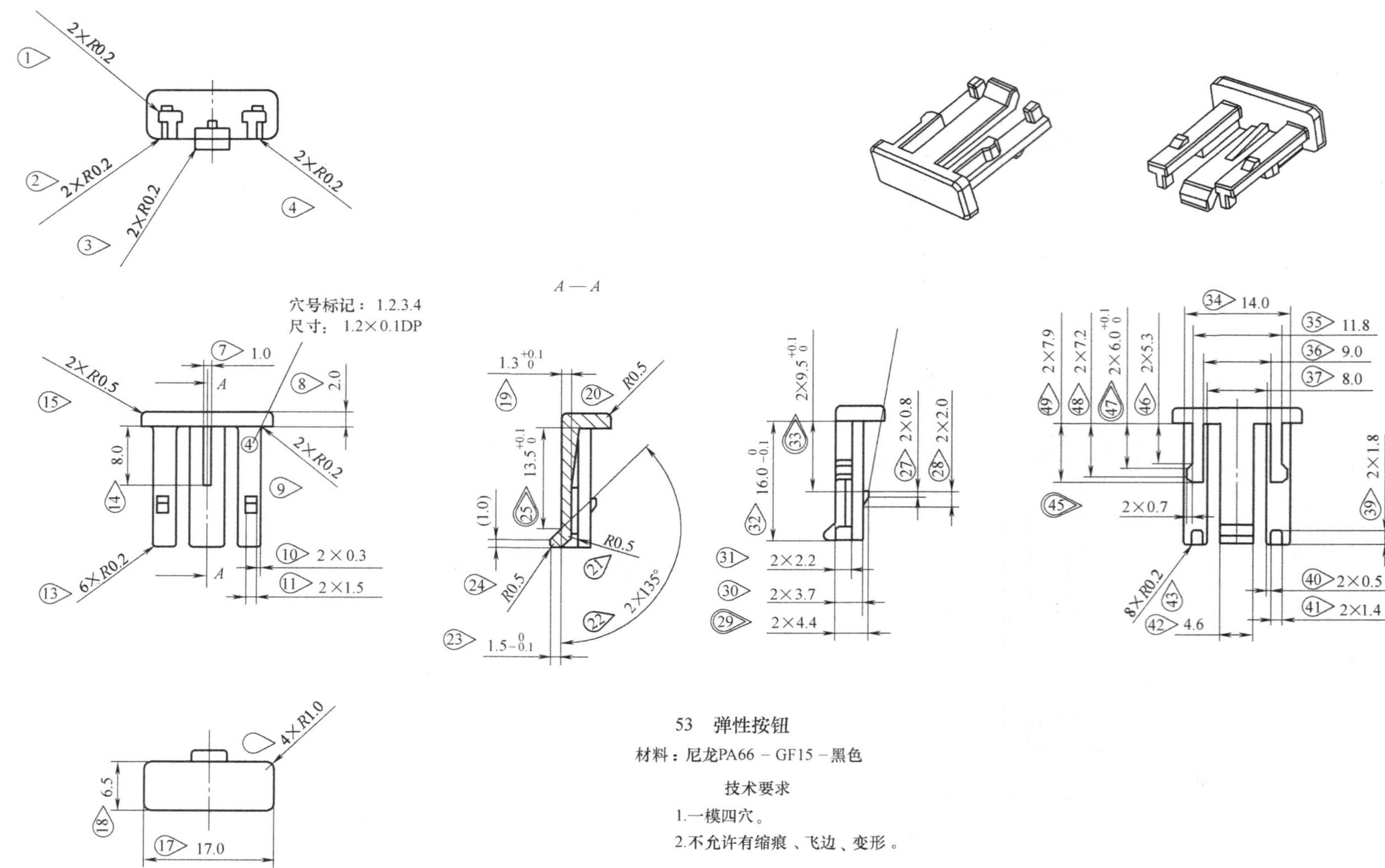

53 弹性按钮

材料：尼龙PA66－GF15－黑色

技术要求

1.一模四穴。

2.不允许有缩痕、飞边、变形。

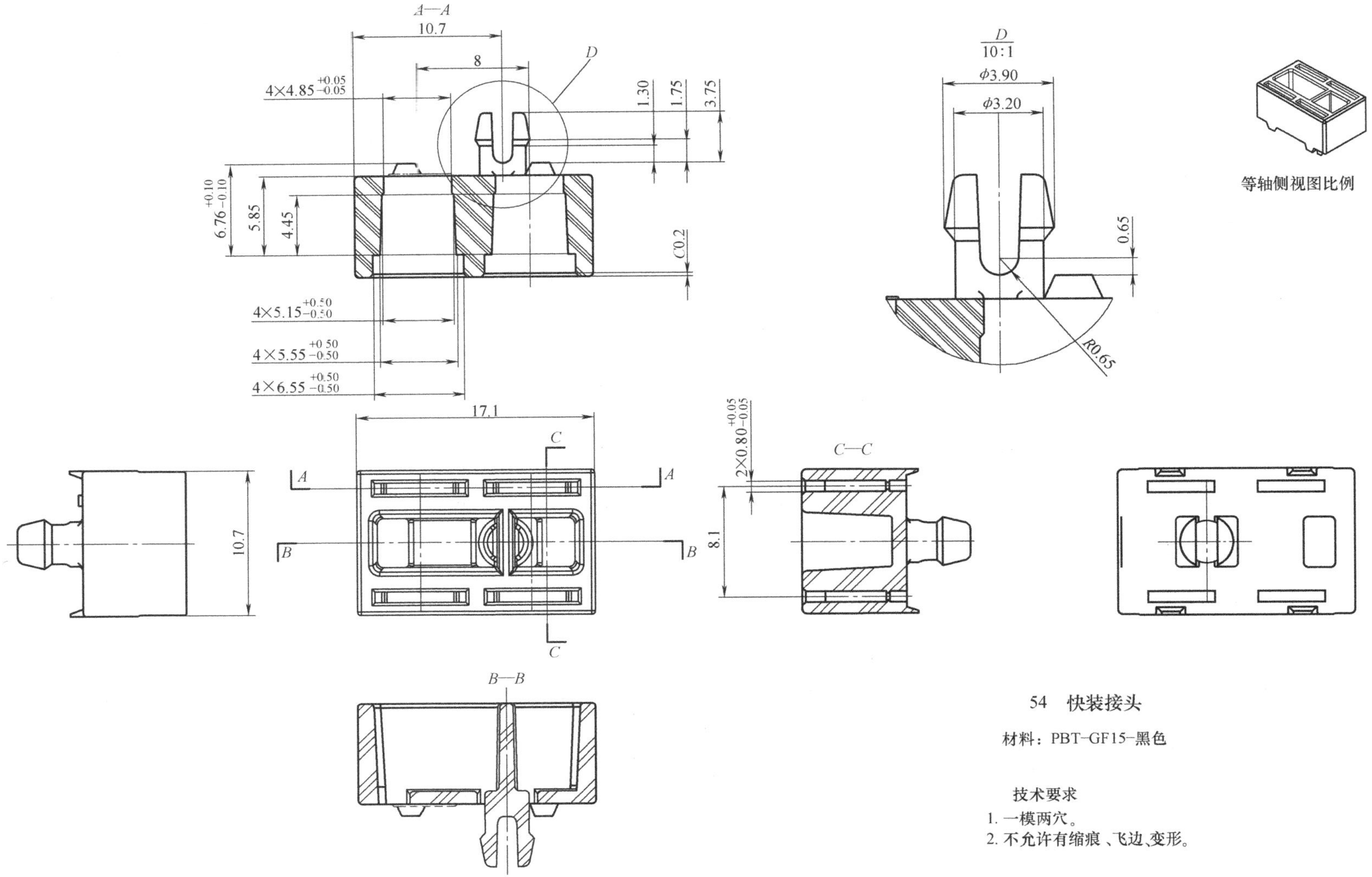

54　快装接头

材料：PBT-GF15-黑色

技术要求

1. 一模两穴。
2. 不允许有缩痕、飞边、变形。

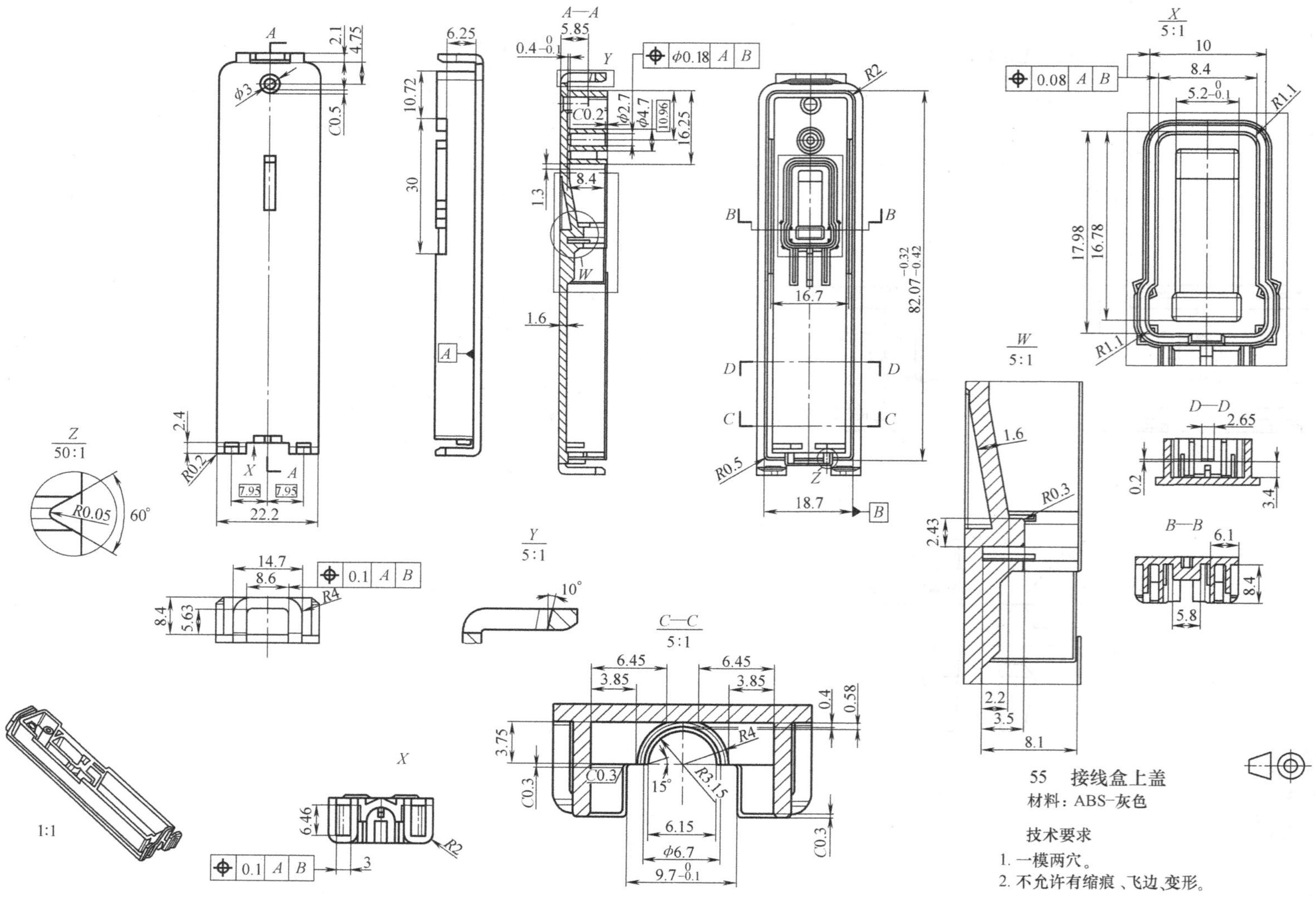
55 接线盒上盖
材料：ABS-灰色
技术要求
1. 一模两穴。
2. 不允许有缩痕、飞边、变形。

参考文献

[1] 王孝培. 冲压手册 [M]. 2 版. 北京：机械工业出版社，2000.

[2] 彭建声. 模具技术问答 [M]. 北京：机械工业出版社，2000.

[3] 姜奎华. 冲压工艺与模具设计 [M]. 北京. 机械工业出版社，2000.

[4] 李天佑. 冲模图册 [M]. 北京：机械工业出版社，2000.

[5] 陈勇. 模具材料及表面处理 [M]. 北京：机械工业出版社，2001.

[6] 黄锐. 塑料工程手册 [M]. 北京：机械工业出版社，2000.

[7] 王孝培. 塑料成型工艺及模具简明手册 [M]. 北京：机械工业出版社，2000.

[8] 孙凤勤. 冲压与塑压设备 [M]. 北京：机械工业出版社，2000.

[9] 赵孟栋. 冷冲模设计 [M]. 3 版. 北京：机械工业出版社，2012.